导弹制造工艺应用丛书

镍基高温合金宏微观塑变行为及性能控制

张　鹏　著

科学出版社

北　京

内 容 简 介

本书系统论述了宏微观尺度不同加载条件下镍基高温合金塑变行为及性能控制，主要内容包括镍基高温合金的微拉伸力学性能及变形机制、微压缩力学性能及变形机制、高温压缩力学性能及本构模型、高温压缩过程动态再结晶有限元模拟、低周疲劳行为及断裂机理。

本书可作为高等院校材料类、机械类、力学类等相关专业本科生和研究生的教材，也可为航空航天、能源等相关领域研究人员提供镍基高温合金塑变行为及性能控制相关资料。

图书在版编目(CIP)数据

镍基高温合金宏微观塑变行为及性能控制 / 张鹏著. —北京：科学出版社，2022.1
(导弹制造工艺应用丛书)
ISBN 978-7-03-070404-7

Ⅰ. ①镍… Ⅱ. ①张… Ⅲ. ①镍基合金—塑性变形—研究②镍基合金—性能控制—研究 Ⅳ. ①TG146.1

中国版本图书馆 CIP 数据核字(2021)第 223550 号

责任编辑：许 健 / 责任校对：谭宏宇
责任印制：黄晓鸣 / 封面设计：殷 靓

科学出版社 出版
北京东黄城根北街 16 号
邮政编码：100717
http：//www.sciencep.com
南京展望文化发展有限公司排版
广东虎彩云印刷有限公司印刷
科学出版社发行 各地新华书店经销

*

2022 年 1 月第 一 版 开本：B5(720×1000)
2024 年 11 月第八次印刷 印张：16 3/4
字数：320 000

定价：120.00 元

(如有印装质量问题，我社负责调换)

前　言

镍基高温合金在高温下具有优异的高温强度以及耐腐蚀、抗疲劳等综合性能，成为先进航空航天发动机核心热端部件涡轮盘和叶片的关键材料，在服役时需要承受高温、高压、高动态载荷等苛刻条件，系统研究其塑变行为及服役性能对于提高其服役可靠性具有重要意义。

本书结合宏观有限元、细观晶体塑性、微观元胞自动机等多尺度模拟与同步辐射断层扫描、数字图像相关、透射电子显微镜、扫描电子显微镜、电子背散射衍射等微观组织结构表征技术，系统阐述了镍基高温合金宏微观塑变行为及性能控制。全书共6章，概述了镍基高温合金的发展及应用、微拉伸力学性能及变形机制、微压缩力学性能及变形机制、高温压缩力学性能及本构模型、高温压缩过程动态再结晶有限元模拟、低周疲劳行为及断裂机制，可为高等院校及航空航天、能源等相关领域研究人员提供镍基高温合金的塑变行为及性能控制相关资料。

本书的研究工作得到了国家自然科学基金重大研究计划培育项目（91860129）、国家自然科学基金面上项目（51575129）、山东省重点研发计划（2016GGX102026）、上海光源用户课题（2016－SSRF－PT－005862、2018－SSRF－PT－004544、2019－SSRF－PT－008004、2019－SSRF－PT－010752、2020－SSRF－PT－014114）以及微系统与微结构制造教育部重点实验室开放课题等项目的资助。本书的研究工作是依托科技部海洋工程材料及深加工技术国际联合研究中心、山东省高性能构件成形工艺与装备工程技术研究中心、山东省军民两用新材料及制品高校重点实验室等平台完成的。

感谢钢铁研究总院秦鹤勇高级工程师、南京工业大学范国华教授对本书研究工作的指导！感谢朱强、胡超、林熙原、易岑、陈林俊、杨凯、张林福等历届学生对本书内容的贡献！

由于著者时间和水平所限，书中难免存在不妥之处，敬请专家和广大读者批评指正。

著　者

2021年10月

目　　录

第1章　绪　　论

1.1　镍基高温合金概述

高温合金是指在600℃以上的工作温度下有足够的高温强度和抗腐蚀能力，而且能在持久受力情况下工作的结构合金材料。其具有优异的高温力学性能、耐腐蚀性能、抗氧化性能以及出色的表面稳定性、优异的组织稳定性。高温合金的一个显著特点是合金化程度高，通常含有Fe、Ni、Co、Cr、Mo、Al、Ti、Nb等元素，因此也被称为超合金[1]。其含有的主要元素不同会使其基体相产生差异，高温合金按照基体的不同分为铁基高温合金、钴基高温合金和镍基高温合金。其中，镍基高温合金由于出色的综合性能发展最快；铁基高温合金由于在高温环境的氧化和燃气腐蚀条件下易发生氧化和腐蚀，故发展次之；钴基高温合金虽然也具有较好的综合性能，但是由于钴资源的严重短缺，其发展严重受限，故其发展速度最慢。

镍基高温合金主要包含Ni、Co、Cr、W、Mo、Re、Ru、Al、Ta、Ti等元素，其中Ni含量在50%以上，表1-1列出了几种工业镍基高温合金的成分。面心立方结构的镍基体具有较高的相稳定性，并可通过各种直接和间接手段得到强化。此外，其表面稳定性很容易通过加入Cr或Al来改善[2]。

表1-1　工业镍基高温合金的成分

合　金	Cr	Co	Mo	W	Ta	Re	Nb	Al	Ti	Hf	C	B	Y	Zr	其他
传统铸造高温合金															
Mar-M246	8.3	10.0	0.7	10.0	3.0	—	—	5.5	1.0	1.5	0.14	0.02	—	0.05	—
René 80	14.0	9.5	4.0	4.0	—	—	—	3.0	5.0	—	0.17	0.02	—	0.03	—
IN-713LC	12.0	—	4.5	—	—	—	2.0	5.9	0.6	—	0.05	0.01	—	0.10	—
C1023	15.5	10.0	8.5	—	—	—	—	4.2	3.6	—	0.16	0.01	—	—	—
定向凝固高温合金															
IN-792	12.6	9.0	1.9	4.3	4.3	—	—	3.4	4.0	1.0	0.09	0.02	—	0.06	—
GTD111	14.0	9.5	1.5	3.8	2.8	—	—	3.0	4.9	—	0.10	0.01	—	—	—
第一代单晶高温合金															
PWA1480	10.0	5.0	—	4.0	12.0	—	—	5.0	1.5	—	—	—	—	—	—
René N4	9.8	7.5	1.5	6.0	4.8	—	0.5	4.2	3.5	0.15	0.05	0.00	—	—	—
CMSX-3	8.0	5.0	0.6	8.0	6.0	—	—	5.6	1.0	0.10	—	—	—	—	—

续表

合　金	Cr	Co	Mo	W	Ta	Re	Nb	Al	Ti	Hf	C	B	Y	Zr	其他
第二代单晶高温合金															
PWA1484	5.0	10.0	2.0	6.0	9.0	3.0	—	5.6	—	0.10	—	—	—	—	—
René N5	7.0	7.5	1.5	5.0	6.5	3.0	—	6.2	—	0.15	0.05	0.00	0.01	—	—
CMSX-4	6.5	9.0	0.6	6.0	6.5	3.0	—	5.6	1.0	0.10	—	—	—	—	—
第三代单晶高温合金															
René N6	4.2	12.5	1.4	6.0	7.2	5.4	—	5.8	—	0.15	0.05	0.00	0.01	—	—
CMSX-10	2.0	3.0	0.4	5.0	8.0	6.0	0.1	5.7	0.2	0.03	—	—	—	—	—
锻造高温合金															
IN-718	19.0	—	3.0	—	—	—	5.1	0.5	0.9	—	—	0.02	—	—	1.85Fe
René 41	19.0	11.0	10.0	—	—	—	—	1.5	3.1	—	0.09	0.005	—	—	—
Nimonic 80A	19.5	—	—	—	—	—	—	1.4	2.4	—	0.06	0.003	—	0.06	—
Waspaloy	19.5	13.5	4.3	—	—	—	—	1.3	3.0	—	0.08	0.006	—	—	—
Udimet 720	17.9	14.7	3.0	1.3	—	—	—	2.5	5.0	—	0.03	0.03	—	0.03	—
粉末冶金高温合金															
René 95	13.0	8.0	3.5	3.5	—	—	3.5	3.5	2.5	—	0.065	0.013	—	0.05	—
René 88DT	16.0	13.0	4.0	4.0	—	—	0.7	2.1	3.7	—	0.03	0.015	—	—	—
N18	11.2	15.6	6.5	—	—	—	—	4.4	4.4	0.5	0.02	0.015	—	0.03	—
IN100	12.4	18.4	3.2	—	—	—	—	4.9	4.3	—	0.07	0.02	—	0.07	—

镍基高温合金除了具备较高的强度和较好的抗氧化及抗腐蚀能力之外，另一个显著的特点是，在不超过其初始熔化温度80%的情况下，其可用于负载，这一比例高于任何其他类别的工程合金。因此，镍基高温合金在温度较高的部件中应用最广泛[3]。

镍基高温合金主要用于商用和军用飞机的制造，目前其占先进飞机发动机重量的50%以上。除此之外，镍基高温合金还在石油和天然气工业、太空飞行器、潜艇、核反应堆、军用电机、化学处理容器和热交换管中得到了重要的应用[4]。至今，人们已经发展了几代高温合金，每一代都趋向于具有更高的耐高温性能[5]。

1.1.1　镍基高温合金发展历史

20世纪40年代初期，为了满足喷气式飞机对合金性能方面的要求，镍基高温合金被研制成功。英国首先制备出Nimomic75（Ni22Cr-1.5Ti）镍基合金，之后为了提高镍基高温合金蠕变强度，以原有合金为基础，加入了适量的Al元素，研制出了具有较高蠕变强度的镍基合金Nimomic84（Ni22Cr-4.5Ti）[6]。美国于

40 年代中期，苏联于 40 年代后期，也研制出镍基高温合金。

20 世纪 40 年代到 50 年代中期，主要是对合金成分进行优化，继而提升合金的性能。而在 20 世纪 50 年代，真空熔炼技术得到发展，而这一技术的出现为镍基高温合金的进一步发展奠定了技术基础；到 20 世纪 60 年代，由于熔模精密铸造工艺的出现与发展，铸造镍基高温合金在这一时期得到了快速发展；之后，性能相对较为优异的镍基单晶高温合金被研制成功，后续人们又研制出了粉末冶金高温合金。高温合金发展趋势如图 1-1 所示[7]。

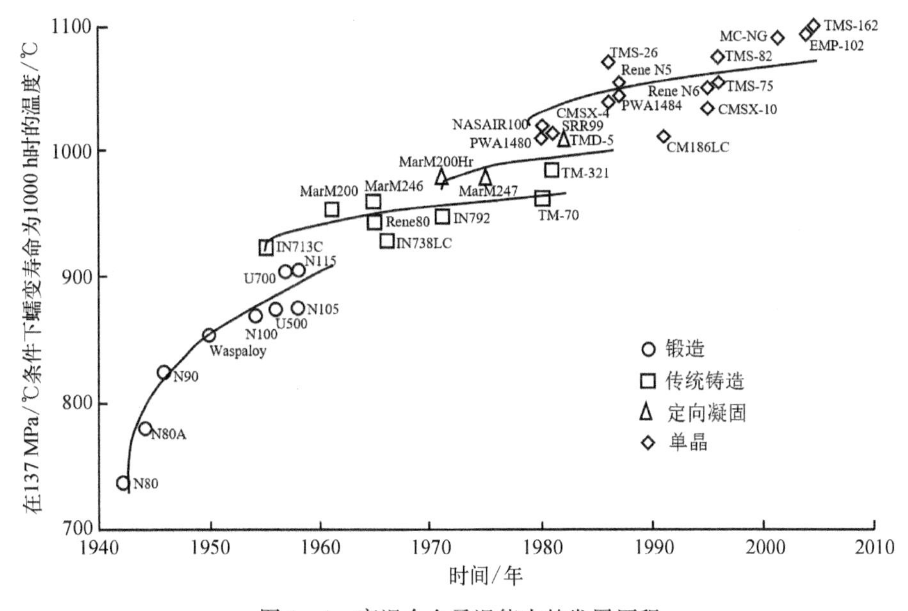

图 1-1 高温合金承温能力的发展历程

纵观镍基高温合金前四十年的发展历程，可发现其主要从两个方面得以发展。第一是从合金成分入手，对镍基合金元素构成及配比进行优化，从而提升其高温服役性能；第二是利用新的生产工艺，从工艺方面对其组织性能进行调控，进而对其综合性能进行提升。

1.1.2 镍基高温合金分类

镍基高温合金按制造工艺，可分为镍基变形高温合金、镍基铸造高温合金、粉末冶金高温合金[8]。

1. 镍基变形高温合金

镍基变形高温合金以拼音字母“GH”加序号来表示，如 GH4169、GH141 等。它可采用常规的锻轧和挤压等冷、热变形手段加工成材。该种合金塑性加工后在高温下表现出较高的强硬度、较好的抗腐蚀性和抗氧化性。镍基变形高温合金可再划分为固溶强化型和析出强化型两大类。前者具有更强的合金化能力，综合性能相对更优，所以获得更为广泛的应用。

2. 镍基铸造高温合金

铸造高温合金以“K”加序号表示，如 K1、K2 等。该类合金的成型手段为铸造工艺，被广泛应用于需长期在高温下承受各种复杂应力的高温结构件。现今我国的镍基铸造高温合金已发展到独创阶段，且具有较好的综合性能。

3. 粉末冶金高温合金

粉末冶金工艺组织均匀、热加工性较好，制得的镍基高温合金具有较好的抗疲劳性能和很高的屈服强度，粉末高温合金为生产更高强度的合金提供了新的途径。

1.2 镍基高温合金强化原理

对于镍基高温合金而言，其强化效果是通过合金元素的添加实现的。而镍基高温合金含多种合金元素，每种元素在合金中起着不同的作用，按照合金元素在镍基高温合金中的作用可以将其分为三类[9]：

（1）固溶强化元素，如 Cr、Mo、Co、Fe、W、Ru 和 Re 等，此类元素具有与 Ni 相差不多的原子半径，倾向于进入 γ 相中稳定 γ 相，主要分布在元素周期表中的第Ⅴ、Ⅵ和Ⅷ族；

（2）析出强化元素，如 Al、Ti、Nb 和 Ta 等，此类元素具有相对较大的原子半径，是 γ'相 Ni_3（Al，Ta，Ti）形成元素，主要分布在第Ⅱ、Ⅳ和Ⅴ族；

（3）晶界强化元素，如 B、C、Mg 及稀土元素 Ce、La 和 Y 等，此类合金元素的原子半径与 Ni 差距较大，倾向偏析于晶界处，主要分布在元素周期表中的第Ⅱ、Ⅲ和Ⅳ族。这些合金元素通过发挥固溶强化、沉淀强化和晶界强韧化作用，保证高温合金具有从室温至高温的良好强度、表面稳定性和较好的塑性。

1.2.1 固溶强化

对镍基高温合金性能进行强化的重要手段之一是添加适量的固溶强化元素，利用这些元素提高原子间结合力、产生晶格畸变、降低堆垛层错能、产生短程有序或其它原子的偏聚、降低元素扩散能力等提高再结晶温度来强化合金[10]。

固溶强化效果与基体中溶质原子的含量和尺寸有关。一般来说，溶质原子的含量越多，固溶强化效果越好；溶质原子尺寸与基体原子尺寸差别越大，固溶强化效果越好，其关系可以用下式来表示[11]：

$$\sigma_s = \left(\sum_i k_i^{\frac{1}{n}} c_i\right)^n \tag{1-1}$$

式中，σ_s为固溶强化对强度的增量；k_i和 n 为常数，取决于溶质原子和基体金属的性质，n 的取值介于 1/2 和 1 之间。一般来说，强固溶强化元素的 n 值偏向于 1/2，弱固溶强化元素的 n 值偏向于 1。k_i是溶质原子 i 的强化系数，c_i是溶质原子 i 在基体金属中固溶的质量百分数。

不同元素的固溶度不同，所产生的固溶强化效果也各不相同，所以有针对性地加入不同合金元素会起到更好的强化效果。根据 Hume－Rothery 理论，如果溶剂原子尺寸大小与溶质原子尺寸大小相差超过 15%，那么它们就很难成为无限固溶体，并且其固溶度还会非常小。此外，要形成无限固溶体，除了需满足上述 Hume－Rothery 理论外，还需要有相同的原子价和相似的晶体结构。

1.2.2　析出强化

固溶原子的强化作用对高温合金力学性能的提高幅度有限，很难满足现代工程应用对金属结构材料强度的实际需要。高温合金中由于合金元素的添加，会析出一些第二相，这些析出物在其周围产生应力场，阻碍位错运动，从而提高材料的强度[12]。析出强化的效果由第二相的属性、大小、形状、分布、数量等相关因素综合影响，但其本质还是其与位错的交互作用。析出强化的机制可分为位错切过机制和位错绕过机制两种方式[13]。

当析出相可被位错切割时，其通过共格强化、化学强化、层错强化、模量强化以及有序化强化等方式阻碍位错运动从而强化基体。共格强化是指共格应力场与位错应力场之间的相互作用，化学强化是指位错切过后增加的析出相与基体的滑移台阶界面能，层错强化是指位错切过后层错宽度的变化，模量强化是指模量不同导致的能量变化，有序强化是指析出相为有序相时被切割形成反向畴界（APB）能。

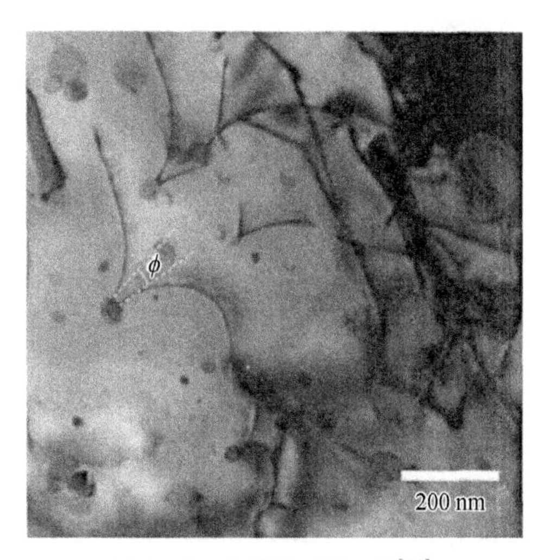

图 1－2　位错绕过第二相[14]

当析出相难以被位错切割时，位错通过 Orowan 机制绕过析出物颗粒，由于位错的弯曲增加了其线张力，从而增加了位错运动的阻力，提高了合金的强度。位错绕过析出物后会在周围留下一个环形位错，如图 1－2 所示[14]。位错绕过所需的临界应力除了与第二相本身的杨氏模量和晶格点阵相关外，还受粒子间距的影响。间距越小，位错通过第二相粒子时弯曲产生的线张力则较大，受到的阻力就越大，从而提高了材料的强度。

镍基高温合金主要依赖于析出强化。析出强化分为时效析出强化、铸造第二相骨架强化和弥散质点强化等。镍基高温合金的时效析出强化主要是γ′相或γ″相的时效沉淀强化。

1.2.3 晶界强化

晶界强化是合金强化的重要组成，低温变形时，通过细化晶粒提高强度是一种重要的强化机制。高温变形时，晶界对位错的阻碍作用弱化，晶界附近塞积的位错与晶界缺陷产生交互作用而消失，使晶界在高温下成为最薄弱的环节。高温时晶界滑动和晶界处孔洞的形成会导致耐热合金失效。对于等强温度以上使用的奥氏体基体耐热合金，高温热处理获得较粗大的晶粒尺寸，可以降低材料的蠕变速率，增加蠕变断裂时间[13]。

晶界处析出相是提高晶界强度的重要因素，析出相改善晶界强度和韧性的机制有：① 钉扎晶界，阻碍晶界运动，或者减缓晶界运动，延长滑动孕育期，增加持久寿命；② 蠕变空洞被限制在沉淀相之间，使之难以聚集长大，延长断裂时间；③ 改变晶界两侧固溶程度，提高晶界附近位错滑移能力，改善晶界塑性，消除缺口敏感性。偏聚到晶界的有益微量元素，通过改变晶界原子间键合状态，提高晶界结合力，从而提高合金的高温强度。偏聚于晶界的杂质元素通过降低晶界结合力，形成低熔点化合物，促进晶界有害相析出等，降低耐热合金的高温力学性能。

1.3 宏/介观塑性变形行为及理论

1.3.1 宏观塑性变形行为及理论

在金属材料的力学性能研究中，强度和塑性是两个最重要的问题，而强度和塑性本身对于不同层次的微观结构具有敏感性。由位错理论可知，晶体材料的塑性变形是位错运动的结果[15-18]。位错是存在于晶体中的一种线缺陷，它在切应力作用下容易发生滑移[19-21]。在外应力作用下，大量的位错运动会使晶体产生宏观塑性变形。晶体中的空位、位错、晶界、固溶原子、第二相粒子等微观结构及缺陷与运动位错发生相互作用，影响位错运动，进而影响材料宏观变形行为。

所谓塑性变形，是指应力超过弹性极限后，材料发生的不可逆的永久变形。

金属在发生塑性变形时，形状和尺寸的不可逆变化是通过原子的定向位移来实现的，根据原子群移动所发生的条件和方式不同而具有不同的变形机制。常温条件下，塑性变形的最主要机制是滑移和孪生[22]。

1. 滑移

滑移是通过位错的运动来实现的。在切应力作用下，位错只沿着一定的晶面和晶向运动，晶体的一部分相当于另一部分沿特定的晶面（滑移面）和晶向（滑移方向）产生相对位移，而不破坏晶体内部的原子排列规律的塑性变形方式，就是滑移。其中，滑移面通常是晶体内部原子的最密排面，这些面的面间距最大，面间的结合力最小；滑移方向是原子的最密排方向，在这些方向上原子间距最小，位错的柏氏矢量最小，滑移阻力也最小。一个滑移面和其上的一个滑移方向构成一个滑移系。一般来讲，滑移系越多，材料的塑性越好。

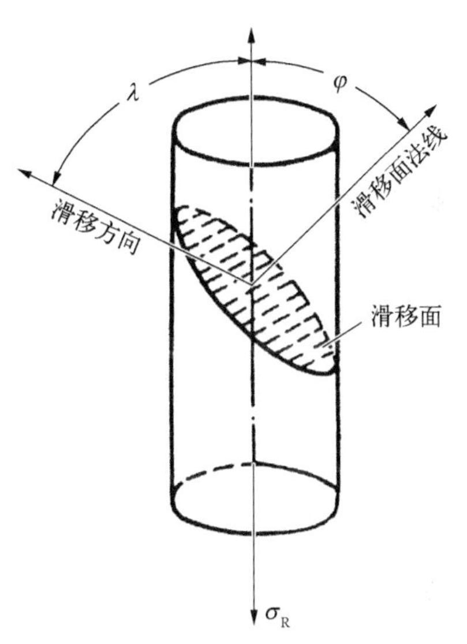

图 1-3　分切应力示意图

通常情况下，位错的滑移方向是确定的，而滑移面会受温度的影响。在实际变形过程中，位错的滑移系会受到所施加载荷、实验环境等其他因素的影响。事实上，位错滑移的真正驱动力是外力在滑移面上的分切应力 τ_R，如图 1-3 所示。

在单向压缩情况下，分切应力 τ_R可以表示为

$$\tau_R = \frac{P\cos\lambda}{A/\cos\varphi} = \sigma\cos\lambda\cos\varphi = \sigma m \tag{1-2}$$

式中，λ 为所施加载荷方向与滑移面的夹角；φ 为滑移面法向；m 称为施密特（Schmid）因子。

2. 孪生

孪生是晶体另一种塑性变形方式。需要注意的是只有在位错不易滑移的时候，孪生才能发生。孪生与滑移相似，都是在外力作用下使晶体发生切变，即晶体的一部分相对另一部分沿着特定的晶面（孪生面）和晶向（孪生方向）发生均匀变形，并且使切变区域与未切变区域的晶体结构在取向上呈晶面对称关系，如图 1-4 所示。其实，孪生最重要的作用是能在塑性变形的过程中调整晶体的取向，进而促进滑移的进行。相比滑移，孪生本身并不能给晶体带来太多的变形量。一般情况下，孪晶的形核所需的临界剪切应力远远大于滑移。

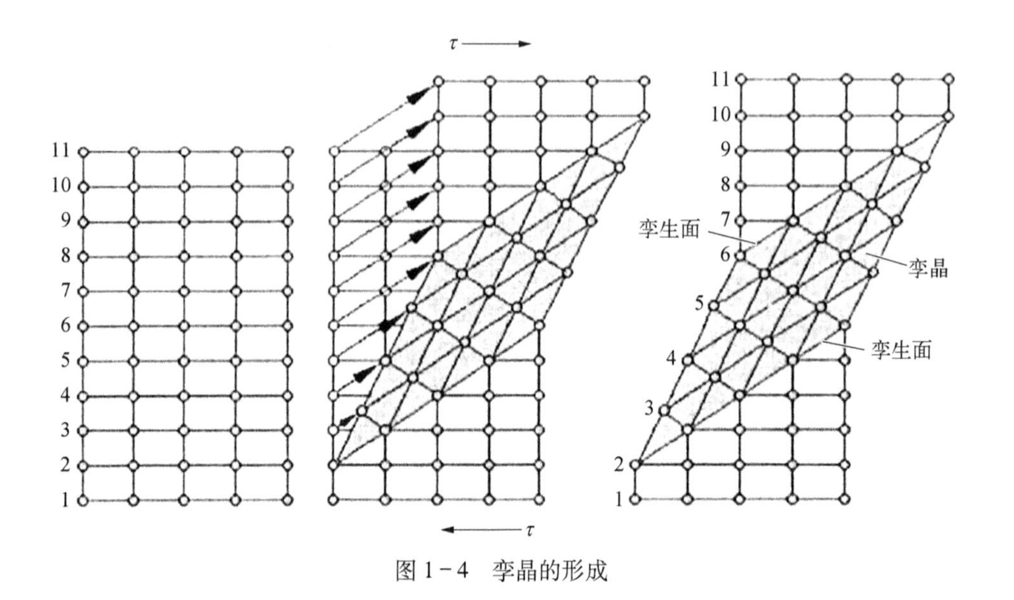

图 1-4　孪晶的形成

1.3.2　介观塑性变形行为及理论

对于金属材料而言，其介观尺度塑性变形机制具有很强的尺寸依赖效应。随着材料特征尺寸的减小，当其达到微纳米级时，所表现出的变形机制可能与宏观完全不同。

除此之外，在宏观塑性变形中，许多参数往往与材料尺度无关。然而，当材料关键特征尺寸和坯料晶粒尺寸同处于介观尺度时，其在塑性变形过程中会产生显著的尺寸效应[23, 24]。尺寸效应一般分为两类：一类是“越小越弱”（smaller is weaker）尺寸效应，材料的流动应力等力学性能随着特征尺寸的减小而降低；另一类是“越小越强”（smaller is stronger）尺寸效应，材料的流动应力等力学性能随着特征尺寸的减小而提高。

镍基高温合金由于元素众多且微观组织复杂，其微观组织结构对强化机制具有复杂的作用。当包含多种强化机制时，其塑性变形行为也更加复杂。镍基高温合金除了晶粒对其力学性能的影响外，更重要的是析出相的作用。然而，在介观尺度塑性变形过程中尺寸效应和析出相等微观组织结构如何影响镍基高温合金的变形行为还没有被很好地理解[25]。

1.4　镍基高温合金在航空航天领域的应用

高温合金的发展与现代航空发动机的发展密切相关。航空材料要求具有较高的强度、低的密度、优良的耐腐蚀及抗疲劳等性能，发动机材料更需要耐高温性能。现代燃气涡轮发动机有 50%以上质量的材料采用高温合金，其中镍基高温合金的用量在发动机材料中约占 40%。燃气涡轮发动机部件常用材料如图 1－5 所示。镍基高温合金在中、高温度下具有优异综合性能，适合长时间在高温下工作，能够抗腐蚀和磨蚀，是在高温零部件中应用最广泛的。镍基高温合金主要用于航空航天领域 950~1 050℃下工作的结构部件，如航空发动机的工作叶片、涡轮盘、燃烧室等[1]。

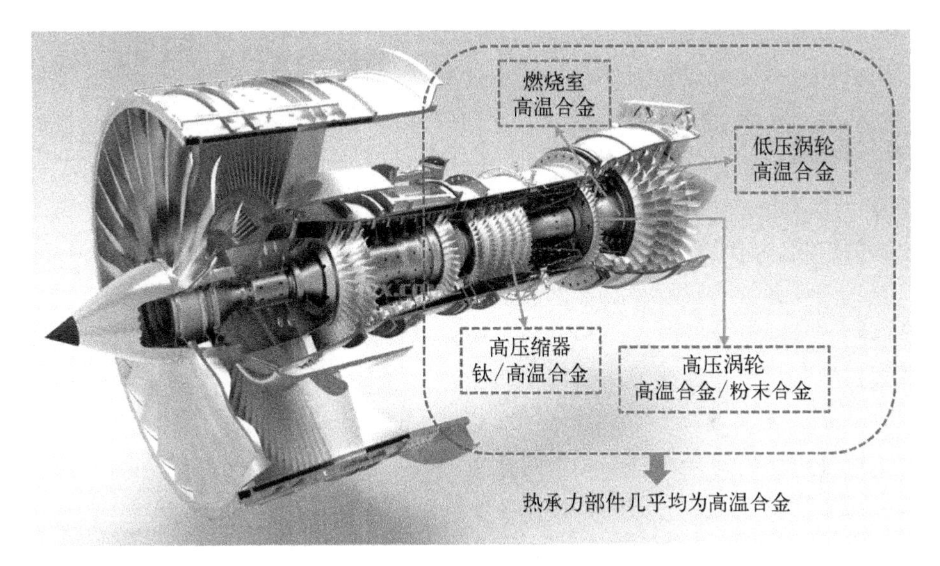

图 1－5　燃气涡轮发动机部件常用材料

1. 燃烧室用高温合金

燃油雾化、油气混合、点火、燃烧等过程都是在燃烧室进行的。因此，燃烧室是发动机各部件中温度最高的区域。燃烧室内燃气温度达到 1 500~2 000℃时，室壁合金承受的温度可达 800~900℃以上，局部处可达 1 100℃。除用作燃烧室合金受急热急冷的热应力和燃气的冲击力外，不承受其它载荷。因此，燃烧室材料的特点是承受温度高，热应力大而机械应力小，选用的高温合金绝大部分是固溶强化型合金。即合金中含有大量钨、钼等固溶强化元素，对合金技术要求主要有：具有抗高温氧化和燃气腐蚀的能力；具有一定的瞬时和持久强度，良好的冷热疲劳性能，较小的线膨胀系数；具有良好的工艺塑性，如杯突、弯曲性能和焊接性能；合金在工作温度下具有良好的长期组织稳定性。

2. 导向器用高温合金

导向器也称为导向叶片，它是涡轮发动机上受热冲击最大的零件之一。尤其当燃烧室内燃烧不均、工作不良时，Ⅰ级导向叶片所受热负荷更大，往往是促使导向叶片提前破坏的主要原因。一般说来，导向叶片比在同样条件下的涡轮叶片的温度高约100℃，但由于它是静止的，所受的机械负荷并不大。

通常由于热应力引起的扭曲、温度剧烈变化引起的热疲劳裂纹以及局部的烧伤是导向叶片在工作中产生的主要缺陷。根据导向叶片工作条件，导向叶片合金应具有如下性能：有足够的高温强度、持久性能及良好的热疲劳性能；有较高的抗氧化和热腐蚀能力，抗热应力和振动、弯曲应力的能力；如采用精密铸造合金，则要求合金具有良好的铸造工艺性能。

3. 涡轮叶片用高温合金

涡轮叶片，又称工作叶片，是航空发动机上最关键的构件之一，又是最重要的转动部件。虽然涡轮叶片比相应的导向叶片所受温度低约50~100℃。但是它的工作条件最为恶劣。除工作环境温度较高外，转动时承受很大的离心应力、振动应力、热应力、气流的冲刷力等作用。因此，用作涡轮叶片的合金具有高的抗氧化、抗腐蚀、抗蠕变、持久断裂以及良好的高温、中温综合性能，包括高周和低周的机械疲劳、冷热疲劳、足够的塑性和冲击韧性、无缺口敏感性；具有良好的导热性能和尽可能低的线膨胀系数；应具有良好的热加工塑性，对铸造合金应具有良好的铸造工艺性能、切削加工性能等；合金具有长期组织稳定性。

4. 涡轮盘用高温合金

涡轮盘也是航空发动机上一个很重要的转动部件，在四大类部件中所占质量最大（单件质量50 kg以上，大型涡轮盘单件质量达几百千克）。涡轮盘工作时，一般轮缘温度可达550~650℃，而轮心温度只有300℃左右，整个盘的温差相当大，盘件径向的热应力很大；涡轮正常转动时带着涡轮叶片高速旋转，承受最大的离心力；榫齿部分所受的应力更为复杂，既有拉应力，又有扭曲应力等；每当启动和关闭过程中，构成一次大应力低周疲劳等。这些工况条件要求涡轮盘用合金具有如下性能：较高的屈服强度和蠕变强度，良好的冷热疲劳和高周机械疲劳性能，较高的大应力低周疲劳性能；足够的塑性和较高的冲击韧性，且无缺口敏感；线膨胀系数要小；具有一定的抗氧化、抗腐蚀性能，以及良好的切削加工性能。

5. 航天火箭发动机用高温合金

火箭发动机用高温合金原则上都可以采用航空涡轮发动机用合金。但火箭发动机用合金除能承受高温冲击外，还有低温（-100℃以下）环境要求。尽管使用是一次性的，且时间极短（以秒和分计算），但要求合金的稳定性、可靠性极高。这是因为火箭用料要求特殊，部件必须经得住高梯度温度剧变、大应力幅度变化、高负荷及特殊介质环境的考验，尤其是涡轮转子应能承受爆炸式超载荷冲击。

参考文献

[1] 黄乾尧，李汉康. 高温合金 [M]. 北京：冶金工业出版社，2000.

[2] Akca E, Gürsel A. A review on superalloys and IN718 nickel-based INCONEL superalloy [J]. Periodicals of Engineering and Natural Sciences (PEN), 2015, 3 (1): 15-27.

[3] Betterodge W, Heslop J. The nimonic alloys and other nickel-base high-temperature alloys [M]. 2nd ed. London: Edward Arnold, 1974.

[4] Pollock T M, Tin S. Nickel-based superalloys for advanced turbine engines: chemistry, microstructure and properties [J]. Journal of Propulsion and Power, 2006, 22 (2): 361-374.

[5] Locq D, Caron P. On some advanced nickel-based superalloys for disk applications [J]. AerospaceLab, 2011 (3): 1-9.

[6] 李亚江，夏春智，石磊. 国内镍基高温合金的焊接研究现状 [J]. 现代焊接，2010, 7 (28): 1-4.

[7] Reed R C. The superalloys fundamentals and applications [M]. Cambridge: Cambridge University Press, 2006: 19.

[8] 唐中杰，郭铁明，付迎，等. 镍基高温合金的研究现状与发展前景 [J]. 金属世界，2014 (1): 36-40.

[9] 吕少敏. GH4151合金高温变形行为及组织与性能控制研究 [D]. 北京：北京科技大学，2021.

[10] 宋晓国. GH4169合金高温低周疲劳及蠕变性能研究 [D]. 哈尔滨：哈尔滨工业大学，2007.

[11] Roth H A, Davis C L, Thomson R C. Modeling solid solution strengthening in nickel alloys [J]. Metallurgical and Materials Transactions A, 1997, 28 (6): 1329-1335.

[12] 潘金生，仝健民，田民波. 材料科学基础 [M]. 北京：清华大学出版社，1998.

[13] 董陈. 固溶强化型耐热合金C-HRA-2的组织与性能研究 [D]. 北京：北京科技大学，2020.

[14] Kombaiah B, Murty K L. Coble, Orowan strengthening, and dislocation climb mechanisms in a Nb-modified Zircaloy cladding [J]. Metallurgical and Materials Transactions A, 2015, 46 (10): 4646-4660.

[15] Taylor G I. The mechanism of plastic deformation of crystals. Part I. - Theoretical [J]. Proceedings of the Royal Society of London. Series A, Containing Papers of a Mathematical and Physical Character, 1934, 145: 362-387.

[16] Taylor G I. The mechanism of plastic deformation of crystals. Part II. - Comparison with observations [J]. Proceedings of the Royal Society of London. Series A, Containing Papers of a Mathematical and Physical Character, 1934, 145: 388-404.

[17] 冯端. 金属物理学（第一卷）：结构与缺陷 [M]. 北京：科学出版社，1987.

[18] Honeycombe R W K. The plastic deformation of metals [M]. London: Edward Arnold, 1968.

[19] Hull D, Bacon D J. Introduction to dislocations [M]. Oxford: Pergamon Press, 1984.

[20] Read W T. Dislocations in crystals [M]. New York: McGraw-Hill, 1953.

[21] Hirth J, Lothe J. Theory of Dislocations [M]. 2nd ed. New York: John Willey&Sons, 1982.

[22] 徐爽. 金属纳米材料塑性变形机制及尺寸效应的分子动力学研究 [D]. 北京：北京交通大学，2013.

[23] 王传杰. 纯镍微成形流动应力尺寸效应及充填行为研究 [D]. 哈尔滨：哈尔滨工业大学，2013.

[24] 姚瑶. 微尺度下纯铜箔的力学性能及弯曲回弹研究 [D]. 济南：山东大学，2015.

[25] 朱强. GH4169镍基高温合金薄板介观尺度塑性变形机制 [D]. 哈尔滨：哈尔滨工业大学，2020.

第 2 章　镍基高温合金微拉伸力学性能及变形机制

2.1　引　　言

拉伸实验是一种可以表征材料力学性能的最基本的、同时也是最重要的测试方法，可以得到材料的屈服强度、弹性模量、抗拉强度等基本力学性能。目前对于镍基高温合金的宏观力学性能已经进行了广泛的研究，但是关于介观尺度镍基高温合金在拉伸过程中的流动应力演化及变形机制等方面的原理还没有解释清楚，因此有必要进一步研究介观尺度镍基高温合金的拉伸力学性能。

薄板类微结构件的几何尺寸或者特征尺寸在毫米量级以下，其成形属于介观尺度塑性变形范畴，制备高精度、高质量、低成本和高可靠性的薄板类微结构件成为挑战。塑性微成形技术具有大批量、高生产率、高精度、无污染以及微成形构件的力学性能良好等特点，赢得了国内外学者的青睐，成为薄板类微结构件制造的关键技术。随着材料的尺寸减小到微米级，金属薄板厚度方向只有几个晶粒时，其力学性能与宏观材料不同，材料的微观组织结构变得更加重要。因此，必须在介观尺度上重新评估金属薄板的各种力学性能，必须获得微型构件在简单张力下的流动应力。在宏观塑性变形中，许多参数往往与材料尺度无关。然而，金属薄板类微结构件关键特征尺寸和坯料晶粒尺寸同处于介观尺度，随着材料尺度的变化，其力学性能也会跟着发生改变，在塑性变形过程中会产生显著的尺寸效应。

由于镍基高温合金元素众多，微观组织复杂，且强化机制多样，使其介观尺度塑性变形行为极为复杂，除了晶粒尺寸影响尺寸效应外，析出相的存在也会对尺寸效应起到一定的作用，严重影响镍基高温合金介观尺度成形的有效性、稳定性和精确性。本章研究的镍基高温合金介观尺度塑性变形机制能够为镍基高温合金薄板微结构件成形工艺提供理论依据，对于促进其在航空航天、核工业、武器装备和能源等领域的广泛应用具有实际应用价值。

2.2　微观组织调控与微拉伸力学性能

2.2.1　实验材料及方案

2.2.1.1　实验材料

选取厚度为 200 μm 和 150 μm 的 GH4169 镍基高温合金薄板作为实验材料，成分如表 2－1 所示。GH4169 合金是一种以铁-镍-铬固溶体为基体的沉淀硬化型镍基变形高温合金，其在 650℃ 范围内具有优异的强韧性、抗疲劳及抗蠕变性能，同时具有良好的热加工、抗腐蚀及焊接性能，已经成为现代飞机发动机、燃气涡轮盘、核反应堆和发电机中使用最广泛的镍基变形高温合金之一[1-3]。与 GH4698、GH4742 等其它镍基变形高温合金相比，GH4169 合金微观组织较为复杂。其中，纳米尺度的盘状 γ″相是 GH4169 合金的主要强化相，与面心立方（FCC）基体 γ 相为共格关系，具有规则的体心四方（DO_{22}）结构，化学成分为 Ni_3Nb；纳米尺度立方或球形 γ′相是 GH4169 合金的辅助强化相，因为其体积分数相对较小，并且与基体 γ 相的晶格失配较弱，与基体 γ 相为共格关系，具有有序的面心立方（$L1_2$）的结构，化学成分为 Ni_3（Al，Ti）[4,5]；δ 相是 γ″相的平衡相，具有正交结构（D0a），化学成分为 Ni_3Nb，与基体 γ 相非共格关系[6,7]。此外，GH4169 合金中还存在少量的碳化物。图 2－1 展示了原始的冷轧退火的 GH4169 镍基高温合金薄板的金相组织，可以看出原始合金的晶粒比较细小，晶界具有一定的曲率，晶界处还存在一定量的 δ 相。

表 2－1　GH4169 镍基高温合金化学组成

元素	Ni	Cr	Nb	Mo	Al	Ti	C	Co	Fe
wt%	52.80	18.73	5.24	3.02	0.52	0.95	0.03	0.03	Bal.
at%	52.18	20.89	3.27	1.83	1.12	1.15	0.13	0.03	Bal.

注：wt%表示质量百分比；at%表示原子百分比；Bal.表示剩余均为该元素。

2.2.1.2　实验方案

1. 热处理方案

利用电火花加工（EDM）沿着 GH4169 合金薄板轧制方向（RD）加工狗骨形拉伸试样，GH4169 合金拉伸试样的尺寸如图 2－2 所示，其中标距宽度为 5 mm，标距长度为 12 mm。使用 2 000 粒度的 SiC 金相水砂纸对拉伸试样的切割边缘进行抛光处理，以确保试样的表面光洁度。微拉伸试样切割并抛光处理完成后在超声波清洗器中用 C_2H_5OH 溶液清洗表面的切削液和抛光碎屑。

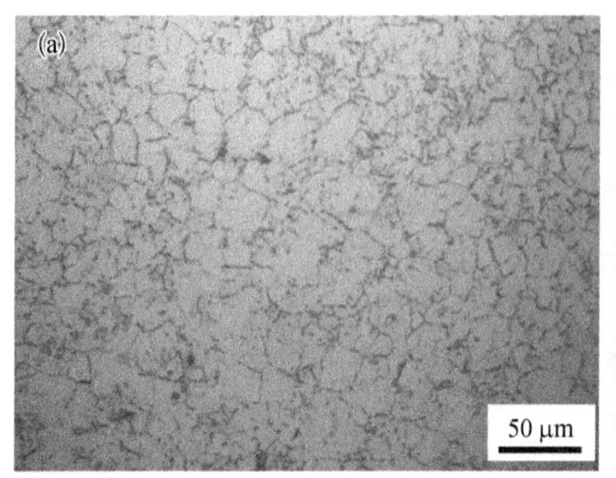

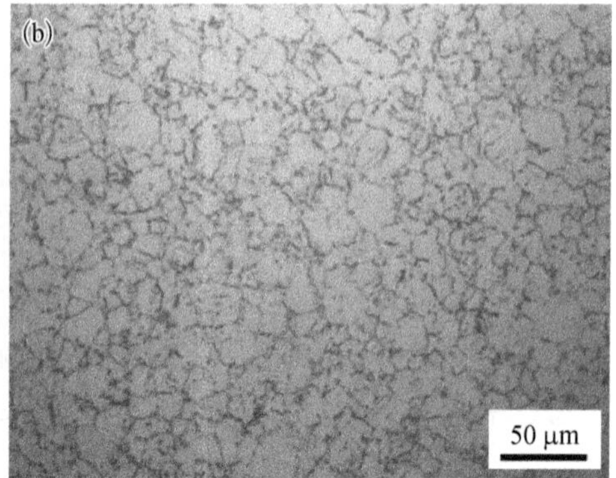

图 2－1　不同厚度 GH4169 合金薄板原始晶粒形貌

（a）200 μm；（b）150 μm

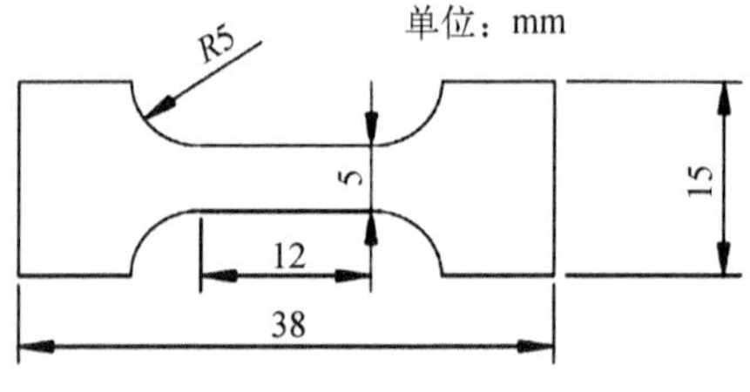

图 2－2　GH4169 合金拉伸试样尺寸示意图

镍基高温合金的力学性能与其微观组织结构密切相关，尤其是晶粒尺寸和各种第二相颗粒。涡轮盘等多晶零部件通过热锻和随后的热处理工艺调控所需的微观组织结构并改善其力学性能。为了防止 GH4169 合金试样在热处理过程中发生氧化，影响后续力学性能和断裂行为的分析，采用真空热处理方法，首先利用机械泵将装有拉伸样品的石英管抽真空，然后通满高纯度氩气进行洗气，将该过程重复三遍后用氢氧机密封石英管。

表 2－2 展示了 GH4169 合金第二相颗粒（γ″、γ′、δ）的溶解温度和析出温度范围，图 2－3 展示了英国 Brooks 和 Bridges[8] 绘制的 GH4169 合金的时间-温度-转换（TTT）曲线。为了单独研究基体 γ 相晶粒尺寸和第二相颗粒对微拉伸力学性能、应变演化、孔洞演化和断裂行为的影响，根据第二相颗粒的溶解温度和析出温度，制订了合理的热处理方案。

表 2－2　GH4169 合金析出相的溶解温度和析出温度范围

析出相	溶解温度	析出温度
γ′	843～871℃	593～816℃
γ″	870～930℃	595～870℃
δ	982～1 037℃	780～980℃

（1）高温固溶处理方案，获得不同晶粒尺寸的基体 γ 相

根据表 2－2 可知，GH4169 合金析出相的溶解温度最高为 1 037℃，为了将第

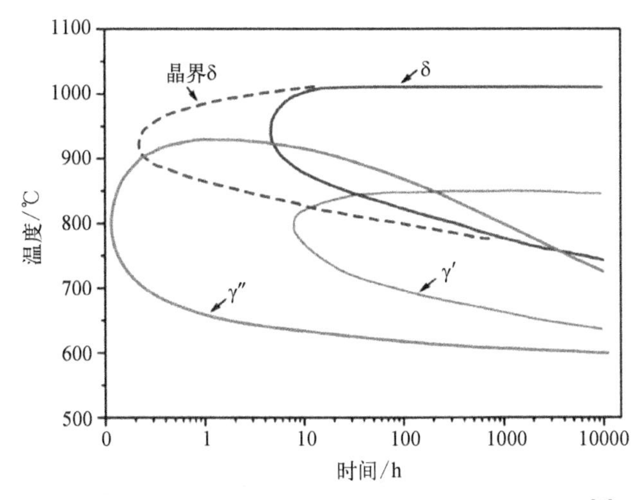

图 2－3　GH4169 合金的时间-温度-转换（TTT）曲线[8]

二相颗粒（γ''、γ'、δ）完全溶解到基体 γ 相中，并且获得不同晶粒尺寸的 GH4169 合金基体 γ 相，将 GH4169 合金试样在 1 050℃、1 100℃、1 150℃、1 200℃ 和 1 250℃ 下进行高温固溶处理，保温 1 h，为了保存合金的高温微观组织结构，选择水淬（WQ）进行冷却。

（2）高温固溶处理+高温时效处理方案，获得不同粒径和含量的 δ 相

首先进行高温固溶处理方案，然后将固溶处理后的试样在 960℃ 下保温，在不同时间进行高温时效处理，以析出 δ 相，冷却方式选择 WQ。根据表 2－2 可知，该热处理方案下合金的微观组织为不同晶粒尺寸的基体 γ 相和不同粒径与含量的 δ 相，具体的热处理方案如表 2－3 所示。下文将该热处理方案简称为"高温时效处理"。

表 2－3　GH4169 合金的高温固溶处理和高温时效处理方案

高温固溶处理	高温时效处理
1 050℃×1 h/WQ	960℃×2 h，12 h，24 h/WQ
1 100℃×1 h/WQ	960℃×2 h，12 h，24 h/WQ
1 150℃×1 h/WQ	960℃×2 h，12 h，24 h/WQ
1 200℃×1 h/WQ	960℃×2 h，12 h，24 h/WQ
1 250℃×1 h/WQ	960℃×2 h，12 h，24 h/WQ

（3）高温固溶处理+双级时效处理方案，获得不同粒径和含量的 γ''/γ' 相

首先进行高温固溶处理方案，然后将固溶处理后的试样进行双级时效处理，即在 720℃ 下保温不同时间，然后以 55℃/h 的冷却速度将试样炉冷至 620℃，在 620℃ 保温 8 h 后水淬。根据表 2－2 可知，该热处理方案下合金的微观组织

为不同晶粒尺寸的基体 γ 相和不同粒径与含量的 γ″/γ′相，具体的热处理方案如表 2－4 所示。下文将该热处理方案简称为“双级时效处理”。

表 2－4 GH4169 合金的高温固溶处理和双级时效处理方案

高温固溶处理	高温时效处理
1 050℃×1 h/WQ	720℃×1 h，12 h，24 h/炉冷，以 55℃/h 冷至 620℃×8 h/WQ
1 100℃×1 h/WQ	720℃×1 h，12 h，24 h/炉冷，以 55℃/h 冷至 620℃×8 h/WQ
1 150℃×1 h/WQ	720℃×1 h，12 h，24 h/炉冷，以 55℃/h 冷至 620℃×8 h/WQ
1 200℃×1 h/WQ	720℃×1 h，12 h，24 h/炉冷，以 55℃/h 冷至 620℃×8 h/WQ
1 250℃×1 h/WQ	720℃×1 h，12 h，24 h/炉冷，以 55℃/h 冷至 620℃×8 h/WQ

2. 微拉伸实验

为了研究 GH4169 合金介观尺度塑性变形行为，GH4169 合金试样在电子万能试验机（Instron5967，INSTRON）上开展不同厚度、不同微观组织的镍基高温合金薄板室温单轴微拉伸实验（图 2－4），测量屈服强度、抗拉强度、断裂延伸率，获得试样厚度、基体 γ 相晶粒尺寸、第二相（γ″、γ′、δ）尺寸与含量等对 GH4169 合金薄板微拉伸流动应力的影响规律。应变速率选择 0.01 s^{-1}，拉伸过程中计算机可以自动实时获取力和位移数据，使用 Matlab 软件和 Origin 软件处理数据并绘制曲线，将力和位移转换为相应的工程应力和工程应变以及真应力和真应变。拉伸实验前利用游标卡尺记录每个试样的实际宽度和厚度，每组实验重复

图 2－4 室温拉伸设备

5 次以消除随机误差。

3. 基于数字图像相关（DIC）技术的原位微拉伸实验

DIC 技术是目前广泛使用的非接触式光学测量方法，结合常规的网格测量方法和现代计算机视觉技术，多应用于全场位移和应变测量领域[9, 10]。DIC 技术的基本原理是实时记录变形前与变形后图像中散斑点的位置，基于位移和图像之间的相关性进行计算处理，实现对整个变形过程中试样表面应变的测量。DIC 技术解决了传统测量应变所用的印刷网格直接接触式测量范围小、误差大、操作不便、无法应用于微型试样等弊端，扩大了应变测量的适用范围和测量精度，不仅可以实现全场应变的测量，还可以针对局部区域应变进行测量和分析，可以揭示塑性变形过程中局域应变演化规律或介观尺度塑性应变演化规律。

基于 DIC 技术的原位微拉伸实验装置如图 2－5 所示，主要包括拉伸测试部分、图像采集部分和应变计算与分析部分。为了获得精确的应变场，需要预处理拉伸试样的表面，目的是使得试样表面灰度值不同，从而在试样表面获得一定的衬度差。最常用的方法是试样表面散斑喷涂处理。首先在试样表面喷涂上一层薄薄的白漆，喷涂白漆的质量非常关键，要保证喷涂尽可能均匀，这样试样表面厚度一致，否则会影响应变测量的准确性；还要保证白漆要覆盖住试样表面，防止试样表面的金属光泽影响后续应变的测量与计算。然后在白漆上均匀地喷涂碳粉，要保证碳粉随机弥散地分布在试样表面，以便于测试过程中实时跟踪点的位置以及后续精确计算位移和应变。在拉伸实验过程中获得的图像应包含足够的散斑喷涂，散斑喷涂中包含的应变信息可以通过 DIC 系统计算出来。在原位微拉伸实验测试过程中，选择应变速率为 0.001 s^{-1}，每个试样照片采集的曝光时间为 250 ms，在每个拉伸试样的标距部位从初始未变形到最终断裂实时采集照片，保证可以精确分析拉伸过程应变演化行为。对每个微观组织的试样进行 5 次重复实验，提高测试的准确性。

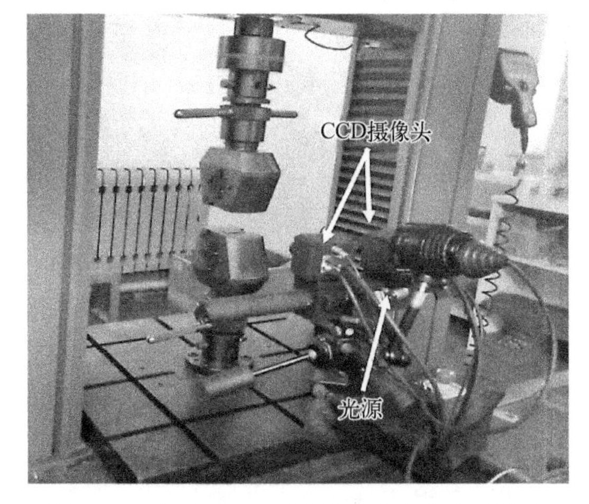

图 2－5　基于 DIC 技术的原位微拉伸实验装置

4. 基于同步辐射断层扫描技术的原位微拉伸实验

同步辐射（SR）是带电粒子在电磁场的作用下做高速曲线运动时沿轨道切线方向所发射的电磁辐射[11]。SR 具有相干性好、高通量、高准直、高空间分辨率、高信噪比、高穿透性、高稳定性和能量可调等优势，利用 SR－CT 技术可以清晰、准确、直观、无损地表征材料内部微观结构，也可以实时可视化加载条件下材料变形过程内部孔洞和微裂纹等缺陷的三维微观结构演化行为。

SR－CT 技术的原理如图 2－6 所示，利用高强度、高通量和高准直的同步辐射 X 射线穿透一定尺寸的拉伸试样，在 CCD 探测器上获得 2D 投影图，采集过程中以一定的转速旋转样品台，得到不同角度大量的 2D 投影图，旋转台转动 180°后停止采集照片。

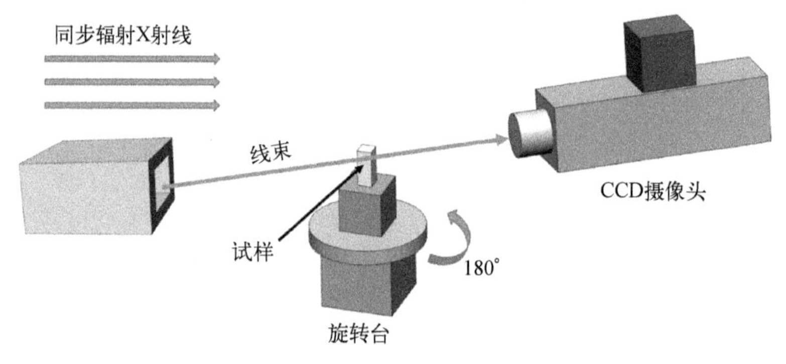

图 2－6　SR－CT 技术原理图

利用 SR－CT 技术，搭建原位加载装置，如图 2－7 所示，原位可视化研究 GH4169 镍基高温合金薄板微拉伸变形，实现孔洞的形核与扩展的三维表征，揭示微观组织对镍基高温合金薄板孔洞和裂纹萌生、形核、扩展的影响机制。基于 SR－CT 技术的原位微拉伸测试在上海同步辐射装置（SSRF）BL13W1 线站上开展，以实现塑性变形过程孔洞缺陷空间分布的 3D 可视化。SR 探测器的空间分辨率为 0.65 μm/pixel，这是用于 3D 重建图像的标称各向同性分辨率。为了保证线束可以观测到试样内部特征，线束能量定为 34 keV，保证试样中心距离 CCD 镜头 10 cm。测试过程中，曝光时间为 250 ms，在 180°的旋转范围内，每次 SR－CT 扫描均以规则的增量（0.18°）采集 1 000 张射线照片。另外，还收集了 5 个没有同步辐射 X 射线穿透的暗场图像，以进行图像处理。根据同步辐射 X 射线对镍基高温合金的吸收及穿透能力，为了保证测试过程中在 34 keV 线束能量下可以获得 GH4169 合金具有微观结构信息的 2D 投影图，我们设计基于 SR－CT 技术的 GH4169 合金介观尺度原位微拉伸试样尺寸为标距宽度 300 μm，试样厚度选择 200 μm。利用 EDM 加工所需尺寸的微拉伸试样，利用 2 000#金相水砂纸研磨切割边缘，保证试样切割边缘的光洁度。测试完成后使用上海光源自主开发的 PITRE 软件将原始图像进行相位恢复和切片重建，获得 2 048 张 TIFF 图像，该软件可通过傅里叶变换方法重建图像并执行伪影去除。Avizo 9.0 软件用于试样的 3D 重建，通过使用高斯滤波器和中值滤波器，可以提高切片质量，通过裁剪 3D

体积，从每个拉伸样品中去除样品的表面不规则性。然后，通过调整孔洞缺陷、镍基高温合金基体 γ 相和背景的灰度值进行分割。最后，获得孔洞缺陷的定量统计数据，并对孔洞缺陷特性进行分析。

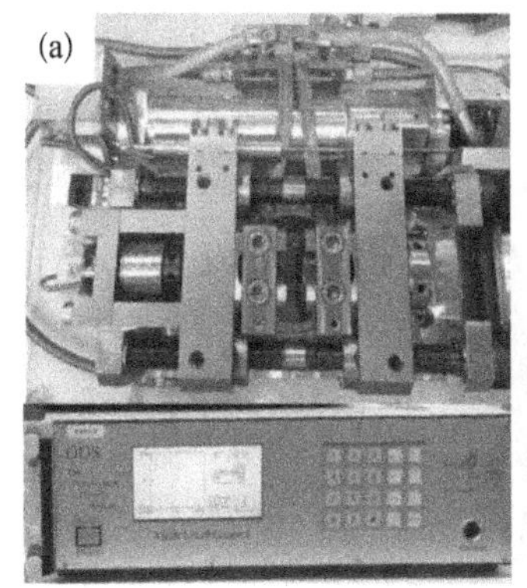

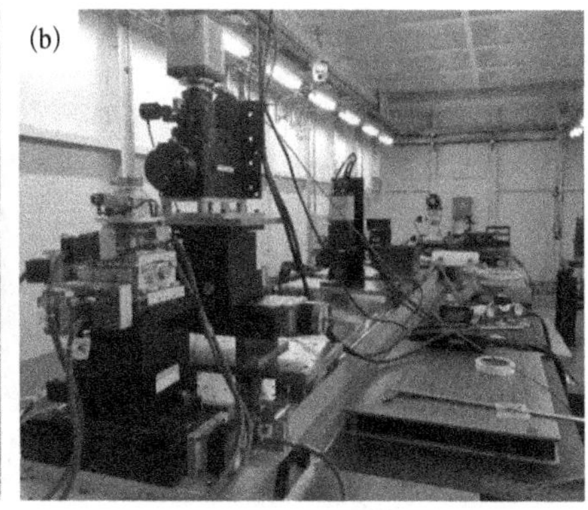

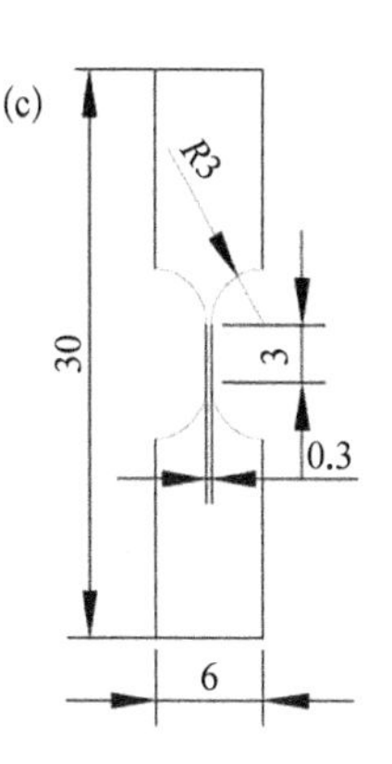

图 2-7　基于 SR-CT 技术的原位微拉伸实验装置

（a）原位微拉伸装置；（b）同步辐射装置；（c）试样尺寸（单位为 mm）

5. 微观组织表征

利用 200~2 000#的 SiC 金相水砂纸对 GH4169 合金热处理试样进行常规研磨，在抛光机上用精抛绒布和 0.5~2.5 μm 粒度的金刚石金相喷雾抛光剂进行机械抛光，用 80% HCl+13% HF+7% HNO_3混合溶液进行化学腐蚀，腐蚀时间为 60~80 s，利用 OLYMPUS 显微镜进行金相组织的观察。

对 GH4169 合金热处理试样和拉伸断裂试样轧向-横向（RD-TD）截面断口部分进行常规研磨和机械抛光后，在 Buehler 震动抛光机采用粒度为 0.06 μm 的 SiO_2抛光剂进行震动抛光，去除试样表面的应力层。通过配备了 EBSD 系统的 SEM（蔡司，MERLIN COMPACT）在 20 kV 的加速电压、15 mm 的工作距离（WD）、0.5 μm 的扫描步长、4×4 面元（binning）、1 392（H）×1 040（V）分辨率等测试参数对晶界取向、极图等进行表征。EBSD 采集区域与样品的晶粒尺寸密切相关，确保视野中至少有 200 个晶粒。此外，通过 SEM 观察与分析 δ 相形貌。

通过 TEM（FEI, Tecnai G2 F30）观察合金试样的精细微观组织结构细节。首先通过 EDM 从热处理试样切割出直径为 10 mm 的切片，然后使用 1 000~4 000# SiC 金相水砂纸将切片机械研磨至约 50 μm 的厚度。从已经减薄的切片中冲出直径为 3 mm 的圆盘，然后利用 10 ml $HClO_4$+ 190 ml C_2H_5OH 的混合溶液在 25 V 下冷却至-25℃进行电解双喷来制备 TEM 箔片。

在拉伸实验之后，保护好断口，利用 EDM 在离拉伸断口 10 mm 处切断，通过 SEM 观察微拉伸试样的断口微观形貌。通过分析合金断口形貌特征来分析微拉伸变形过程的塑性失稳、裂纹萌生及扩展等缺陷演化行为，明确微拉伸变形过程试样厚度和微观组织对镍基高温合金断裂行为及断裂机制的影响。

2.2.2 初始微观组织调控

2.2.2.1 基体 γ 相微观组织调控

为了研究 GH4169 合金薄板基体 γ 相晶粒尺寸对其微拉伸力学性能的影响，首先开展了 1 050~1 250℃ 的高温固溶处理，研究晶粒的演化规律。图 2－8 和图 2－9 分别展示了 200 μm 厚度和 150 μm 厚度 GH4169 合金薄板经高温固溶处理后试样的金相组织。可以发现，GH4169 合金薄板高温固溶处理后金相组织由奥氏体等轴晶组成，金相组织中存在一定量的孪晶。GH4169 合金是面心立方（FCC）结构，基体中 Mo、Co 等元素的加入使得 GH4169 合金基体堆垛层错能降低，在高温固溶处理过程中随着晶粒的长大会形成一定量的退火孪晶。由于固溶温度（1 050~1 250℃）高于第二相 γ″相、γ′相和 δ 相的完全溶解温度，因此在该温度以上进行高温固溶处理采取水冷后 GH4169 合金薄板微观组织中不存在第二相 γ″相、γ′相和 δ 相。

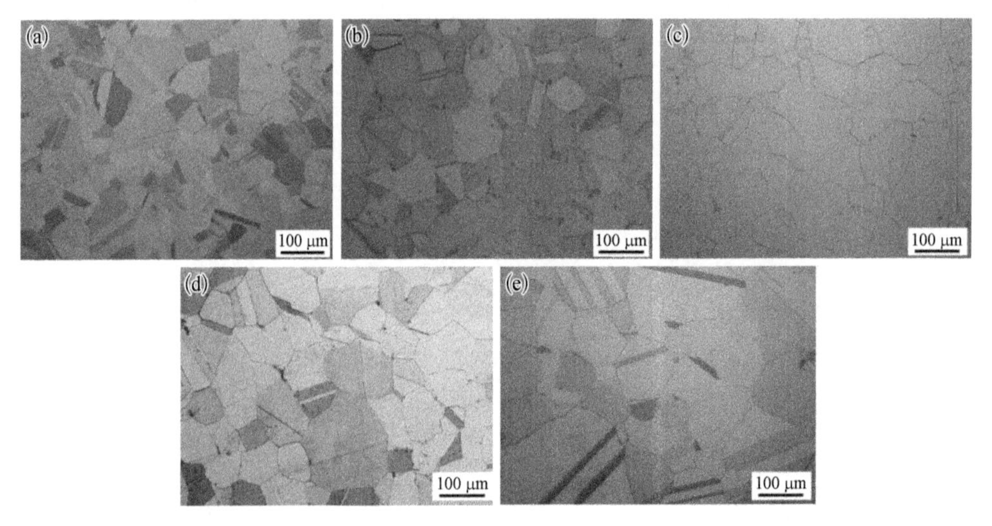

图 2－8 200 μm 厚度 GH4169 合金在不同温度固溶处理后的晶粒图

(a) 1 050℃；(b) 1 100℃；(c) 1 150℃；(d) 1 200℃；(e) 1 250℃

利用 Image Pro Plus 软件统计 GH4169 合金的晶粒尺寸。200 μm 和 150 μm 厚度 GH4169 合金薄板的晶粒尺寸分布直方图分别如图 2－10 和图 2－11 所示。晶粒尺寸分布大致满足高斯分布趋势，平均晶粒尺寸随着固溶温度的增加而逐渐增大。固溶处理温度从 1 050℃ 升高到 1 250℃，200 μm 厚度 GH4169 合金薄板平均晶粒尺寸从 50.6 μm 逐渐增加到 134.6 μm，150 μm 厚度 GH4169 合金薄板平均晶粒尺寸从 48.1 μm 逐渐增加到 106.1 μm。

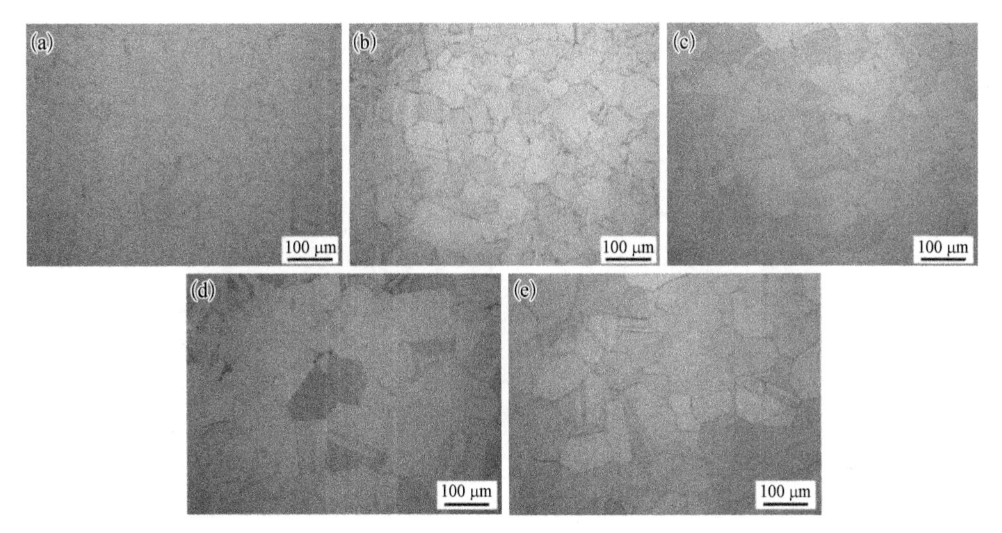

图 2－9　150 μm 厚度 GH4169 合金在不同温度固溶处理后的晶粒图

（a）1 050℃；（b）1 100℃；（c）1 150℃；（d）1 200℃；（e）1 250℃

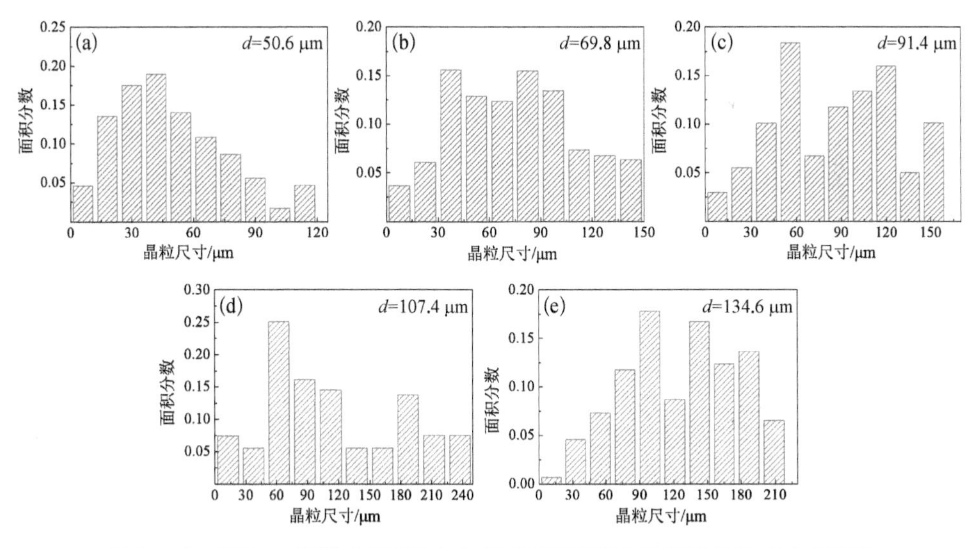

图 2－10　200 μm 厚度 GH4169 合金在不同温度固溶处理后晶粒尺寸分布图

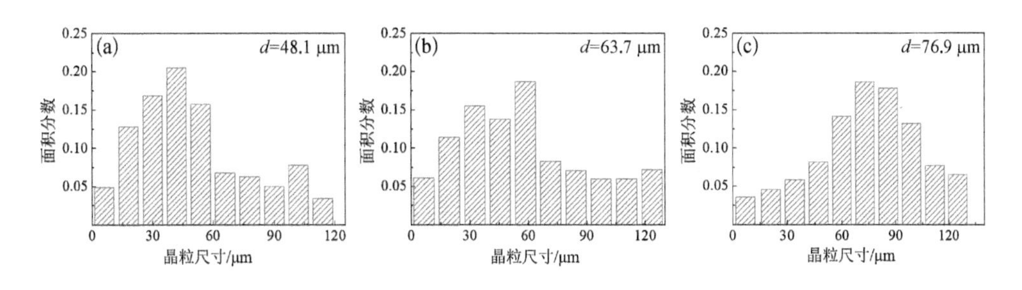

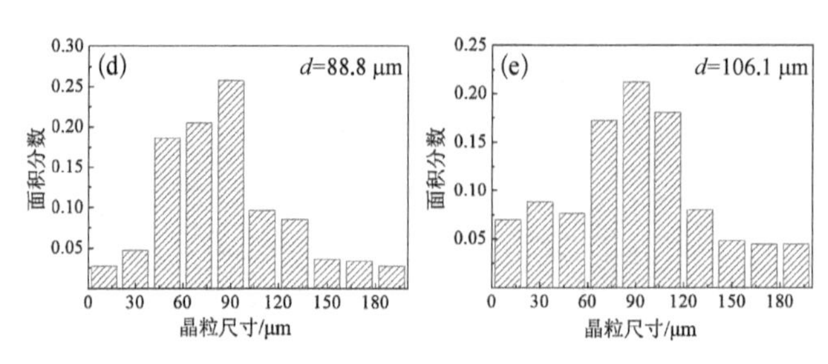

图 2－11　150 μm 厚度 GH4169 合金在不同温度固溶处理后晶粒尺寸分布图

为了评估与晶粒形态和取向有关的微观结构，对热处理试样横截面进行了 EBSD 测试。图 2－12 显示了 GH4169 合金薄板经过高温固溶处理后（111），（001）和（011）极图。计算时采用晶体对称的正交各向异性（轧制薄板）模式的假设。经过高温固溶处理后，所有极图中随机密度的倍数或随机分布的倍数（mrd）相对较低。不同晶粒尺寸的 200 μm 厚度 GH4169 合金薄板最大极密度在 1.833 mrd 和 2.351 mrd 之间，不同晶粒尺寸的 150 μm 厚度 GH4169 合金薄板最大极密度在 1.477 mrd 和 2.121 mrd 之间。这表明高温固溶处理消除了因轧制引起的 GH4169 合金薄板织构。因此，本章未考虑微观组织中的织构对力学性能的影响。

2.2.2.2　δ 相微观组织调控

GH4169 合金薄板经过高温时效处理后的晶粒尺寸与固溶处理后大体一致。因此，不考虑时效处理对晶粒尺寸的影响。GH4169 合金薄板在高温时效处理后，微观组织内析出了 δ 相，通过 TEM 对 δ 相的微观结构进行分析，如图 2－13 所示。观察发现针状 δ 相与晶界成一定取向分布，且针状 δ 相之间平行分布。δ 相的 SAED 图案和 EDS 结果分析得知其化学组成为 Ni_3Nb，通过 SAED 图案可以看出 δ 相与基体 γ 相不共格。

为了清晰地观察与分析 GH4169 合金薄板高温时效处理后 δ 相的尺寸、体积含量、形貌及分布，利用 SEM 对 δ 相进行了表征。晶粒尺寸为 50.6 μm 的试样在 960℃时效不同时间（T）后的 δ 相形貌如图 2－14 所示。观察发现，GH4169 合金薄板高温时效处理后析出了球形、棒状和针状的 δ 相。如图 2－14（a）所示，GH4169 合金薄板未进行高温时效处理时，在晶界处仅存在少量的碳化物。如图 2－14（b）所示，GH4169 合金薄板经过 2 h 较短时效时间处理后，球形和棒状的 δ 相在晶界析出。如图 2－14（c）所示，GH4169 合金薄板时效处理 12 h 后 δ 相在晶界处的析出量逐渐增加，并且 δ 相从晶界向晶粒内部生长。此外，在晶界处分布的 δ 相的形态从球形和棒状转变为针状。如图 2－14（d）所示，GH4169 合金薄板时效处理 24 h 后 δ 相大量析出，晶粒内的孪晶处以及晶内部位也出现了相互平行的针状 δ 相，且在晶内析出较多的小尺寸的球形 δ 相。随着 δ 形态从球

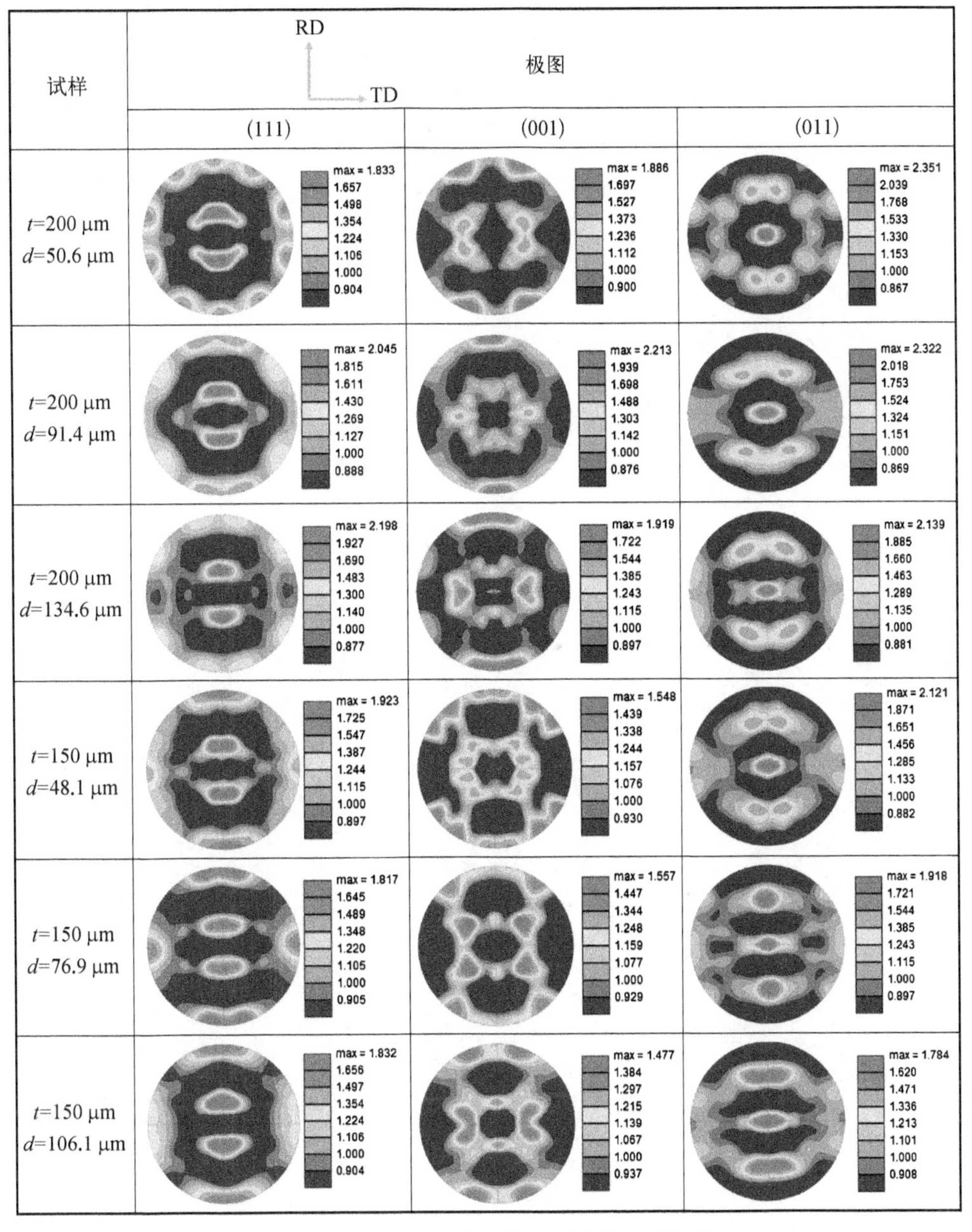

图 2-12　GH4169 合金高温固溶处理后极图

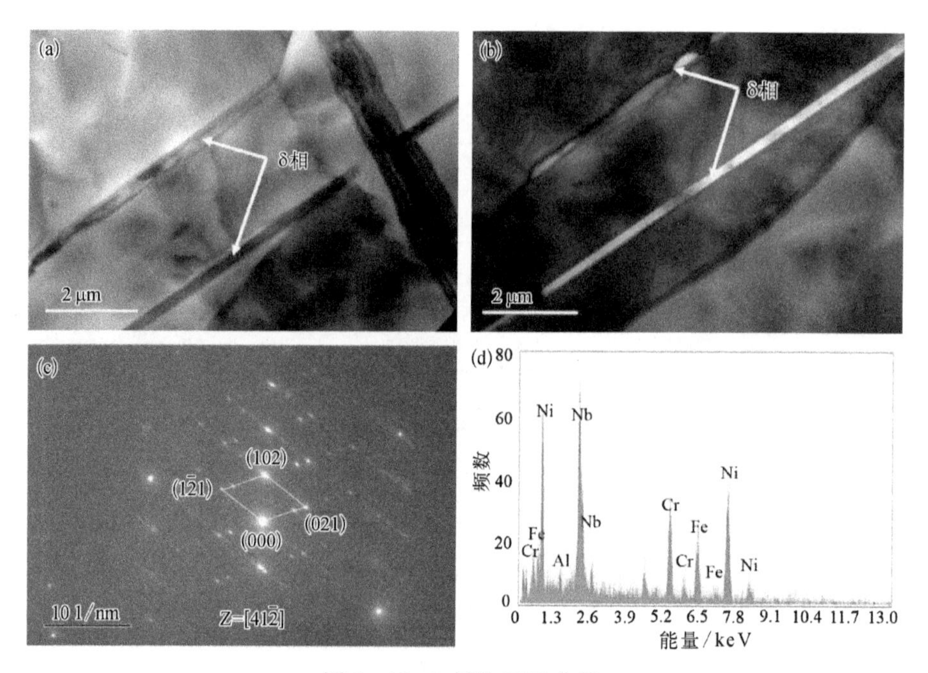

图 2-13 δ 相的 TEM 分析

(a) 和 (b) 明场像；(c) SAED 模式；(d) EDS 结果

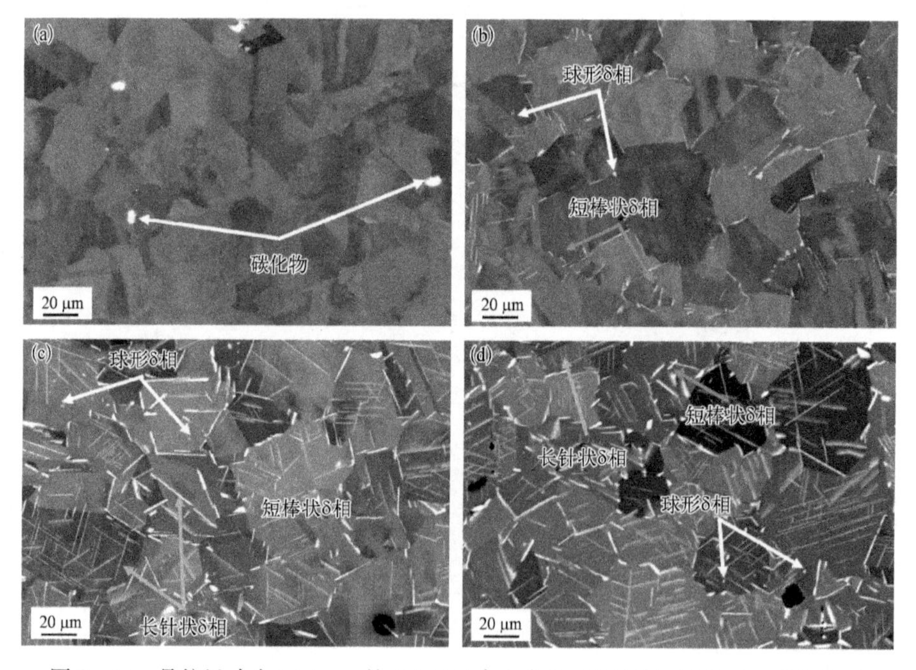

图 2-14 晶粒尺寸为 50.6 μm 的 GH4169 合金在 960℃时效不同时间 δ 相的形貌

(a) T=0 h；(b) T=2 h；(c) T=12 h；(d) T=24 h

形和棒状演变为针状 δ 相，δ 相的长轴尺寸从几微米变化到几十微米，δ 相的体积分数随着时效时间的增加也显著增加。

δ 相的析出机制受 Nb 元素扩散控制的影响，合金元素在浓度或者自由能较高的晶界或者孪晶界处容易扩散聚集。随着时效时间的延长，Nb 原子扩散速度逐渐加快。因此，球形和棒状 δ 相逐渐演变为针状 δ 相，析出相体积含量增加的同时 δ 相尺寸也逐渐变大。随着时效时间的继续增加，Nb 原子扩散加剧，在晶内分布变得逐渐均匀，形核部位逐渐增多，晶内小尺寸的球形 δ 相逐渐析出，大量的针状 δ 相不断长大，甚至贯穿于整个晶粒内部。

对于给定尺寸的 GH4169 合金薄板，随着晶粒尺寸的增加，其晶界比例减小。由于 δ 相的析出受 Nb 原子扩散的影响，且优先在晶界处析出。因此，需要分析不同晶粒尺寸的 GH4169 合金高温时效处理后 δ 相的析出行为。图 2－15 展示了不同晶粒尺寸 GH4169 合金薄板在 960℃时效 12 h 的 δ 相形貌。用 Image Pro Plus 软件定量分析 δ 相的尺寸和体积含量，如图 2－16 所示。可以观察到，δ 相的尺寸随着晶粒尺寸的增加而显著增加。这是由于晶粒尺寸较大的试样给 δ 相提供了相对畅通的生长环境，δ 相可以沿着晶界连续生长，个别 δ 相可以贯穿整个晶粒。然而，δ 相的数量随着晶粒尺寸的增加而显著减少。由扩散理论可知，不同晶粒尺寸的 GH4169 合金高温时效处理保温相同时间后 δ 相的体积含量大致相同。

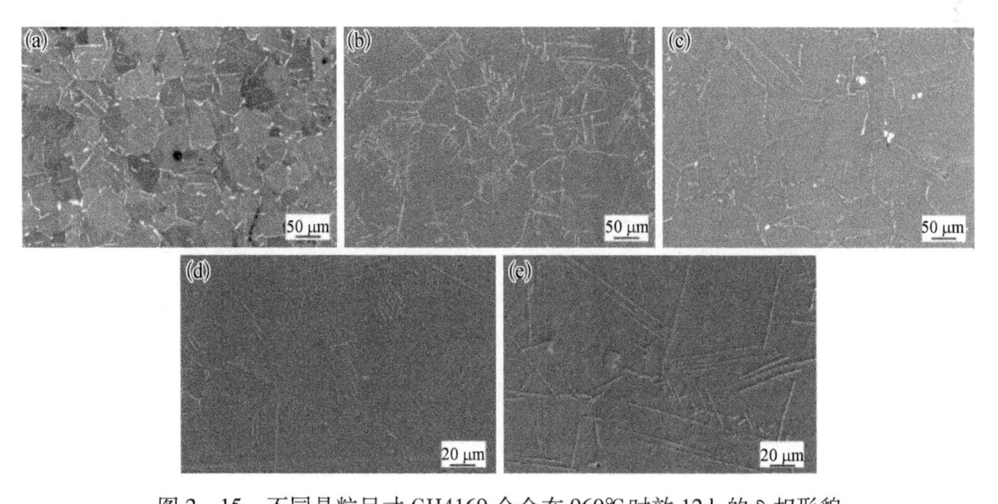

图 2－15　不同晶粒尺寸 GH4169 合金在 960℃时效 12 h 的 δ 相形貌

(a) d=50.6 μm；(b) d=69.8 μm；(c) d=91.4 μm；(d) d=107.4 μm；(e) d=134.6 μm

2.2.2.3　γ″/γ′相微观组织调控

为了研究 GH4169 合金薄板中 γ″/γ′相对其介观尺度力学性能的影响规律，根据 GH4169 合金第二相颗粒的析出和溶解温度，设计并开展了不同的双级时效

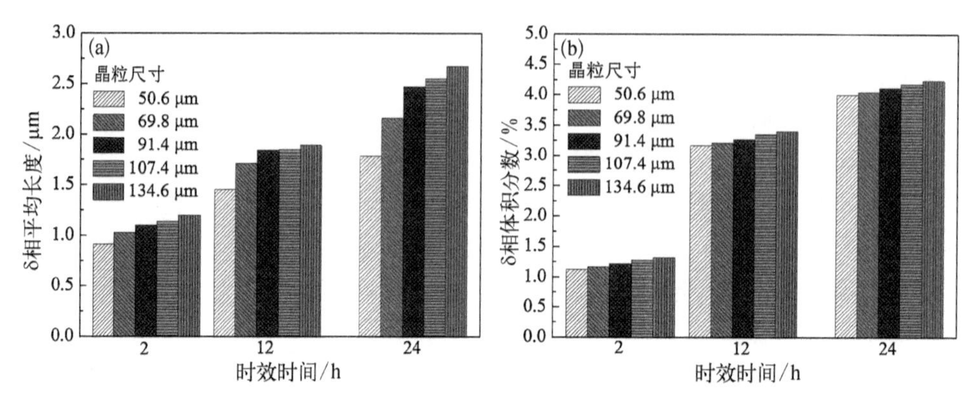

图 2 - 16　GH4169 合金在 960℃处理时效不同时间后 δ 相平均长度和体积分数的统计结果

（a）平均长度；（b）体积分数

方案，保证 GH4169 合金薄板基体 γ 相中只析出 γ″/γ′相。

奥地利 Drexler 等[12]研究发现 GH4169 合金在固溶处理结束时的原位小角度中子散射（SANS）模式非常吻合，提出固溶处理对双级时效处理过程中产生的 γ″相和 γ′相微观组织结构没有影响。因此，选择厚度 200 μm、晶粒尺寸 69.8 μm 的 GH4169 合金薄板试样观察并分析 γ″相和 γ′相的微观结构。图 2 - 17 展示了 GH4169 合金薄板 γ″相形貌。TEM 的明场像（BF）和高分辨率透射电子显微镜图像（HRTEM）表明 γ″相形貌主要为盘状相，γ″相均匀分布在基体 γ 相中。BF 图像清楚地表明，随着时效时间的增加，γ″相的粒径增加。HRTEM 图像和 SAED 图案显示了盘状 γ″相具有三个变体结构。

为了鉴定 GH4169 合金主要强化相 γ″相的晶格结构和与基体 γ 相的取向关系，获得在基体 γ 相的［001］晶带轴上的 SAED 图案。基体 γ 相的［001］晶带轴上的强化相 γ″相的相识别如图 2 - 18 所示。γ″相与基体 γ 相晶体学取向关系为 $\{100\}_{\gamma''}$ // $\{100\}_{\gamma}$，$[001]_{\gamma''}$ // $\langle 001\rangle_{\gamma}$。γ″相的原子胞结构的 c 轴垂直于盘平面。盘状 γ″相的三个变体结构与平行于观察方向的 γ″相的轴有关，如图 2 - 18（j）～（l）所示。当 a 轴［图 2 - 18（j）］或 b 轴［图 2 - 18（k）］与观察方向平行时，可以观察到椭圆形的盘状 γ″相。当 c 轴平行于观察方向时，可以观察到圆形的盘状 γ″相［图 2 - 18（l）］。

通过 TEM 和 HRTEM 图像对 γ′相量化非常困难。通过 TEM 表征，有时会在团簇中观察到 γ′相，但是在微观组织中 γ′相显示出非常低的对比度，这很难与微观组织中的 γ″相区别[13]。有些学者已经通过研究充分证明，由于微观组织中的 γ″相和 γ′相的共同沉淀，会导致各种结构的复合 γ′/γ″沉淀物[14, 15]。Drexler 等[12]通过原子探针层析成像（APT）观察到沉淀物以 γ″- γ′缔合模式分布。文献［16］～文献［19］还发现了微观组织中 γ′和 γ″沉淀物的致密形态。图 2 - 19 显

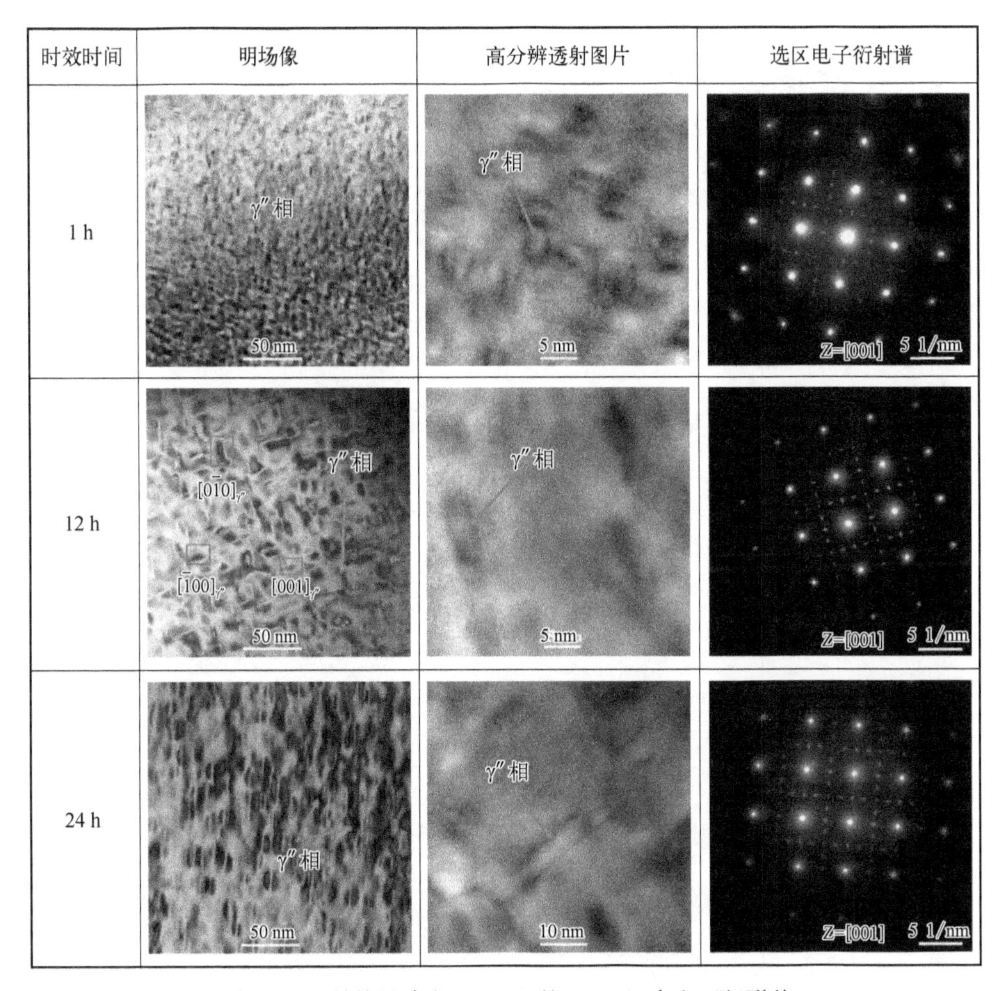

图 2-17　晶粒尺寸为 69.8 μm 的 GH4169 合金 γ″相形貌

示了基体 γ 相中［001］方向对比度很弱的单个 γ′相。图 2-19（b）中球形 γ′相的 SAED 图案是根据图 2-19（a）中高亮显示的正方形经过快速傅里叶变换（FFT）得到的。图 2-19（c）显示了使用 $L1_2$ 晶体结构模拟的 SAED 图案，γ′相的原子胞结构如图 2-19（d）所示。当观察方向平行于 *a* 轴、*b* 轴或 *c* 轴时，观察到的球形 γ′相形状保持不变。

精确实验测量 γ″和 γ′相的体积分数中存在很大难题。通过沉淀相的电化学提取测定发现 γ″相的体积分数约为 γ′相的三倍[20]。此外，球形 γ′相的尺寸比 γ″相小得多。因此，本书仅通过 TEM 和 HRTEM 图像量化 γ″相的尺寸和体积分数。如先前所分析，当从不同方向观察 γ″相时，盘状 γ″相看起来像是椭圆形。西北工业大学 Sui 等[21]提出用椭圆的长轴来表示 γ″相的实际直径。通过手动测量 DF

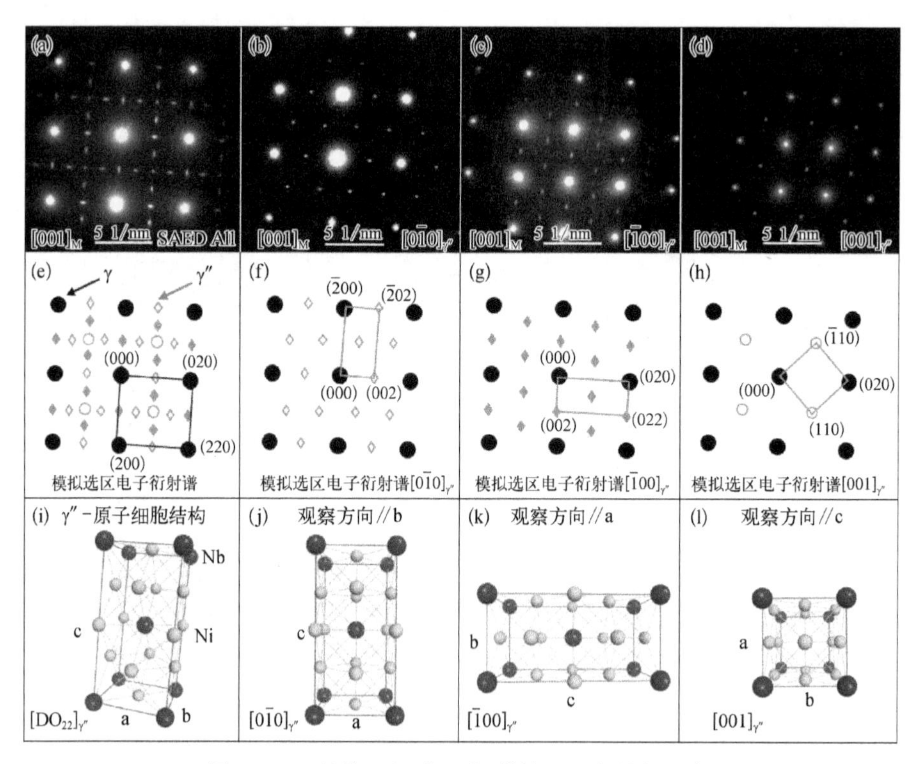

图 2-18　基体 γ 相［001］带轴上 γ″相的相鉴定

（a）～（d）图 2-17 中突出显示的区域 SAED 模式；（e）～（h）使用 DO_{22}晶体结构以（i）～（l）所示的方向模拟 SAED 图案

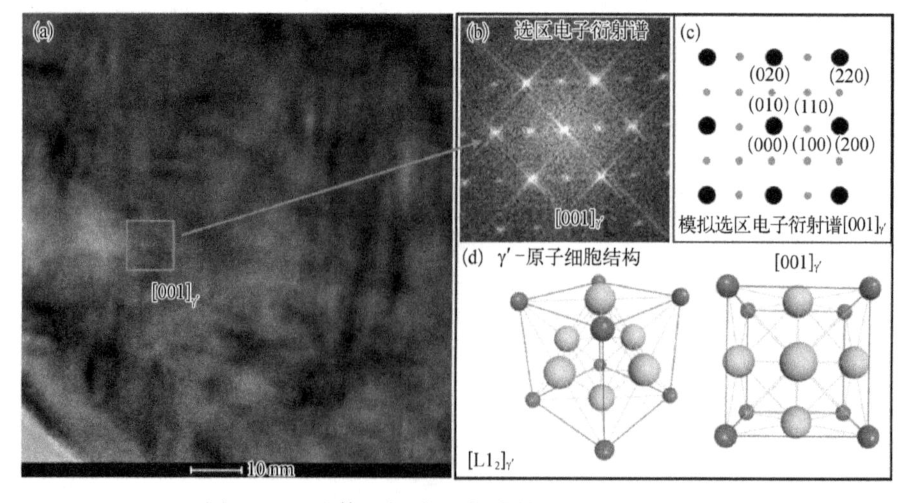

图 2-19　基体 γ 相［001］带轴上 γ′相的相鉴定

（a）HRTEM 图像；（b）根据（a）中突出显示的方块显示 FFT 图像；（c）使用在基体 γ 相的［001］晶带轴上的 $L1_2$晶体结构模拟的 SAED 图案；（d）γ′相的原子胞结构

和 HRTEM 图像中大约 200 个沉淀颗粒来计算 γ″相的直径和体积分数，统计结果如图 2-20 所示。可以发现，GH4169 合金薄板双级时效 1 h、12 h 和 24 h 后，γ″相的直径主要分布在 3~6 nm、6~12 nm 和 9~18 nm。γ″相的平均直径和体积分数展示在图 2-20（d）中，可以发现 γ″相的直径和体积分数随时效时间的增加而增加。北京航空材料研究院韩雅芳等[20]发现 γ″相的直径和厚度之间存在线性关系。西北工业大学 Sui 等[21]表示 γ″相的直径和厚度之间的关系为 $L = 4.502\,6h - 9.649$（L 代表 γ″相的直径；h 代表 γ″相的实际厚度）。图 2-20（d）显示了通过 $L = 4.502\,6h - 9.649$ 计算出的 γ″相的平均厚度。这表明 γ″的直径和厚度之间存在线性关系。其他关于 γ″相的直径和厚度的研究结果[19, 22, 23]也统计在图 2-20（d）中。

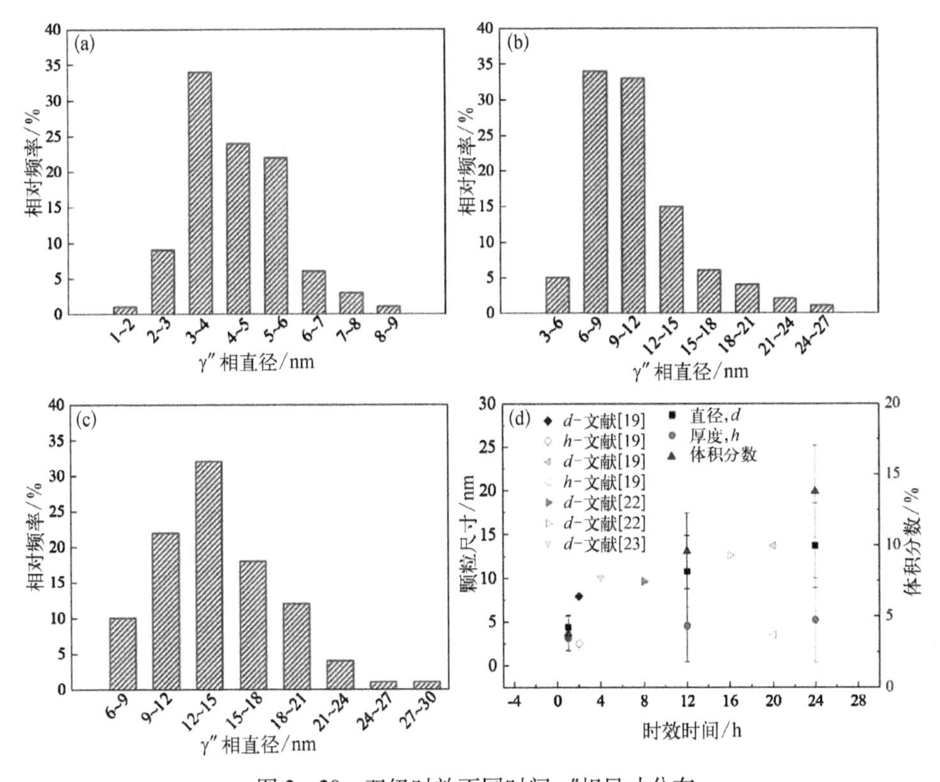

图 2-20　双级时效不同时间 γ″相尺寸分布

（a）T=1 h；（b）T=12 h；（c）T=24 h；（d）γ″相粒径与体积分数

2.2.3　微拉伸力学性能

2.2.3.1　晶粒尺寸对力学性能的影响

图 2-21 描绘了不同晶粒尺寸的 GH4169 合金基体 γ 相的工程应力与工程应

变曲线，可以观察到力学性能的显著差异。GH4169 合金薄板微拉伸的工程应力-应变曲线主要由三个阶段组成。第一阶段为弹性变形阶段，该阶段应力水平不超过材料的弹性极限，应力与应变关系符合胡克定律。可以发现 GH4169 合金薄板微拉伸变形弹性阶段发生在极小的应变范围内。当应力超过弹性极限，GH4169 合金变形进入第二阶段，即弹塑性变形阶段。当应力超过屈服强度后进入第三阶段，即均匀塑性变形阶段。均匀塑性变形结束后，试样开始发生颈缩，随后断裂。从图中可以发现在相同的应变下流动应力随着晶粒尺寸的增加而降低，这可由经典的 Hall - Petch 公式解释。另外，在相同晶粒尺寸下，应变越大，流动应力越大，这是由于应变硬化引起的。

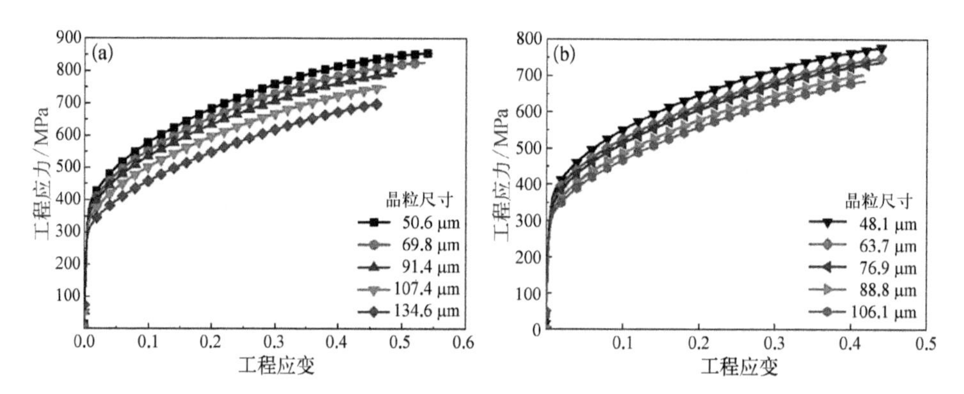

图 2 - 21　GH4169 合金基体 γ 相微拉伸工程应力-工程应变曲线

（a）$t=200$ μm；（b）$t=150$ μm

图 2 - 21 中 GH4169 合金基体 γ 相的工程应力-应变曲线没有明显的屈服点。因此，在工程应力-应变曲线中偏移 0.2%来确定屈服强度。GH4169 合金基体 γ 相的屈服强度（σ_s）和抗拉强度（σ_b）与晶粒尺寸的关系如图 2 - 22 所示。从图中

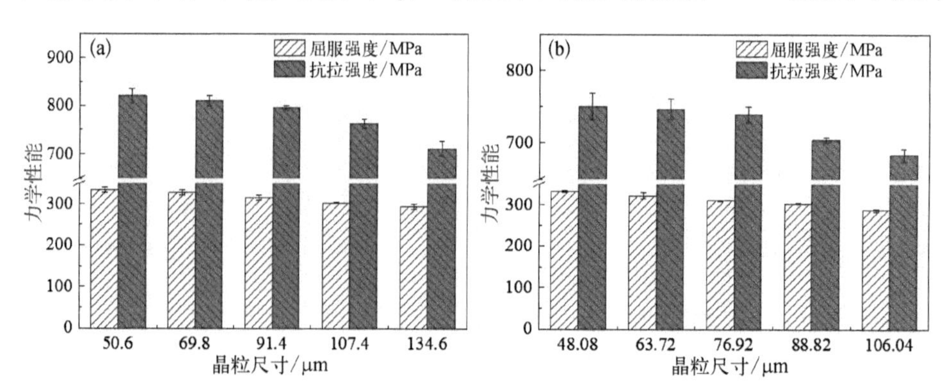

图 2 - 22　GH4169 合金基体 γ 相力学性能

（a）$t=200$ μm；（b）$t=150$ μm

可以清晰地看出 σ_s 的变化趋势与 σ_b 的变化趋势一致，σ_s 与 σ_b 均随着晶粒尺寸的增加而降低。对于 200 μm 厚度的 GH4169 合金薄板，当晶粒尺寸从 50.6 μm 增加到 134.6 μm 时，σ_s 从 335 MPa 降低到 295 MPa，σ_b 从 821 MPa 降低到 711 MPa。对于 150 μm 厚的 GH4169 合金薄板，当晶粒尺寸从 48.08 μm 增加到 106.04 μm 时，σ_s 从 332 MPa 降低到 288 MPa，σ_b 从 750 MPa 降低到 683 MPa。

2.2.3.2　δ 相对力学性能的影响

图 2－23 和图 2－24 分别展示了厚度为 200 μm 和 150 μm 的 GH4169 合金高

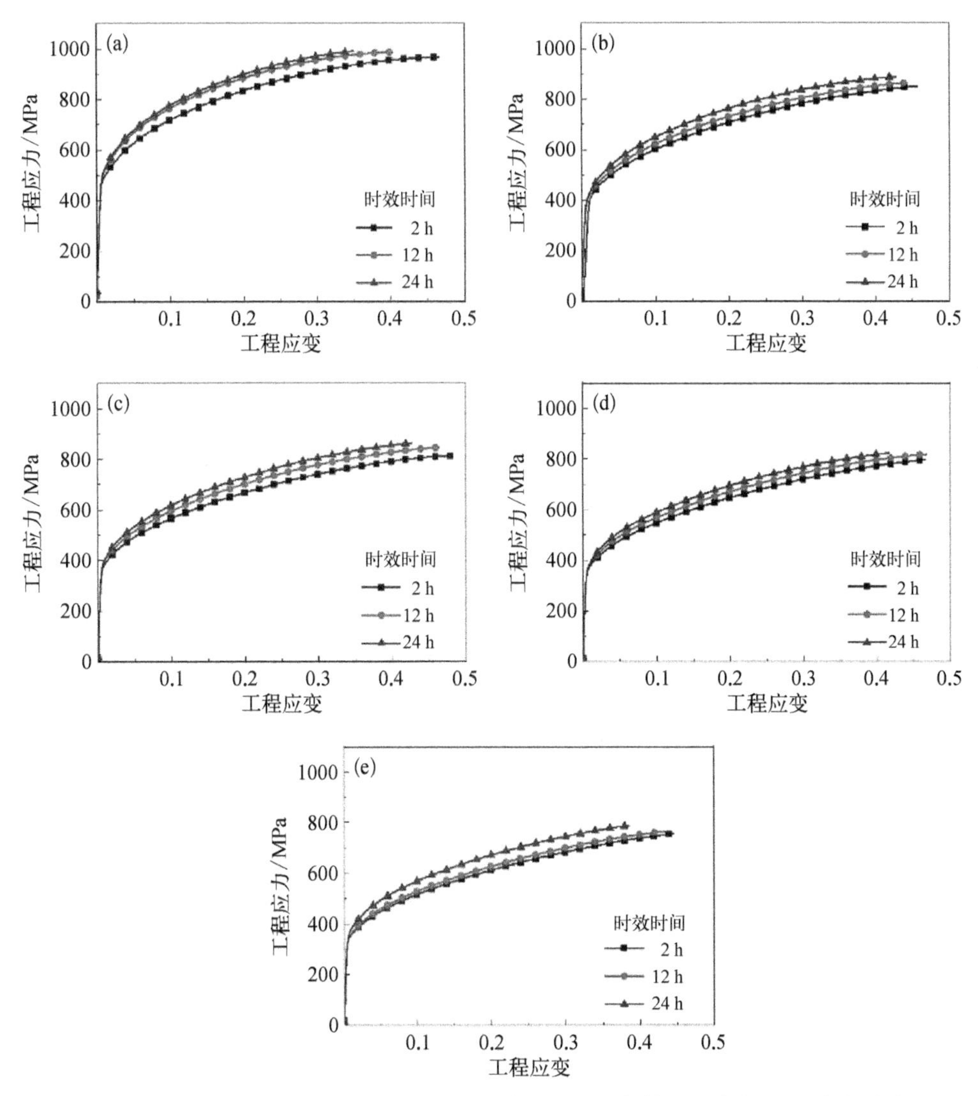

图 2－23　厚度为 200 μm 含 δ 相 GH4169 合金薄板微拉伸工程应力-工程应变曲线

(a) d=50.6 μm；(b) d=69.8 μm；(c) d=91.4 μm；(d) d=107.4 μm；(e) d=134.6 μm

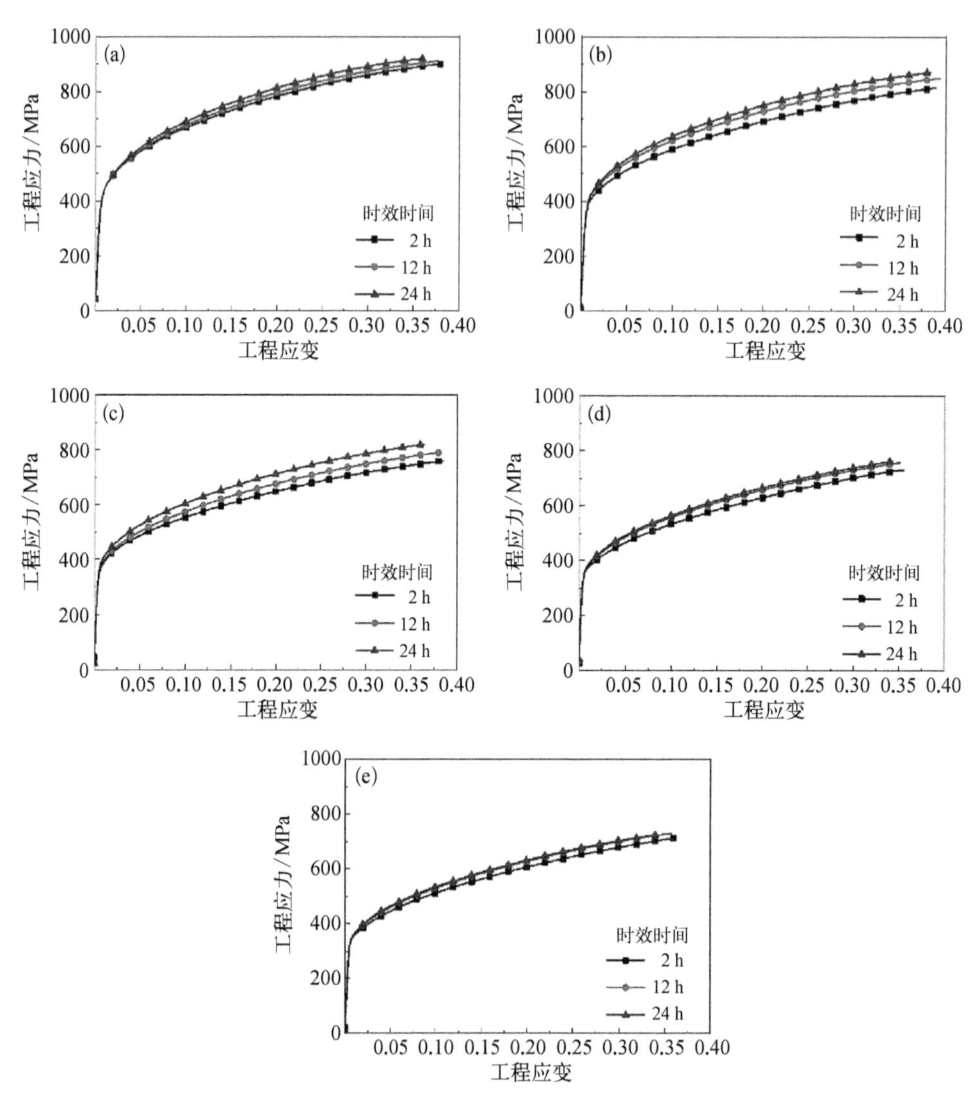

图 2－24　厚度为 150 μm 含 δ 相 GH4169 合金微拉伸工程应力-工程应变曲线

（a）d=48.1 μm；（b）d=63.7 μm；（c）d=76.9 μm；（d）d=88.8 μm；（e）d=106.1 μm

温时效后微拉伸工程应力-应变曲线，均包含弹性变形区域和加工硬化区域。与图 2－21 对比发现，在 960℃ 高温时效后微拉伸流动应力高于相同晶粒尺寸 GH4169 基体 γ 相的微拉伸流动应力，并且随着时效时间的增加，试样的流动应力逐渐增大，这表明 δ 相对 GH4169 合金微拉伸力学性能起到一定的增强作用，提高了合金对最大均匀塑性变形的抗力。研究表明，δ 相有助于提高强度[24]。结合前面对 δ 相含量及分布的分析可以推测，在晶界处分布的具有一

定尺寸的 δ 相会阻碍 GH4169 合金微拉伸变形过程中晶界滑动，从而增加了抗变形能力。

含 δ 相的 GH4169 合金 σ_s 和 σ_b 与晶粒尺寸及时效时间的关系如图 2－25 所示。σ_s 与 σ_b 均随着晶粒尺寸的增加而降低。此外，σ_s 与 σ_b 随着时效时间的增加而增加，即 σ_s 与 σ_b 随着 δ 相粒径与含量的增加而增加。对于厚度为 200 μm 含 δ 相的 GH4169 合金试样，当晶粒尺寸为 50.6 μm、时效时间为 24 h 时，其 σ_s 和 σ_b 达到最大值，分别为 484 MPa 和 989 MPa；当晶粒尺寸为 134.6 μm、时效时间为 2 h 时，其 σ_s 和 σ_b 达到最小值，分别为 337 MPa 和 757 MPa。对于厚度为 150 μm 含 δ 相的 GH4169 合金试样，当晶粒尺寸为 48.1 μm、时效时间为 24 h 时，其 σ_s 和 σ_b 达到最大值，分别为 462 MPa 和 963 MPa；当晶粒尺寸为 106.1 μm、时效时间为 2 h 时，其 σ_s 和 σ_b 达到最小值，分别为 335 MPa 和 733 MPa。

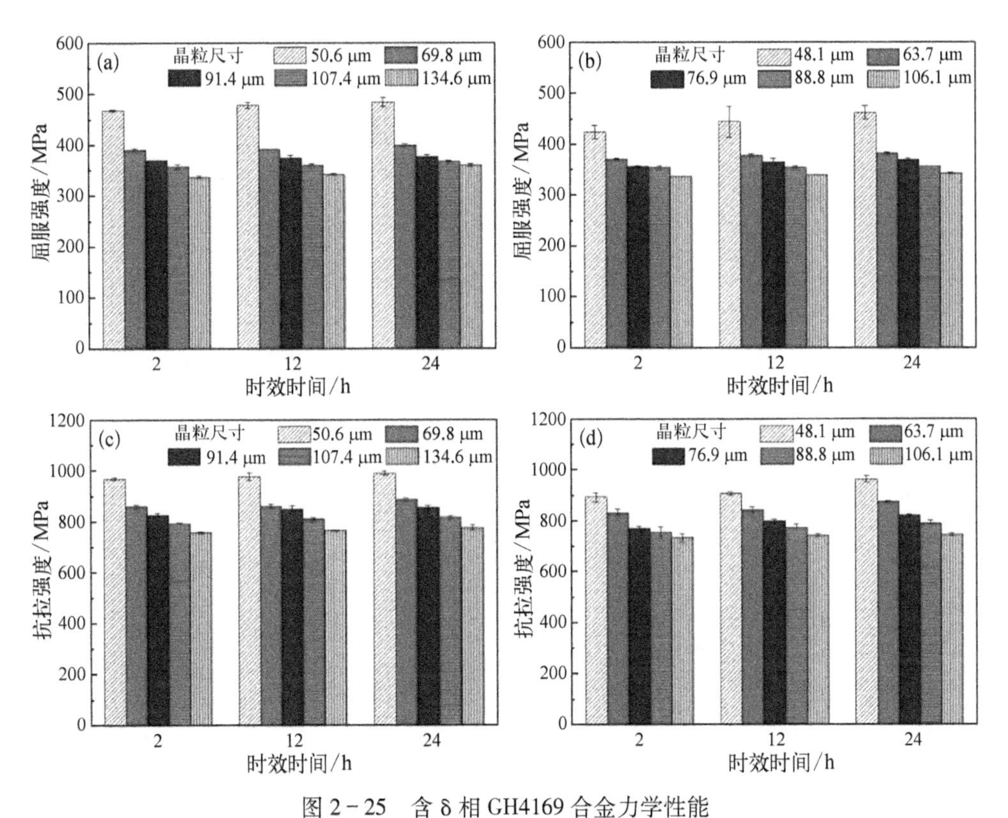

图 2－25　含 δ 相 GH4169 合金力学性能

(a) 屈服强度，t=200 μm；(b) 屈服强度，t=150 μm；
(c) 抗拉强度，t=200 μm；(d) 抗拉强度，t=150 μm

2.2.3.3 γ″/γ′相对力学性能的影响

图 2 - 26 和图 2 - 27 分别展示了厚度为 200 μm 和 150 μm 的 GH4169 合金薄板试样经过双级时效处理后微拉伸工程应力-工程应变曲线。含 γ″/γ′相的 GH4169 合金薄板流动应力相较于 GH4169 合金基体 γ 相和含 δ 相的 GH4169 合金明显提高。流动应力随着时效时间的增加而显著增加且增幅较大，这是由于 γ″/γ′相的析出强化引起的。

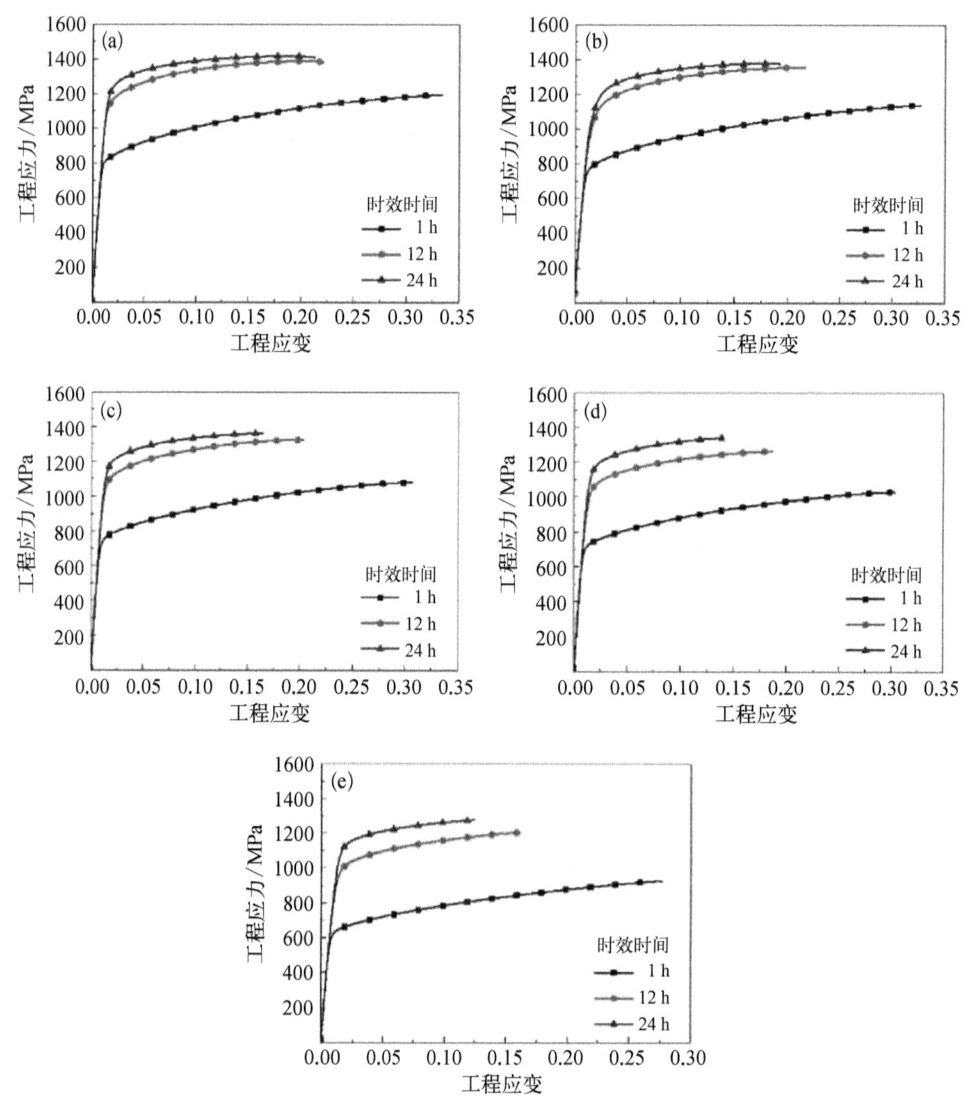

图 2 - 26 厚度 200 μm 含 γ″/γ′相 GH4169 合金微拉伸工程应力-工程应变曲线

(a) $d=50.6$ μm；(b) $d=69.8$ μm；(c) $d=91.4$ μm；(d) $d=107.4$ μm；(e) $d=134.6$ μm

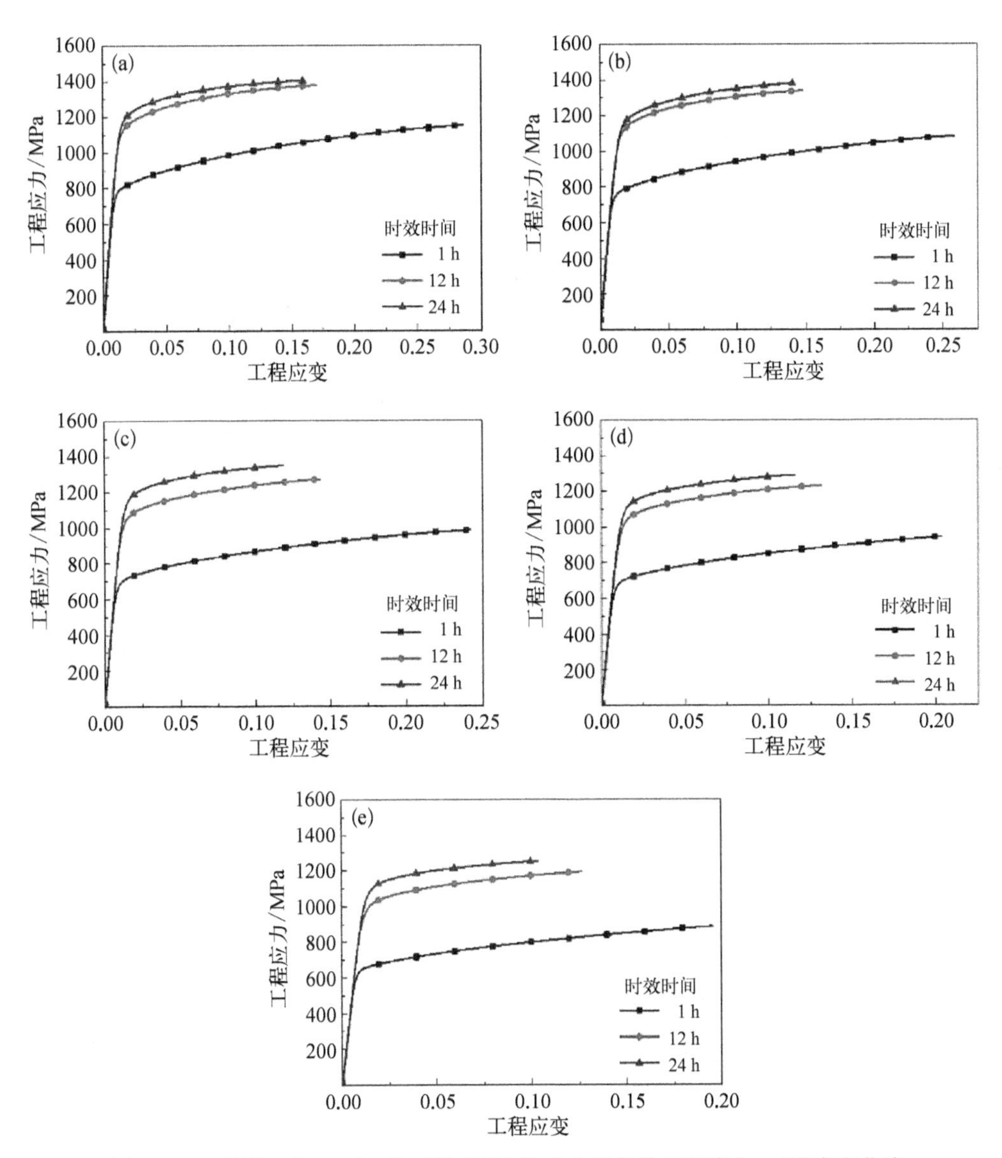

图 2-27　厚度 150 μm 含 γ″/γ′相 GH4169 合金微拉伸工程应力-工程应变曲线

(a) d=48.1 μm; (b) d=63.7 μm; (c) d=76.9 μm; (d) d=88.8 μm; (e) d=106.1 μm

图 2-28 展示了含 γ″/γ′相 GH4169 合金薄板的 σ_s 和 σ_b 随时效时间的变化情况。与 GH4169 合金基体 γ 相和含 δ 相的 GH4169 合金的力学性能相比，双级时效处理试样的 σ_s 和 σ_b 展示出显著的增加，这是由于 γ″/γ′相析出强化引起的。此外，由于 γ″/γ′相的尺寸和体积分数的增加，时效试样 σ_s 和 σ_b 随时效时间的增加而显著增加。对于厚度为 200 μm、晶粒尺寸为 50.6 μm 的 GH4169 合金试样双级

时效 24 h 后，σ_s和 σ_b达到最大值，其值分别约为 1 124 MPa 和 1 404 MPa。对于厚度为 150 μm、晶粒尺寸为 48.1 μm 的 GH4169 合金试样双级时效 24 h 后，σ_s和 σ_b达到最大值，其值分别约为 1 116 MPa 和 1 400 MPa。

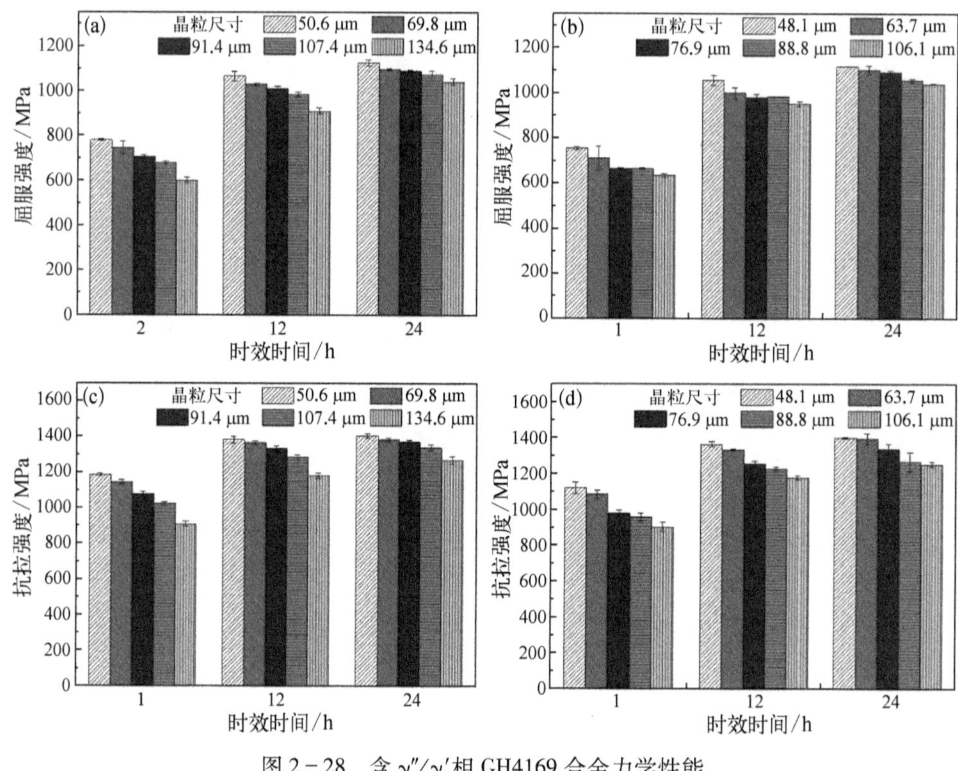

图 2-28　含 γ″/γ′相 GH4169 合金力学性能

（a）屈服强度，$t=200$ μm；（b）屈服强度，$t=150$ μm；
（c）抗拉强度，$t=200$ μm；（d）抗拉强度，$t=150$ μm

2.3.3.4　试样厚度对力学性能的影响

为了研究试样厚度对不同微观组织 GH4169 合金薄板微拉伸变形流动应力的影响，我们根据 GH4169 合金的微观组织选了两组晶粒尺寸相近的试样进行比较。图 2-29 展示了晶粒尺寸相近、试样厚度不同的 GH4169 合金薄板室温微拉伸工程应力-应变曲线。从图中可以发现，对于 GH4169 合金基体 γ 相、含 δ 相的 GH4169 合金和含 γ″/γ′相的 GH4169 合金，150 μm 厚度的合金试样的微拉伸流动应力小于 200 μm 厚度的 GH4169 合金的微拉伸流动应力。对于 GH4169 合金薄板微拉伸变形，随着试样厚度的降低，其 σ_s和 σ_b均有所降低。因此，可以得出结论，试样厚度对 GH4169 合金介观尺度塑性变形行为有重要影响，其影响机制将在 2.4 节进行具体阐述。

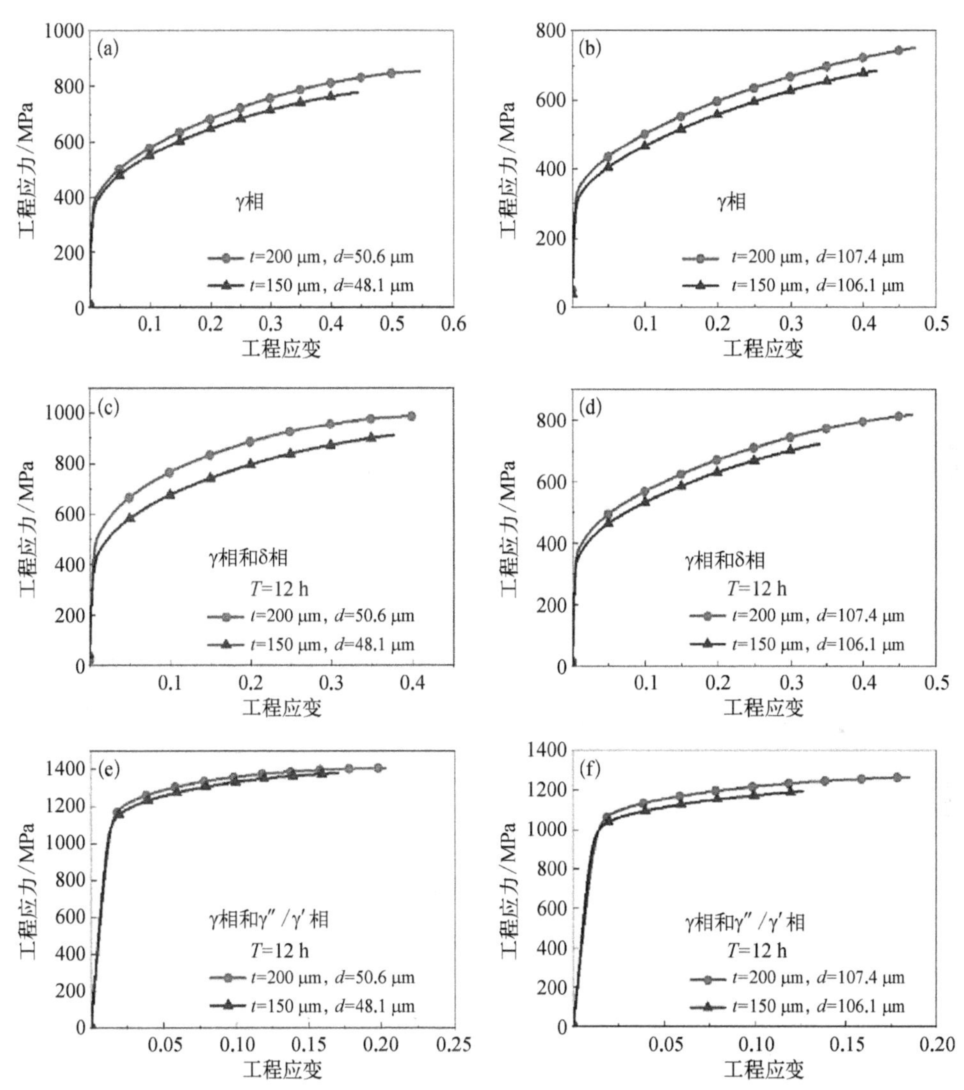

图 2-29　试样厚度对不同微观组织 GH4169 合金薄板拉伸工程应力-应变的影响

(a) 和 (b) 基体 γ 相; (c) 和 (d) 基体 γ 相和 δ 相; (e) 和 (f) 基体 γ 相和 γ″/γ′相

2.3　微拉伸流动应力尺寸效应及材料本构模型

2.3.1　微拉伸流动应力尺寸效应

2.3.1.1　晶粒尺寸对流动应力尺寸效应的影响

塑性变形过程的真应变反映了金属塑性成形过程的瞬时变形，为了研究

GH4169 合金薄板微拉伸变形尺寸效应，绘制了不同晶粒尺寸的 GH4169 合金薄板基体 γ 相的真应力-真应变曲线，如图 2－30 所示。

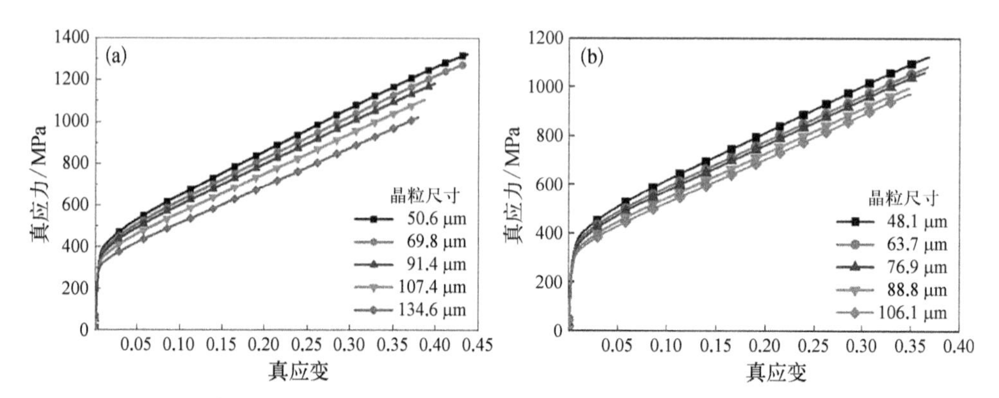

图 2－30　GH4169 合金薄板基体 γ 相真应力-真应变曲线

(a) t=200 μm；(b) t=150 μm

从真应力-真应变曲线上提取不同真应变下的真应力，绘制了不同真应变下的流动应力与晶粒尺寸的平方根倒数（$d^{-0.5}$）之间的变化曲线，如图 2－31 所示。可以发现，基体 γ 相微拉伸流动应力与 $d^{-0.5}$之间的关系不是线性的，即在微拉伸流动应力与 $d^{-0.5}$之间的关系不再满足宏观尺度上经典 Hall－Petch 理论。在区域 A 和区域 B 的交界处出现拐点，这表明 GH4169 合金薄板微拉伸过程产生了尺寸效应。经典的表面层模型（SLM）用来解释尺寸变化对微成形中流动应力降低的影响，其中表面层晶粒的应力低于内部晶粒的应力[25]。当试样厚度减小或晶粒尺寸增加到一定程度时，由于表面层晶粒比例的增加，导致试样整体的流动应力降低。在区域 B 中，由于长程背应力的增加，流动应力随

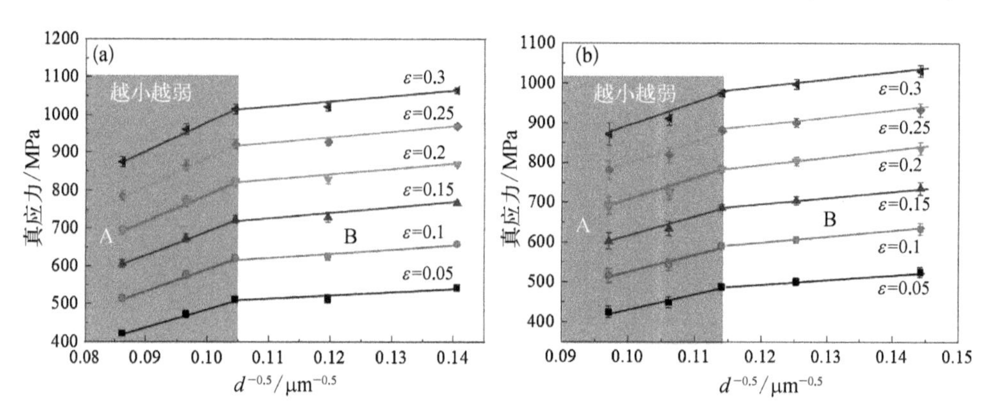

图 2－31　GH4169 合金薄板基体 γ 相不同真应变下的真应力曲线

(a) t=200 μm；(b) t=150 μm

着晶粒尺寸的减小而提高。区域 A 中直线的斜率高于区域 B 中直线的斜率，这表明流动应力随着厚径比（t/d）的减小而降低，即出现“越小越弱”的尺寸效应现象。

在给定应变 ε 下，Hall－Petch 关系中的 K（ε）是一个常数。在 GH4169 合金薄板基体 γ 相不同真应变下的真应力曲线中，区域 A 和区域 B 中的流动应力与 $d^{-0.5}$的关系分别满足具有不同斜率的 Hall－Petch 关系，即区域 A 和区域 B 在各种真应变下具有不同的 K（ε）值，如表 2－5 所示。这种现象意味着 GH4169 合金的流动应力受介观尺度上的尺寸效应影响。区域 A 和区域 B 的 K（ε）值的差值被定义为 ΔK（ε），即 $\Delta K(\varepsilon) = | K(\varepsilon)_{\text{zone A}} - \Delta K(\varepsilon)_{\text{zone B}} |$。从表 2－5 可以发现，GH4169 合金薄板基体 γ 相在微拉伸塑性变形过程中，随着真应变的增加，区域 A 和区域 B 的 K（ε）值逐渐增大，且 ΔK（ε）值也随着真应变的增加而逐渐增大，这表明随着真应变的增加，“越小越弱”的尺寸效应现象越明显，其“越小越弱”趋势在逐渐增加。

表 2－5　图 2－31 中区域 A 和区域 B 在不同真应变下的 K（ε）值

试样厚度	区域	ε=0.05	ε=0.10	ε=0.15	ε=0.20	ε=0.25	ε=0.30
t=200 μm	A	4 912.72	5 800.37	6 463.61	6 971.13	7 431.30	7 708.90
	B	860.91	1 075.64	1 223.57	1 320.86	1 379.76	1 407.10
	ΔK（ε）	4 051.81	4 724.73	5 240.04	5 650.27	6 051.54	6 301.8
t=150 μm	A	3 713.03	4 380.80	4 922.10	5 374.05	5 750.82	6 069.86
	B	1 252.39	1 463.96	1 596.48	1 715.02	1 796.61	1 840.99
	ΔK（ε）	2 460.64	2 916.84	3 325.62	3 659.03	3 954.21	4 228.87

2.3.1.2　δ 相对流动应力尺寸效应的影响

为了研究 δ 相对 GH4169 合金薄板微拉伸流动应力尺寸效应的影响，绘制了含 δ 相 GH4169 合金薄板的真应力-真应变曲线，如图 2－32 所示。

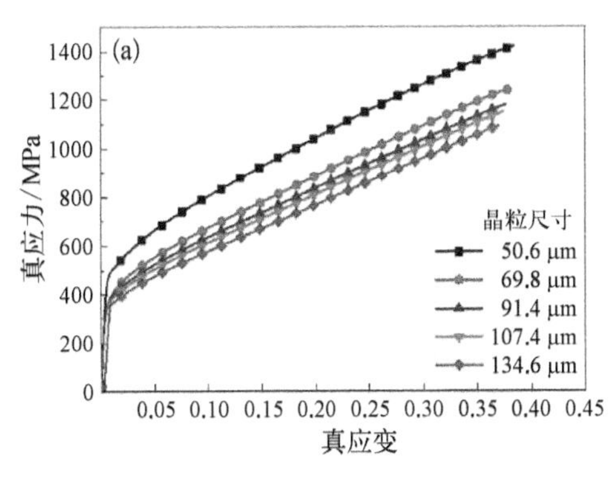

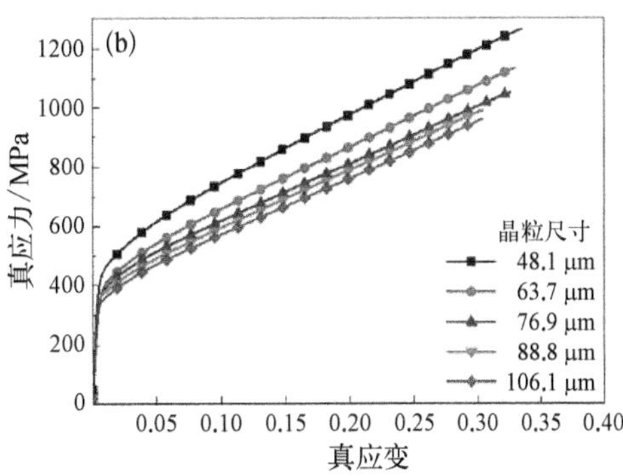

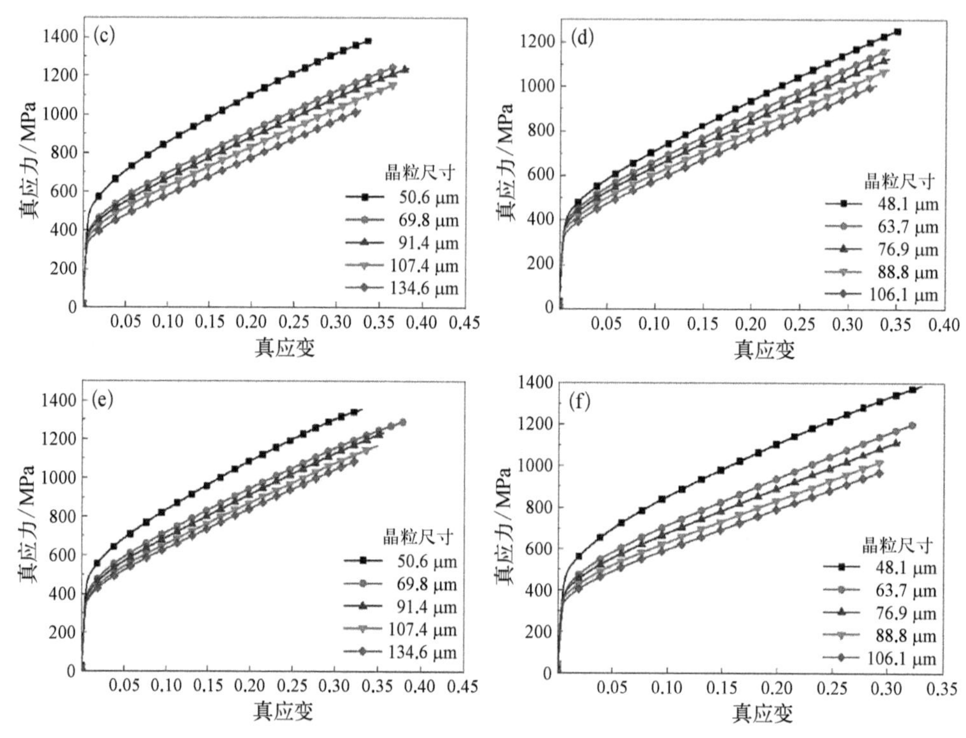

图 2-32 含 δ 相 GH4169 合金薄板真应力-真应变曲线

(a) $t=200\ \mu m$, $T=2\ h$; (b) $t=150\ \mu m$, $T=2\ h$; (c) $t=200\ \mu m$, $T=12\ h$; (d) $t=150\ \mu m$, $T=12\ h$; (e) $t=200\ \mu m$, $T=24\ h$; (f) $t=150\ \mu m$, $T=24\ h$

从真应力-真应变曲线上提取不同真应变下的真应力，绘制了含 δ 相 GH4169 合金薄板不同真应变下的流动应力与 $d^{-0.5}$之间的变化曲线，如图 2-33 所示。可以发现，含 δ 相 GH4169 合金微拉伸变形过程依然存在尺寸效应现象，区域 A 中直线的斜率低于区域 B 中直线的斜率，这表明流动应力随着 t/d 的减小而提高，即出现“越小越强”的尺寸效应现象。

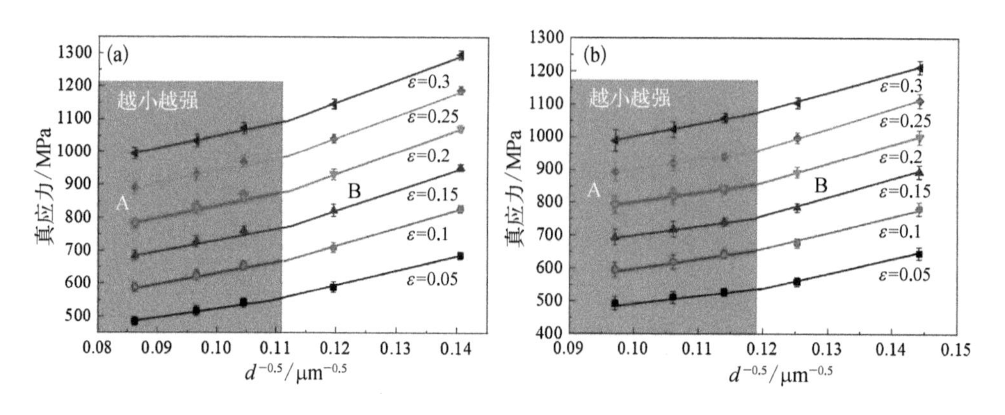

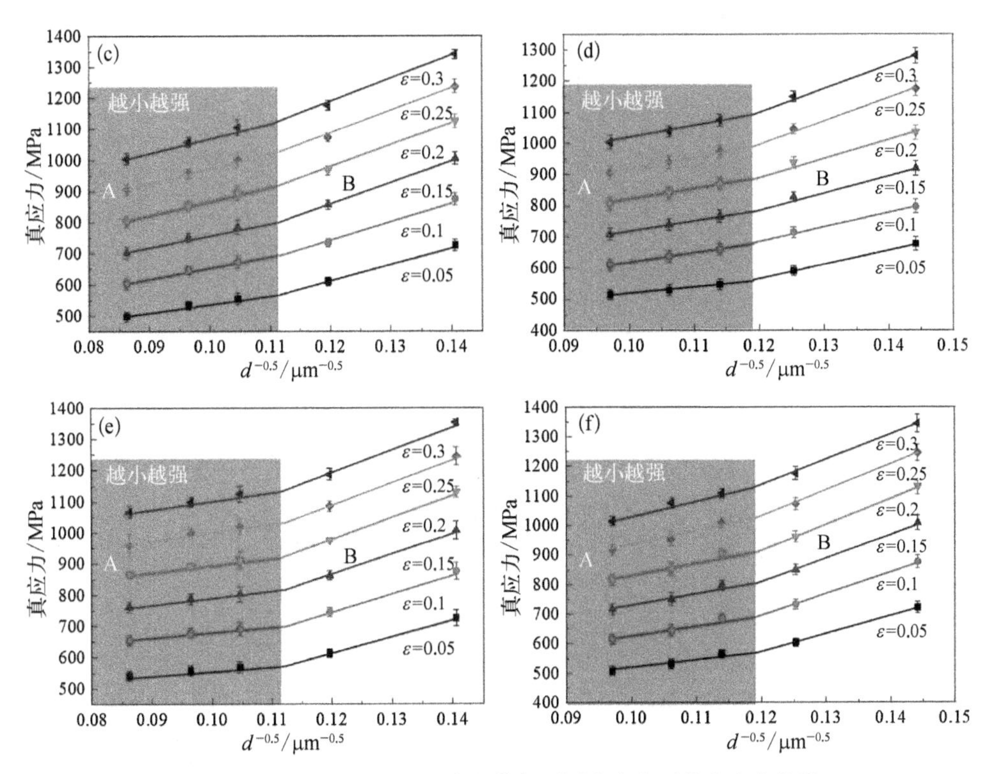

图 2-33　含 δ 相 GH4169 合金薄板不同真应变下的真应力曲线

(a) $t=200\ \mu m$, $T=2\ h$; (b) $t=150\ \mu m$, $T=2\ h$; (c) $t=200\ \mu m$, $T=12\ h$; (d) $t=150\ \mu m$, $T=12\ h$; (e) $t=200\ \mu m$, $T=24\ h$; (f) $t=150\ \mu m$, $T=24\ h$

图 2-33 中区域 A 和区域 B 在各种真应变下 K（ε）值如表 2-6 所示。从表 2-6 可以发现，含 δ 相 GH4169 合金薄板在微拉伸变形过程中，随着真应变的增加，区域 A 和区域 B 之间的 ΔK（ε）值随着真应变的增加而增大，这说明随着应变的增加，“越小越强”趋势在逐渐增加。此外，可以发现在给定应变 ε 下，ΔK（ε）值随时效时间的增加而增加，这表明随着时效时间的增加，“越小越强”程度增加。荷兰 Geers 等[26]提出在塑性变形过程中微观组织的交互作用导致了尺寸效应的出现，其中微观组织长度尺度（Burgers 矢量长度、晶粒尺寸、相尺寸、相间距等）起着非常重要的作用。尺寸效应的一个特殊类别还归因于塑性滑移载体与边界约束的相互作用，边界约束包括外部边界和不同的相界面。另外，尺寸效应与整个试样厚度上的晶粒数量和单个晶粒的取向有关。

在区域 A 中，试样厚度方向上存在 1~2 个晶粒，其中单个晶粒的取向在微拉伸塑性变形中起重要作用。另外，具有一定尺寸、分布和形态 δ 相成为 GH4169 合

表 2-6 图 2-33 中区域 A 和区域 B 在不同真应变下的 $K(\varepsilon)$ 值

试样	区域	$\varepsilon=0.05$	$\varepsilon=0.10$	$\varepsilon=0.15$	$\varepsilon=0.20$	$\varepsilon=0.25$	$\varepsilon=0.30$
$t=200\ \mu m$, $T=2\ h$	A	3 080.29	3 664.00	4 136.75	4 531.63	4 614.25	4 717.92
	B	4 655.87	5 621.62	6 276.64	6 736.92	7 049.26	7 215.42
	$\Delta K(\varepsilon)$	1 575.58	1 957.62	2 139.89	2 205.29	2 435.01	2 497.5
$t=200\ \mu m$, $T=12\ h$	A	3 262.61	3 999.04	4 529.43	4 938.70	5 152.75	5 163.92
	B	5 631.56	6 477.65	7 087.52	7 627.88	7 864.33	7 878.82
	$\Delta K(\varepsilon)$	2 368.95	2 478.61	2 558.09	2 689.18	2 711.58	2 714.9
$t=200\ \mu m$, $T=24\ h$	A	1 743.49	2 156.86	2 397.50	2 571.40	3 016.40	3 187.71
	B	5 344.98	6 259.20	6 729.09	7 000.31	7 643.46	7 939.39
	$\Delta K(\varepsilon)$	3 601.49	4 102.34	4 331.59	4 428.91	4 627.06	4 751.68
$t=150\ \mu m$, $T=2\ h$	A	2 056.57	2 810.94	2 827.11	2 831.43	2 835.60	3 538.38
	B	4 564.69	5 541.91	5 730.51	5 749.41	5 938.57	6 732.02
	$\Delta K(\varepsilon)$	2 508.12	2 730.97	2 903.4	2 927.98	3 202.97	3 193.64
$t=150\ \mu m$, $T=12\ h$	A	1 878.24	2 005.98	2 399.43	2 722.13	3 033.81	4 094.06
	B	4 601.02	4 843.16	5 325.58	5 816.66	6 395.35	7 454.35
	$\Delta K(\varepsilon)$	2 722.78	2 837.18	2 926.15	3 094.53	3 361.54	3 360.29
$t=150\ \mu m$, $T=24\ h$	A	3 455.22	4 231.85	4 819.74	5 291.93	5 563.98	5 607.70
	B	6 235.02	7 544.22	8 399.65	8 952.54	9 154.23	9 836.95
	$\Delta K(\varepsilon)$	2 779.8	3 312.37	3 579.91	3 660.61	3 590.25	4 229.25

金微拉伸变形过程的强化相。δ 相的尺寸从几微米到几十微米不等，并且一些针状 δ 相贯穿整个晶粒，从而导致位错在 δ 相与基体 γ 相之间的界面处受阻。加拿大 Shaha 等[27]提出在单轴加载条件下金属间化合物限制晶格的转动，有效地导致了应变硬化行为。因此，在区域 A 中存在的 δ 相会增强单个晶粒取向对流动应力的影响。此外，当合金厚度方向上的晶粒数减少到 1~2 时，晶粒的一致性取向增加，位错与 δ 相的相互作用产生局部不均匀变形和较大的应变梯度。在这种情况下，几何必需位错的作用变得明显，产生了额外的不均匀变形、硬化效应和材料各向异性。综上，晶粒取向和 δ 相间的交互作用导致了 GH4169 合金在厚度方向上只存在 1~2 个晶粒时微拉伸过程中“越小越强”尺寸效应的出现。因此，可以得出结论，尺寸效应不仅取决于合金试样的几何尺寸和晶粒尺寸，还取决于析出相的粒径和体积分数及其与晶体取向之间的交互作用。

2.3.1.3 γ″/γ′相对流动应力尺寸效应的影响

为了研究 γ″/γ′相对 GH4169 合金薄板微拉伸流动应力尺寸效应的影响，绘制了不同晶粒尺寸的含 γ″/γ′相 GH4169 合金的真应力-真应变曲线，如图 2-34 所示。

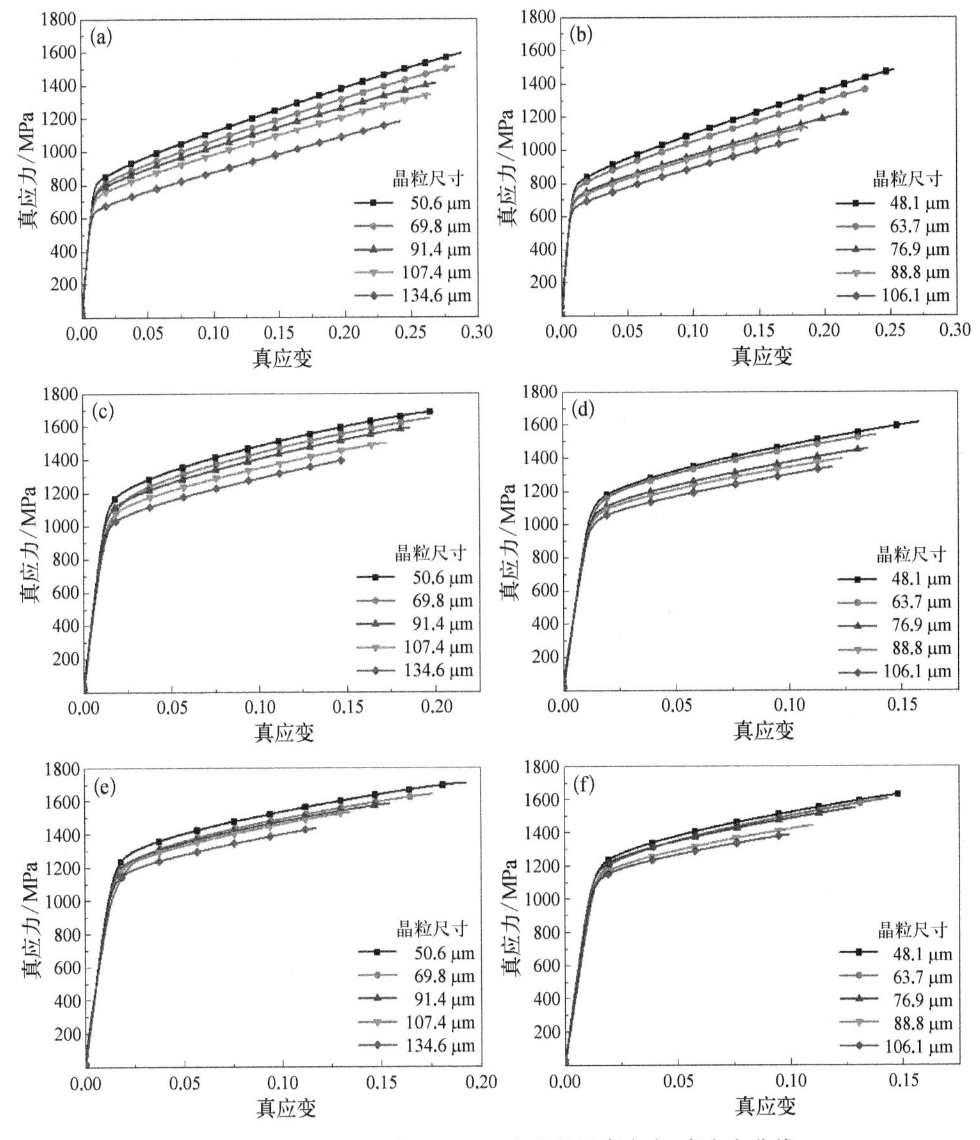

图 2-34 含 γ″/γ′相 GH4169 合金薄板真应力-真应变曲线

(a) $t=200$ μm, $T=1$ h; (b) $t=150$ μm, $T=1$ h; (c) $t=200$ μm, $T=12$ h; (d) $t=150$ μm, $T=12$ h; (e) $t=200$ μm, $T=24$ h; (f) $t=150$ μm, $T=24$ h

图 2-35 展示了含 γ″/γ′相 GH4169 合金薄板在不同真应变下的流动应力与 $d^{-0.5}$之间的变化曲线。微拉伸流动应力与 $d^{-0.5}$之间的关系是非线性的。在区域 A 和区域 B 的交界处出现拐点，含 γ″/γ′相 GH4169 合金微拉伸变形过程依然存在尺寸效应现象。区域 A 中直线的斜率高于区域 B 中直线的斜率，这表明流动应力随着 t/d 的减小而降低，即出现“越小越弱”尺寸效应。

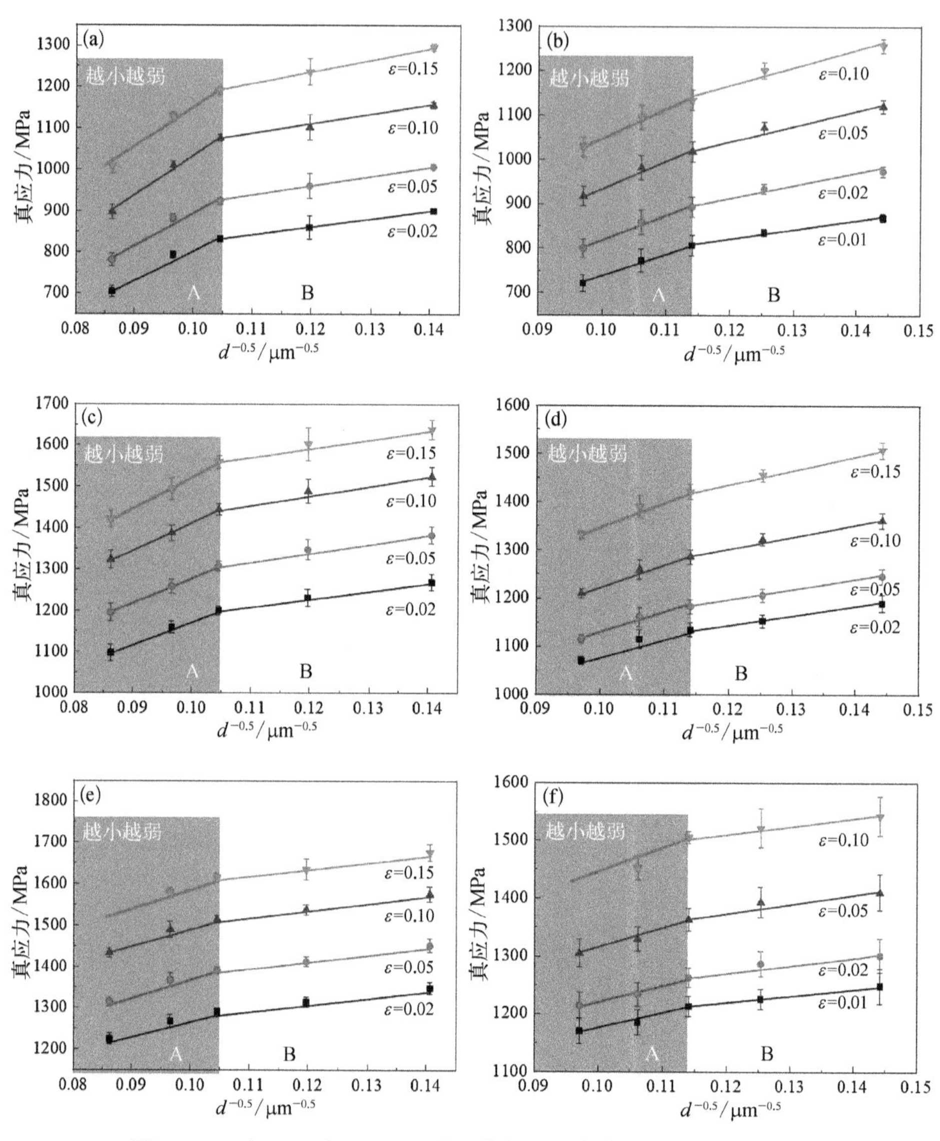

图 2-35　含 γ″/γ′相 GH4169 合金薄板不同真应变下的真应力曲线

(a) t=200 μm，T=1 h；(b) t=150 μm，T=1 h；(c) t=200 μm，T=12 h；
(d) t=150 μm，T=12 h；(e) t=200 μm，T=24 h；(f) t=150 μm，T=24 h

含 γ″/γ′相 GH4169 合金不同真应变下的真应力曲线中区域 A 和区域 B 的 K（ε）值如表 2-7 所示。可以发现在给定应变 ε 下，ΔK（ε）的值随时效时间的增加而减小，这表明随着时效时间的增加，“越小越弱”的程度明显降低，这一重要发现取决于 γ″/γ′相的存在。为了解释这种现象，含 γ″/γ′相 GH4169 合金介观尺度微塑性变形尺寸效应的机制图如图 2-36 所示。对于仅包含基体 γ 相的

表 2-7　图 2-35 中区域 A 和区域 B 在不同真应变下的 $K(\varepsilon)$ 值

试　样	区域	$\varepsilon=0.02$	$\varepsilon=0.05$	$\varepsilon=0.10$	$\varepsilon=0.15$
$t=200$ μm，$T=1$ h	A	7 009.60	7 799.51	9 772.76	9 988.15
	B	1 912.49	2 294.40	2 256.88	2 910.06
	$\Delta K(\varepsilon)$	5 097.11	5 505.11	7 515.88	7 078.09
$t=200$ μm，$T=12$ h	A	5 534.44	6 100.07	6 558.78	7 437.61
	B	1 886.42	2 092.97	2 182.01	2 189.94
	$\Delta K(\varepsilon)$	3 648.02	4 007.1	4 376.77	5 247.67
$t=200$ μm，$T=24$ h	A	3 633.89	4 104.57	4 425.35	4 836.52
	B	1 573.59	1 702.45	1 733.03	1 707.37
	$\Delta K(\varepsilon)$	2 060.3	2 402.12	2 692.32	3 129.15
$t=150$ μm，$T=1$ h	A	4 846.13	5 476.74	5 947.20	6 434.67
	B	2 051.50	2 602.98	3 057.98	3 372.85
	$\Delta K(\varepsilon)$	2 794.63	2 873.76	2 889.22	3 061.82
$t=150$ μm，$T=12$ h	A	3 811.25	4 057.76	4 506.12	5 302.70
	B	1 845.53	2 069.28	2 478.96	2 861.81
	$\Delta K(\varepsilon)$	1 965.72	1 988.48	2 027.16	2 440.89
$t=150$ μm，$T=24$ h	A	2 574.73	2 869.19	3 439.74	4 028.02
	B	1 157.89	1 371.27	1 637.08	1 637.02
	$\Delta K(\varepsilon)$	1 416.84	1 497.92	1 802.66	2 391.00

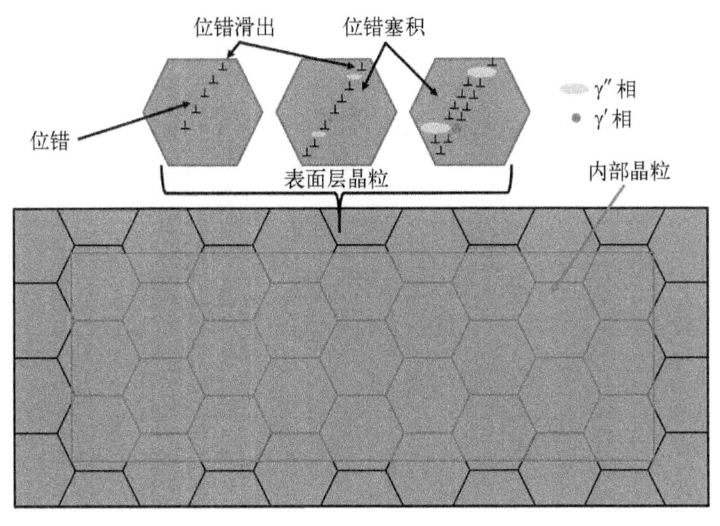

图 2-36　含 γ″/γ′相 GH4169 合金薄板尺寸效应机制图

合金，在表面层晶粒中位错运动约束较小且容易滑出表面层。对于含有 γ″/γ′相的合金，这些析出相在表面层晶粒中钉扎位错，导致位错在这些析出相附近不断塞积，进一步导致位错运动受阻。因此，在某种程度上 γ″/γ′相阻碍了位错从表面层滑出。此外，随着 γ″/γ′相的粒径和体积分数的增加，位错从表面层滑出的阻力不断增加。因此，尺寸效应不仅取决于试样几何尺寸和晶粒尺寸，还取决于析出相的粒径和体积分数。

2.3.2 微拉伸材料本构建模

GH4169 合金薄板介观尺度塑性变形行为不仅取决于试样的几何尺寸和晶粒尺寸，还与析出相紧密相关。在 2.3.1 节中已经描述了晶粒尺寸、不可剪切的 δ 相及可剪切的 γ″/γ′相对 GH4169 合金微拉伸流动应力尺寸效应的影响。为了研究 GH4169 合金介观尺度塑性变形行为，迫切需要考虑介观尺度塑性变形过程的特性来建立材料本构模型。本节以厚度为 200 μm 的 GH4169 合金薄板微拉伸变形为例，验证所建立的材料本构模型。

2.3.2.1 强化理论

镍基高温合金中 Ni 元素质量分数在 50%以上，大多数高温合金添加了十几种合金元素，分别分布在基体 γ 相、析出相和晶界处。图 2-37 展示了对镍基高温合金的组成有重要意义的元素种类及其在元素周期表中的相对位置[28]。第一

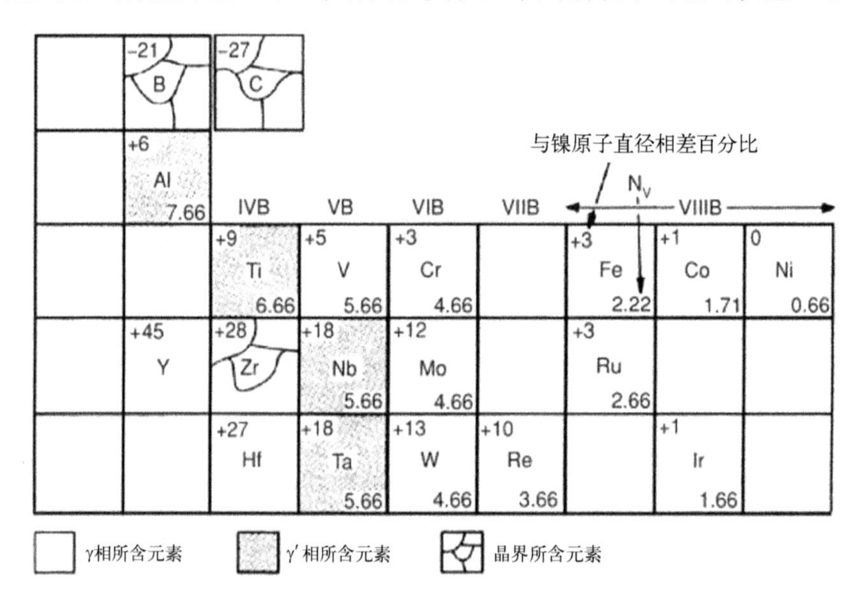

图 2-37 对镍基高温合金的组成有重要意义的元素种类及其在元素周期表中的相对位置

类元素包括 Cr、Fe、Co、Ni、Mo 和 W 等元素，它们作为固溶强化元素，倾向于分布在奥氏体基体 γ 相中。第二类元素包括具有较大原子直径的 Al、Ti、Nb 和 Ta 元素，它们倾向于分布于第二相颗粒中，诱导合金中析出第二相。第三类元素包括原子尺寸与 Ni 原子尺寸差别较大的 B、C、Zr 等元素，它们倾向于分布于基体 γ 相的晶界处。镍基高温合金作为高温应用中最重要的一类工程合金，在高温循环和恒定加载条件下表现良好，其强化来源于多种强化机制的综合作用，主要包括晶界强化、固溶强化和析出强化。

（1）晶界强化

晶界强化可以通过 Hall－Petch 关系描述，即晶粒尺寸越小，合金的强度越高。Hall－Petch 关系被描述了流动应力和晶粒尺寸之间的关系[29, 30]：

$$\sigma_{gb} = \sigma_0(\varepsilon) + K(\varepsilon)/\sqrt{d} \tag{2-1}$$

式中，$\sigma_0(\varepsilon)$ 表示单晶的摩擦应力；$K(\varepsilon)$ 表示用于多晶边界上的局部强化应力；d 代表平均晶粒尺寸。

（2）固溶强化

在基体中加入以溶质原子形式存在的合金元素与 Ni 原子相互作用，有助于合金强度的提升。镍基高温合金中典型的固溶强化元素包括 Al、W、Cr、Mo、Co、Ti 和 Fe。变形过程中位错的运动受到合金中原子直径不匹配引起的原子晶格畸变的抑制作用。因此，溶质原子之间的原子半径差别越大，其固溶强化效果更佳。固溶强化（σ_{ss}）取决于合金元素的溶解度（C_{ss}），表示如下[27, 31, 32]：

$$\Delta\sigma_{ss} = \sqrt{3}\ \tau_{ss} = \sqrt{3}k_{ss}\ (C_{ss})^n \tag{2-2}$$

式中，τ_{ss}代表溶质原子对临界剪切应力的贡献；k_{ss}是一个材料常数；n（≈2/3）是材料常数。

除了固溶原子与 Ni 原子的直径差别影响固溶强化外，合金中的层错缺陷也是一个重要的影响因素[33]。固溶强化机制主要有两个方面：最主要的是以共格错配的形式起到强化作用；另外，还可以通过短程有序的形式起到强化作用。后者在溶质浓度较高时发挥作用。

（3）析出强化

在基体 γ 相内析出共格有序的 γ′相或者 γ″相起到析出强化作用。第二相的尺寸、形貌、分布和体积分数等微观结构特征对镍基高温合金的力学性能具有重要的意义。析出强化主要存在以下三种机制[34]。

第一种机制为晶格失配强化。由于第二相与基体 γ 相之间的点阵错配度不匹配，加强了合金的内应力场。最佳条件是第二相和基体 γ 相晶体结构相同且晶格参数也十分接近，这样可以将更多的第二相堆积在基体 γ 相中。

第二种机制为有序强化。合金在塑性变形过程中，位错与第二相产生交互作用，位错运动受到第二相阻碍。如果第二相尺寸较小且弥散分布，位错将切过第二相。镍基高温合金微观组织中的可剪切第二相引起的析出强化通过弱耦合位错强化模型和强耦合位错强化模型来表示[28]：

$$\tau_{\mathrm{WCD,\ APB}} = \frac{\gamma_{\mathrm{APB}}}{2b}\left[\left(\frac{6\gamma_{\mathrm{APB}}F_{\mathrm{V}}r}{\pi T}\right)^{1/2} - F_{\mathrm{V}}\right] \tag{2-3}$$

$$\tau_{\mathrm{SCD,\ APB}} = \sqrt{\frac{3}{2}}\left(\frac{Gb}{r}\right)\frac{F_{\mathrm{V}}^{1/2}}{\pi^{3/2}}\left(\frac{2\pi\gamma_{\mathrm{APB}}r}{Gb^{2}} - 1\right)^{1/2} \tag{2-4}$$

式中，γ_{APB}表示反相畴界（APB）能量；b 表示位错的 Burgers 矢量；G 表示剪切模量；r 表示析出相的等效半径；F_{V}表示析出相的体积分数；T 表示基体中位错的线张力。

第三种机制为位错绕过强化（Orowan 弓弯机制）。当第二相尺寸较大且粒子间隔很远时，第一个位错在第二相周围弯曲并被钉扎，从而在第二相周围留下位错环，位错以绕过形式进一步移动，随着位错的不断绕过，第二相周围的位错不断塞积，位错密度逐渐增大，从而导致合金的强化。根据 Orowan 的理论，给出了位错运动必须克服的临界强度：

$$\sigma_{\mathrm{Orowan}} = M\alpha\left(\frac{Gb}{\lambda}\right) \tag{2-5}$$

式中，M 是泰勒系数（等轴 FCC 材料中为 3.06）；α 是约为 1.0 的常数；λ 为平均粒子间距。

所有这些因素共同作用，使镍基高温合金具有很高的力学性能。然而，不同的多晶镍基高温合金采用不同比例的强化机制，其中一些有利于第二相含量高的合金，而另一些则依赖于基体 γ 相自身的特性。

2.3.2.2 基体 γ 相材料本构建模

晶界引起的流动应力贡献值可以通过式（2－1）中的 Hall－Petch 关系进行说明。式（2－1）中的 $\sigma_0(\varepsilon)$ 表示单晶的摩擦应力，与临界剪切应力 $\tau(\varepsilon)$ 有关，如式（2－6）所示：

$$\sigma_0(\varepsilon) = M\tau(\varepsilon) \tag{2-6}$$

结合式（2－1）和式（2－6）可得晶界强化引起的流动应力贡献值：

$$\sigma_{\mathrm{gb}} = M\tau(\varepsilon) + K(\varepsilon)/\sqrt{d} \tag{2-7}$$

Kim 等[35]和 Lai 等[36]结合表面层模型和 Hall－Petch 关系开发了混合材料模型，分别把材料的表面层和内部晶粒看作是单晶材料和多晶材料。因此，材料表面层晶粒的流动应力 σ_s（ε）和内部晶粒的流动应力 σ_i（ε）可以描述如下：

$$\sigma_s(\varepsilon) = m\tau(\varepsilon) \tag{2-8}$$

$$\sigma_i(\varepsilon) = M\tau(\varepsilon) + K(\varepsilon)/\sqrt{d} \tag{2-9}$$

式中，m（≈ 2.2）代表表面层晶粒的取向因子。

根据表面层理论，表面层晶粒中的位错由于约束较小而容易滑动，即表面层晶粒的流动应力低于内部晶粒的流动应力。因此，结合式（2－8）和式（2－9）可得包括表面层晶粒和内部晶粒的材料本构模型：

$$\sigma_{gb} = \eta m\tau(\varepsilon) + (1-\eta)\left[M\tau(\varepsilon) + K(\varepsilon)/\sqrt{d}\right] \tag{2-10}$$

式中，$\eta = d/t$ 表示表面层晶粒占整个试样厚度的比例，其值如表 2－8 所示。

表 2－8　GH4169 合金不同微观组织的 η 值

$t/\mu m$	200					150				
$d/\mu m$	50.6	69.8	91.4	107.4	134.6	48.1	63.7	76.9	88.8	106.1
η	0.253	0.349	0.457	0.537	0.673	0.321	0.425	0.513	0.592	0.707

$\tau(\varepsilon)$ 和 $K(\varepsilon)$ 可以用式（2－11）和式（2－12）描述：

$$\tau(\varepsilon) = k_1\varepsilon^{n_1} \tag{2-11}$$

$$K(\varepsilon) = k_2\varepsilon^{n_2} \tag{2-12}$$

式中，k_1、k_2、n_1 和 n_2 是材料常数。

对于 GH4169 合金基体 γ 相，其强化机制除了晶界强化，还存在固溶强化。在本研究中，固溶原子在高温固溶处理过程中均匀地溶解在基体 γ 相中。基体 γ 相中的溶质原子阻碍了位错的运动，从而导致了对位错运动的摩擦阻力的变化。因此，固溶原子改变了 GH4169 合金塑性变形过程的应力-应变关系。需要根据合金元素 Cr、Nb、Mo、Al、Ti 和 Fe 的固溶强化能力和原子分数，计算固溶强化对流动应力的影响。对于 GH4169 合金基体相，其流动应力（σ）可以表示为晶界强化和固溶强化的线性叠加，如式（2－13）所示：

$$\sigma = \sigma_{gb} + \sigma_{ss} = \eta m\tau(\varepsilon) + (1-\eta)\left[M\tau(\varepsilon) + K(\varepsilon)/\sqrt{d}\right] + \sqrt{3}k_{ss}(C_{ss})^{2/3} \tag{2-13}$$

式（2－11）和式（2－12）中的参数由纯 Ni 微拉伸实验结果通过准牛顿法（BFGS）和通用全局优化法迭代求出，结果如表 2－9 所示。表 2－9 中还列出了一些具有一定物理意义的参数的数值。将表 2－8 和表 2－9 中的参数值代入式

(2－13)，利用 MATLAB 软件根据建立的 GH4169 合金微拉伸材料本构模型计算了流动应力应变值，通过 Origin 软件绘制了流动应力实验值与计算值曲线，进行了对比分析，流动应力实验值与计算值曲线如图 2－38 所示。其中，实验值由线图表示，计算值由散点图表示。观察可以发现，GH4169 合金微拉伸流动应力计算值与实验值吻合较好，结果表明考虑固溶强化的表面层模型具有较好的预测精度。

表 2－9 材料本构模型的参数数据

参数	M	m	k_{ss}/(MPa/at%$^{2/3}$)	k_1/MPa	k_2/(MPa·μm$^{1/2}$)	n_1	n_2
数值	3.06	2.2	24.0	320.8	97.1	0.63	0.62

注：at%为原子百分比。

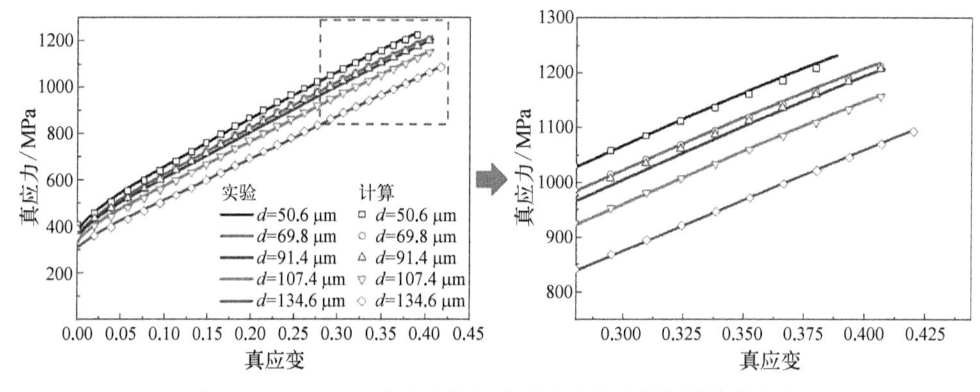

图 2－38　GH4169 合金基体相流动应力实验值与计算值曲线

为了定量评价所建立的材料本构模型的准确性，引入平均相对误差绝对值(average absolute relative error，AARE)来评估其误差。AARE 的表示如式(2－14)所示。

$$\mathrm{AARE}=\frac{1}{N}\sum_{i=1}^{N}\left|\frac{X_i-Y_i}{X_i}\right| \tag{2-14}$$

式中，X_i是实验值；Y_i是计算值；N 是参与计算的数据点个数。

将 GH4169 合金微拉伸流动应力实验值与计算值代入式(2－14)，平均相对误差绝对值仅为 1.9%。这说明 GH4169 合金微拉伸流动应力实验值与计算值之间的误差很小。

2.3.2.3　含 δ 相材料本构建模

镍基高温合金的微观组织结构是非常复杂的，塑性变形行为不仅取决于样品的几何尺寸和材料的晶粒尺寸，也与析出物的存在密切相关。由于添加了大量的合金元素[37, 38]，镍基高温合金的强化作用包括晶界强化、固溶强化和沉淀强化。

流动应力可以根据经验通过许多强化贡献的叠加来描述[39-41]：

$$\sigma = (\sigma_{gb}^{k} + \sigma_{ss}^{k} + \sigma_{ps}^{k})^{1/k} \tag{2-15}$$

式中，σ_{gb}、σ_{ss}和σ_{ps}分别表示晶界、溶质原子和析出相对流动应力的贡献值；k 的值介于 1（线性相加率）和 2（Pythagorean 相加率）之间。德国 Schänzer 和 Nembach[42]、瑞典 Joseph 等[43]提出 k 的值与镍基高温合金的微观组织结构有关，选择 $k=2$ 计算不可剪切的析出相引起的镍基高温合金的流动应力的贡献值。

通过前面分析可知，δ 相的存在影响 GH4169 合金微拉伸流动应力尺寸效应。建立的材料本构模型旨在揭示微拉伸变形的真应力与真应变之间的关系。然而，考虑特征长度（例如沉淀物的粒径和体积分数）的宏观常规沉淀强化模型仅是特征长度与应力之间的关系。对于给定的具有一定粒径和体积含量的析出物，在传统的析出强化模型中，析出强化贡献值是一个恒定值，不能揭示析出物在微拉伸塑性变形过程中在不同真应变下对流动应力的贡献。然而，在微拉伸变形过程中所建立的材料本构模型应该是揭示材料微拉伸真应力与真应变之间的关系。因此，为了研究析出物对微拉伸变形过程真应力与真应变的实时影响，有必要将析出强化与塑性变形过程中的真应变联系起来。

通常，由位错强化引起的流动应力可以表示为[44]

$$\sigma = M\alpha Gb\rho^{1/2} \tag{2-16}$$

式中，α（≈0.3）表示材料常数；G（≈80 MPa）表示剪切模量；b（≈0.248 nm）表示 Burgers 向量；ρ 表示位错密度。

美国 Mecking 和 Kocks[30]提出了一阶非线性微分方程来揭示位错与塑性真应变之间的关系，如下式所示：

$$\partial\rho/\partial\varepsilon_{p} = k_{3}\rho^{1/2} - fk_{4}\rho + k_{D} \tag{2-17}$$

式中，ε_{p}表示真实塑性应变；$k_{3}\rho^{1/2}$表示由位错相互之间的阻碍导致的位错存储率；$fk_{4}\rho$ 代表与温度、应变率和溶质浓度密切相关的动态回复率；f 表示位错和析出相的相互作用对动态回复影响的修正因子；k_{D}代表由于不可剪切粒子导致存储几何必需位错而导致的位错存储速率。

δ 相在晶界处析出，由于 δ 相与基体 γ 相之间的晶格参数差异较大，δ 相与 γ 相不相干。因此，在式（2－17）中对于不可剪切的 δ 相，k_{3}等于零。式（2－17）简化后可以表示为

$$\partial\rho/\partial\varepsilon_{p} = -fk_{4}\rho + k_{D} \tag{2-18}$$

$$\rho = [k_{D}/(fk_{4})][1 - \exp(-fk_{4}\varepsilon_{p})] \tag{2-19}$$

由不可剪切的 δ 相引起的流动应力贡献可描述如下：

$$\sigma_{ps} = M\alpha Gb\sqrt{[k_D/(fk_4)][1-\exp(-fk_4\varepsilon_p)]} \tag{2-20}$$

综上，结合式（2-2）、式（2-10）、式（2-15）和式（2-20）可得含δ相的GH4169合金微拉伸材料本构模型，如式（2-21）所示。镍基高温合金的材料本构建模如图2-39所示。

$$\sigma = \left\{ \begin{array}{l} [\eta mk_1\varepsilon^{n_1} + (1-\eta)(Mk_1\varepsilon^{n_1} + k_2\varepsilon^{n_2}/\sqrt{d})]^k + [\sqrt{3}k_{ss}(C_{ss})^{2/3}]^k \\ \quad + [M\alpha Gb\sqrt{[k_D/(fk_4)][1-\exp(-fk_4\varepsilon_p)]}]^k \end{array} \right\}^{1/k} \tag{2-21}$$

含δ相GH4169合金在不同真应变下的流动应力可以通过式（2-21）计算，如图2-40所示。图2-40显示计算值和实验值之间的极好的一致性。因此，考虑晶界强化、固溶强化和析出强化的流动应力尺寸效应模型可以准确地描述具有δ相的高温合金微拉伸流动应力的特性。

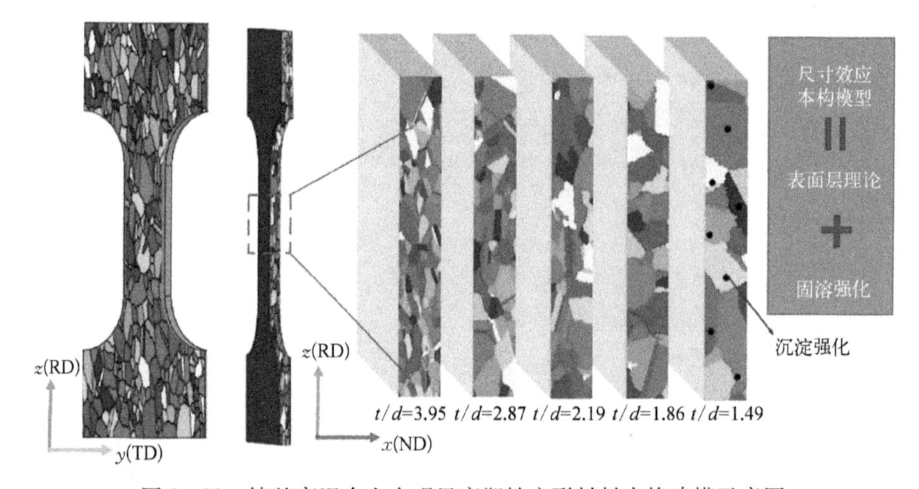

图2-39　镍基高温合金介观尺度塑性变形材料本构建模示意图

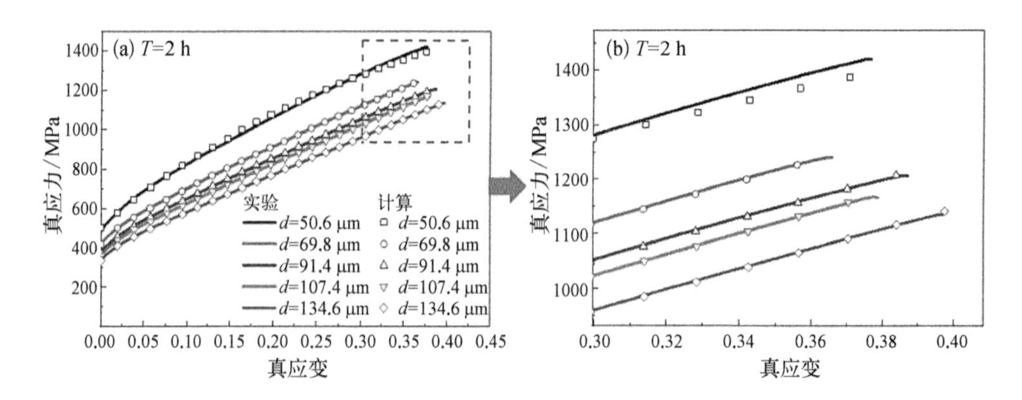

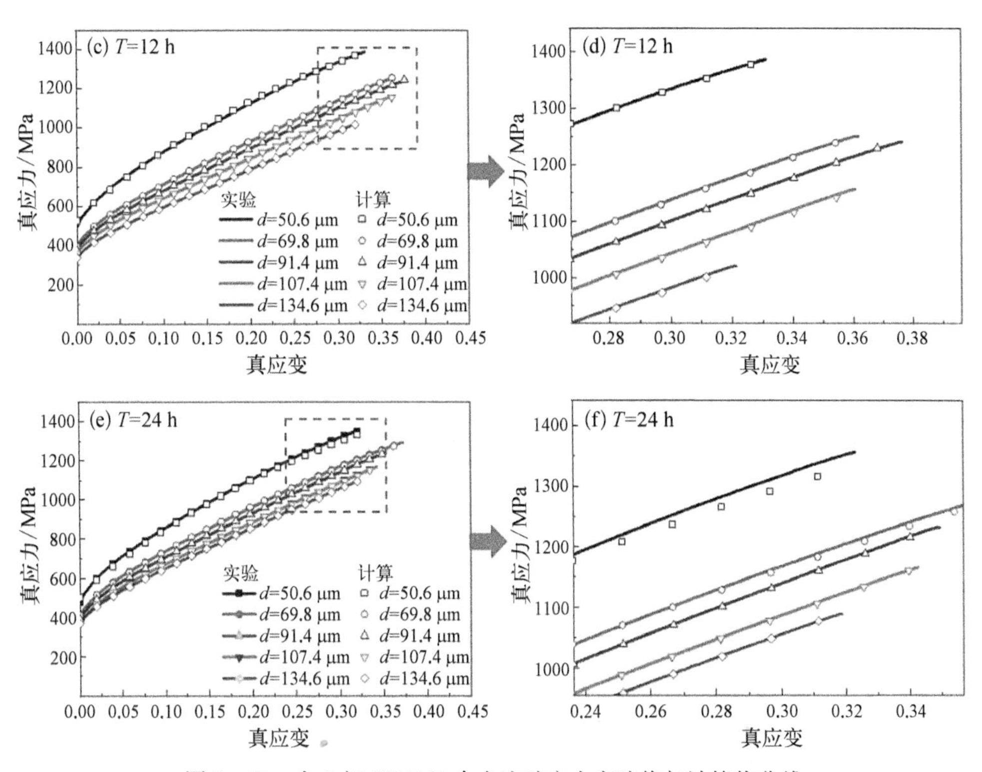

图 2-40　含 δ 相 GH4169 合金流动应力实验值与计算值曲线

2.3.2.4　含 γ″/γ′相材料本构建模

通过前面分析可知，γ″/γ′相的存在影响 GH4169 合金微拉伸流动应力尺寸效应，使得 GH4169 合金基体 γ 相的微拉伸流动应力“越小越弱”趋势降低，且随着 γ″/γ′相粒径与体积含量的增加，微拉伸流动应力“越小越弱”尺寸效应的降低趋势逐渐增加。通过 γ″相和 γ′相的 SAED 图案可知，γ″相和 γ′相与基体 γ 相均为共格相干关系，且 γ″相和 γ′相的尺寸均小于位错剪切与绕过的临界尺寸。因此，在塑性变形过程中，位错以切过形式与 γ″/γ′相产生交互作用，引起合金的强化。所以对于可剪切的 γ″/γ′相，式（2-17）中的 k_D 等于零，式（2-17）可以简化为

$$\partial\rho/\partial\varepsilon_p = k_3\rho^{1/2} - fk_4\rho \tag{2-22}$$

$$\sqrt{\rho} = [k_3/(fk_4)]\left[1 - \exp\left(-\frac{1}{2}fk_4\varepsilon_p\right)\right] \tag{2-23}$$

由可剪切的 γ″/γ′相引起的沉淀强化可以表示为

$$\sigma_{ps} = M\alpha Gb[k_3/(fk_4)]\left[1 - \exp\left(-\frac{1}{2}fk_4\varepsilon_p\right)\right] \tag{2-24}$$

因此，γ''/γ'相引起的析出强化与塑性应变之间的关系由式（2-24）建立，揭示了塑性变形过程中的可剪切 γ''/γ'相的析出强化作用。γ''/γ'相的粒径和体积分数对流动应力的影响通过 k_3和fk_4的参数值反映出来。因此，可以结合式（2-2）、式（2-10）、式（2-15）和式（2-24）计算含 γ''/γ'相 GH4169 合金微拉伸变形过程的流动应力：

$$\sigma_f = \left\{ \begin{array}{l} \left[\eta m k_1 \varepsilon^{n_1} + (1-\eta)(M k_1 \varepsilon^{n_1} + k_2 \varepsilon^{n_2}/\sqrt{d})\right]^k + \left[\sqrt{3} k_{ss} (C_{ss})^{\frac{2}{3}}\right]^k \\ \quad + \left\{ M\alpha G b [k_3/(fk_4)] \left[1 - \exp\left(-\frac{1}{2} fk_4 \varepsilon_p\right)\right] \right\}^k \end{array} \right\}^{\frac{1}{k}} \tag{2-25}$$

式（2-25）描述了含 γ''/γ'相 GH4169 合金介观尺度上具有晶界强化、析出强化和固溶强化作用的混合材料本构模型。Slama 和 Abdellaoui[23] 提出在 GH4169 合金中 γ''相的最佳粒径为 30 nm。在本研究中，γ''相的尺寸小于 30 nm。因此，选择 $k=1.13$ 进行计算可剪切的 γ''/γ'相引起的镍基高温合金的流动应力。图 2-41 显示了实验和计算出的真实应力-应变曲线，平均相对误差绝对值仅为 1.5%，这说明预测结果与实验结果吻合得较好。

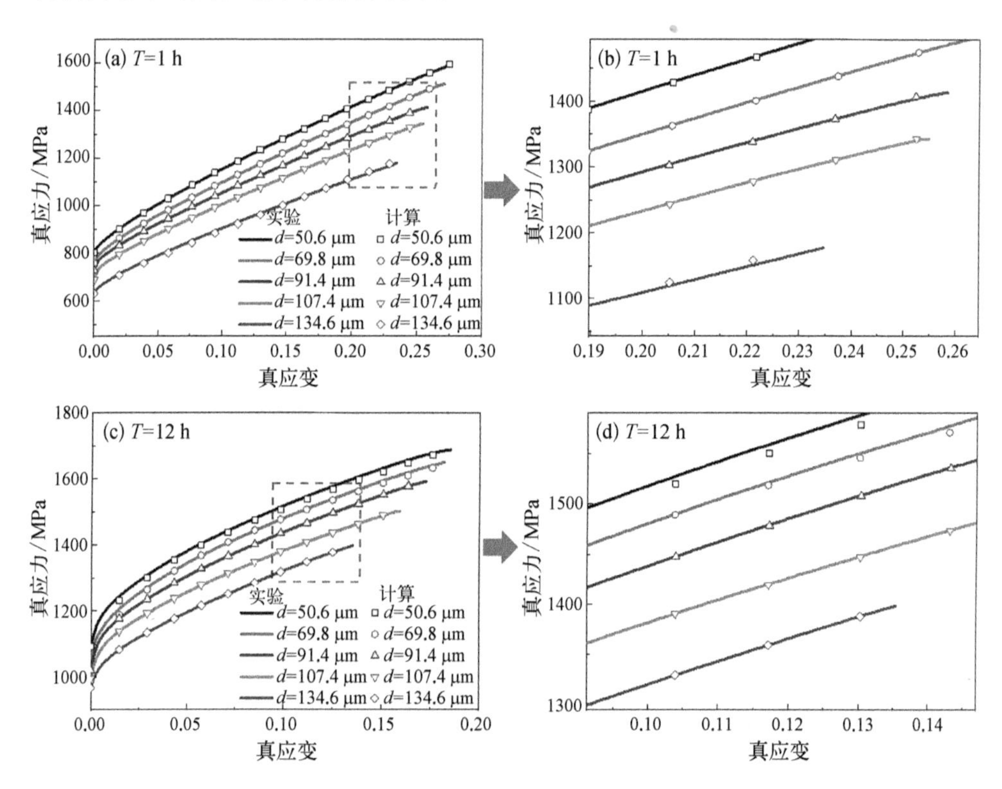

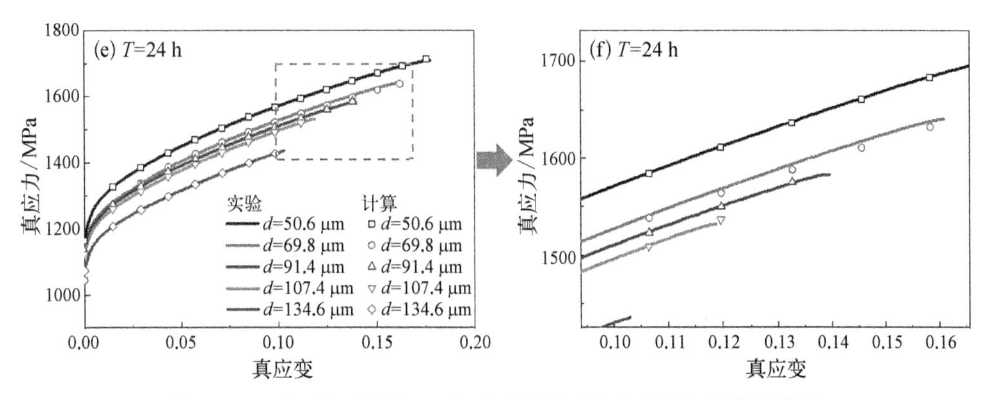

图 2-41　含 γ″/γ′相 GH4169 合金流动应力实验值与计算值曲线

综上，本节构建了不同微观组织的 GH4169 合金微拉伸材料本构模型，式（2-13）、式（2-21）和式（2-25）分别适用于基体相、含不可剪切的第二相和含可剪切的第二相合金的微拉伸流动应力特征的描述。镍基高温合金可以根据其微观组织特征进行相应的选择来揭示其微拉伸过程流动应力的变化行为，这对于研究介观尺度下多相材料的成形性能和变形机制具有重要意义。

2.4　微观结构演变行为及断裂机制

2.4.1　基于 EBSD 技术的晶粒取向演化行为

塑性应变的变化可以通过材料中的局部微取向来表征[45]。不同晶粒尺寸的 GH4169 合金薄板试样热处理试样和断裂试样断口表面的 Kernel 平均取向差（Kernel Average Misorientation，KAM）如图 2-42 所示。热处理试样的 KAM 值较低，晶界的局部区域 KAM 值分布不均匀，这可能是由轧制和退火后的不均匀再结晶引起的，热处理不能完全消除由轧制变形引起的 GH4169 合金的塑性应变和织构影响。比较不同晶粒尺寸的热处理试样和断裂试样的 KAM 值分布曲线可以发现，断裂试样的平均 KAM 值显著增加，并且 KAM 峰值向右偏移。KAM 值较大的区域位于晶界和孪晶界处，说明塑性变形主要集中在晶界和孪晶界处，而 KAM 值在晶界和孪晶界处的分布不均匀表明界面的局部区域产生了严重的应变集中。对于晶粒尺寸较大的合金，塑性变形期间相对晶格旋转较大，这表明局部变形较大，合金的变形协调性差。与热处理试样相比，断裂试样有些晶粒内部 KAM 值较大，这表明塑性变形从晶界往界内延伸，晶内在拉伸变形过程经历了明显的塑性应变。此外，一个有趣的现象是 GH4169 合金拉伸变形后局部低 KAM

区域得以保留，这可能是由于局部低 KAM 区域靠近塑性变形过程产生的孔洞缺陷位置，导致了附近晶格的松弛。

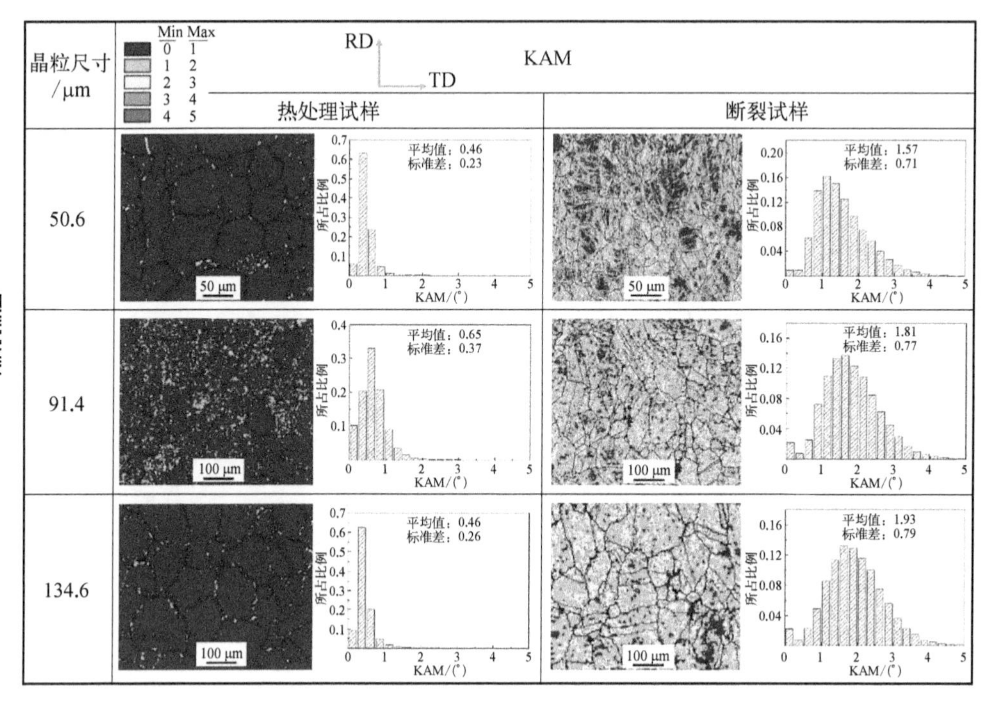

图 2－42　不同晶粒尺寸的 GH4169 合金热处理试样和断裂试样的 KAM

为了揭示塑性变形过程中析出相对微取向演化行为的影响，含 δ 相的和含 γ″/γ′相的 GH4169 合金的热处理试样和拉伸断裂试样的 KAM 如图 2－43 所示。热处理试样的 KAM 值整体均较低，局部区域的 KAM 值分布不均匀。含 δ 相的 GH4169 合金的热处理试样晶界和孪晶界附近的 KAM 值较高，而含 γ″/γ′相的 GH4169 合金的热处理试样局部晶粒内部的 KAM 值较高。可以发现，含 γ″/γ′相的 GH4169 合金的热处理试样的 KAM 平均值低于含 δ 相的 GH4169 合金的热处理试样的 KAM 平均值，这主要与 δ 相和 γ″/γ′相的粒径及其分布有关。微米尺度的 δ 相优先以球形或者棒状从晶界处萌生，随着时效时间的增加逐渐演化为针状 δ 相，并且向晶内扩展，而纳米尺度的 γ″/γ′相弥散分布在晶粒内部，随着时效时间的增加 γ″/γ′相的形态不发生改变，而 γ″/γ′相粒径变大。比较不同时效时间的 GH4169 合金热处理试样和断裂试样的 KAM 分布曲线可以看出，相比于热处理试样，断裂试样的平均 KAM 值显著增加。然而，对比不同时效时间的断裂试样的 KAM 分布曲线可以看出，随着时效时间的增加，断裂试样平均 KAM 值显著降低。这主要与塑性变形过程 δ 相和 γ″/γ′相的存在限制了晶粒的旋转有关，表现为微取向的变化程度降低。此外，GH4169 合金试样拉伸变形过程 δ 相和 γ″/γ′相阻碍位错的运动，位错在析出相附近累积导致的应力集中不能及时释放，因而产生局域应变集中，表现为局部的 KAM 值增加。

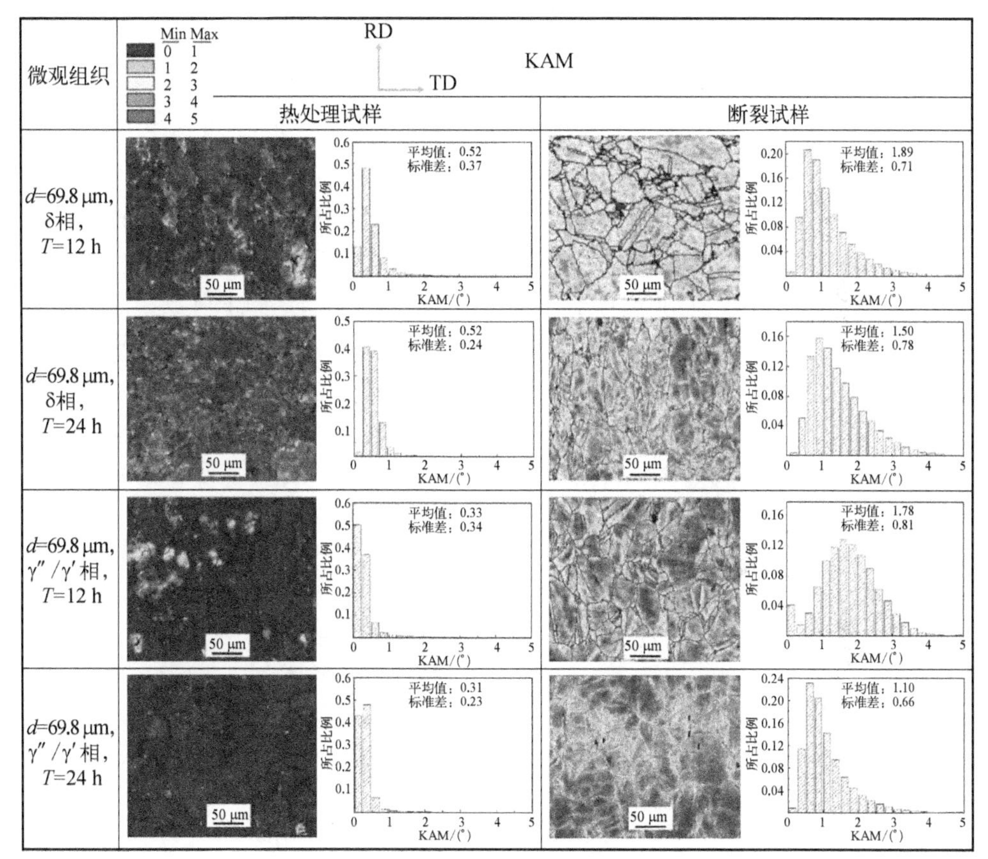

图 2 - 43　不同微观组织 GH4169 合金的热处理试样和拉伸断裂试样的 KAM

2.4.2　基于激光共聚焦显微镜表征的表面粗化行为

当多晶材料塑性变形时，不可避免地发生表面粗化现象，这影响材料后续的塑性变形行为和材料的成形性。因此，表面粗化现象是金属成形过程中的重要问题之一。在介观尺度塑性变形中，材料变形和韧性断裂与宏观尺度有很大不同，试样表面粗糙度演变主要受材料微观组织和应变状态的影响。为了探讨晶粒尺寸和析出相对微拉伸变形过程材料流动行为的影响，用激光共聚焦扫描显微镜（CLSM）在 GH4169 合金拉伸变形试样标距部分的 RD - TD 面上以 0.3 μm 的扫描步长和

640 μm×640 μm 的观测面积进行了表面粗糙度的表征，分析微拉伸变形过程中微观组织对试样表面粗糙度的影响规律。

宏观尺度主要关注多晶材料变形的“平均”结果，没有考虑多晶材料内部和表面的变形差异。但是，由于相邻晶粒的取向不同，多晶材料在宏观尺度的均匀变形在介观尺度是不均匀的。介观尺度试样表面粗化行为与单个晶粒的变形行为密切相关。塑性变形过程中每个晶粒内部的应变取决于其相对于施加应力的晶体学取向[46]。相邻晶粒之间的晶体取向差异会导致介观尺度自由表面粗化现象[47]。通常，使用施密特因子表示单个晶粒的软取向或硬取向状态，该状态是与材料结构相关且与外力无关的常数。如果施密特因子高，则晶粒处于软取向状态，晶体容易滑动。相反，低施密特因子的晶粒处于硬取向状态。图 2－44 显示了不同晶粒尺寸的热处理试样的施密特因子分布柱状图。从图中可以看出，每个晶粒的施密特因子是不同的。当相邻晶粒之间的取向差异很大时，具有软取向的晶粒严重变形而形成“谷”形貌，而具有硬取向的晶粒则不容易变形而形成“峰”形貌。由此可见，相近晶粒的施密特因子的差异，将微拉伸过程外部施加的应力与临界剪切应力连接到特定的滑移系统上，最终引起厚度和自由表面不规则形貌的变化。

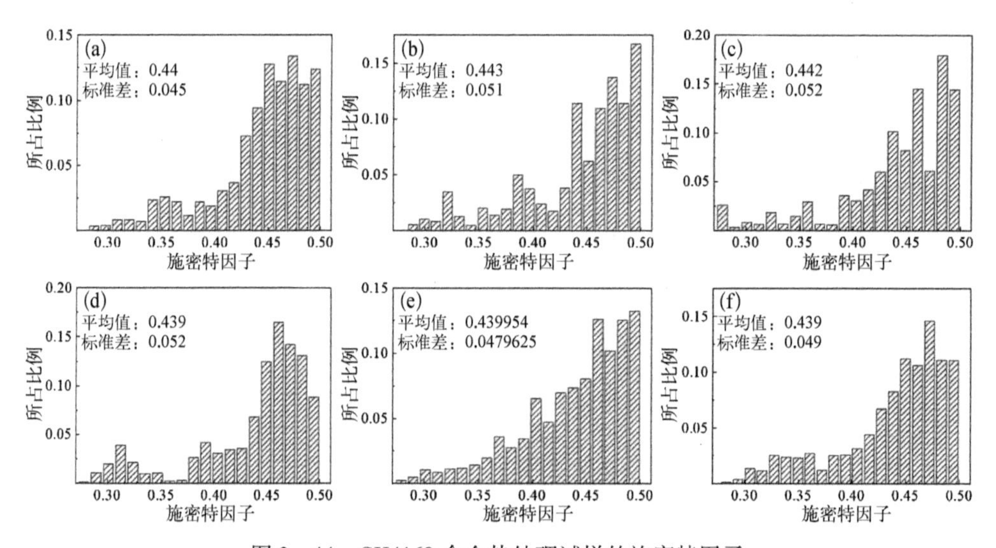

图 2－44　GH4169 合金热处理试样的施密特因子

(a) $t=200$ μm，$d=50.6$ μm；(b) $t=200$ μm，$d=91.4$ μm；(c) $t=200$ μm，$d=134.6$ μm；(d) $t=150$ μm，$d=48.1$ μm；(e) $t=150$ μm，$d=76.9$ μm；(f) $t=150$ μm，$d=106.1$ μm

图 2－45 展示了不同 t/d 的 GH4169 合金微拉伸变形试样在 $\varepsilon=0.4$ 条件下的表面形貌。在试样表面可以观察到“峰”和“谷”形貌，表面粗糙度随着 t/d 的降低而增加，导致在介观尺度上的表面粗化。在介观尺度上，多晶被认为是许多

具有不同取向的单个晶粒的集合。当多晶材料塑性变形时，并非所有晶粒都同时滑动，如果每个晶粒单独变形，则在晶界处会出现孔洞和重叠，这不符合整体连续性。单个晶粒可能会发生滑移和旋转变形，而晶粒发生变形时受到周围晶粒的阻碍以实现多晶体的连续性。对于具有均匀奥氏体基体的固溶处理试样，由于在随后的微拉伸变形过程中表面层晶粒遇到的障碍较少，塑性变形过程中晶粒容易发生旋转。因此，在微拉伸变形过程容易产生表面粗化现象。当 t/d 较低时，整个试样厚度上仅有少量晶粒，这些晶粒受到自由表面的限制，因此，为适应局部塑性变形而激活的滑移系统总数也随之减少。当滑移条件不利于晶粒时，变形趋于在晶界局域化，并且需要额外的剪切位移来进行晶粒旋转，以保持变形在晶界上的连续性。因此，随着晶粒尺寸的增加，试样表面变得更粗糙。试样在变形过程中产生的自由表面粗化会引起后续变形的应变局域化，从而导致断裂应变降低。因此，在介观尺度塑性变形中尺寸效应和自由表面粗化会反过来影响材料的变形行为、延展性和断裂形态，进而影响微型构件的尺寸精度和表面质量。

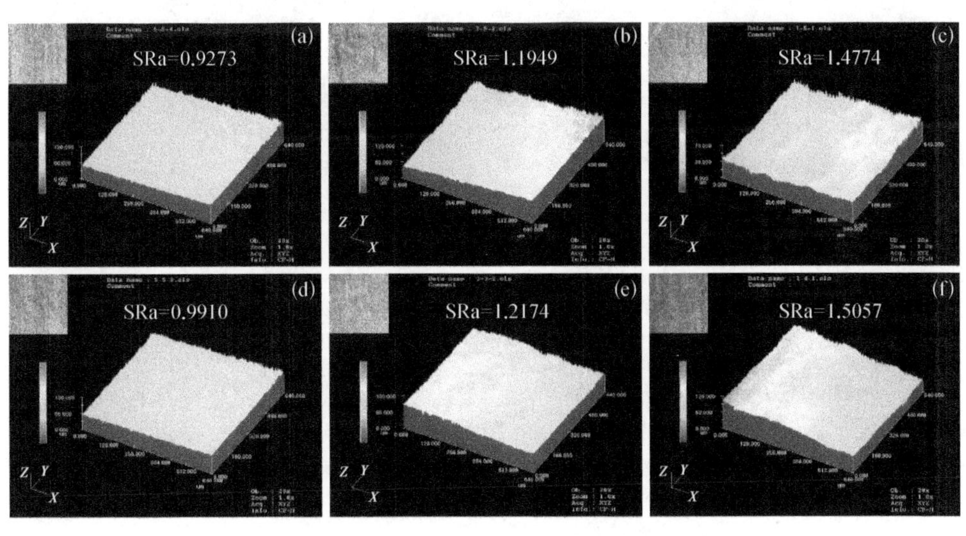

图 2-45　不同厚径比的 GH4169 合金变形试样表面粗糙度（SRa）

（a）$t=200\ \mu m$，$t/d=3.95$；（b）$t=200\ \mu m$，$t/d=2.19$；（c）$t=200\ \mu m$，$t/d=1.49$；（d）$t=150\ \mu m$，$t/d=3.12$；（e）$t=150\ \mu m$，$t/d=1.95$；（f）$t=150\ \mu m$，$t/d=1.41$

为了研究析出相对 GH4169 合金薄板试样微拉伸变形过程中自由表面粗糙度的影响，以 δ 相为例进行说明。图 2-46 展示了不同厚度、不同晶粒尺寸的含 δ 相 GH4169 合金薄板试样在微拉伸自由表面粗糙度的影响。可以观察到，变形试样的表面粗糙度随着 t/d 的降低而显著增加。然而，变形试样的表面粗糙度随着 δ 相含量的增加而降低，这说明 δ 相的存在降低了微拉伸变形自由表面的粗化程度。这主要是因为在微拉伸变形过程中，具有一定尺寸、含量和分布的 δ 相限制了表面层晶粒的旋转，即影响了塑性变形过程中的晶粒取向演化，从而限制了相邻软取向晶粒的变形。

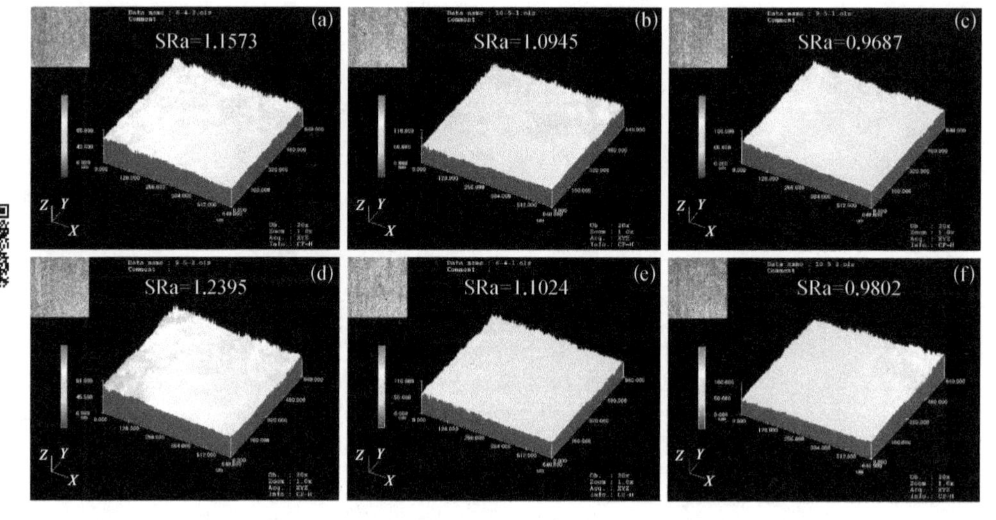

图 2-46　含 δ 相 GH4169 合金变形试样表面粗糙度（SRa）

（a）$t=200$ μm，$t/d=2.87$，$T=2$ h；（b）$t=200$ μm，$t/d=2.87$，$T=12$ h；
（c）$t=200$ μm，$t/d=2.87$，$T=24$ h；（d）$t=150$ μm，$t/d=2.35$，$T=2$ h；
（e）$t=150$ μm，$t/d=2.35$，$T=12$ h；（f）$t=150$ μm，$t/d=2.35$，$T=24$ h

2.4.3　基于 DIC 技术的局域应变演化行为

DIC 通过计算材料变形过程中的应变场，可以实现不同微观组织的材料变形行为的表征。通过 DIC 表征的 200 μm 厚 GH4169 合金微拉伸变形过程应变演化如图 2-47 所示。图 2-47（a）~（e）为 $d=50.6$ μm 合金的不同拉伸应变阶段，整体上显示出较为均匀的塑性变形。图 2-47（a）为合金的弹性变形阶段，可以发现应变分布均匀。图 2-47（b）表示合金屈服后出现了轻微的不均匀变形，此时局域应变最大值 $\varepsilon_{max}=0.057$。当合金的真应变 $\varepsilon=0.3$ 时，局域应变最大值 $\varepsilon_{max}=0.321$，可见随着塑性变形的进行，试样表面的应变局部化程度略微增加，然而，应变局域化的区域相对较少。图 2-47（f）~（j）为 $d=134.6$ μm 合金的不同拉伸应变阶段，可以发现明显的不均匀塑性变形。图 2-47（f）显示合金在初始载荷期间即出现轻微的不均匀变形，此时合金仍处于弹性变形阶段。图 2-47（g）表示合金屈服后出现了严重的不均匀塑性变形，此时局域应变最大值已经达到 $\varepsilon_{max}=0.063$。随着加载的继续，合金的应变局域化加剧，当合金的真应变分别为 $\varepsilon=0.1$、$\varepsilon=0.2$ 和 $\varepsilon=0.3$ 时，局域应变最大值分别为 $\varepsilon_{max}=$

0.126、$\varepsilon_{max}=0.233$ 和 $\varepsilon_{max}=0.346$，这表明在某些区域已发生应变集中，图中红色区域位置表示发生应变局域化的区域显著增多，且应变局域化区域有向周围扩展的趋势，多个应变局域化区域的跨度已经远远超过试样自身的宽度。

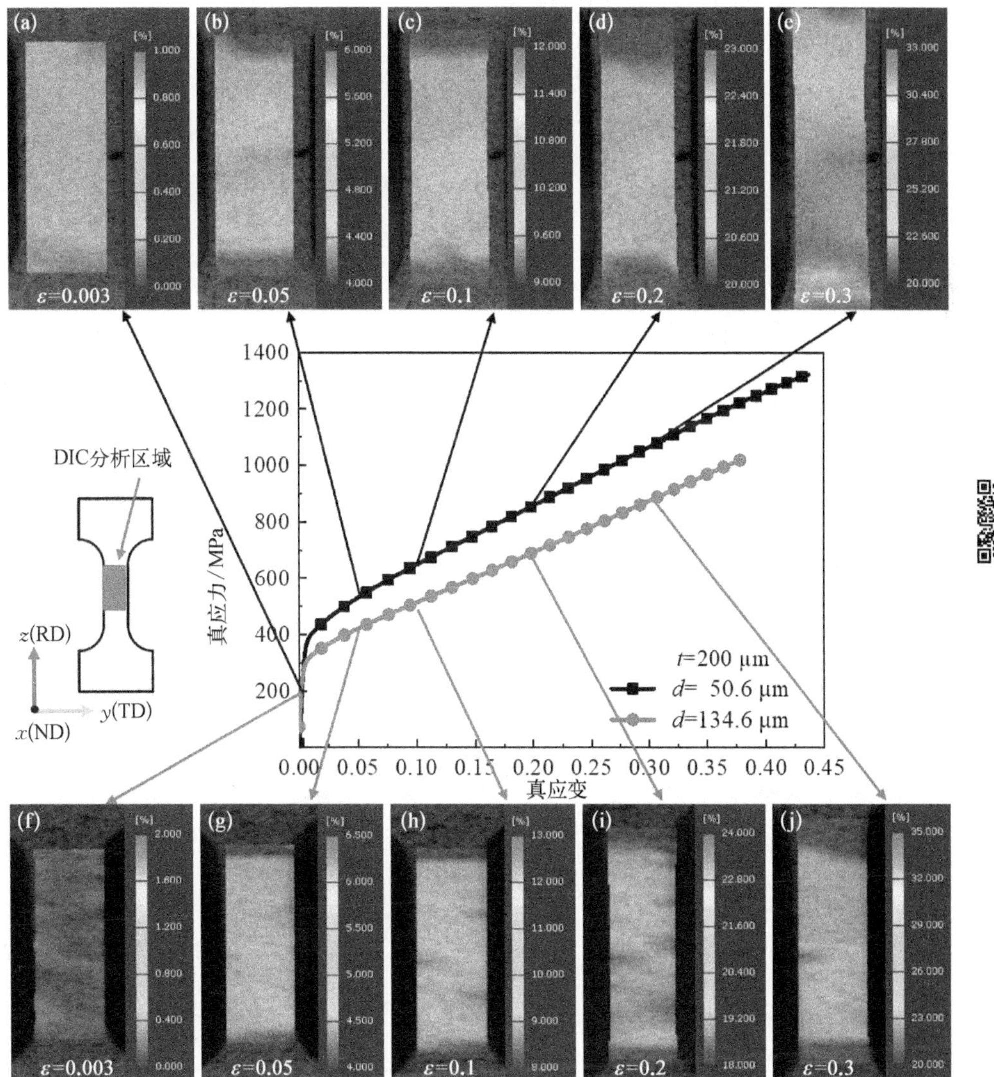

图 2-47 不同晶粒尺寸的 GH4169 合金微拉伸应变演化行为

(a) ~ (e) $d=50.6$ μm 合金的不同拉伸应变阶段；(f) ~ (j) $d=134.6$ μm 合金的不同拉伸应变阶段

由此可见，介观尺度塑性变形行为与宏观尺度有很大差别。在宏观尺度拉伸变形中，试样发生颈缩前为均匀塑性变形阶段，颈缩之后开始出现不均匀塑性变形直至断裂失效。然而，图 2-47 展示的微拉伸过程中，在颈缩之前就已经产生了严重的不均匀塑性变形。对于大晶粒尺寸的合金试样而言，在刚开始的弹性加载过程即可观察到轻微的不均匀塑性变形，随着加载的继续，不均匀塑性变形加剧，多个区域出现应变集中，产生应变局域化。由此可知，在微拉伸变形过程，随着晶粒尺寸的增加，试样表面会出现严重的不均匀塑性变形。晶粒尺寸越大，合金试样中的晶界比例越小，变形协调性越差，越容易引起应变局域化。此外，当晶粒尺寸增加时，试样厚度方向的晶粒数会减少，表面层晶粒在整个试样厚度方向所占的比例增加，由于表面层每个晶粒取向的不同，变形过程中引起试样表面粗化，导致应变局域化的程度加大，从而过早的引起合金试样发生失稳断裂。

图 2-48 展示了 DIC 表征的厚度 $t=200$ μm、晶粒尺寸 $d=69.8$ μm 时含 δ 相 GH4169 合金试样微拉伸过程应变演化结果。图 2-48（a）~（e）展示了时效 2 h的 GH4169 合金不同拉伸应变阶段。图 2-48（a）中显示含 δ 相 GH4169 合金在弹性变形阶段就已经出现了明显的不均匀变形。当合金的真应变分别为 $\varepsilon=0.05$、$\varepsilon=0.1$、$\varepsilon=0.2$ 和 $\varepsilon=0.3$ 时，局域应变最大值分别达到了 $\varepsilon_{max}=0.060$、$\varepsilon_{max}=0.115$、$\varepsilon_{max}=0.227$ 和 $\varepsilon_{max}=0.333$。由此可见，含 δ 相 GH4169 合金发生屈服后试样表面的不均匀塑性变形程度逐渐加剧，在多个局部区域出现了应变集中。图 2-48（f）~（j）显示了时效 24 h 的 GH4169 合金不同拉伸应变阶段。当合金的真应变分别为 $\varepsilon=0.05$、$\varepsilon=0.1$、$\varepsilon=0.2$ 和 $\varepsilon=0.3$ 时，局域应变最大值分别达到了 $\varepsilon_{max}=0.065$、$\varepsilon_{max}=0.122$、$\varepsilon_{max}=0.240$ 和 $\varepsilon_{max}=0.348$。可以发现，时效时间 $T=24$ h 的合金表面应变局域化程度比时效时间 $T=2$ h 的合金略有增加。含 δ 相 GH4169 合金微拉伸应变演化行为与 δ 相的形貌和分布紧密相关。在不同晶粒内 δ 相呈现球形、棒状和针状的形态也不尽相同，且 δ 相的粒径及分布方位也有差别。GH4169 合金在微拉伸塑性变形过程中，不同形态、粒径、含量和分布的 δ 相对位错运动的阻碍作用不同，位错运动受阻后在 δ 相附近塞积，引起应变局域化，不利于合金的塑性变形行为，有损合金的延展性。

图 2-49 显示了 $d=69.8$ μm 不同 γ″/γ′ 相含量的 GH4169 合金试样微拉伸过程应变演化结果。图 2-49（a）~（e）显示了时效 1 h 的 GH4169 合金不同拉伸应变阶段。图 2-49（a）中的表面应变分析区域显示在弹性变形阶段就已经出现了轻微的不均匀变形。当合金的真应变分别为 $\varepsilon=0.05$、$\varepsilon=0.10$、$\varepsilon=0.20$ 和 $\varepsilon=0.25$ 时，局域应变最大值分别为 $\varepsilon_{max}=0.058$、$\varepsilon_{max}=0.109$、$\varepsilon_{max}=0.214$ 和 $\varepsilon_{max}=0.265$。由此可见，合金塑性变形阶段局域的不均匀变形加剧，在多个局部区域出现了应变集中。图 2-49（f）~（j）显示了时效 24 h 的 GH4169 合金不同拉伸应变阶段。当合金的真应变分别为 $\varepsilon=0.02$、$\varepsilon=0.05$、$\varepsilon=0.10$ 和 $\varepsilon=0.15$ 时，局域应变最大值分别为 $\varepsilon_{max}=0.031$、$\varepsilon_{max}=0.072$、$\varepsilon_{max}=0.138$ 和 $\varepsilon_{max}=0.192$。可以发现时效 24 h 的合金表面应变局域化比时效 2 h 显著增加。γ″/γ′ 相与基体 γ

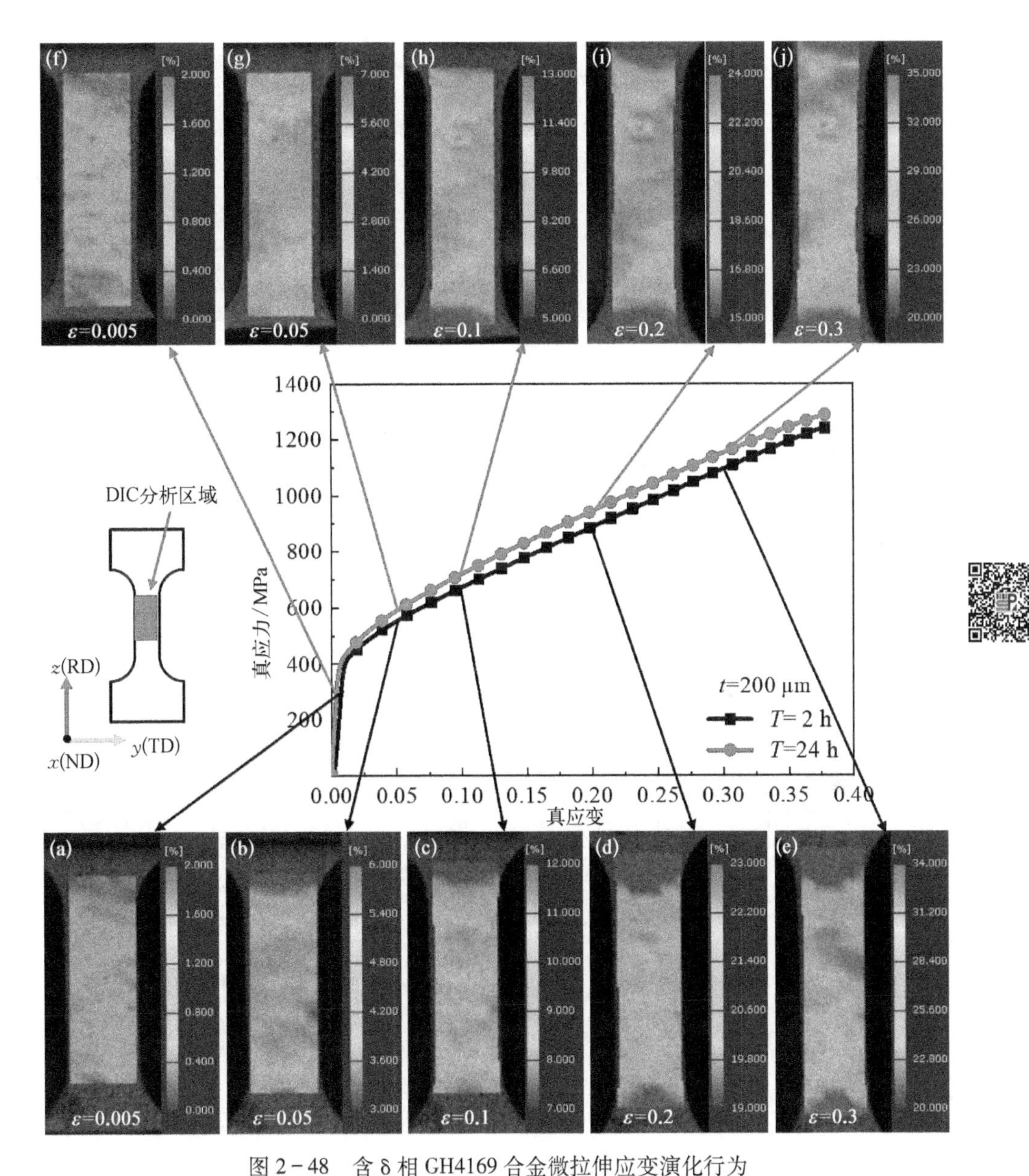

图 2－48　含 δ 相 GH4169 合金微拉伸应变演化行为

(a) ~ (e) $T=2$ h 的不同拉伸应变阶段；(f) ~ (j) $T=24$ h 合金的不同拉伸应变阶段

相为共格关系，位错以切过形式与 γ″/γ′ 相产生交互作用。GH4169 合金微拉伸应变演化行为与 γ″/γ′ 相对位错运动的阻碍作用紧密相关，位错在 γ″/γ′ 相周围塞积，导致应变局域化，不利于合金的塑性变形行为，导致合金过早的发生断裂失效。

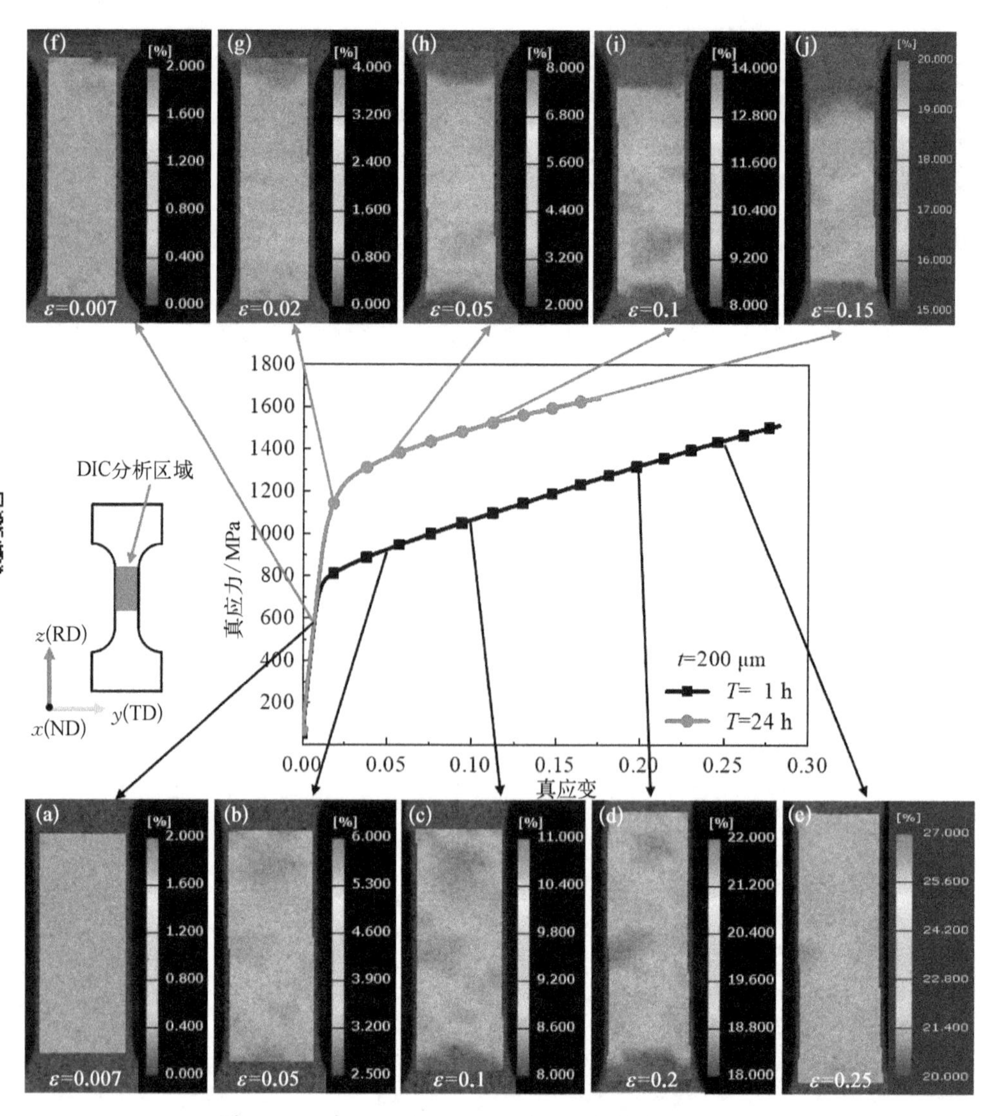

图 2-49　含 γ″/γ′相 GH4169 合金微拉伸应变演化行为

(a) ~ (e) T=1 h 的不同拉伸应变阶段；(f) ~ (j) T=24 h 合金的不同拉伸应变阶段

2.4.4　基于同步辐射断层扫描技术的孔洞演化行为

金属的韧性断裂与孔洞的萌生和扩展密切相关。在塑性变形开始时，在晶界、第二相颗粒和夹杂物等缺陷处会产生孔洞。微拉伸变形期间产生的孔洞严重影响合金的力学性能和断裂行为。因此，开展微拉伸变形过程孔洞演化行为的研究十分重要。SR－CT 技术可以高精度表征材料内部的三维结构，从而捕获材料变形过程中孔洞的演化行为。

2.4.4.1　晶粒尺寸的影响

利用 SR－CT 技术研究了 200 μm 厚不同晶粒尺寸的 GH4169 合金薄板微拉伸变形过程的孔洞演化行为，微拉伸试样标距位置表征部分的 3D 重构结果如图 2－50 所示，SR－CT 技术实现了孔洞空间分布的直接可视化。其中，橙色平行六面体

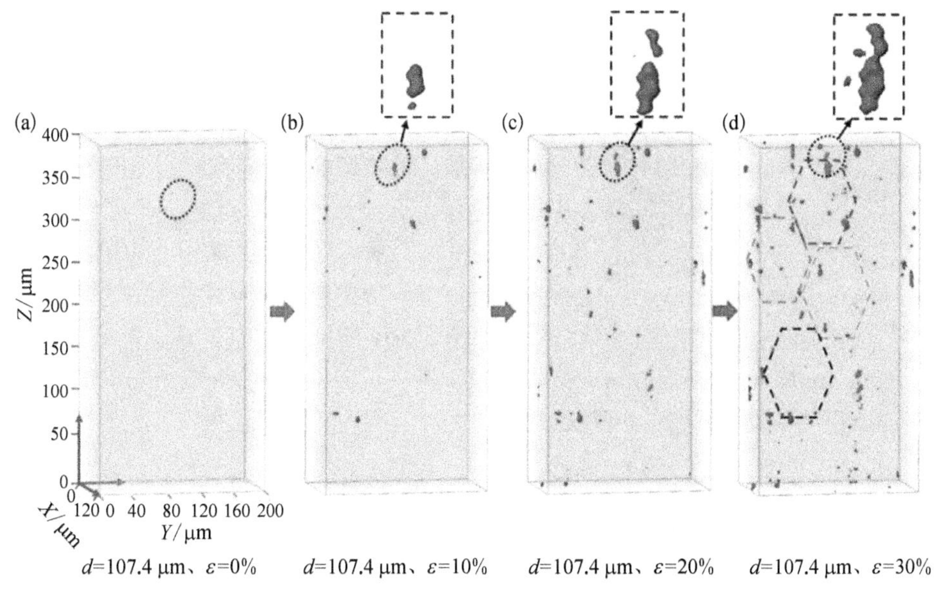

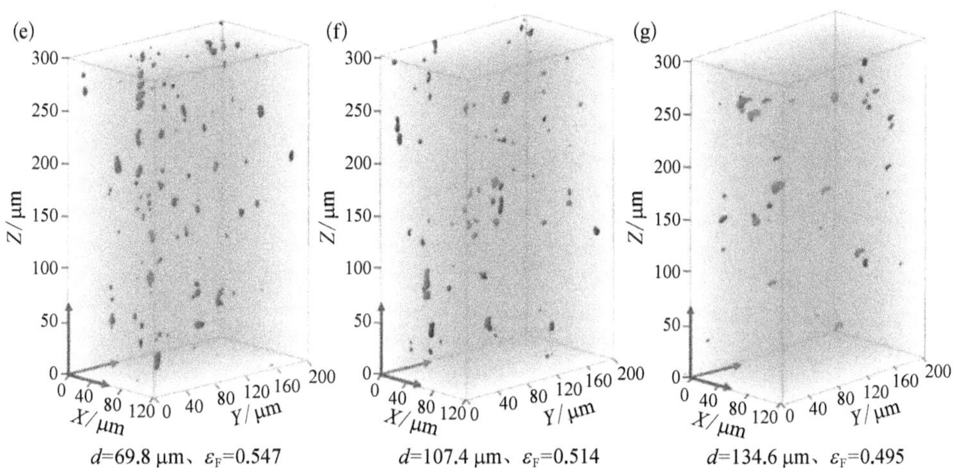

图 2－50　不同晶粒尺寸试样微拉伸过程孔洞的 3D 重建结果

（a）～（d）d＝107.4 μm 试样原位拉伸；（e）d＝69.8 μm 断裂试样；（f）d＝107.4 μm 断裂试样；（g）d＝134.6 μm 断裂试样

代表 GH4169 合金试样，红色颗粒表示孔洞，可以发现试样内部产生了大量的孔洞缺陷。所采用的同步辐射探测器理论分辨率为 0.65 μm，实际最小分辨率极限为 1 μm，低于 1 μm 的孔洞无法检测到。因此，这里不考虑尺寸小于 1 μm 的孔洞。诸如尺寸、体积分数、形状和取向等孔洞的特性可以通过 SR－CT 技术表征及随后的统计分析获得。因此，利用 SR－CT 技术可以实现缺陷特征与晶粒尺寸之间相关性的研究。图 2－50（a）～（d）显示了通过原位 SR－CT 技术表征晶粒尺寸为 107.4 μm 的 GH4169 合金试样微拉伸变形过程中的孔洞演变行为。许多研究表明颈缩后产生孔洞[48, 49]。然而，SR－CT 表征的微拉伸过程孔洞演化的空间分布表明在均匀塑性变形阶段萌生了孔洞缺陷。图 2－50（a）显示试样在应变 $\varepsilon=0\%$时不存在孔洞，表明试样在微拉伸变形前的微观组织结构是均匀的。孔洞的体积含量和尺寸随着塑性应变的增加而增加。随着塑性变形的进行，孔洞逐渐长大，直至孔洞和周围的孔洞聚结并相互连接，形成尺寸更大的复杂的裂纹为止，如黑色虚线椭圆框所示。图 2－50（e）～（g）展示了不同晶粒尺寸 GH4169 合金试样微拉伸断裂后断口附近孔洞的空间分布，微拉伸试样标距表征部位的孔洞平均体积及体积分数的定量统计结果，如图 2－51 所示。可以发现，随着晶粒尺寸从 69.8 μm 增加到 134.6 μm，孔洞体积含量从 4.19×10^{-4}减小到 1.58×10^{-5}，孔洞平均体积从 52.38 μm^3减小到 36.74 μm^3。

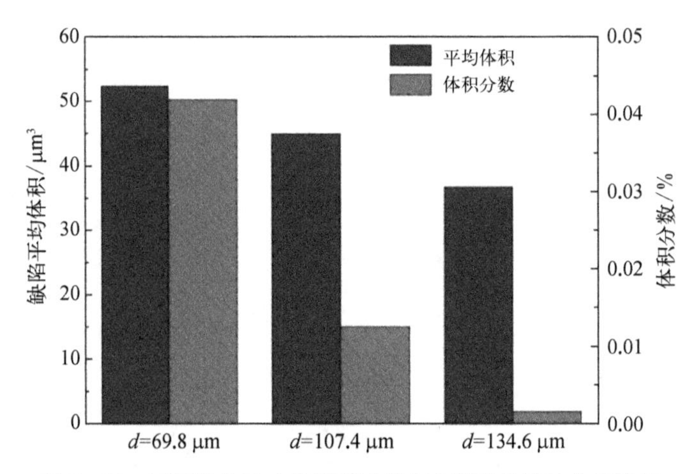

图 2－51　不同晶粒尺寸的断裂试样中孔洞定量统计分析结果

对于 GH4169 合金基体 γ 相，孔洞优先在晶界处萌生并沿晶界扩展，在图 2－9（d）中的孔洞所处位置描绘了晶界的位置，与实际晶粒尺寸一致。由 4.4.1 节 KAM 图的分析可知塑性变形过程中由于晶界阻碍位错运动，在晶界处引起位错塞积，导致晶界处发生应变局域化。此外，晶粒尺寸的增加使得试样塑性变形的协调性降低，也会引起晶界处的应变局域化，从而引起晶界处孔洞萌生。随着试样晶粒尺寸的增加，试样内的晶界比例降低，由于较低的晶界比例，在微拉伸变形中，晶粒尺寸较大的试样的孔洞数量明显低于晶粒尺寸较小的试样的孔洞数量。

图 2－50 显示了不同晶粒尺寸的断裂试样内的各种类型的孔洞。球形度（Ψ）用于表征颗粒的形貌，其表示如下[50]：

$$\Psi = \frac{\pi^{\frac{1}{3}}(6V)^{\frac{2}{3}}}{A} \tag{2-26}$$

式中，V 代表颗粒的体积；A 代表颗粒的表面积。

颗粒的 Ψ 值表示与其具有相同体积的球的表面积与颗粒的表面积之比。因此，Ψ 值越接近 1，颗粒的形状越接近球体。也就是说，不是球形的任何颗粒的球形度均小于 1。从图 2－52（a）可知，孔洞形状从接近平面值（$\Psi = 0.39$）变化到球形（$\Psi = 0.98$）。从图 2－52（b）可知，Ψ 分布在 0.2~0.7 之间，这表明孔洞在拉伸变形后主要演变为椭球体。

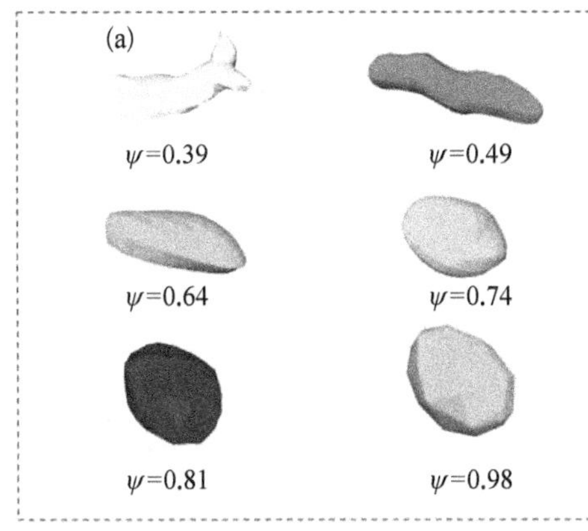

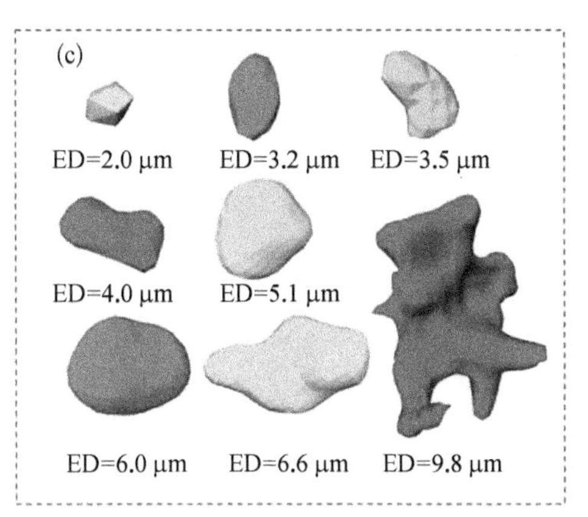

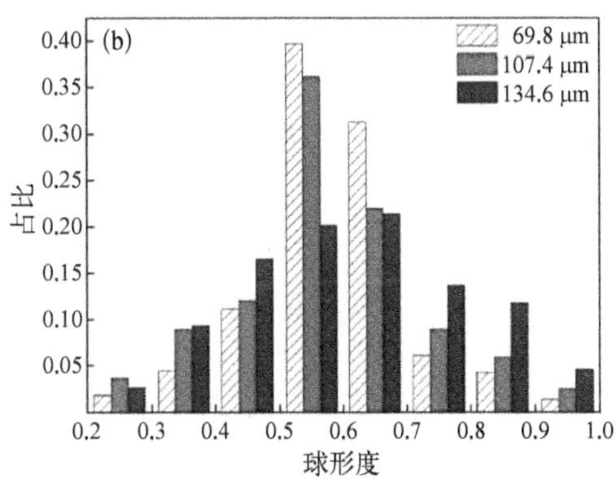

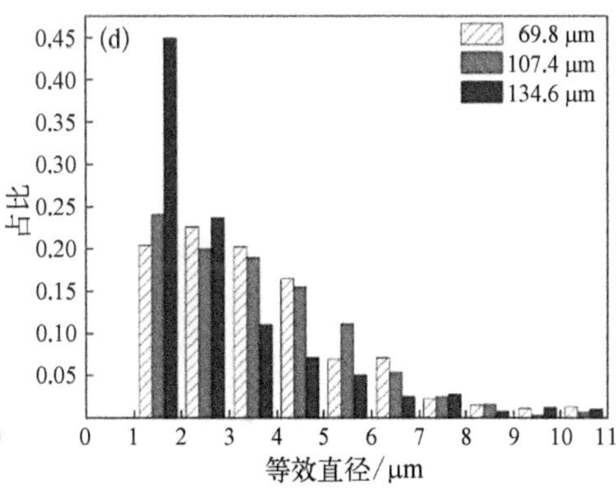

图 2－52　不同晶粒尺寸断裂试样的孔洞特征

（a）不同球形度的孔洞；（b）球形度的分布；（c）不同 ED 的孔洞；（d）ED 的分布

等效直径（ED）度量具有相同体积的球形颗粒的直径：

$$ED = \sqrt[3]{\frac{6V}{\pi}} \tag{2-27}$$

图 2－52（c）显示了孔洞的 ED。ED 较大的复杂孔洞与大量具有球状形态的小孔洞形成鲜明的对比。缺陷 ED 的分布范围主要为 1～5 μm［图 2－52（d）］。随着塑性变形的增加，孔洞不断生长、扩展并与周围的孔洞连接，演变成较大的孔洞或裂纹。

2.4.4.2 δ 相的影响

δ 相对 GH4169 合金的力学性能和断裂行为起重要作用。宏观尺度关于 δ 相对 GH4169 合金力学性能的影响已经开展了大量的研究。然而，δ 相对塑性变形过程孔洞的影响只根据二维的断口形貌在理论上进行了定性的说明，尚未开展 δ 相对孔洞萌生和扩展影响的三维表征的研究工作。

为了揭示微拉伸过程试样内部孔洞的萌生与扩展和 δ 相之间的关系，图 2－53 显示了晶粒尺寸为 69.8 μm、高温时效处理 24 h 后 GH4169 合金试样原位微拉伸的同步辐射 3D 重建结果。图 2－53（a）中原位微拉伸表征结果表明孔洞的尺寸随着塑性应变的增加而逐渐增大，且孔洞体积含量也随着塑性应变的增加而显著增大，从 1.34×10^{-4}增加到 16.67×10^{-4}。对比图 2－50（e）中晶粒尺寸为 69.8 μm 的 GH4169 合金基体 γ 相的孔洞分布，可以得知 δ 相的存在促进了微拉伸过程孔洞的萌生和扩展。由图 2－53 可以看出，孔洞的分布局域化，这与 δ 的形貌、分布及其断裂行为紧密相关，将在 2.4.5.2 节进行具体阐述。图 2－53（b）和图 2－53（c）展示了一些孔洞的空间分布特征，表明在微拉伸变形过程中，一些小尺寸的孔洞扩展成大尺寸复杂的片状孔洞，这与 δ 相提供了孔洞和裂纹的扩展通道紧密相关。

整个微拉伸试样表征部位孔洞缺陷的球形度和等效直径的定量统计分析结果如图 2－54 所示。孔洞的球形度主要在 0.5～0.8 之间变化，这表明大部分的孔洞形状在微拉伸变形过程中演变为椭球体。孔洞等效直径主要在 1～6 μm 之间变化，且存在一些等效直径较大的复杂形状的孔洞。相比于 GH4169 合金基体 γ 相，可以发现孔洞的尺寸有一定的增加，这说明 δ 相的存在促进了孔洞的长大。

2.4.4.3 γ″/γ′相的影响

γ″/γ′相是 GH4169 合金中最重要的第二相颗粒，γ″/γ′相与基体 γ 相共格，弥散分布在合金中，显著提高基体 γ 相的强度。然而，γ″/γ′相在提高基体 γ 相强度的同时，严重降低了基体 γ 相的塑性，这与 γ″/γ′相影响塑性变形过程中孔洞的萌生与扩展紧密相关。

图 2－55 显示了含 γ″/γ′相 GH4169 合金微拉伸试样的孔洞缺陷的空间分布特征。如图 2－55（a）所示，不同形状的颗粒表示样品内部的孔洞缺陷，可以发

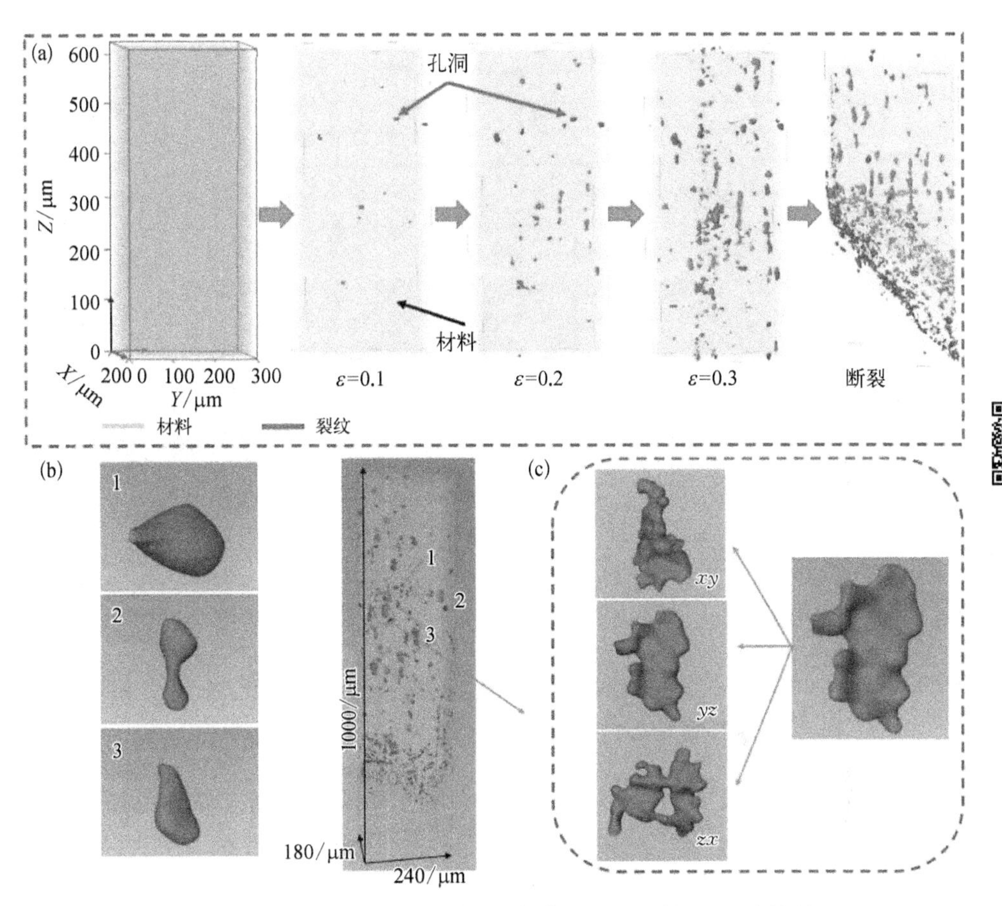

图 2-53　含 δ 相 GH4169 合金微拉伸过程孔洞的 3D 重建结果

(a) 不同应变下孔洞分布；(b) 和 (c) 孔洞形貌

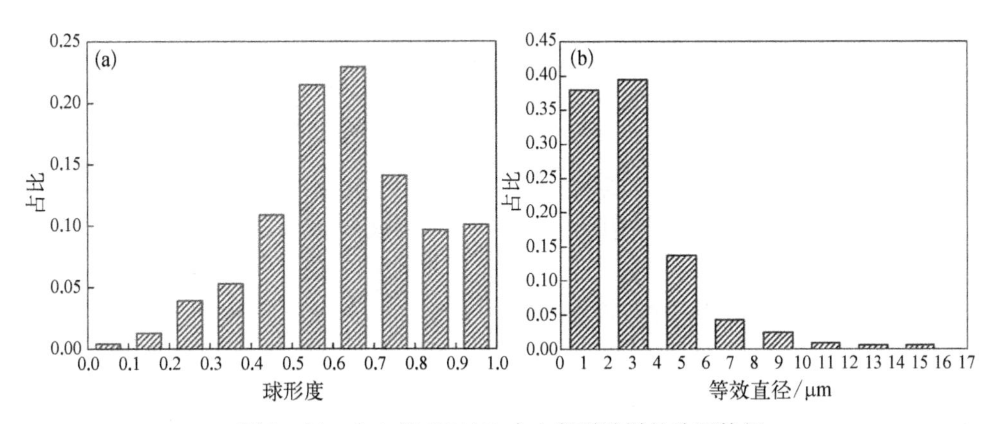

图 2-54　含 δ 相 GH4169 合金断裂试样的孔洞特征

(a) 球形度的分布；(b) ED 的分布

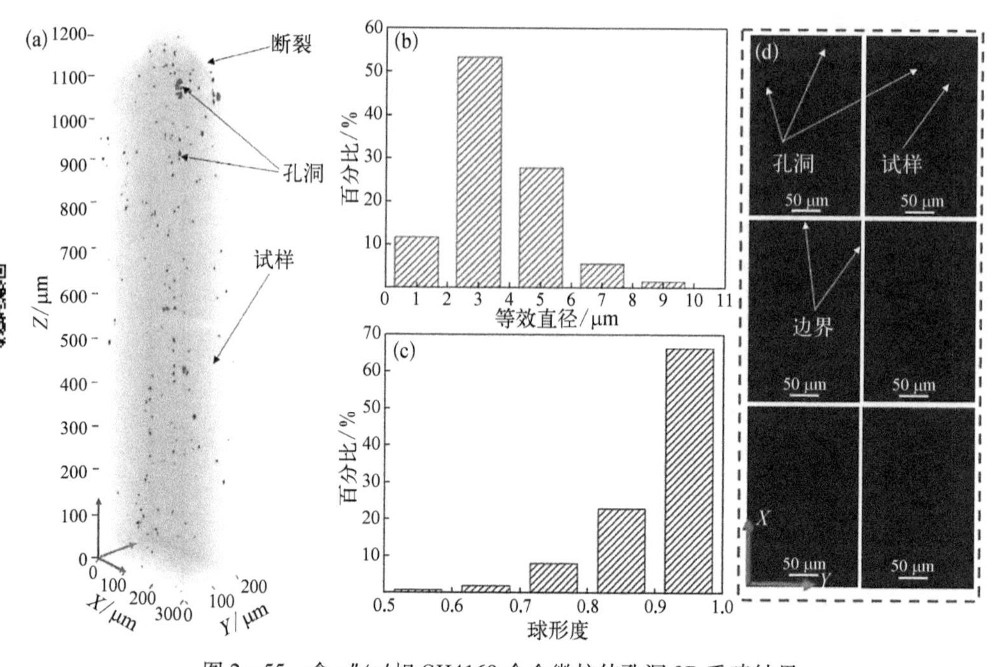

图 2－55　含 γ″/γ′相 GH4169 合金微拉伸孔洞 3D 重建结果

（a）3D 重构形貌；（b）等效直径分布；（c）球形度分布；（d）断裂试样横截面 2D 切片

现大量的孔洞弥散分布在微拉伸试样内，这表明 γ″/γ′相促进了微拉伸过程孔洞缺陷的形成。通过统计分析获得了孔洞的尺寸和形貌特征，如图 2－55（b）和图 2－55（c）所示。孔洞的等效直径的分布范围主要在 2～6 μm，孔洞的球形度的分布范围主要在 0.8～1，这表明孔洞的形状主要是椭球体。图 2－55（d）显示了间隔一定距离选取的断裂试样横截面的一些 2D 切片，它们组合在一起构成了几个横截面。可以观察到，在试样边缘也萌生了一定量的孔洞。孔洞的形成与 γ″/γ′相对位错的钉扎作用引起的应变局域化紧密相关。此外，分布在碳化物或碳化物/基体 γ 相界面的局部应变也成为孔洞萌生的位置。大量的纳米尺度的 γ″/γ′相在 GH4169 合金中弥散分布，在 γ″/γ′相的周围位错塞积引起应力集中，在每个晶粒内部的多个区域皆可萌生孔洞缺陷。孔洞在含 γ″/γ′相的 GH4169 合金中萌生后，在较短的时间内即可扩展引起孔洞聚结形成裂纹，从而导致合金断裂失效。

2.4.5　基于 SEM 的微拉伸断裂行为

2.4.5.1　晶粒尺寸对断口形貌的影响

拉伸断口形貌的观察与分析是研究断裂行为最直观和最便捷的方式。在本项研究中，使用断口形貌来识别不同微观结构的断裂模式之间的差异。

图2－56显示了200 μm厚不同晶粒尺寸GH4169合金薄板试样的微拉伸断口形貌。试样厚度方向在微拉伸变形后经历了一定的颈缩过程，且厚度方向变形不均匀。在断裂表面观察到大量的圆形的等轴韧窝形貌，这些韧窝是孔洞成核、生长并在外力作用下聚集在断裂表面留下的痕迹。韧窝是等轴的，由剪切应力引起。此外，孔洞和韧窝的数量随着晶粒尺寸的增加而减少，这是因为孔洞缺陷往往始于碳化物和晶界。Meng等[47]和Xu等[51]通过研究晶粒尺寸对纯铜板介观尺度成形中的韧性断裂的影响，也获得了相同的研究结果。高温固溶处理后，基体γ相中不存在第二相颗粒，在微观结构中仅观察到非常少量的碳化物。在拉伸加载应力作用下，位于晶界处的碳化物发生破裂，在该处产生应力集中，引起孔洞萌生。随着塑性变形的继续，这些孔洞生长并聚结，形成微裂纹。随着晶粒尺寸的增加，厚度方向晶粒减少，即晶界的比例降低，不同晶粒之间的协调变形能力降低，滑移带容易受单一晶粒取向和性能的影响，在个别晶粒边界处发生应变局域化，这意味着晶粒的滑移更加明显，并且在断裂表面上的孔洞的数量逐渐减少。当在试样厚度方向存在的晶粒数量很少时，材料的特性会变得非常不稳定，并且变形会在早期趋于局域化。因此，试样出现不均匀的塑性变形行为，这与宏观变形行为有很大区别。

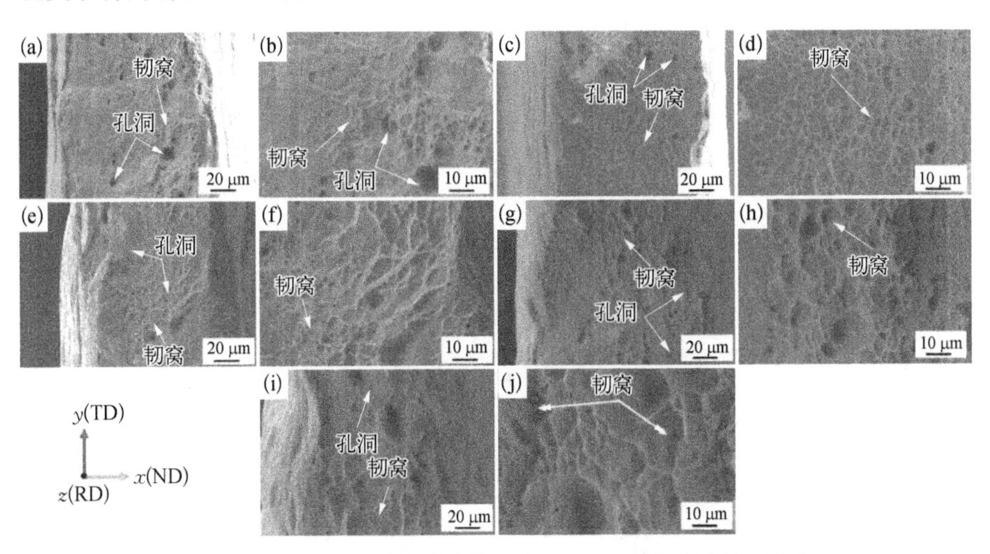

图2－56　200 μm厚不同晶粒尺寸GH4169合金试样断口形貌

(a) 和 (b) $d=50.6$ μm；(c) 和 (d) $d=69.8$ μm；(e) 和 (f) $d=91.4$ μm；(g) 和 (h) $d=107.4$ μm；(i) 和 (j) $d=134.6$ μm

为了研究试样厚度对GH4169合金薄板微拉伸断裂行为的影响，图2－57显示了150 μm厚GH4169合金薄板不同晶粒尺寸的试样的拉伸断口形貌。通过观察可以发现，150 μm厚GH4169合金试样断口形貌孔洞和韧窝尺寸较小，数量减少，部分韧窝因为剪切断裂被拉长。对比图 2－56 和图 2－57 可以发现，随着试样厚度的降低，晶界比例减少，微拉伸塑性变形产生较少的孔洞，且塑性变形不均匀性增加。

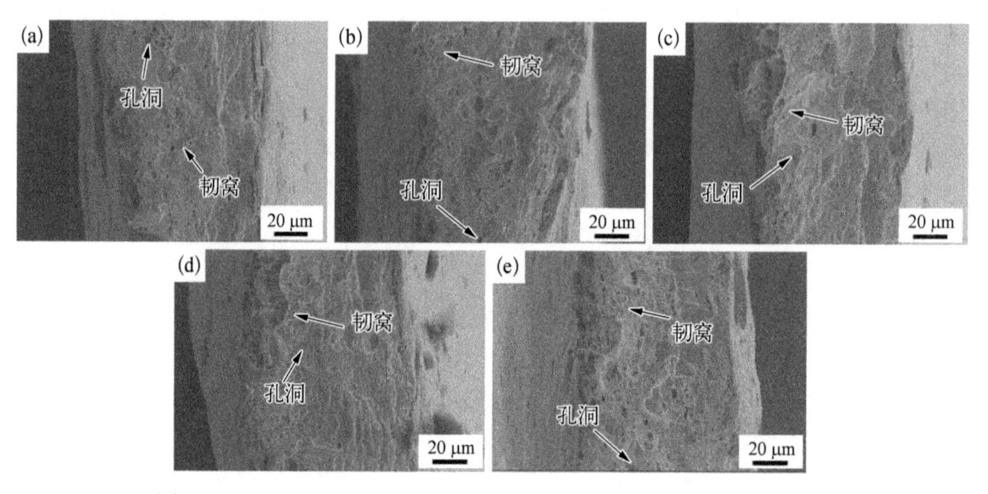

图 2－57　150 μm 厚度不同晶粒尺寸 GH4169 合金试样的断口形貌

（a）$d=48.1$ μm；（b）$d=63.7$ μm；（c）$d=76.9$ μm；（d）$d=88.8$ μm；（e）$d=106.1$ μm

由于 GH4169 合金基体 γ 相为 FCC 结构，合金的塑性较好。断裂伸长率（ε_f）与晶粒尺寸的关系如图 2－58 所示。随着晶粒尺寸的增加，GH4169 合金薄板的 ε_f 略有下降。对于 200 μm 厚度的 GH4169 合金薄板，晶粒尺寸为 50.6 μm 的合金 ε_f 达到最大值，约为 52.4%，晶粒尺寸为 134.6 μm 的合金 ε_f 达到最小值，约为 49.5%。对于 150 μm 厚度的 GH4169 合金薄板，晶粒尺寸为 48.1 μm 的合金 ε_f 达到最大值，约为 44.4%，晶粒尺寸为 106.1 μm 的合金 ε_f 达到最小值，约为 42.8%。

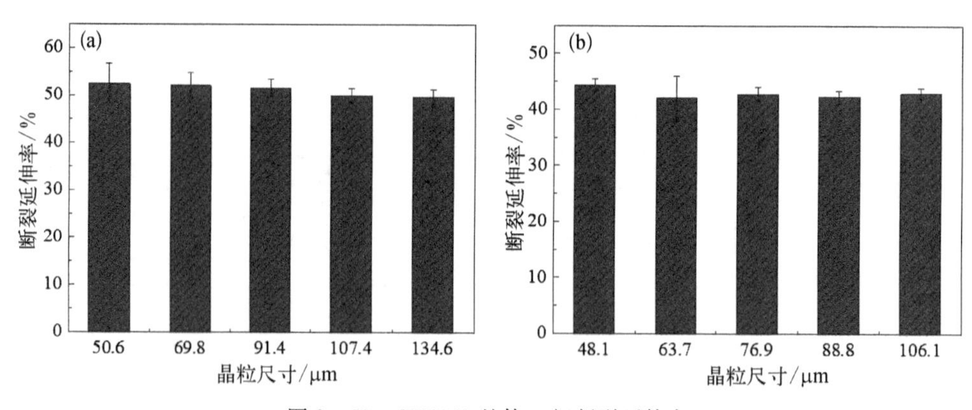

图 2－58　GH4169 基体 γ 相断裂延伸率

（a）$t=200$ μm；（b）$t=150$ μm

可以看出，对于 GH4169 合金薄板微拉伸变形，随着试样厚度的降低，其 ε_f 显著降低。由此可见，试样厚度减小所引起的塑性变形不均匀性远高于试样晶粒尺寸带来的影响。结合断口形貌分析可知，厚度较小的试样在较小的应变下发生断裂损伤，这可能是由拉伸试样的有效横截面减小所致，随着每个横截面的晶粒数量减少，滑移系统被激活的可能性也就越小。因此，对于具有相似晶粒尺寸但厚度不同的样品，在较薄的样品中进行塑性变形的能力受到限制，可以获得较小的断裂应变。因此，存在断裂应变随着试样厚度减小而降低的尺寸效应现象。

2.4.5.2　δ 相对断口形貌的影响

宏观尺度关于 δ 相对断裂行为的影响已经开展了大量的工作，但尚未建立 δ 相的断裂模型。此外，δ 相的粒径、形态和分布可能成为决定 δ 相是否有利于微拉伸力学性能和断裂行为的关键因素。通过对 GH4169 合金试样室温拉伸断裂后断口附近的 δ 相形貌进行分析，揭示了 δ 相的断裂机制。图 2－59 显示了 GH4169 合金断口轧向-横向（RD－TD）面上的 δ 相形貌。可以发现，针状 δ 相发生了明显断裂。然而，尺寸较小的球形 δ 相未出现断裂。孔洞出现在断裂的 δ 相处。这是由于在拉伸变形过程中 δ 相阻碍了位错滑移运动，位错在基体 γ 相和 δ 相之间的相界面处缠结累积，形成位错网络。

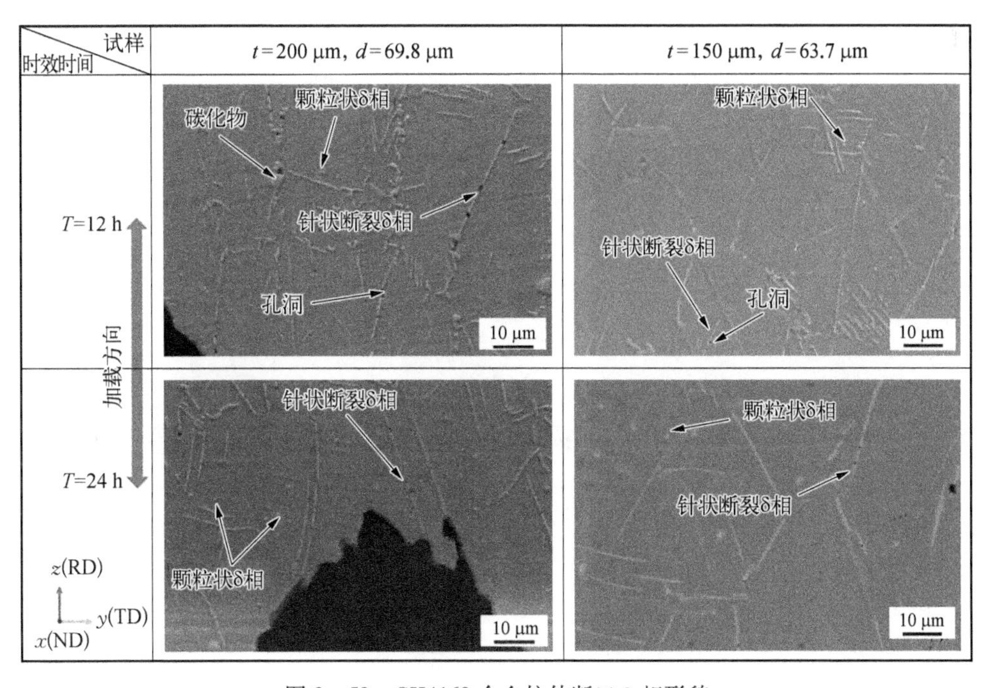

图 2－59　GH4169 合金拉伸断口 δ 相形貌

为了揭示δ相的断裂机制，将δ相的形状简化为圆柱体以便于计算，测量参数在图2-60（a）中标记，其中θ表示加载方向与断裂的δ相长轴方向之间的角度，l表示δ相中的单个裂纹到δ相两端中近端的距离。统计了数十张GH4169合金断口附近断裂的δ相的参数值，θ和l/L的统计结果见图2-60（b）和（c）。根据位错理论，具有各种θ和l/L值的δ相断裂的可能性相同。然而，通过观察发现δ相的断裂主要发生在它的中心区域，并且似乎与θ有关，这些现象表明δ相的断裂不是随机发生的。这些结果类似于Laves相[21]和碳化物[52]的断裂。l/L值的相对频率表明，施加到δ相的应力随着距离δ相端部距离的增加而增加。

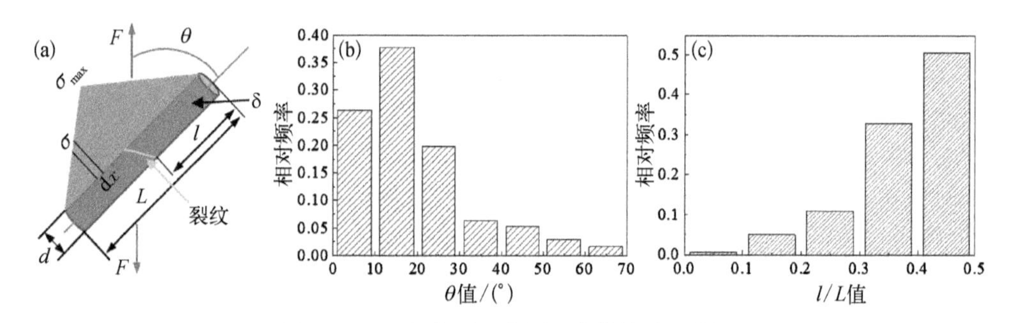

图2-60　δ相断裂示意图及参数统计柱状图

（a）δ相断裂示意图；（b）θ值的分布；（c）l/L值的分布

因此，不能简单地利用位错理论来揭示GH4169合金拉伸变形过程δ相的断裂机制。根据断裂的δ相的参数统计结果，耦合纤维加载机制和位错理论来揭示δ相的断裂机制。图2-60（a）显示了塑性变形过程中δ相的应力分布。δ相的最大应力（σ_{max}）与δ相的纵横比（$\lambda = L/d$）和基体γ相的剪切应力（τ）的关系如下[52, 53]：

$$\sigma_{max} = \lambda\tau \tag{2-28}$$

通常，由位错强化引起的剪切应力可以表示为

$$\tau = \alpha G b \rho^{\frac{1}{2}} \tag{2-29}$$

式中，α是一个材料常数；G是剪切模量；b是Burgers向量；ρ是位错密度。

结合式（2-28）和式（2-29），可以得出

$$\sigma_{max} = \lambda\alpha G b \rho^{\frac{1}{2}} \tag{2-30}$$

根据位错理论，ρ随着塑性应变的增加而增加。因此，σ_{max}随着塑性应变的增加而增加。当所产生的σ_{max}超过δ相的强度极限σ_{lim}时，发生δ相的断裂。这里假定开裂面垂直于施加的载荷方向。当δ相断裂时，δ相内的能量减少被用于

形成新的相界面[54]：

$$W_{\mathrm{int}} = 2S\gamma_{\mathrm{int}} = 2\frac{\pi r^2}{\cos\theta}\gamma_{\mathrm{int}} \tag{2-31}$$

式中，S 表示新形成的相界面的面积；γ_{int}表示单位面积的界面能。

假定 δ 相在微拉伸变形期间仅发生弹性变形，考虑单位长度为 dx 的 δ 相单元，则：

$$\mathrm{d}W_{\mathrm{int}} = \sigma\varepsilon(\pi r^2)\mathrm{d}x = \frac{\sigma^2}{E}(\pi r^2)\mathrm{d}x \left(0 \leqslant x \leqslant \frac{L}{2}\right) \tag{2-32}$$

式中，σ 是 δ 相内的应力，由式（2－33）计算，ε 是 δ 相内的应变，E 是杨氏模量。

$$\sigma = \frac{\sigma_{\mathrm{lim}}}{L/2}x \left(0 \leqslant x \leqslant \frac{L}{2}\right) \tag{2-33}$$

结合式（2－32）和式（2－33），可以得出：

$$W_{\mathrm{int}} = \frac{4\sigma_{\mathrm{lim}}^2}{L^2E}(\pi r^2)\int_0^{\frac{L}{2}} x^2\mathrm{d}x = \frac{\sigma_{\mathrm{lim}}^2 L}{6E}(\pi r^2) \tag{2-34}$$

结合式（2－30）、式（2－31）和式（2－34），δ 相断裂时的临界位错密度如下：

$$\rho_{\mathrm{cri}} = \frac{A}{\lambda^2 L\cos\theta} \tag{2-35}$$

其中，$A = 12E\gamma_{\mathrm{int}}/(\alpha Gb)^2$ 代表一个材料常数。

对于 θ 角较小的 δ 相，其断裂所需的临界位错密度远低于 θ 角较大的 δ 相所需的临界位错密度。因此，当 δ 相长轴方向与外力加载轴夹角较小时，更容易发生 δ 相的断裂。对于球形 δ 相，由于其 λ 远小于棒状和针状 δ 相，其断裂所需临界位错密度远高于棒状和针状 δ 相。因此，球形 δ 相的断裂远比棒状和针状 δ 相的断裂困难。此外，针状 δ 相的长轴尺寸从几微米到几十微米不等，基体 γ 相与针状 δ 相之间的相界面面积较大，这将引起针状 δ 相附近产生应变局域化，促进了相界面处孔洞萌生。

图 2－61 展示了含 δ 相的 GH4169 合金拉伸断口形貌。当晶粒尺寸较小且 δ 相含量较少时，断口比较平滑，存在数量较多、较浅的等轴韧窝，断口表面以韧窝形貌为主，还存在一些孔洞。然而，随着晶粒尺寸和 δ 相含量的增加，断口表面的韧窝数量急剧减少，韧窝只在局部区域出现，断口表面出现了很多尺寸较大的孔洞，且断口变得不再平整。此外，发现一种“条形”沟槽形貌，这与 δ 的尺寸和分布紧密相关。含 δ 相的 GH4169 合金拉伸试样，在外加应力的作用下产生

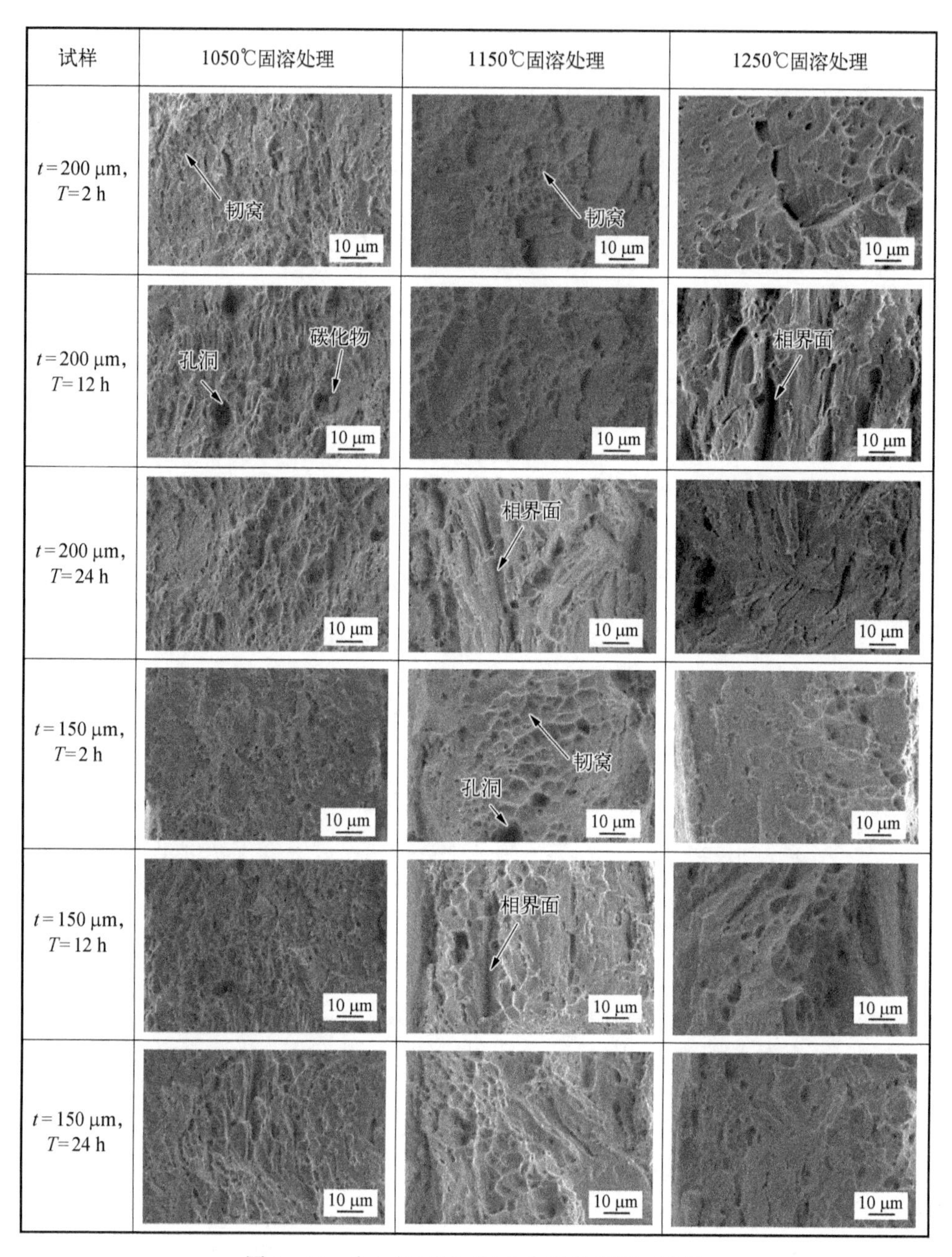

图 2-61　含 δ 相 GH4169 合金试样的断口形貌

强烈的滑移，韧窝主要在碳化物和 δ 相粒子与基体 γ 相的界面处开始形核。GH4169 合金中碳化物、δ 相粒子与基体 γ 相不共格，它们之间的界面结合力较弱，在外加应力的作用下在脆性相颗粒周围产生显著的应力集中，当应力集中达到一定程度，脆性颗粒可以与基体界面脱粘，或使脆性相断裂而形成微孔。由前面分析可知，含 δ 相的 GH4169 合金薄板经过单向拉伸后，在断口处及断口附近原来针状的 δ 相被拉断成短棒状。基体 γ 相内 δ 相断裂时，孔洞萌生于 δ 相与基体 γ 相的界面处。随着塑性变形的不断发生，这些孔洞会长大并不断聚集，同时新的孔洞会继续萌生。当与周围的孔洞相遇后开始连接，形成微裂纹。在外加应力的作用下，棒状和针状 δ 相为微裂纹扩展提供了通道，即在断口表面呈现“条形”沟槽形貌，裂纹逐渐向周围扩展直至裂纹汇聚最终导致试样断裂。

2.4.5.3　γ″/γ′相对断口形貌的影响

图 2－62 展示了含 γ″/γ′相的 GH4169 合金微拉伸断口形貌。大量的等轴韧窝分布在微拉伸断口表面。随着时效时间的增加，即随着 γ″/γ′相尺寸与含量的增加，韧窝分布开始呈现局域化，且孔洞的数量开始增加，孔洞内部明显可见碳化物碎片。随着晶粒尺寸增加和试样厚度减小，韧窝数量逐渐减少，断口形貌显示塑性变形不均性增加。含 γ″/γ′相 GH4169 合金拉伸断裂为典型的韧窝聚集型断裂，首先是韧窝在夹杂物或者析出相颗粒处形核，然后随着变形的进行，韧窝不断长大和扩展，最后连接成网状结构，微裂纹形成后沿着网状结构扩展，形成大裂纹，使试样产生断裂。

图 2－63 展示了含 γ″/γ′相 GH4169 合金的断裂延伸率。与 GH4169 合金基体 γ 相和含 δ 相的 GH4169 合金相比，含 γ″/γ′相 GH4169 合金的 ε_f 显著降低。ε_f 随晶粒尺寸和时效时间的增加而显著减少。对于厚度为 200 μm、晶粒尺寸为 134.6 μm 的试样，双级时效 24 h 后 ε_f 达到最小值，大约为 11.9%。对于厚度为 150 μm、晶粒尺寸为 106.1 μm 的试样，双级时效 24 h 后 ε_f 达到最小值，大约为 10.2%。这表明 γ″/γ′相的存在显著降低了 GH4169 合金的塑性。此外，随着晶粒尺寸的增加，GH4169 合金薄板厚度方向的晶粒数变少，薄板的厚度越小其塑性变形越不均匀，在产生大量微孔的区域中更容易产生应变集中，进一步加速了微孔连接，从而导致合金断裂。因此，合金的延展性随着晶粒尺寸的增加和试样厚度的减小而逐渐降低。

2.4.6　微拉伸断裂机制

图 2－64 中展示了 GH4169 合金微拉伸断裂机制。镍基高温合金中基体 γ 相为 FCC 结构，(111)〈110〉滑移系在剪切应力的作用下容易激活，由于晶界阻

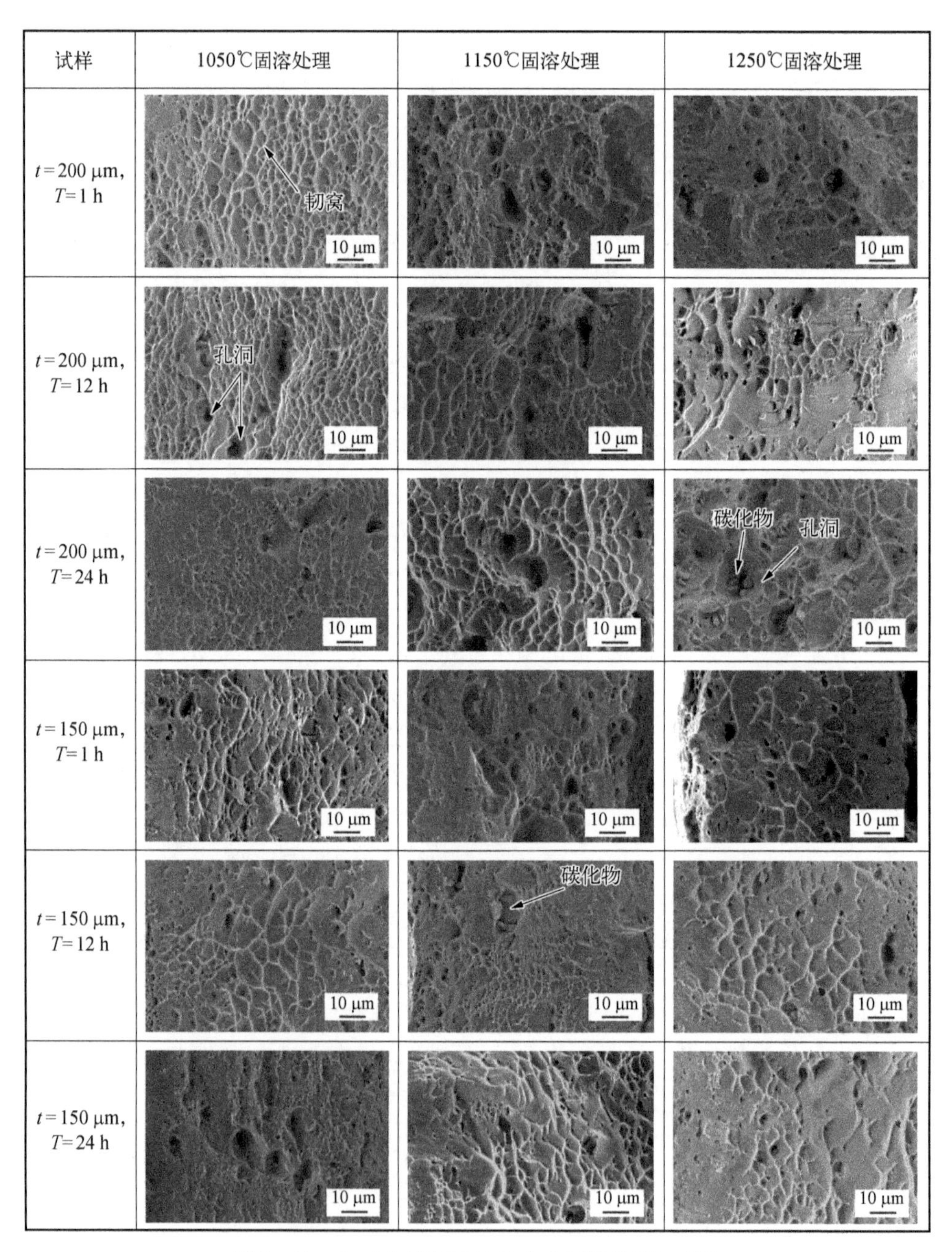

图 2-62　含 γ″/γ′相 GH4169 合金试样的断口形貌

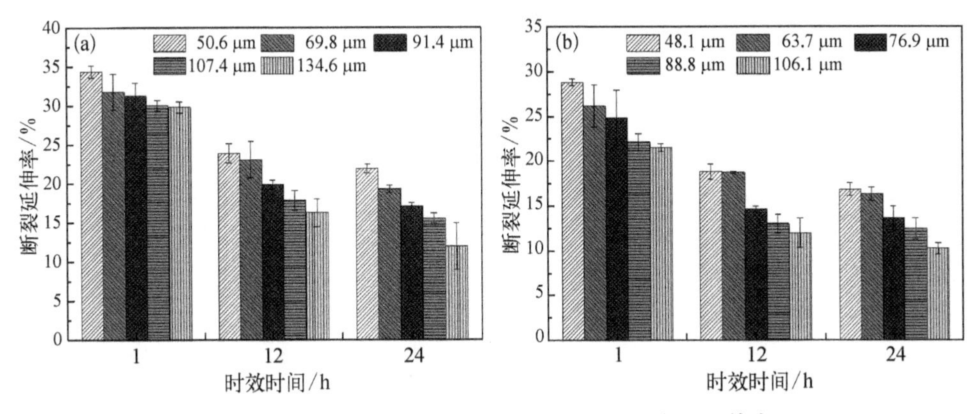

图 2-63　展示了含 γ″/γ′相 GH4169 合金的断裂延伸率

(a) $t=200$ μm；(b) $t=150$ μm

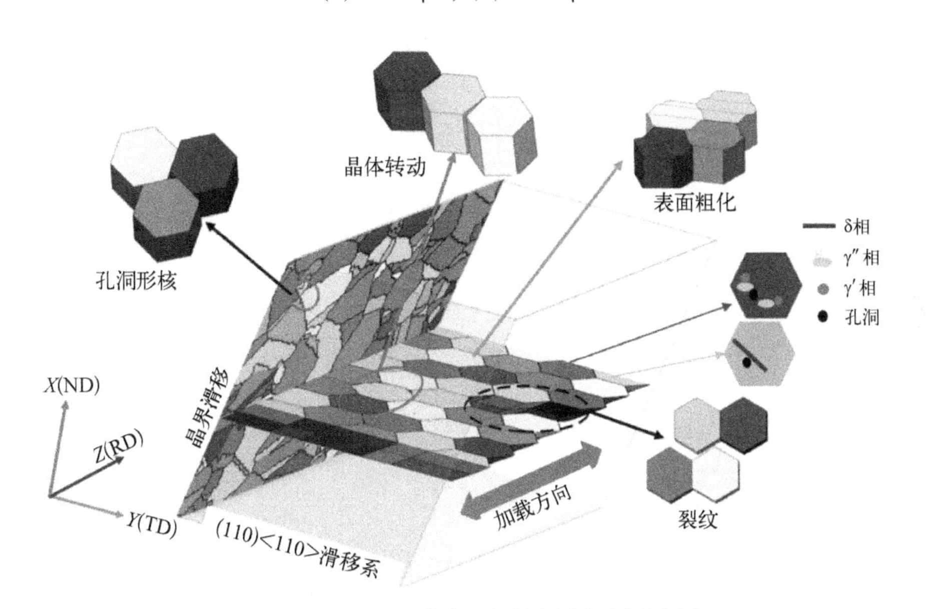

图 2-64　GH4169 合金微拉伸断裂机制示意图

碍了位错在塑性变形过程中的运动，导致位错在晶界处形成位错塞积和位错网络，在晶界处产生应变局域化。在晶粒尺寸较小时，试样厚度方向的晶粒数量较多，晶粒的变形可以分配给周围的晶粒来协调变形，使得变形相对均匀。随着晶粒尺寸的增加，试样厚度方向上的晶粒数量减少，表面层晶粒的比例增加，将产生显著的尺寸效应。表面层晶粒由于其自由表面，位错运动受到的约束较少，可以滑出表面，在介观尺度塑性变形过程中，表面层晶粒通常表现得接近于单晶。因此，表面层晶粒的变形取决于单个晶粒的自身特性和取向。由于每个晶粒具有不同的取向，具有高 Schmid 因子的晶粒处于软取向，对应基体的剪应力分量较大，容易发生变形；相反，具有低 Schmid 因子的晶粒处于硬取向，不易发生变形。因此，在微拉伸过程中试样表面层中的晶粒旋转引起表面粗化，进一步导致后续材料整体厚度方向变形的应变局域化。

表面粗化产生的影响主要包含两个方面。一方面，晶粒强度随着表面粗糙度的增加而降低，并形成大量的驻留滑移带。因此，随着 t/d 的降低，试样表面粗糙度增加，表面层晶粒强度逐渐减弱。随着塑性变形的继续，晶内塑性变形加剧，这加剧了表面层晶粒和内部晶粒塑性变形的不均匀。在晶内塑性变形加剧时，韧窝开始在晶粒内部成核。在剪切应力的作用下，低应力三轴度导致韧窝生长并与周围韧窝连接，形成韧窝的堆积状态。微裂纹是通过相邻韧窝的连接而形成的。当韧窝发展到一定程度时，应力集中将导致相邻韧窝之间的塑性变形加速，引起严重的应变局部化，从而导致韧窝聚集型韧性断裂。另一方面，由于表面层晶粒的旋转可以促进位错的运动，位错不太可能定位在表面层晶粒的某些位点上，故表面层晶粒内部不易产生局域应变集中，从而不足以引起表面层晶粒中孔洞的萌生。因此，孔洞主要在内部晶粒之间晶界应变局域化处产生。在介观尺度金属薄板成形过程中，随着晶粒尺寸增至试样厚向的晶粒个数为 1~2 个时，试样内层晶粒比例非常小，孔洞萌生后可以快速聚结，扩展形成裂纹。因此，晶粒内部容易萌生裂纹。更为重要的是，试样厚度方向变形的协调性随着晶粒尺寸的增加而显著降低，从而容易引起晶界处的应变局域化。因此，大晶粒尺寸的金属薄板在短时间变形后即产生韧性断裂，降低了金属薄板的可成形性。

第二相颗粒的存在使镍基高温合金微拉伸断裂行为发生变化。在微拉伸塑性变形过程中，δ 相和 γ″/γ′ 相阻碍了位错的运动，位错在 δ 相和 γ″/γ′ 相周围塞积，产生应力集中。δ 相与基体 γ 相不共格，且棒状和针状 δ 相的尺寸较大，位错以绕过形式与 δ 相发生交互作用。γ″/γ′ 相与基体 γ 相呈共格关系，且粒径较小，位错以切过形式与 γ″/γ′ 相发生交互作用。由于 δ 相和 γ″/γ′ 相在表面层晶粒和内部晶粒中同时存在，对位错运动的阻碍机制是一样的。此外，δ 相和 γ″/γ′ 相的存在限制了表面层晶粒的旋转，降低了试样表面粗化。因此，δ 相和 γ″/γ′ 相的存在在一定程度上提高了表面层晶粒的强度，减缓了表面层晶粒与内部晶粒变形的不协调性。当位错塞积引起的应力集中达到第二相颗粒的断裂强度或相界面强度时，就会发生第二相颗粒的断裂或相界面的脱粘。因此，孔洞在上述断裂位置形核，断裂位置往往位于晶内。由于第二相颗粒在晶粒内的大量分布，孔洞可以在较短的加载时间内大范围萌生和扩展聚结，从而引起合金快速的断裂。

2.5 本章小结

本章以 GH4169 镍基高温合金薄板为研究对象，开展了其介观尺度塑性变形机制的研究。通过设计合理的热处理方案，制备了不同微观组织的 GH4169 合金薄板试样，分析了不同微观组织对微拉伸力学性能及其流动应力尺寸效应的影响，构建了介观尺度材料本构模型，揭示了微拉伸变形断裂机制。主要结论如下：

1）通过高温固溶处理、高温时效处理和双级时效处理，调控了不同的晶粒尺寸和不同粒径与体积含量的 δ 相与 γ″/γ′相。厚度 200 μm 和 150 μm 的 GH4169 合金平均晶粒尺寸随着固溶温度的升高而增加。随着时效时间的增加，δ 相和 γ″/γ′相粒径和体积含量逐渐变大。流动应力随着晶粒尺寸的增加和试样厚度的减小而显著降低，随着 δ 相和 γ″/γ′相粒径与体积含量的增加而升高。

2）固溶态 GH4169 合金微拉伸流动应力呈现随 t/d 减小而减弱的“越小越弱”尺寸效应现象；时效析出 γ″/γ′相使得 GH4169 合金微拉伸流动应力“越小越弱”尺寸效应程度减弱；时效析出 δ 相使得 GH4169 合金微拉伸流动应力呈现“越小越强”尺寸效应现象。基于表面层理论，考虑固溶强化机制和析出强化机制的影响，分别构建了上述三种微观组织状态的 GH4169 合金微拉伸材料本构模型。所构建的介观尺度材料本构模型的计算值与实验值吻合较好，可以准确描述镍基高温合金微拉伸变形过程中的流动应力特征。

3）试样表面粗糙度随着 t/d 的降低而增加，随着 δ 相含量的增加而降低。基于 DIC 技术的原位微拉伸实验表明，随着晶粒尺寸的增加以及 δ 相和 γ″/γ′相粒径与体积含量的增加，试样表面会出现严重的不均匀塑性变形，位错在晶界、δ 相和 γ″/γ′相周围塞积，加剧了应变局域化。在均匀塑性变形阶段即萌生了孔洞，孔洞尺寸和体积含量随着塑性应变的增加而增加，孔洞数量随着晶粒尺寸的增加而逐渐降低。塑性变形中晶界和相界阻碍位错运动、试样表面粗化、变形不协调等引起的应变局域化导致合金晶界和相界处孔洞萌生和扩展，引起 GH4169 合金微拉伸断裂失效。

参考文献

[1] He D, Lin Y C, Tang Y, et al. Influences of solution cooling on microstructures, mechanical properties and hot corrosion resistance of a nickel-based superalloy [J]. Materials Science and Engineering: A, 2019, 746: 372-383.

[2] Páramo-Kañetas P, Özturk U, Calvo J, et al. High-temperature deformation of delta-processed Inconel 718 [J]. Journal of Materials Processing Technology, 2018, 255: 204-211.

[3] Chen Y, Yeh A, Li M, et al. Effects of processing routes on room temperature tensile strength and elongation for Inconel 718 [J]. Materials & Design, 2017, 119: 235-243.

[4] Roy A K, Venkatesh A. Evaluation of yield strength anomaly of Alloy 718 at 700-800℃ [J]. Journal of Alloys and Compounds, 2010, 496 (1): 393-398.

[5] Yeh A, Lu K, Kuo C, et al. Effect of serrated grain boundaries on the creep property of Inconel 718 superalloy [J]. Materials Science and Engineering: A, 2011, 530: 525-529.

[6] Collier J P, Wong S H, Tien J K, et al. The effect of varying Ai, Ti and Nb content on the phase stability of Inconel 718 [J]. Metallurgical Transactions A, 1988, 19 (7): 1657 - 1666.

[7] Sundararaman M, Mukhopadhyay P, Banerjee S. Precipitation of the $\delta - Ni_3Nb$ phase in two nickel base superalloys [J]. Metallurgical Transactions A, 1988, 19 (3): 453 - 465.

[8] Brooks J W, Bridges P J. Metallurgical stability of Inconel Alloy 718 [J]. Superalloys, 1988, 88: 33 - 42.

[9] 陈天明. 采用 DIC 方法的车用铝合金成形性能研究 [D]. 南京: 南京航空航天大学, 2017.

[10] 刘小勇. 数字图像相关方法及其在材料力学性能测试中的应用 [D]. 长春: 吉林大学, 2012.

[11] 李建伟. 超细晶纯铜微成形机制及充填行为研究 [D]. 哈尔滨: 哈尔滨工业大学, 2018.

[12] Drexler A, Oberwinkler B, Primig S, et al. Experimental and numerical investigations of the γ'' and γ' precipitation kinetics in Alloy 718 [J]. Materials Science and Engineering: A, 2018, 723: 314 - 323.

[13] Lawitzki R, Hassan S, Karge L, et al. Differentiation of γ'- and γ''- precipitates in Inconel 718 by a complementary study with small-angle neutron scattering and analytical microscopy [J]. Acta Materialia, 2019, 163: 28 - 39.

[14] Detor A J, Didomizio R, Sharghi-Moshtaghin R, et al. Enabling large superalloy parts using compact coprecipitation of γ' and γ'' [J]. Metallurgical and Materials Transactions A, 2018, 49: 708 - 717.

[15] Shi R, McAllister D P, Zhou N, et al. Growth behavior of γ'/γ'' coprecipitates in Ni-base superalloys [J]. Acta Materialia, 2019, 164: 220 - 236.

[16] Cozar R, Pineau A. Morphology of γ' and γ'' precipitates and thermal stability of Inconel 718 type alloys [J]. Metallurgical Transactions, 1973, 4: 47 - 59.

[17] Miller M K. Contributions of atom probe tomography to the understanding of nickel-based superalloysq [J]. Micron, 2001, 32: 757 - 764.

[18] Sundararaman M, Mukhopadhyay P. Overlapping of γ'' precipitate variants in Inconel 718 [J]. Materials Characterization, 1993, 31: 191 - 196.

[19] Sundararaman M, Mukhopadhyay P, Banerjee S. Some aspects of the precipitation of metastable intermetallic phases in Inconel 718 [J]. Metallurgical Transactions A, 1992, 23A: 2015 - 2028.

[20] Han Y, Deb P, Chaturvedi M C. Coarsening behaviour of γ''- and γ'- particles in Inconel Alloy 718 [J]. Metal Science, 1982, 16: 555 - 561.

[21] Sui S, Tan H, Chen J, et al. The influence of Laves phases on the room temperature tensile properties of Inconel 718 fabricated by powder feeding laser additive manufacturing [J]. Acta Materialia, 2019, 164: 413 - 427.

[22] Devaux A, Nazé L, Molins R, et al. Gamma double prime precipitation kinetic in Alloy 718 [J]. Materials Science and Engineering: A, 2008, 486 (1 - 2): 117 - 122.

[23] Slama C, Abdellaoui M. Structural characterization of the aged Inconel 718 [J]. Journal of Alloys and Compounds, 2000, 306 (1): 277 - 284.

[24] Ning Y, Huang S, Fu M W, et al. Microstructural characterization, formation mechanism and fracture behavior of the needle δ phase in Fe - Ni - Cr type superalloys with high Nb content [J]. Materials Characterization, 2015, 109: 36 - 42.

[25] Geiger M, Kleiner M, Eckstein R, et al. Microforming [J]. CIRP Annals, 2001, 50 (2): 445 - 462.

[26] Geers M G D, Brekelmans W A M, Janssen P J M. Size effects in miniaturized polycrystalline FCC samples: strengthening versus weakening [J]. International Journal of Solids and Structures, 2006, 43 (24): 7304 - 7321.

[27] Shaha S K, Czerwinski F, Kasprzak W, et al. Work hardening and texture during compression deformation of the Al - Si - Cu - Mg alloy modified with V, Zr and Ti [J]. Journal of Alloys and Compounds, 2014, 593: 290 - 299.

[28] Reed R C. The superalloys: fundamentals and applications [M]. Cambridge: Cambridge University Press, 2008: 34.

[29] Armstrong R W. On size effects in polycrystal plasticity [J]. Journal of the Mechanics and Physics of Solids, 1961, 3 (9): 196-199.

[30] Mecking H, Kocks U F. Kinetics of flow and strain-hardening [J]. Acta Metallurgica, 1981, 11 (29): 1865-1875.

[31] Simar A, Bréchet Y, de Meester B, et al. Sequential modeling of local precipitation, strength and strain hardening in friction stir welds of an aluminum Alloy 6005A-T6 [J]. Acta Materialia, 2007, 55 (18): 6133-6143.

[32] Sharma V M J, Kumar K S, Rao B N, et al. Effect of microstructure and strength on the fracture behavior of AA2219 alloy [J]. Materials Science and Engineering: A, 2009, 502 (1-2): 45-53.

[33] 董建新. 高温合金 GH4738 及应用 [M]. 北京: 冶金工业出版社, 2014: 6-7.

[34] Liu L, Zhang J, Ai C. Nickel-based superalloys [J]. Encyclopedia of Materials: Metals and Alloys, 2022, 1: 294-304.

[35] Kim G, Ni J, Koc M. Modeling of the size effects on behavior of metals in microscale deforming pocesses [J]. Journal of Manufacturing Sicence and Engineering, 2007, 129 (3): 470-476.

[36] Lai X, Peng L, Hu P, et al. Material behavior modelling in micro/meso-scale forming process with considering size/scale effects [J]. Computational Materials Science, 2008, 43 (4): 1003-1009.

[37] Hu D, Mao J, Wang X, et al. Probabilistic evaluation on fatigue crack growth behavior in nickel based GH4169 superalloy through experimental data [J]. Engineering Fracture Mechanics, 2018, 196: 71-82.

[38] Zhang P, Hu C, Zhu Q, et al. Hot compression deformation and constitutive modeling of GH4698 alloy [J]. Materials & Design, 2015, 65: 1153-1160.

[39] Myhr O R, Grong Ø, Andersen S J. Modelling of the age hardening behaviour of Al-Mg-Si alloys [J]. Acta Materialia, 2001, 49 (1): 65-75.

[40] Galindo-Nava E I, Connor L D, Rae C M F. On the prediction of the yield stress of unimodal and multimodal γ′ nickel-base superalloys [J]. Acta Materialia, 2015, 98: 377-390.

[41] Yuan S P, Liu G, Wang R H, et al. Coupling effect of multiple precipitates on the ductile fracture of aged Al-Mg-Si alloys [J]. Scripta Materialia, 2007, 57 (9): 865-868.

[42] Schänzer S, Nembach E. The critical resolved shear stress of γ′-strengthened nickel-based superalloys with γ′-volume fractions between 0.07 and 0.47 [J]. Acta Metallurgica Et Materialia, 1992, 40 (4): 802-813.

[43] Joseph C, Persson C, Hörnqvist C M. Influence of heat treatment on the microstructure and tensile properties of Ni-base superalloy Haynes 282 [J]. Materials Science and Engineering: A, 2017, 679: 520-530.

[44] Chan W L, Fu M W, Lu J, et al. Modeling of grain size effect on micro deformation behavior in micro-forming of pure copper [J]. Materials Science and Engineering: A, 2010, 527 (24-25): 6638-6648.

[45] Wright S I, Nowell M M, Field D P. A review of strain analysis using electron backscatter diffraction [J]. Microscopy and Microanalysis, 2011, 17 (3): 316-329.

[46] Jorge-Badiola D, Iza-Mendia A, Gutiérrez I. Study by EBSD of the development of the substructure in a hot deformed 304 stainless steel [J]. Materials Science and Engineering: A, 2005, 394 (1-2): 445-454.

[47] Meng B, Fu M W. Size effect on deformation behavior and ductile fracture in Microforming of pure copper sheets considering free surface roughening [J]. Materials & Design, 2015, 83: 400-412.

[48] Noell P J, Carroll J D, Boyce B L. The mechanisms of ductile rupture [J]. Acta Materialia, 2018, 161: 83-98.

[49] Barsoum I, Faleskog J. Rupture mechanisms in combined tension and shear-experiments [J]. International Journal of Solids and Structures, 2007, 44 (6): 1768-1786.

[50] Choo H, Sham K, Bohling J, et al. Effect of laser power on defect, texture, and microstructure of a laser powder bed fusion processed 316L stainless steel [J]. Materials & Design, 2019, 164: 107534.

[51] Xu Z T, Peng L F, Fu M W, et al. Size effect affected formability of sheet metals in micro/meso scale

plastic deformation: experiment and modeling [J]. International Journal of Plasticity, 2015, 68: 34-54.

[52] Lindley T C, Oates G, Richards C E. A critical of carbide cracking mechanisms in ferride/carbide aggregates [J]. Acta Metallurgica, 1970, 18 (11): 1127-1136.

[53] Gurland J. Observations on the fracture of cementite particles in a spheroidized 1.05%C steel deformed at room temperature [J]. Acta Metallurgica, 1972, 20 (5): 735-741.

[54] Goods S H, Brown L M. Overview No. 1: the nucleation of cavities by plastic deformation [J]. Acta Metallurgica, 1979, 27: 1-15.

第3章 镍基高温合金微压缩力学性能及变形机制

3.1 引　言

在材料的体积成形中，压缩圆柱的实验方法可获得在大应变条件下的流动应力。随着微型零件尺寸的减小，材料的变形行为逐步由多晶体变形转变为单晶体变形，宏观上的塑性变形理论已经不能完全适用于微成形中流动应力的非常规现象，微成形尺寸效应研究已经成为微成形技术研究的基础[1]。传统大尺寸件的成形，已拥有较为成熟的成形体系，但在微成形的过程中，并不是完全适用的，要考虑微成形变形行为中的尺寸效应。

国内外学者已经进行了许多研究来探索尺寸对微成形行为和力学性能的影响。当样品仅由少量晶粒组成时，不同尺寸、形状和方向的晶粒在样品中分布不均匀，每个晶粒在微观尺度的塑性变形中起着重要作用[2]，单个晶粒在塑性变形过程中作用被放大。除了通过实验来探索尺寸效应之外，有限元模拟还被用来预测微成形过程中的变形行为。关于塑性微成形的研究多通过单相或纯金属来解释微成形的机制，然而对于多相合金的流动应力对微观成形中的变形行为影响因素尚未得到充分解释。同时在航空航天、武器装备、能源等领域应用的一些关键微结构必须满足在高温和高压下有高可靠性的要求。因此，开展有关镍基高温合金的微成形工艺的机制研究具有重要的理论意义和应用价值。

3.2 微观组织调控与微压缩力学性能

3.2.1 实验材料及方案

3.2.1.1 实验材料

本章采用 ϕ1.5 mm 的 GH4169 镍基高温合金丝材为实验材料，通过电火花数控线切割，得到高径比为 1.5 的微型圆柱，切割后试样浸泡在丙酮溶液中进行超声波振动，去除表面油污等杂质。表 3－1 为本章所用 GH4169 镍基高温合金成分表。

表 3－1　GH4169 镍基高温合金元素含量成分表（%）

Ni	Cr	Nb	Mo	Ti	Al	C	Co	Fe
52.80	18.73	5.24	3.02	0.95	0.52	0.026	0.03	余量

热处理后为了保存合金的高温组织，冷却方式选择水冷，处理后得到不同晶粒尺寸的试样。考虑到 δ 相分布在晶界或孪晶上，其存在影响晶粒的长大，所以需溶解 δ 相。970~1 040℃为 δ 相的完全溶解温度，因此选择固溶热处理最低温度为 1 050℃，此时 δ 相完全溶解[3]。

微型圆柱通过热处理工艺消除拉拔后的加工硬化，获得晶粒尺寸不同的试样。由于热处理温度较高，GH4169 合金容易发生氧化，在试样表面产生氧化皮，影响实验精度。因此，在热处理实验之前，将 GH4169 合金材料使用石英管真空封装，再进行热处理实验。热处理后试样采用整体镶样，经过 400 #、600 #、800 #、1 000 #、1 200 #砂纸打磨后进行机械抛光，抛光剂选用 2.5 μm 金刚石粉末，EBSD 试样在机械抛光后再进行振动抛光，去除表面层应力。用 100 ml C_2H_5OH+100 ml HCl+5 g $CuCl_2$配成的腐蚀液对试样进行化学腐蚀。腐蚀时间为 30~60 s。

本章使用 OLYMPUS－DSX510 光学显微镜进行金相组织分析，通过截线法确定平均晶粒尺寸；使用 MERLIN Compact 扫描电子显微镜进行试样形貌以及晶体结构等相关信息的分析。在固溶处理后，分别在 960℃下进行时间为 1 h、2 h、8 h、12 h、24 h 的高温时效热处理，得到了不同 δ 相含量的试样。

3.2.1.2　实验方案

单向压缩是获得金属材料力学性能最基本的实验方法之一，由于能得到较大变形条件下材料的力学性能而被广泛使用。然而，宏观上的单向压缩方法不能完全适用在介观尺度上的单向压缩。由于在介观尺度上单向压缩试样尺寸的变形量较小、压下量均在亚毫米级，因此，针对介观尺度的单向压缩实验，需在试样制备、数据测量、数据处理等方面进行改进与优化，减小误差。

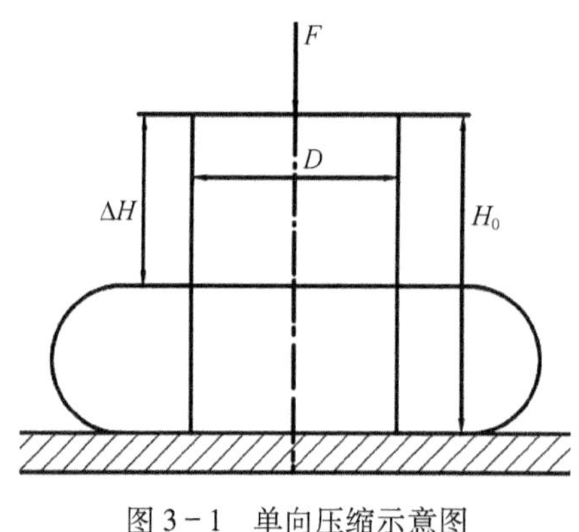

图 3－1　单向压缩示意图

在压缩过程中，模具与试样的接触面并非完全光滑，摩擦力的存在使试样出现鼓形，且试样与模具之间接触的端面面积增大，如图 3－1 所示。本章为准确地表征单向压缩过程中试样的应力-应变曲线，采用真实应力-应变表示方法，并修正试样变形前后的真实位移，使数据更加精确。本实验选用 INSTRON－5967 实验机进行单向压缩，传感器载荷为 30 kN，图 3－2 为试样设备与实验所用模具。

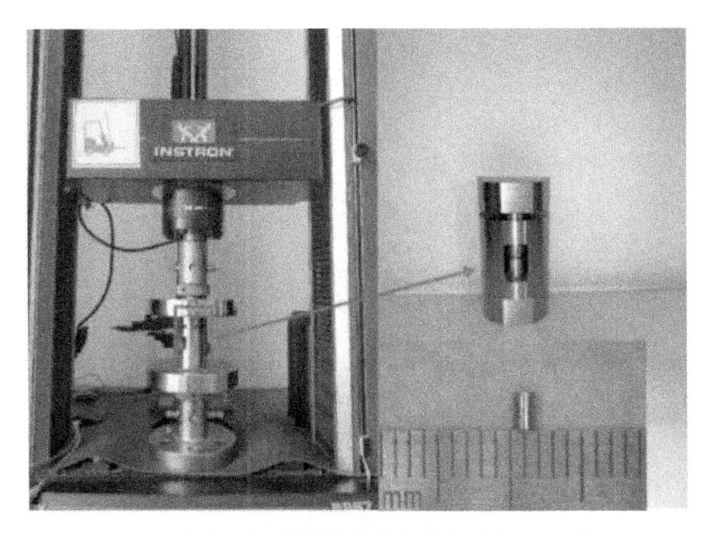

图 3－2　微压缩设备与模具示意图

在单向压缩中，初始高度 H_0 的试样压缩的真应变为

$$\varepsilon = \ln \frac{H_0}{H_0 - \Delta H} \tag{3-1}$$

式中，H_0 为试样初始高度；ΔH 为试样轴向高度变化量。

压缩过程中真应力 σ 为

$$\sigma = \frac{F}{A_0 e^{\varepsilon}} \tag{3-2}$$

$$A_0 = \frac{\pi D^2}{4} \tag{3-3}$$

式中，F 为单向压缩轴向压力；A_0 为变形前单向压缩试样的横截面积；D 为单向压缩试样初始直径。

对不同晶粒尺寸或 δ 相含量的试样分别进行单向压缩实验，设定压下量为 50%。

1）应变测量：对于微成形，普通应变测量的方法无法达到精确测量。在无引伸计的条件下，引入真实位移量，消除设备加载过程中产生的误差，极大提高了测量精度。

2）实验参数：选择蓖麻油为润滑剂，减小圆柱变形过程中摩擦因素的影响；在较低应变速率（$1\times10^{-3}\,s^{-1}$）下进行单向压缩实验，并认为所有试样均在准静态下发生塑性变形且忽略热应变速率效应的影响。

3.2.2 初始微观组织调控

3.2.2.1 基体 γ 相微观组织调控

图 3－3 是固溶热处理后材料的微观组织。从图中可以看出，热处理后的材料晶粒形貌近似等轴状，消除了部分拉拔组织。晶粒尺寸也随着热处理制度的不同而有所变化，并伴有孪晶的生成。

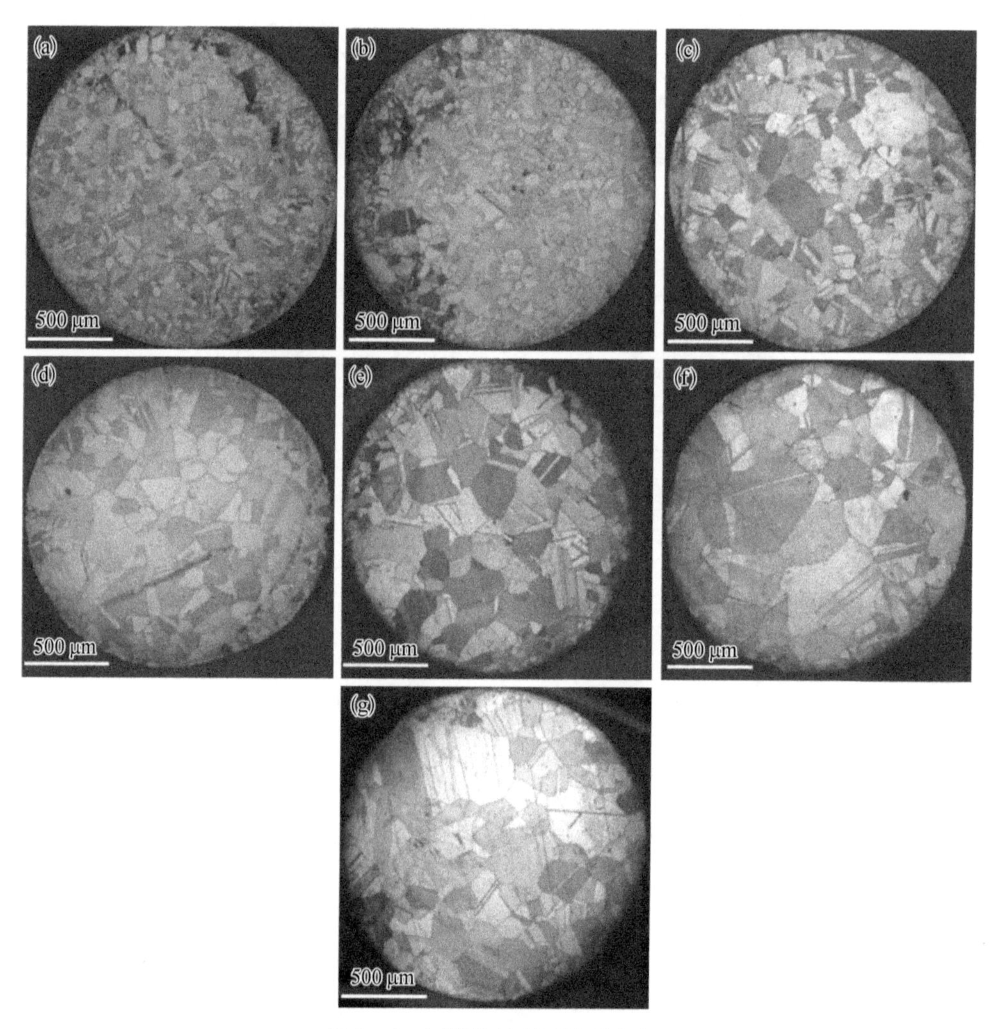

图 3－3 固溶热处理后微观组织

(a) 1 050℃固溶热处理 1 h；(b) 1 100℃固溶热处理 1 h；(c) 1 150℃固溶热处理 1 h；(d) 1 200℃固溶热处理 1 h；(e) 1 250℃固溶热处理 1 h；(f) 1 250℃固溶热处理 2 h；(g) 1 250℃固溶热处理 4 h

晶粒尺寸与固溶热处理制度的关系如表 3－2 所示。

表 3－2　固溶热处理与获得的晶粒尺寸及试样与晶粒尺寸比值的关系

试样直径/mm	热处理温度/时间/（℃/h）	晶粒尺寸/μm	试样与晶粒尺寸比
1.5	1 050/1	55.88	27.9
	1 100/1	76.20	20.5
	1 150/1	98.72	15.8
	1 200/1	143.38	10.9
	1 250/1	161.44	9.7
	1 250/2	181.51	8.6
	1 250/4	208.40	7.4

试样的晶粒尺寸跨度较大，从 49.3 μm 至 245.5 μm，试样与晶粒尺寸的比值跨度从 27.9 至 7.4。在大晶粒尺寸下，试样端面直径的位置上，直径方向上仅有 8 至 10 个晶粒，某些特殊位置只有 4 至 5 个晶粒。EBSD 作为重要的微观表征手段，利用该技术对固溶态试样进行了分析。部分试样的晶粒分布如图 3－4 所示。试样

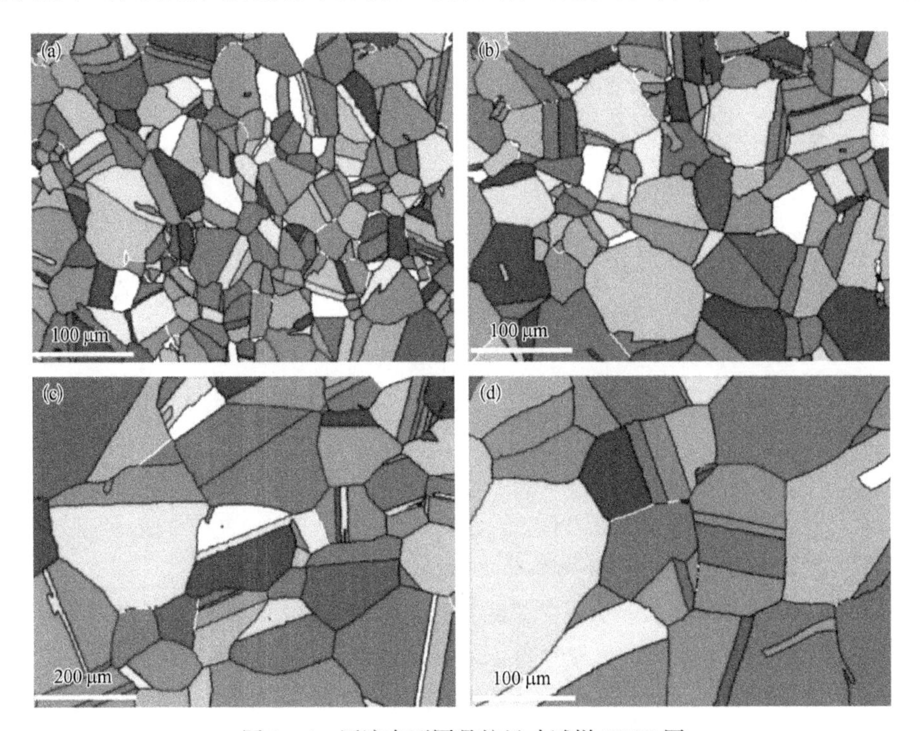

图 3－4　固溶态不同晶粒尺寸试样 EBSD 图

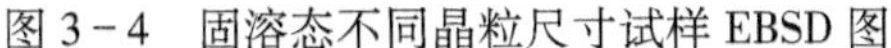

（a）1 050℃固溶热处理 1 h；（b）1 100℃固溶热处理 1 h；
（c）1 200℃固溶热处理 1 h；（d）1 250℃固溶热处理 2 h

虽经过固溶热处理，消除了部分细小晶粒，但试样仍存在晶粒不均匀分布的情况，材料组织均匀性受到影响。

从图 3-5 中看出，晶粒的分布呈现正态分布样式，晶粒大小不一，但大部分晶粒尺寸处于平均晶粒尺寸附近。

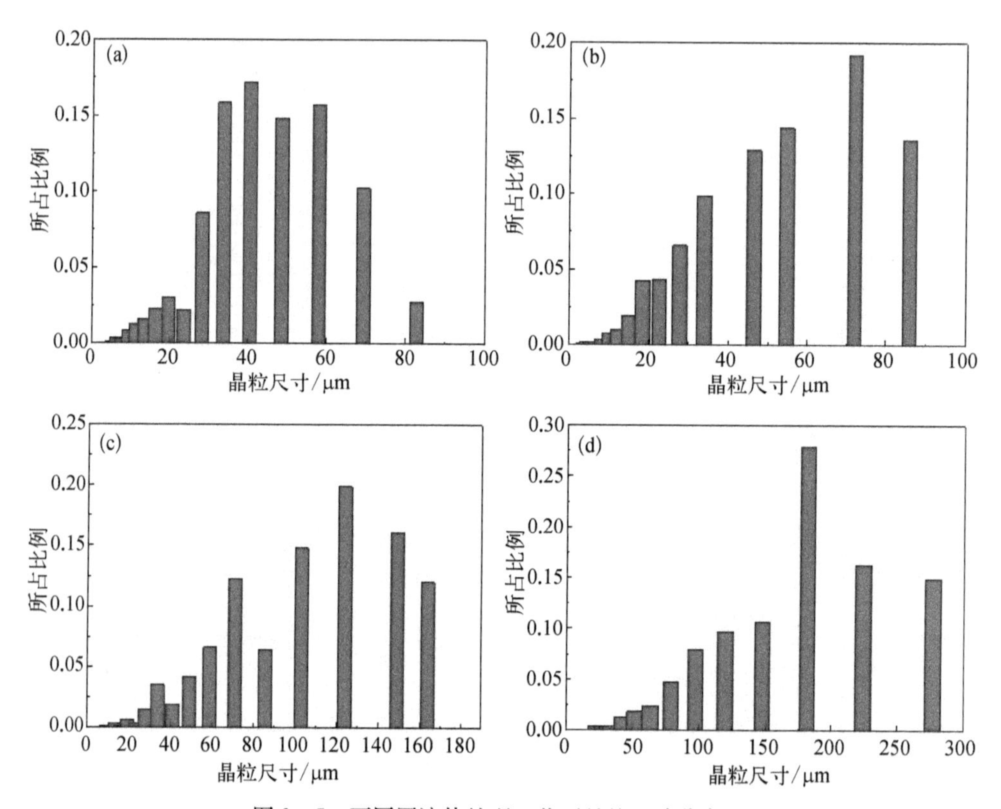

图 3-5　不同固溶热处理工艺下晶粒尺寸分布图

(a) 1 050℃固溶热处理 1 h；(b) 1 100℃固溶热处理 1 h；(c) 1 200℃固溶热处理 1 h；(d) 1 250℃固溶热处理 2 h

3.1.1.2　δ 相微观组织

在固溶处理后，分别在 960℃下，进行 1 h、2 h、8 h、12 h、24 h 的高温时效热处理，得到不同含量的 δ 相的试样，如图 3-6 所示。

随着时效时间的增加，δ 相含量也随之增加，晶粒尺寸变化可以忽略不计。δ 相从分布在晶界处逐渐转变为分布在晶界与晶粒内部，形貌从颗粒状转变为针状。图 3-7 为时效态含 δ 相 GH4169 合金的微观组织。由图可见，经过不同时间的时效热处理后，δ 相的分布、含量及形貌均发生了明显的变化，不同晶粒尺寸试样的微观结构均由等轴晶粒组成，并伴有孪晶，然而晶粒尺寸却没有明显变化，这是因为 δ 相在晶界处的钉扎作用阻碍了晶粒的长大[4]。

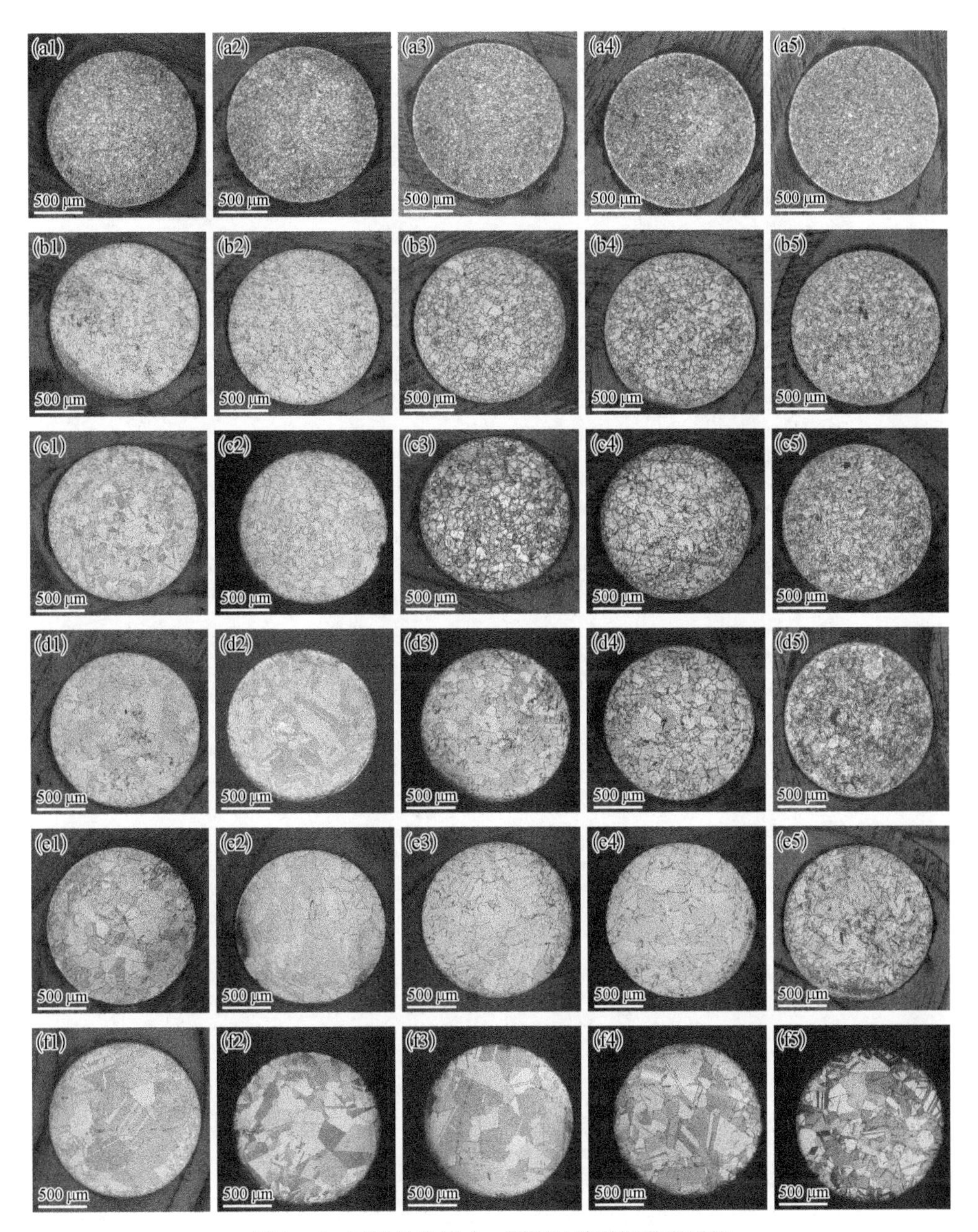

图 3－6　不同晶粒尺寸、不同时效时间微观组织

（a1）～（a5）d=55.88 μm 试样时效 1 h、2 h、8 h、12 h、24 h；
（b1）～（b5）d=76.20 μm 试样时效 1 h、2 h、8 h、12 h、24 h；
（c1）～（c5）d=98.78 μm 试样时效 1 h、2 h、8 h、12 h、24 h；
（d1）～（d5）d=143.38 μm 试样时效 1 h、2 h、8 h、12 h、24 h；
（e1）～（e5）d=181.51 μm 试样时效 1 h、2 h、8 h、12 h、24 h；
（f1）～（f5）d=208.40 μm 试样时效 1 h、2 h、8 h、12 h、24 h

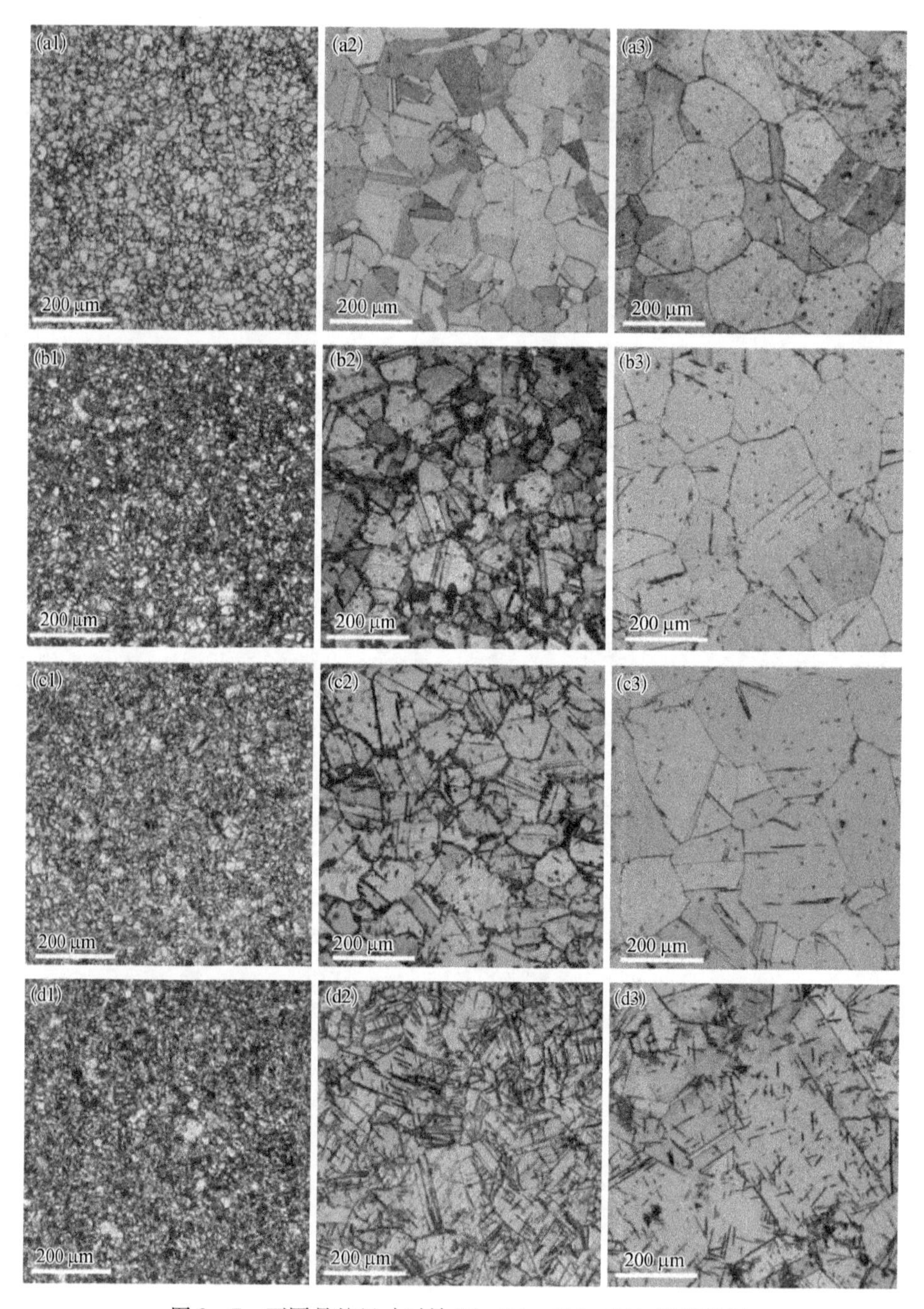

图 3-7　不同晶粒尺寸时效 2 h、8 h、12 h、24 h 微观组织

（a1）~（a3）分别为 $d=55.88$ μm、$d=98.78$ μm、$d=181.51$ μm 试样时效 2 h；
（b1）~（b3）分别为 $d=55.88$ μm、$d=98.78$ μm、$d=181.51$ μm 试样时效 8 h；
（c1）~（c3）分别为 $d=55.88$ μm、$d=98.78$ μm、$d=181.51$ μm 试样时效 12 h；
（d1）~（d3）分别为 $d=55.88$ μm、$d=98.78$ μm、$d=181.51$ μm 试样时效 24 h

如图 3－8 所示，δ 相的形貌随着时效时间的增加，颗粒形 δ 相逐渐转变为针状，并从晶界延伸到晶粒内部。δ 相的形成，对晶粒的生长有着钉扎作用，阻止晶粒的长大。随着时效时间的增加，δ 相含量也逐渐增加，δ 相形态发生很大变化。如图 3－8（a）所示，当时效热处理 2 h，颗粒状 δ 相沿晶界析出，有少量 δ 相分布在晶粒内。如图 3－8（b）所示，当时效热处理为 8 h，δ 相以短棒状存在。当时效热处理 12 h，部分短棒状 δ 相转变为针状，其主要分布在晶粒内部及晶界处，同时在晶粒内仍然存在一些颗粒状和短棒状 δ 相。如图 3－8（d）所示，当时效热处理时间 24 h，δ 相的含量增加迅速，δ 相长针状并有大量 δ 相分布在基体中。

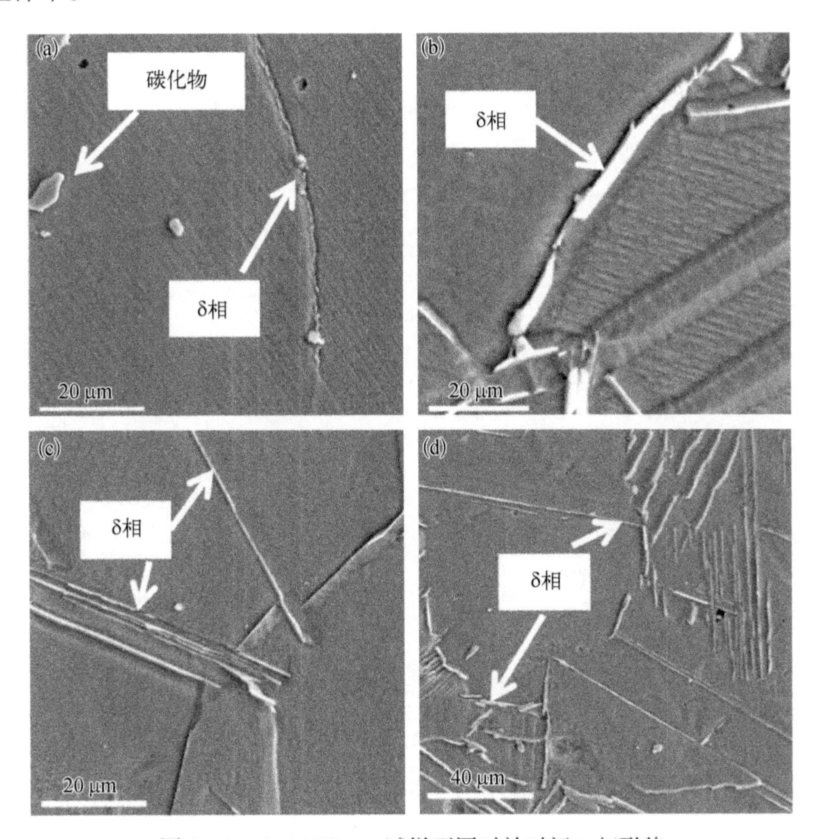

图 3－8　$d=98.78$ μm 试样不同时效时间 δ 相形貌

（a）时效 2 h；（b）时效 8 h；（c）时效 12 h；（d）时效 24 h

δ 相首先在晶界析出，是因为晶界有着较多的缺陷。晶界上的空隙吸引 Nb 原子形成“空穴－Nb 原子对”。它导致了 Nb 元素的非平衡偏析，为 δ 相成核提供了有利条件，同时 δ 相与基体属于非共格关系，在晶内析出较为困难。δ 相的颗粒形态作为过渡阶段，具有较低的能量，因此，成核位点相对晶界较多，更容易形成。聚集的颗粒状 δ 相周围有不同数量的碳化物，这是由于晶界及碳化物周围相对薄弱，δ 相析出所需驱动力较小。

3.2.3 微压缩流动应力尺寸效应

3.2.3.1 基体相晶粒尺寸的影响

在宏观变形中，多晶体材料及晶粒尺寸效应可用 Hall - Petch 方程来表示[5]，该方程反映了在塑性变形中晶粒尺寸与流动应力的关系。

$$\sigma(\varepsilon, d) = \sigma_0(\varepsilon) + \frac{K_{hp}(\varepsilon)}{\sqrt{d}} \tag{3-4}$$

式中，$\sigma(\varepsilon, d)$ 为流动应力（MPa）；d 为试样平均晶粒尺寸（μm）；$\sigma_0(\varepsilon)$ 和 $K_{hp}(\varepsilon)$ 是给定应变 ε 下的材料常数。

从 Hall - Petch 方程可以看出，随着晶粒尺寸的增加，流动应力逐渐减小。图 3 - 9 为晶粒尺寸不同的试样单向压缩时的流动应力曲线。

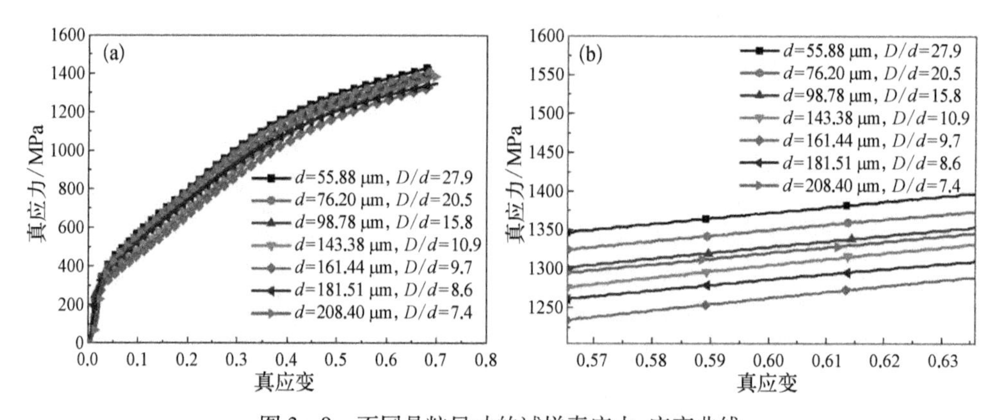

图 3 - 9　不同晶粒尺寸的试样真应力-应变曲线

（a）试样压缩过程真应力-应变曲线；（b）压缩过程局部真应力-应变曲线

从图 3 - 9 中可以看出，在晶粒尺寸小于 161.4 μm 时，随着晶粒尺寸的增加，流动应力均逐渐降低。这种流动应力与晶粒尺寸的关系符合经典的 Hall - Petch 方程。但随着晶粒尺寸增大至 208.4 μm 时，随着晶粒尺寸的增大，试样流动应力反而上升。这种现象不符合经典的 Hall - Petch 方程，产生了晶粒尺寸效应的现象，不能用宏观塑性变形理论来解释。

对此进一步分析，在晶粒尺寸增大时，变形区域晶粒数目减少。单向压缩过程中，单个晶粒对塑性变形的作用被放大，晶粒的变形无法像宏观变形一样在多个易开动的滑移系进行，晶粒之间的变形协调性较差；接触模具的区域内晶粒受到的摩擦远大于试样内部与自由表面的晶粒，且该区域晶粒所占比例随着晶粒尺寸的增加而增加，这使得试样塑性变形抗力增大。因此，本章将引入试样尺寸与晶粒尺寸之比（D/d），并继续对流动应力增大的影响因素展开讨论。

3.2.3.2　试样尺寸与基体相晶粒尺寸比值的影响

基于以上分析，通过不同晶粒尺寸试样的微压缩实验，探究压缩过程中试样尺寸与晶粒尺寸之间耦合作用的关系。图 3-10 是试样尺寸与晶粒尺寸的比值与流动应力之间的关系。

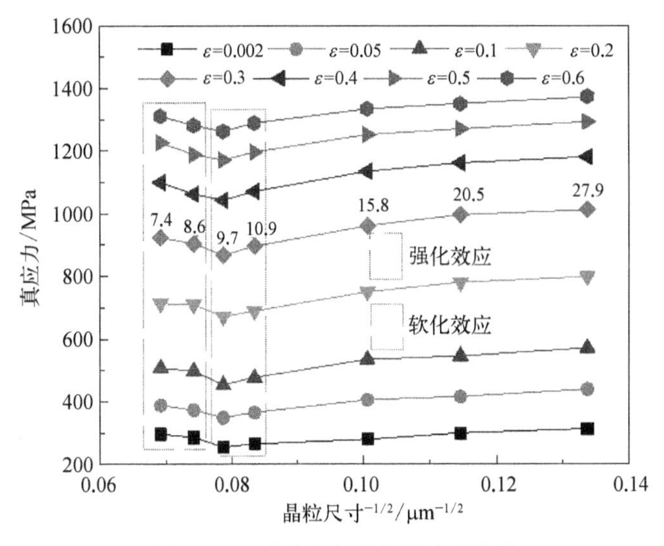

图 3-10　真应力与晶粒尺寸的关系

当 $D/d \geqslant 9.7$ 时，流动应力与晶粒尺寸之间满足 Hall-Petch 方程，与宏观成形相似。当 $D/d < 9.7$ 时，随着晶粒尺寸的增加，流动应力反而上升，偏离了经典的 Hall-Petch 关系，与宏观成形规律相反。根据压缩后应变分布，在介观尺度上的压缩过程中，随着晶粒尺寸的增加，晶粒尺寸效应的灵敏度也随之增加。当变形区域内仅有少量晶粒时，由模具约束带来的摩擦力引起的难变形区晶粒比例增加；同时有着自由表面且具有软化效应的小变形区晶粒的比例减小。两方面的耦合作用导致了微压缩过程中流动应力尺寸效应现象。

在试样尺寸与晶粒尺寸的比值从 9.7 降低到 8.6 的过程中，材料经历了两种不同的强化机制。在 $D/d \geqslant 9.7$ 时，材料经历了由有着小变形抗力的小变形区晶粒起主要作用的软化效应，小变形区的晶粒比内部大变形区晶粒位错密度小，位错可无阻碍进行滑移而非位错的塞积和缠结；在 $D/d < 9.7$ 时，材料经历了由有着大变形抗力的难变形区晶粒起主要作用的强化效应，其原因是难变形晶粒占比增大，试样变形抗力增大，流动应力增加。这些结果与其他微成形结果类似[6]。

这种由 D/d 的变化带来的流动应力变化也可通过滑移距离来描述[7]。由应变引起的位错带来的流动应力为

$$\sigma_s = \frac{K_1}{\lambda_s(\varepsilon,\ d)} \tag{3-5}$$

由几何位错引起的流动应力 σ_g 由下式给出：

$$\sigma_s = \frac{K_2}{d^{1/2}} \tag{3-6}$$

$$f_g = \frac{\lambda_s(\varepsilon,\ d)}{d} \tag{3-7}$$

式中，晶粒中 σ_g 所占比例可以表示为 f_g；λ_s 是滑移长度和应变（ε）与晶粒尺寸（d）的函数；K_1 和 K_2 是材料常数。

基于式（3-5）~式（3-7），流动应力可以表达为

$$\lambda_s(\varepsilon,\ d) = \frac{-(\sigma_{sd} - K_1 d^{-1} - \sigma) - \sqrt{(\sigma_{sd} - K_1 d^{-1} - \sigma)^2 - 4K_1 K_2 d^{-2/3}}}{2K_2 d^{-3/2}} \tag{3-8}$$

式中，σ_{sd} 是材料常数。当应变很小（$\varepsilon \approx 0$）时，λ_s 几乎等于 d。几何位错贡献的流动应力占主导地位。σ_{sd} 的值很小，因此可以忽略不计。$\sigma_{sd}=0$ 的分析结果可以在 Hirth 和 Lothe 的先前研究中有所运用。通过式（3-8），可以计算出 D/d 与滑移距离的关系，如图 3-11 所示。

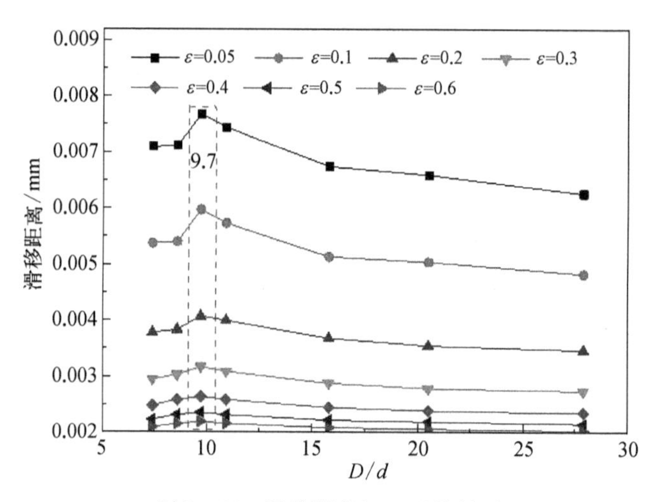

图 3-11　滑移距离与 D/d 的关系

从图 3 - 11 中可以看出，随着应变的增大，滑移距离逐渐减小；$D/d \geq 9.7$ 时，滑移距离随着 D/d 的减小而上升，但在 D/d 为 9.7 时出现了拐点，滑移距离出现下滑趋势，此时难变形区晶粒占比增大，材料的流动应力增加。在应变小于 0.2 时，位错滑移距离变化较小，代表着在该阶段试样中晶粒变形抗力对 D/d 的变化敏感度较小；相反，在应变大于 0.2 时，试样中晶粒的变形抗力对 D/d 的变化敏感度较大。

3.2.3.3　时效时间的影响

试样随着时效热处理时间的增长，析出相 δ 相的含量、分布以及形貌会发生变化，从而对塑性变形中流动应力产生影响。图 3 - 12 为相同晶粒尺寸、不同时效热处理时间试样单向压缩时的流动应力曲线。

试样随着时效热处理时间的增加，流动应力逐渐增加。这是由于在高温时效下，δ 相在晶界析出，晶界上的 δ 相从颗粒状逐渐演变为针状，在变形过程中，δ 相与基体的应变不相容性阻碍了晶粒的变形，晶粒变形抗力增大，从而流动应力上升，提高了合金的强度；但在较大的晶粒尺寸下，时效时间较长时，试样流动应力提升不明显。

为了探究 δ 相对流动应力的影响，将经过时效处理的试样与未经时效处理的

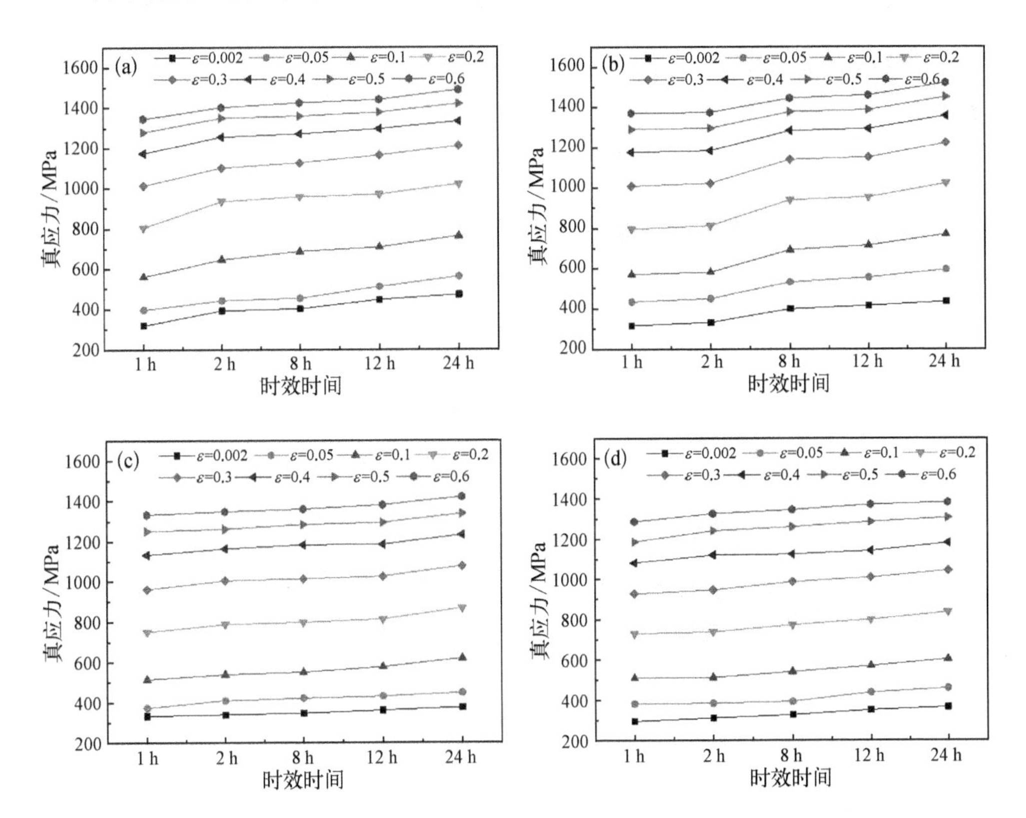

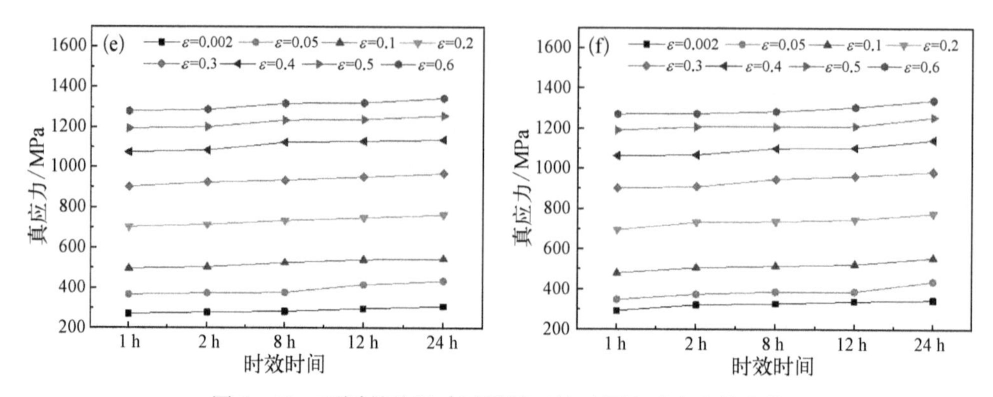

图 3-12　不同晶粒尺寸试样随时效时间流动应力的变化

（a）d=55.88 μm；（b）d=76.20 μm；（c）d=98.78 μm；
（d）d=143.38 μm；（e）d=181.51 μm；（f）d=208.4 μm

试样的流动应力进行对比。发现在短时效时间下，流动应力虽有上升，但是幅度较小，如图 3-13 所示。其原因是在短时间时效下，晶粒 δ 相含量较少，其形貌呈颗粒状，虽在晶界析出，但是由于长度较短，对位错滑移的钉扎作用较小，且同时存在着固溶强化与析出相强化的竞争，流动应力增强较小。在较小的晶粒尺寸且长时效时间下，流动应力上升幅度较大。其原因是晶粒 δ 相含量较大，分布在晶界与晶粒内，其形貌从颗粒状演变为针状，且含量较大，对位错滑移的钉扎作用较大，在固溶强化与 δ 相强化中，δ 相强化明显占主导地位，流动应力增强较大。但在晶粒尺寸大于 143.38 μm 时，随着时效时间的增长，流动应力上升趋势减缓，这是由于晶粒尺寸的增大造成晶界长度增长，导致了试样内晶界密度的减小，晶界体积分数减少，晶界强化效应降低，导致压缩过程中由晶界强化贡献的流动应力降低。

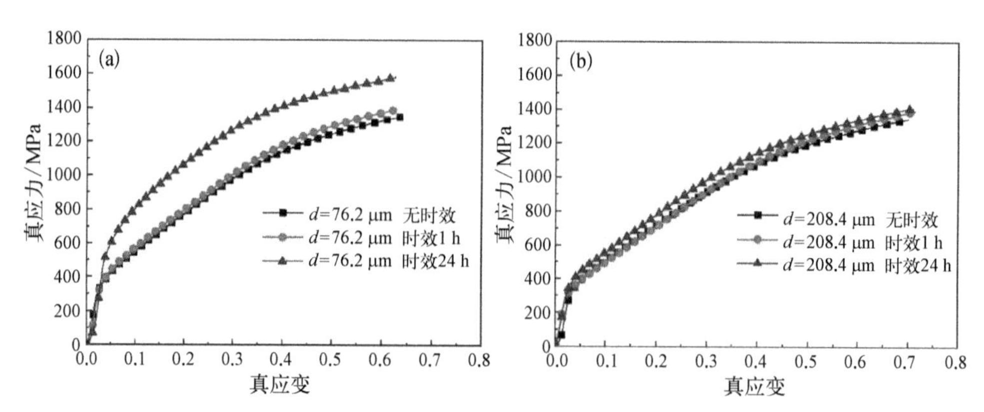

图 3-13　不同晶粒尺寸、时效不同时间试样流动应力

（a）d=76.2 μm；（b）d=208.4 μm

3.2.3.4　试样尺寸与时效态晶粒尺寸比值的影响

基于以上分析，对不同晶粒尺寸、相同时效时间试样进行微压缩实验，探究 δ 相与流动应力之间的关系，如图 3 - 14 所示。

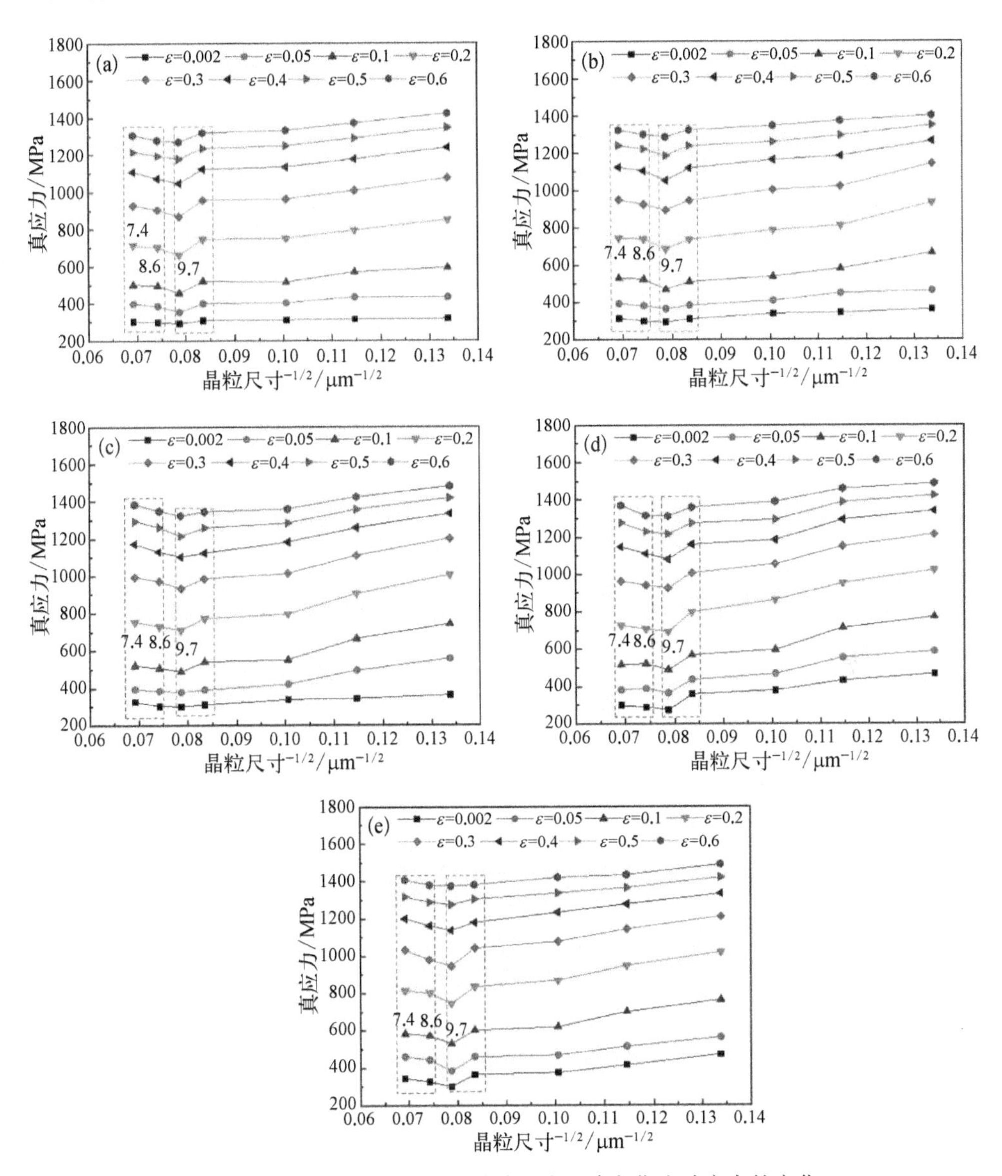

图 3 - 14　相同时效时间试样随晶粒尺寸变化流动应力的变化

(a) 时效 1 h；(b) 时效 2 h；(c) 时效 8 h；(d) 时效 12 h；(e) 时效 24 h

当 $D/d \geqslant 9.7$ 时，流动应力与晶粒尺寸之间满足宏观成形中 Hall - Petch 关系。当 $D/d<9.7$ 时，流动应力反而上升，究其原因，是 δ 相仅仅起到了析出相强

化作用，并没有改变晶粒的受力状况。在受到应力较大的情况下，δ相对晶粒的变形阻碍作用有限，试样与固溶态试样的流动应力变化情况相同，依然存在着流动应力尺寸效应现象。

3.2.4 微压缩应变硬化行为

多晶体材料的应变硬化行为一般由三个阶段组成。同样，不同晶粒尺寸的镍基高温合金在微压缩过程中的应变硬化过程也分为三个阶段，如图 3－15 所示。

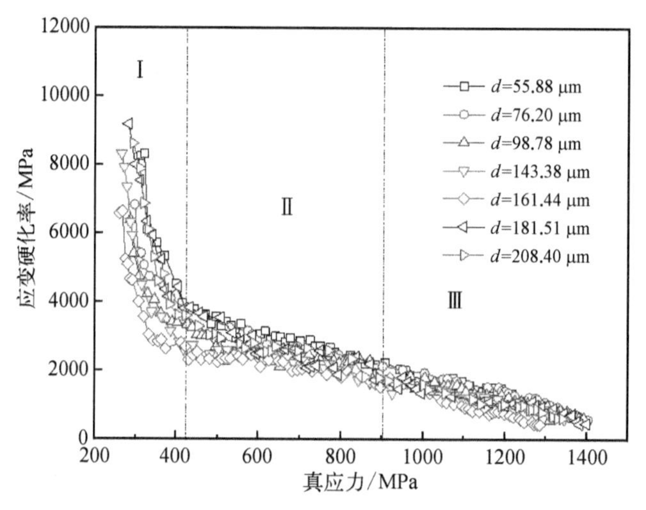

图 3－15 不同晶粒尺寸试样压缩时应变硬化曲线

第一硬化阶段（均匀变形机制），该阶段发生在较低的塑性应变中，在较小的流动应力增量下，加工硬化率迅速减小。这是因为应力大于晶格摩擦力（P－N 力），产生了塑性变形，位错开始运动，聚集在晶格附近的位错快速释放，应变硬化率呈线性减小。试样整体应变较低，且分布均匀。在此机制下，应变较小，没有形成宏观剪切带，由于滑移系的启动带来的微观塑性变形还未满足材料进入一个显著的加工硬化阶段。该阶段是晶粒之间不相容性的开始，特征取决于堆积断层能和晶粒尺寸。

第二硬化阶段（局部变形机制），该阶段随着变形的继续，由于多系滑移产生了大量位错，位错的塞积、缠结等使塑性变形阻力增大，造成应变硬化率的减小。随着塑性变形的进行，亚结构的形成导致晶粒内位错密度降低，晶粒变形抗力减小。亚结构的存在一定程度上缓解了动态回复所带来的软化效果，从而使加工硬化率的下降趋势变缓[8]。对于本章所采用的试样，其变形区晶粒数目较少，每个晶粒在变形中所起到的作用较大，所以当不同区域晶粒起决定作用时，应变硬化率会有波动现象。在该阶段应变场分布不均匀，往往存在应力集中，并且与滑移带相对应。

第三硬化阶段（稳态变形机制），该阶段下应变场的分布趋于稳定，加工硬化率逐渐降低，对应的是位错密度逐渐饱和，不再有新的应变集中带产生。在没有大量位错产生的情况下，随着应力的增加，应变硬化率逐渐降低，晶体塑性变形达到最后阶段。

随着晶粒尺寸的增加，D/d 的数值小于 9.7 时，微压缩的应变硬化率呈不降反升的趋势。晶粒尺寸和取向是影响多晶体应变硬化率的主要原因，在 Taylor 多晶体材料中，Taylor 因子是主要影响因素，Taylor 因子的大小取决于晶粒的变形抗力。在变形过程中，处于难变形区的晶粒由于试样与模具接触，摩擦较大，晶粒不能自由变形，变形较为困难；处于小变形区的晶粒，所受束缚较少，晶粒变形较为容易。

3.3　微压缩流动应力模型构建

圆柱体的压缩可看成是镦粗的一种，在压缩过程中，试样内部晶粒变形复杂，且变形不均匀，常将纵向切面根据应变分布，分为大变形区（Ⅰ区）、小变形区（Ⅱ区）和难变形区（Ⅲ区）三个变形区[9]。根据变形程度，可大致分为三个区，如图 3－16 所示。

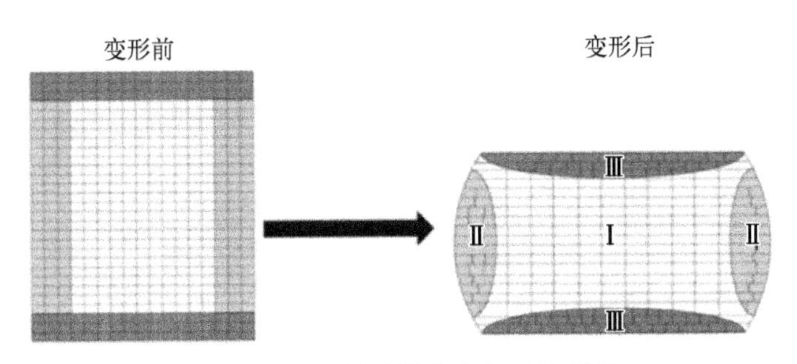

图 3－16　压缩试样应变分区示意图

第一区域——大变形区（Ⅰ区）：在此区域的晶粒受模具带来摩擦力的影响较小，因而在水平方向所受的压应力较小，并且由于Ⅲ区晶粒的楔入作用，促使周围质点流动阻力加大，向四周移动；在直径方向，晶粒受到较小的压应力的同时，轴向力作用使试样产生较大的压缩变形，晶粒沿径向流动，径向扩展较大。

第二区域——小变形区（Ⅱ区）：此区域的外侧即为自由表面，受摩擦的影响很小，变形较为自由；同时由于大变形区晶粒的流入，使该区域变形较小。

第三区域——难变形区（Ⅲ区）：该区域与压头接触，试样表面受到很大的摩擦阻力，该区域的晶粒将处于三向压应力状态。晶粒越靠近试样表面，其压缩程度越强烈，导致该区域的变形很小；若试样与模具之间摩擦系数较小，会有少量的变形。

在变形过程中，圆柱中间部分沿径向流动速度较大，而两端面则因受上下压头的摩擦作用而流动较慢，再者由于上下两难变形区对大变形区晶粒的挤压作用，这是出现鼓形的主要原因。

3.3.1 基体相微压缩材料本构模型构建

3.3.1.1 流动应力尺寸效应模型

Hall - Petch 关系仅取决于材料的晶粒尺寸，而不取决于宏观尺度变形中的试样尺寸；然而，在微成形中，随着晶粒尺寸的增加，变形区域中的晶粒数量减少，晶粒尺寸逐渐接近试样尺寸，其塑性变形行为与宏观不同，因此无法用经典的 Hall - Petch 关系对微成形中的流动应力大小效应进行解释[10]。

晶粒之间的关系流动应力 σ_0（ε）、临界剪切应力 τ_c（ε）和 Taylor 因子 M 可以被表示为如下：

$$\sigma_0(\varepsilon) = M\tau_c(\varepsilon) \tag{3-9}$$

Taylor 因子与晶粒取向及其邻近环境有关。晶界强化是主要的材料强化方法之一，晶界密度的变化导致微观成形中试样力学性能的变化。因此，有必要考虑晶界密度对微观样品整体力学性能的影响。

为了表征晶界密度对微观试样塑性变形整体力学性能的影响，将晶界因子 θ 引入 Hall - Petch 方程中：

$$\sigma(\varepsilon) = M\tau_c(\varepsilon) + \theta \frac{K_{hp}(\varepsilon)}{\sqrt{d}} \tag{3-10}$$

式中，τ_c（ε）是临界分切应力，与单个晶粒的力学性能和变形协调性有关；K_{hp}（ε）是晶界变形抗力，与晶界对变形的阻碍作用有关。由于大变形区、小变形区及难变形区所受到的晶粒限制不同，其所引起的变形抗力也不同。考虑晶粒分布与晶界的影响，大变形区、小变形区及难变形区的流动应力可以表示如下：

$$\sigma_1(\varepsilon) = M_1\tau_c(\varepsilon) + \theta_1 \frac{K_{hp}(\varepsilon)}{\sqrt{d}} \tag{3-11}$$

$$\sigma_2(\varepsilon) = M_2\tau_c(\varepsilon) + \theta_2 \frac{K_{hp}(\varepsilon)}{\sqrt{d}} \tag{3-12}$$

$$\sigma_3(\varepsilon) = M_3\tau_c(\varepsilon) + \theta_3 \frac{K_{hp}(\varepsilon)}{\sqrt{d}} \quad (3-13)$$

式中，$\sigma_1(\varepsilon)$、$\sigma_2(\varepsilon)$ 和 $\sigma_3(\varepsilon)$ 是大变形区、小变形区及难变形区晶粒的流动应力；M_1、M_2和 M_3分别是大变形区、小变形区及难变形区晶粒的 Taylor 因子，晶界因子 $\theta = f_1\theta_1 + f_2\theta_2 + f_3\theta_3$。

结合材料本构关系复合模型，在多晶体材料塑性变形过程中，试样整体流动应力与晶粒的流动应力之间的关系可以用式（3-14）表示[11]：

$$\sigma(\varepsilon) = \sum_{m=1}^{n}\sigma_m(\varepsilon) \quad (3-14)$$

$$\sigma(\varepsilon) = (f_1M_1 + f_2M_2 + f_3M_3)\tau_c(\varepsilon) + \theta\frac{K_{hp}(\varepsilon)}{\sqrt{d}} \quad (3-15)$$

式中，θ_1、θ_2和 θ_3分别是大变形区、小变形区及难变形区晶粒的晶界因子；f_1是大变形区面积所占截面面积比例，f_2是小变形区面积所占截面面积比例，f_3是难变形区面积所占截面面积比例。其分区具体是通过区分不同区域的晶粒变形状况来确定的，如图 3-17 所示。

图 3-17　变形分区示意图

大变形区、小变形区及难变形区晶粒的占比分数是根据它们的面积与纵向截面中的总面积的比例来确定的。通过观察压缩后试样微观组织，统计各区占比，如图 3-18 所示。

从图 3-16 中可以看出，在 $d=160$ μm 左右时，小变形区占比不升反降。这是由于晶粒相对试样尺寸较大，内部包含的晶粒数量相对较少，变形过程中晶粒间的

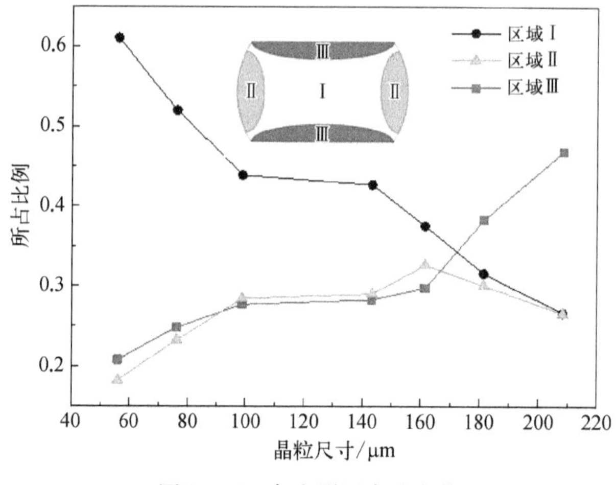

图 3-18　各变形区占比变化

协调性逐渐变差，每个晶粒的作用在塑性变形过程中增强，导致不均匀变形加剧。

晶界因子是指单位面积中晶界的相对长度。对于宏观成形，多晶材料的晶界因子为 1，图 3-19 显示了 θ 值的变化。晶界因子、晶粒尺寸和试样尺寸之间的关系表示如下：

$$\theta = 1 - \frac{d}{2D}\eta_1 - \frac{d}{2H}\eta_2 \tag{3-16}$$

式中，D 是原始试样直径尺寸（μm）；H 是原始试样高度（μm）；η_1 是变形后晶界径向变化率；η_2 是变形后晶界轴向变化率。

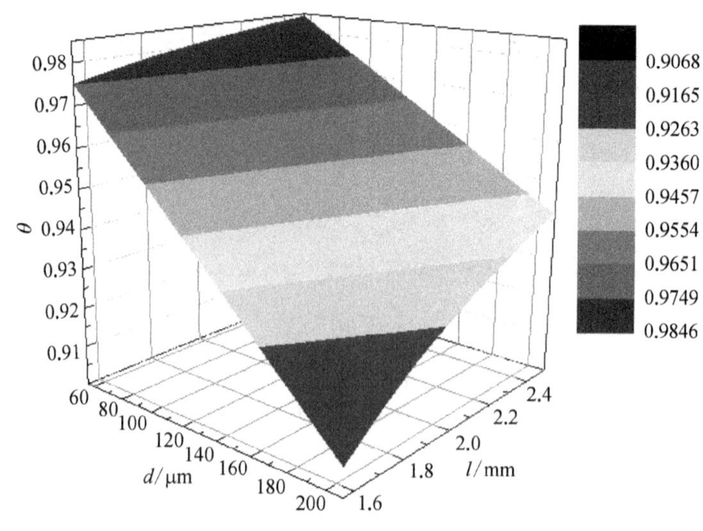

图 3-19　晶界因子 θ 的变化

Taylor多晶模型表明宏观塑性应变等于材料的每个晶粒的塑性应变，需要同时启动每个晶粒的至少五个独立的滑移系统以实现宏观塑性变形。对于面心立方（FCC）金属，晶粒的平均Taylor因子为3.06[12]。Taylor因子可以反映塑性变形中晶粒的变形协调能力，晶粒的Taylor因子系数越大，该晶粒的变形就越困难，变形协调性越差。对于单晶而言，其Taylor因子大于2。大变形区晶粒的变形行为类似于宏观多晶，因此大变形区的Taylor因子可以认为等于3.06。具有自由表面的小变形区晶粒的Taylor因子小于大变形区晶粒的Taylor因子，因为从它们的相邻晶粒对它们施加的约束较少。因此，使用单晶和内部晶粒的Taylor因子的平均值，即2.5，来代替具有自由表面的小变形区晶粒的Taylor因子。难变形区的晶粒的Taylor因子被指定为3.925[13]。

在式（3-15）中，临界分切应力τ_c（ε）和晶界变形抗力K_{hp}（ε）待定。这两个参数与具体的实验材料相关。可结合已确定的参数及具体的实验结果，通过数据拟合确定，如图3-20所示。

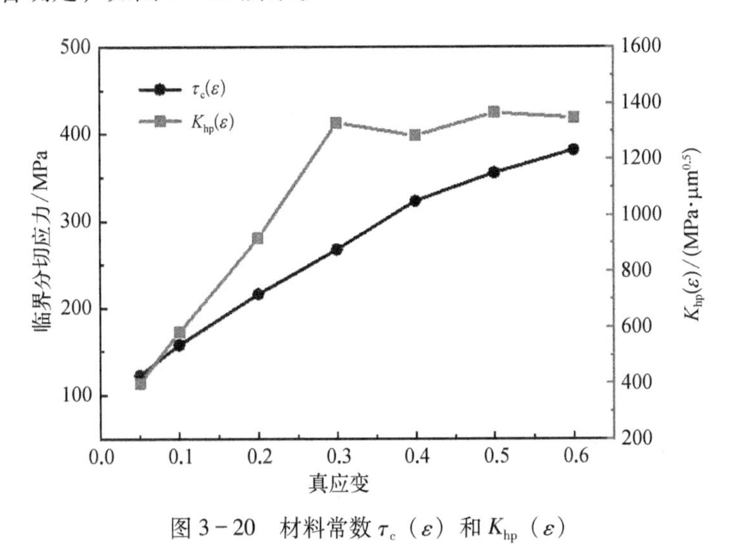

图3-20　材料常数τ_c（ε）和K_{hp}（ε）

图3-21显示了具有不同晶粒尺寸的试样的流动应力曲线。通过使用相同试样尺寸和上述实验中的晶粒尺寸计算，反映试样尺寸与晶粒尺寸的比值与真实应力之间的关系。随着晶粒尺寸的增加，试样的流动应力发生先减小后增大的变化。

将数值分析结果与实验结果进行对比分析，仅在晶粒尺寸较大时，且在具有强化效应的大应变下流动应力误差相对较大，但数值相差在10%以内。

3.3.1.2　基于ABAQUS的基体相微压缩材料本构模型有限元模拟验证

ABAQUS有限元软件是一款常用的模拟分析软件，可以模拟大量的固体力学结构、热传导、振动与声学等简单线性和复杂非线性问题。目前已有大量的研究

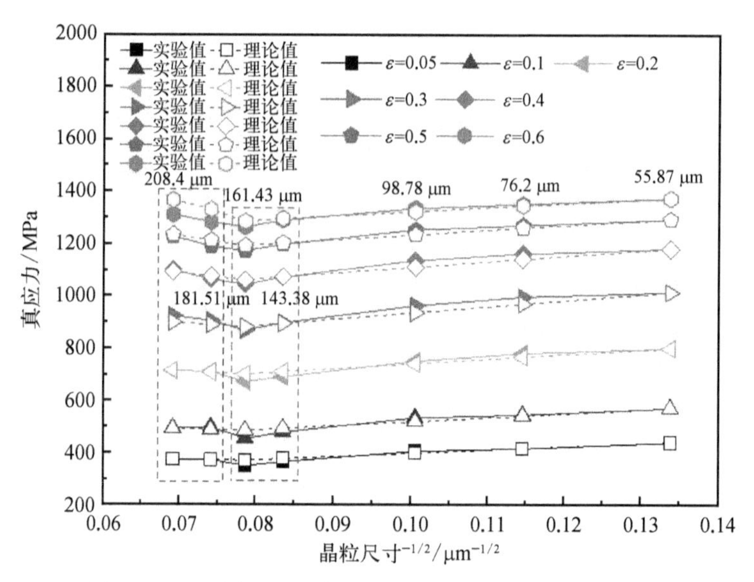

图 3-21　不同晶粒尺寸流动应力实验值与理论值的对比

使用 ABAQUS 作为辅助软件，模拟复杂变形，经过与实验结果对比，模拟结果误差在允许范围以内。本实验利用 ABAQUS 软件模拟 GH4169 镍基高温合金微压缩的过程。

（1）几何建模与材料属性

利用 Part 模块进行几何模型的创建，由于模具在整个变形过程中不参与变形，设置为解析刚体、壳单元。模拟尺寸和实验尺寸一致。微型圆柱高为 2.25 mm，直径为 1.5 mm，为便于设置载荷以及边界条件，在上下模具端面处设置参考点。

图 3-22　有限元模型图

在 Property 模块中设置材料参数，GH4169 镍基高温合金密度为 8.24 g/cm^3，泊松比为 0.3，弹性模量为 200 GPa。模具为刚体，无需设定材料属性。创建截面并且将截面赋予对应的部件。图 3-22 为模具及圆柱的模型图。

（2）部件装配与分析步设定

将创建完毕的上下两模具以及圆柱通过移动功能装配成一个整体。分析步设为 Initial、step1，初始分析步为原始设置，step1 采用静态通用分析，下压量 50%。

（3）接触与边界条件的设定

模具与圆柱有部分相互接触，需要定义摩擦，设接触方式为“面对面”（surface to surface），摩擦系数为 0.1，摩擦方式均为库仑摩擦。在部件模块已经定义了参考点，在定义边界条件时将约束和载荷添加到参考点上。

（4）划分网格以及作业提交

模具采用四边形壳单元 S4R，微型圆柱采用实体单元 C3D8R。网格越小，模拟结果越精确，但是网格过小，会增大计算量，延长模拟时间，综合考虑设定圆柱网格密度为 0.1。

在模拟的后处理中，以试样纵截面的应力、应变分布为参考进行分析。

利用所建立的本构模型计算出应力应变关系并导入有限元软件中，与实际实验数值进行模拟压缩对比，如图 3－23 所示。

通过 ABAQUS 有限元软件，利用所建立的流动应力尺寸效应模型生成相同试样尺寸、不同晶粒尺寸的固溶态 GH4169 镍基高温合金圆柱应力-应变关系，并进行微压缩过程的有限元模拟，与利用实际实验所得应力-应变关系的固溶态 GH4169 镍基高温合金圆柱微压缩有限元模拟结果进行比对分析。从图中可以看出，试样利用流动应力理论模型所获得的应力应变关系模拟微压缩的应力、应变的分布与实际实验的结果相差无几。当 $d=55.88$ μm 时，理论应力值与实验值基本相同；随着晶粒尺寸的增大，理论应力值与实际值有偏差，但数值误差均在

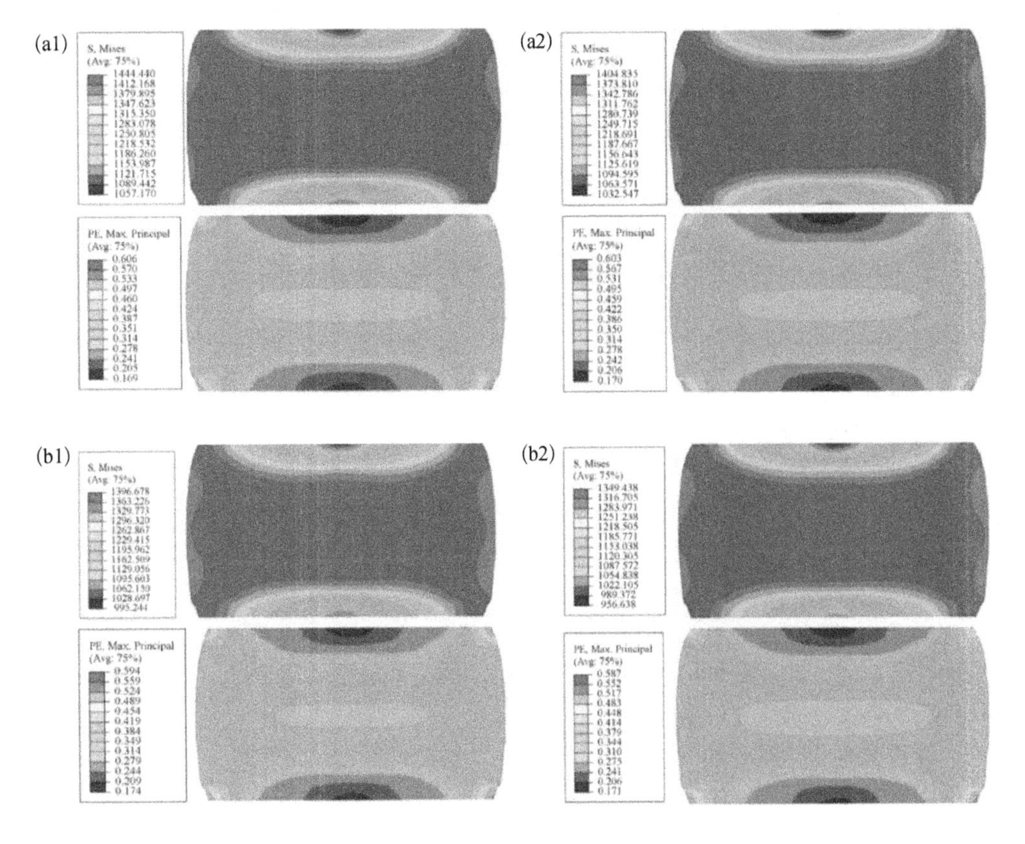

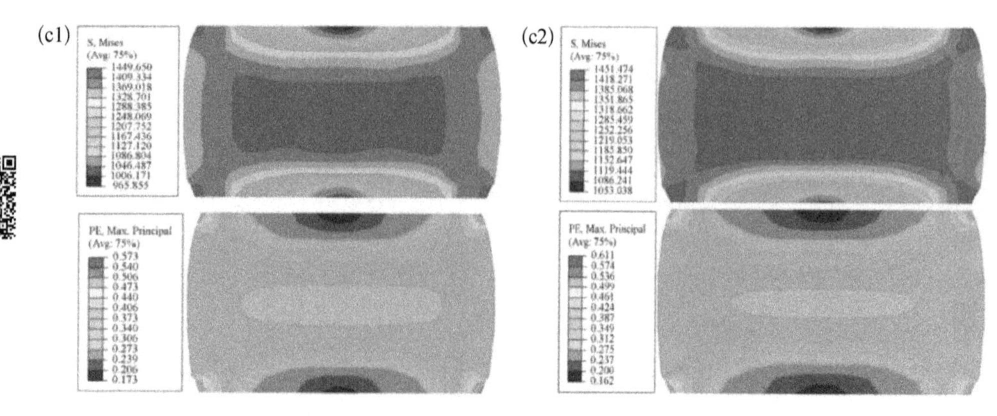

图 3-23　不同晶粒尺寸试样模拟结果分析

（a1）d=55.88 μm 本构模型建立应力应变关系；（a2）d=55.88 μm 实际应力应变关系；
（b1）d=143.38 μm 本构模型建立应力应变关系；（b2）d=143.88 μm 实际应力应变关系；
（c1）d=208.40 μm 本构模型建立应力应变关系；（c2）d=208.40 μm 实际应力应变关系
注：图例中的 S. Mises 为米塞斯屈服应力；PE. Max Principal 为最大主应变

5%以内；两种试样的应变分布均呈三个区域，且相同区域应变值相差可忽略不计。试样难变形区受到的应力较小，该区域变形量较小，随着晶粒尺寸的增大，难变形区受力变化不明显；大变形区受到的应力较大，该区域变形量较大，随着晶粒尺寸的增大，大变形区受力逐渐集中；小变形区的受力与变形量位于难变形区与大变形区之间，随着晶粒尺寸的增大，受力状况有所改变，理论应力值小于实验值，但误差较小。因此，该理论模型对微成形工艺的确定有理论意义。

3.3.2　含 δ 相合金微压缩材料本构模型构建

GH4169 合金的强化机制应包括基体强化、固溶强化和 δ 相对晶粒的调控作用。微观结构分析的结果表明，在试样中存在着不同含量与不同形貌的 δ 相。因此，在 GH4169 合金的沉淀强化体系中，强化方式比固溶体材料复杂得多。

3.3.2.1　本构建立

Sharma 等[14]的研究表明，多晶可以通过溶质原子、可剪切沉淀物和不可剪切沉淀物来增强。流动应力可以描述如下：

$$\sigma_F = \sigma_f + \sigma_{ss} + \sigma_{os} + \sigma_{cs} \tag{3-17}$$

式中，σ_f、σ_{ss}、σ_{os}、σ_{cs}分别是基体、溶质原子、不可剪切沉淀物、可剪切沉淀物所贡献的流动应力。

在滑移面位错移动并相互作用，导致流动性下降，产生位错强化。流动应力可以通过位错密度来表示：

$$\sigma = \alpha \cdot G \cdot b \cdot M \cdot \sqrt{\rho} \tag{3-18}$$

式中，ρ 是位错密度；α 是常数；G 是剪切模量；b 是 Burgers 向量；M 是 Taylor 因子[15]。位错密度 ρ 可以通过求解非线性一阶微分方程来获得：

$$\frac{\partial_{\rho}}{\partial \varepsilon_{\rho}} = \left(k_1 \cdot \rho^{\frac{1}{2}} - f \cdot k_2 \cdot \rho + k_D\right) \tag{3-19}$$

式中，ε_{ρ}是塑性应变；$k_1 \cdot \rho^{1/2}$表示位错存储率；$f \cdot k_2 \cdot \rho$ 与动态回复有关，取决于温度、应变速率和溶质浓度；k_D是位错存储速率项。

对于可剪切沉淀物的情况，k_D等于零，则：

$$\frac{\partial_{\rho}}{\partial \varepsilon_{\rho}} = \left(k_1 \cdot \rho^{\frac{1}{2}} - f \cdot k_2 \cdot \rho\right) \tag{3-20}$$

来自位错密度 ρ 的流动应力贡献为

$$\rho = \frac{k_1}{f \cdot k_2} \cdot \left\{1 - \exp\left(-\frac{1}{2} \cdot f \cdot k_2 \cdot \varepsilon_{\rho}\right)\right\} \tag{3-21}$$

$$\sigma_{cs} = \alpha \cdot G \cdot b \cdot M \cdot \sqrt{\frac{k_1}{f \cdot k_2} \cdot \left\{1 - \exp\left(-\frac{1}{2} \cdot f \cdot k_2 \cdot \varepsilon_{\rho}\right)\right\}} \tag{3-22}$$

对于不可剪切沉淀物的情况，k_1等于零，则：

$$\frac{\partial_{\rho}}{\partial \varepsilon_{\rho}} = \left(k_D - f \cdot k_2 \cdot \rho\right) \tag{3-23}$$

$$\rho = \frac{k_D}{f \cdot k_2} \cdot \{1 - \exp(-f \cdot k_2 \cdot \varepsilon_{\rho})\} \tag{3-24}$$

则来自不可剪切沉淀物的流动应力可描述为

$$\sigma_{os} = \alpha \cdot G \cdot b \cdot M \cdot \sqrt{\frac{k_D}{f \cdot k_2} \cdot \{1 - \exp(-f \cdot k_2 \cdot \varepsilon_{\rho})\}} \tag{3-25}$$

合金中的溶质原子可以阻止位错的移动性，导致屈服应力的增加。σ_{ss}取决于溶质原子的浓度[16]，并且可以通过等式（3－26）计算：

$$\sigma_{ss} = A \cdot X_s^{\frac{2}{3}} \tag{3-26}$$

式中，X_s是溶质的浓度；A 是常数。式（3－25）中仅位错密度待定，这与 δ 相含量、分布有关，可结合已确定的参数及具体的实验结果，通过数据拟合获得。

在上一节的研究中，方程（3－11）可以描述基体对流动应力尺寸效应的影响。

在本书中，认为 GH4169 合金的流动应力可以是纯镍圆柱的流动应力、多种元素的固溶强化贡献的流动应力和由 δ 相贡献的流动应力共同得到的。因此，GH4169 镍基高温合金的流动应力可以通过以下方程计算：

$$\sigma_F = \sigma_f + \sigma_{ss} + \sigma_{os} \tag{3-27}$$

图 3-24 显示了具有相同晶粒尺寸、不同 δ 相含量的试样流动应力曲线。

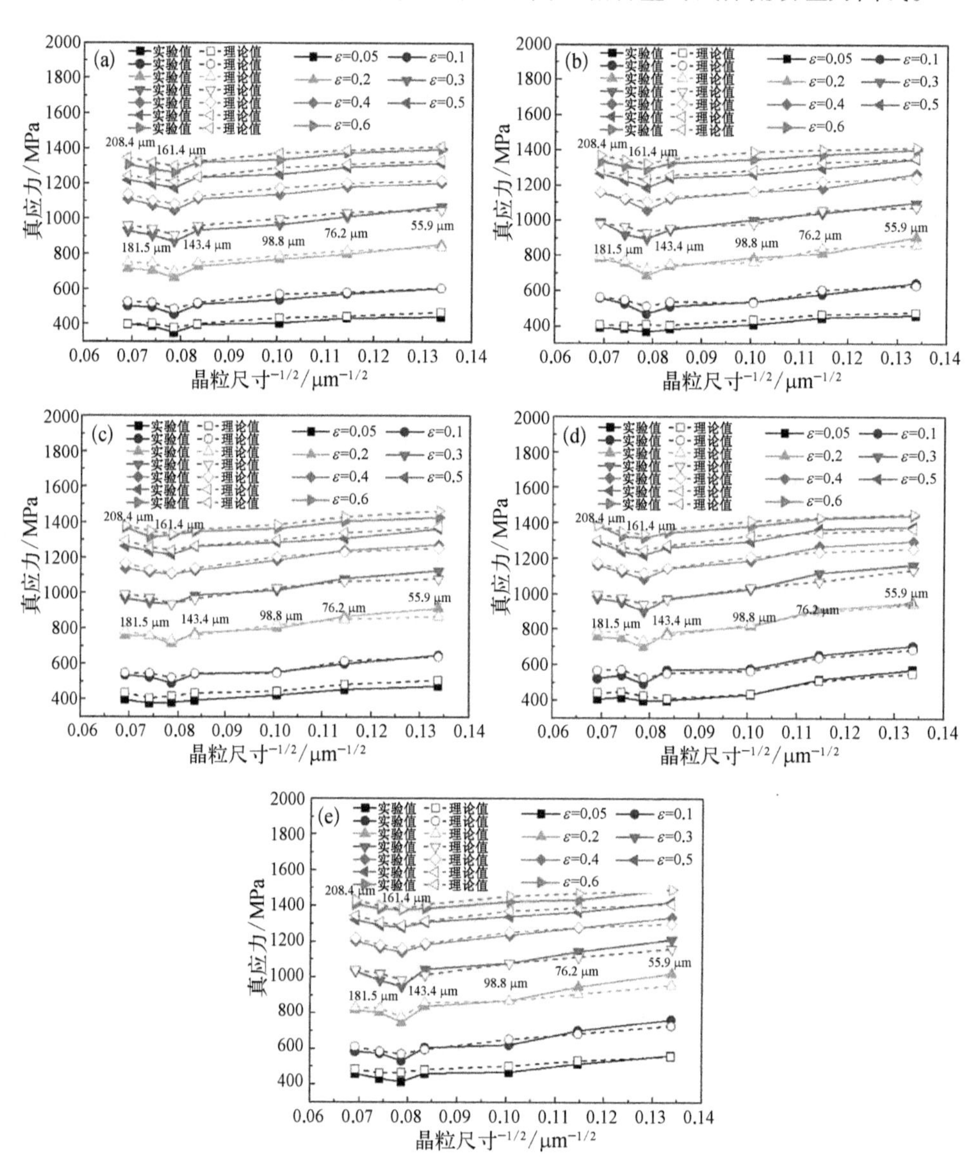

图 3-24　不同时效时间流动应力实验值与理论值的对比

(a) 时效 1 h；(b) 时效 2 h；(c) 时效 8 h；(d) 时效 12 h；(e) 时效 24 h

通过采用与上述实验相同的试样直径与晶粒尺寸进行计算，反映试样直径和晶粒尺寸之比与真实应力之间的关系。将数值分析结果与实验结果进行对比分析，仅在应变较大时误差较大，但平均误差均在 10%以内，说明本章所构建的含 δ 相材料流动应力尺寸效应理论模型是有理论意义的。

3.3.2.2　基于 ABAQUS 的含 δ 相合金微压缩材料本构模型有限元模拟验证

利用所建立的含 δ 相材料本构模型计算出应力应变关系并导入有限元软件中，与实际实验数值进行模拟压缩对比。通过 ABAQUS 有限元软件，利用所建立的流动应力尺寸效应模型生成相同试样尺寸、不同晶粒尺寸的时效态含 δ 相 GH4169 镍基高温合金圆柱应力应变关系，并进行微压缩过程的有限元模拟，与利用实际实验所得应力应变关系的时效态含 δ 相 GH4169 镍基高温合金圆柱微压缩有限元模拟结果进行比对分析，如图 3 - 25 所示。

试样利用含 δ 相理论模型所获得的应力应变关系模拟微压缩应力、应变的分布结果与实际实验的结果相差无几。当时效时间为 1 h 时，理论应力值小于实验值，随着时效时间的增长，理论值与实验值基本相同，两者误差均在 5%以内。

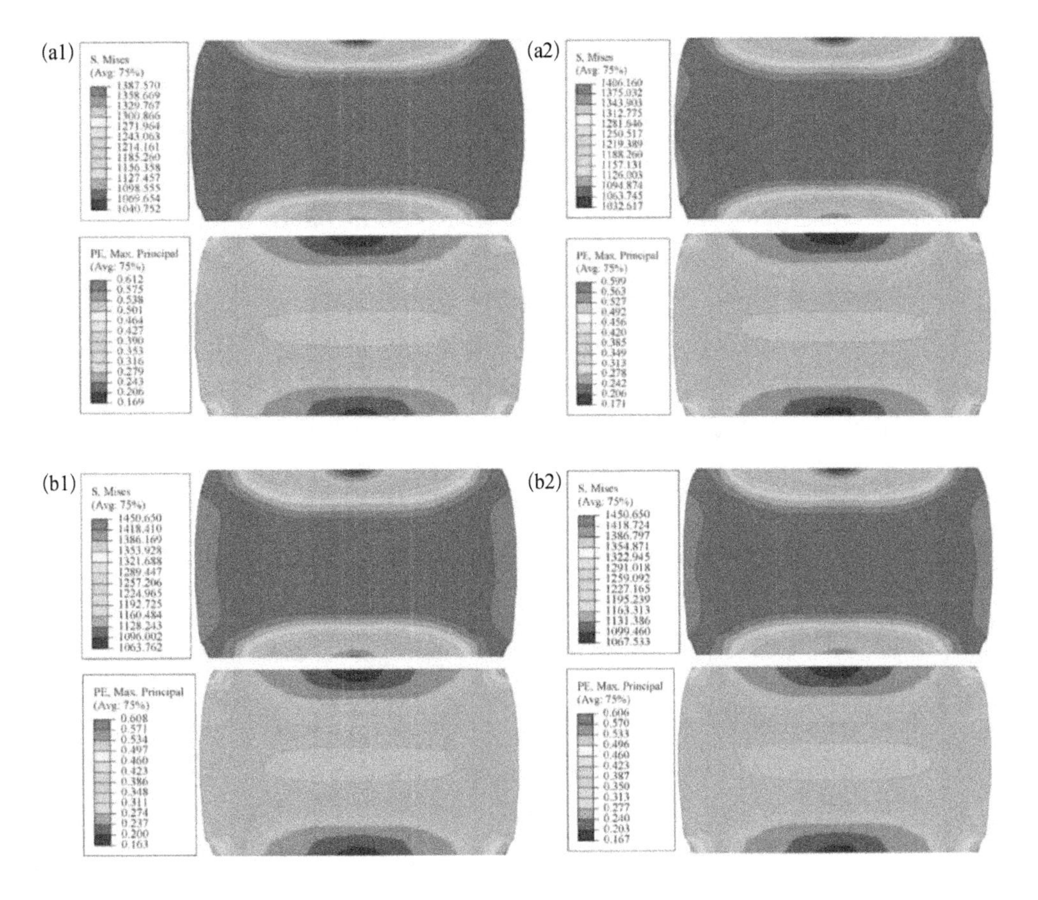

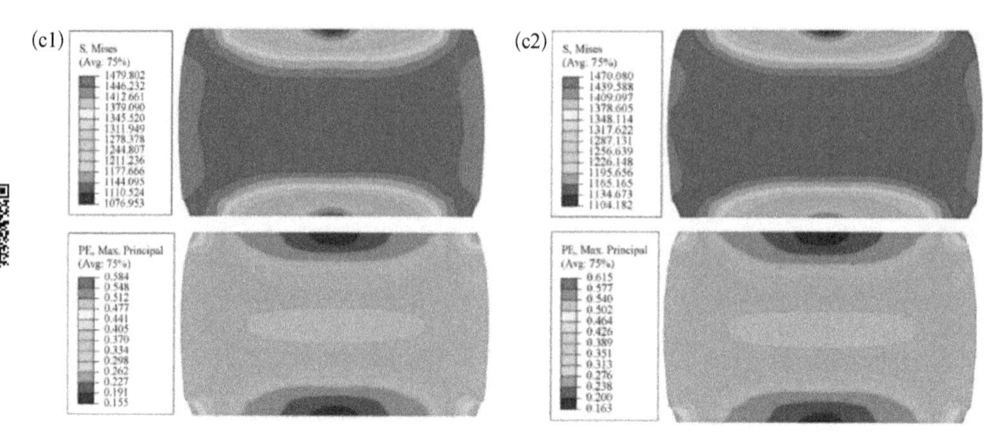

图 3－25　$d=98.78\ \mu m$，不同时效时间试样模拟结果

（a1）时效 1 h，本构模型建立应力应变关系；（a2）时效 1 h，实际应力应变关系；
（b1）时效 12 h，本构模型建立应力应变关系；（b2）时效 12 h，实际应力应变关系；
（c1）时效 24 h，本构模型建立应力应变关系；（c2）时效 24 h，实际应力应变关系
注：图例中的 S. Mises 为米塞斯屈服应力；PE. Max Principal 为最大主应变

试样的流动应力随着时效时间的增加而增大，与实验结果吻合；利用所建立的模型模拟结果与实际相比，应变、应力分布也没有明显变化。因此，该理论模型对含 δ 相材料的微成形工艺的确定有理论意义。

3.4　微压缩变形行为及机制研究

多晶体材料中的晶粒在塑性变形过程中实际上是不均匀的。晶界和晶粒内部经历着不同的应变，并且它们具有不同的变形抗力，晶界起到阻挡位错运动的屏障作用，导致晶界处的位错堆积和应变不相容效应。不同晶粒之间的应变不相容性使得自由表面晶粒垂直于表面移动，导致表面形貌的粗糙化。为保持试样跨晶界的应变连续性，表面粗糙度会随晶粒尺寸的增加而增加，这与不同晶粒之间的相互作用有关。δ 相与基体力学性能不同，所以在塑性应变过程中，δ 相的存在会让晶粒具有更大的变形抗力，同时对晶粒的移动产生约束。

3.4.1　微压缩变形行为实验研究

3.4.1.1　端面形貌分析

为研究 GH4169 合金非均匀变形行为的影响因素，本章首先分析不同晶粒尺寸与不同 δ 相含量对变形试样端面形貌的影响。如图 3－26 所示，在相同变形的条件下，随着晶粒尺寸的增加，压缩试样的端面几何形状变得不规则。这是由于

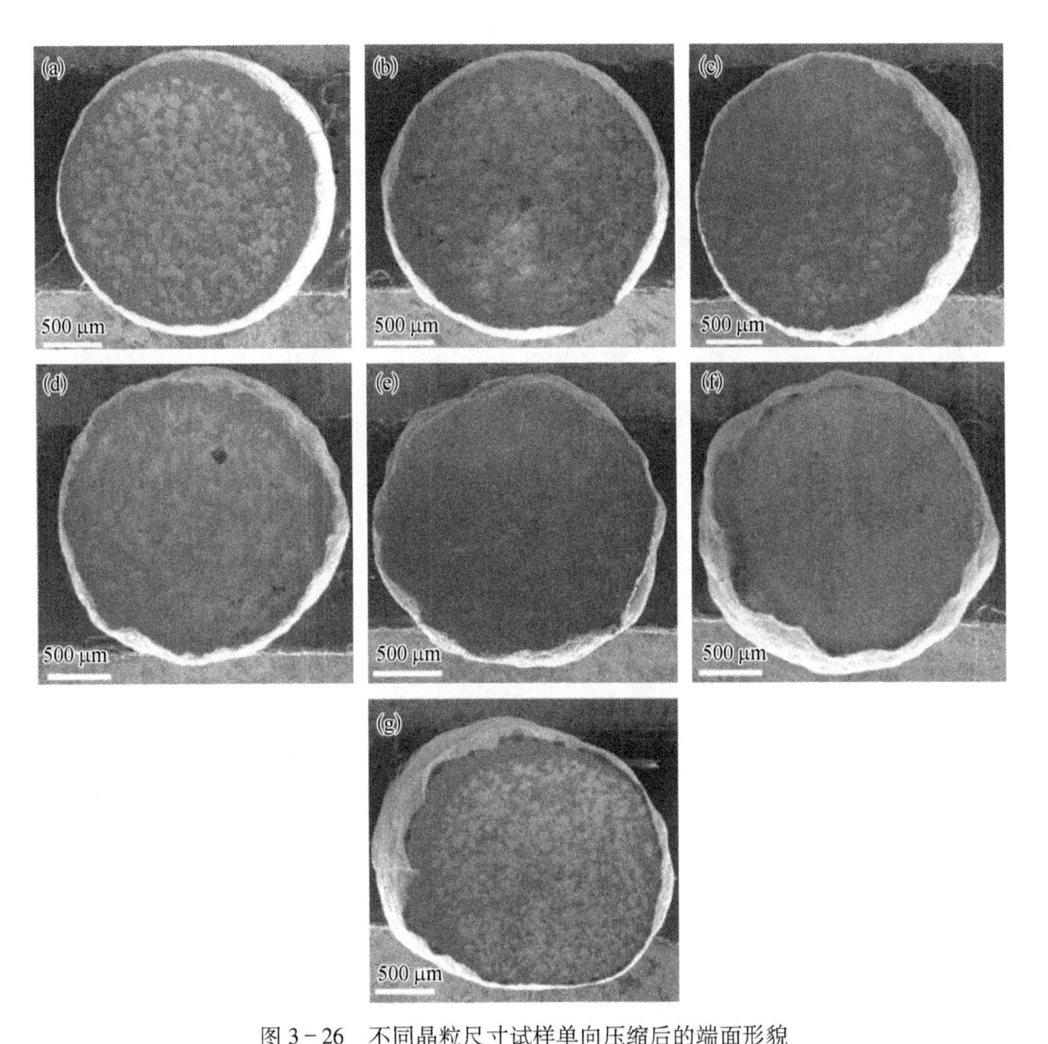

图3－26　不同晶粒尺寸试样单向压缩后的端面形貌

(a) d=55.88 μm；(b) d=76.20 μm；(c) d=98.72 μm；(d) d=143.38 μm；(e) d=161.44 μm；(f) d=181.51 μm；(g) d=208.40 μm

分布在端面的晶粒发生了非均匀变形，产生这种现象是由于单个晶粒的变形行为是各向异性的，并且相邻晶粒的晶体取向不同。然而，在试样尺寸与晶粒尺寸的比值很大的情况下，不同形状和取向的晶粒可以均匀地分布在试样中，因此宏观上尺寸试样的变形行为一般认为是各向同性的。在宏观的变形过程中，每个晶粒起着很小的作用，使得整个试样表现出各向同性的特性。当试样尺寸与晶粒尺寸的比例减小时，晶粒的分布变得不均匀，每个晶粒在变形中的作用加强，因此材料变形行为发生变化，当变形区内晶粒数量较少时，宏观变形过程变得不适用。晶粒之间的应变不相容性由于材料变形行为变得相当大，并且每个晶粒的性质在整个材料变形行为中起重要作用，晶粒之间的变形协调性也与宏观变形不同，与之相比协调性会大大减弱。

在具有不同晶粒尺寸的试样的表面上发现了“谷”和“峰”，这是由试样内部晶粒的不均匀取向分布和晶粒的各向异性引起的，如图 3－27 所示。随着试样尺寸与晶粒尺寸之比减小，非均匀变形更加严重。对于小尺寸和大晶粒的情况，工件直径上只有少数晶粒，甚至在试样轴向中间部分观察到凹陷，中间部分的等效半径仍然大于侧边。由于一侧的轮廓被压下，它必须在另一侧凸出更多。对于单个晶粒，变形抗力较弱表现为“峰”，变形抗力较强表现为“谷”。这意味着既存在晶粒各向异性引起的几何形状的不规则性，也有界面摩擦仍然会导致样品的不均匀变形。

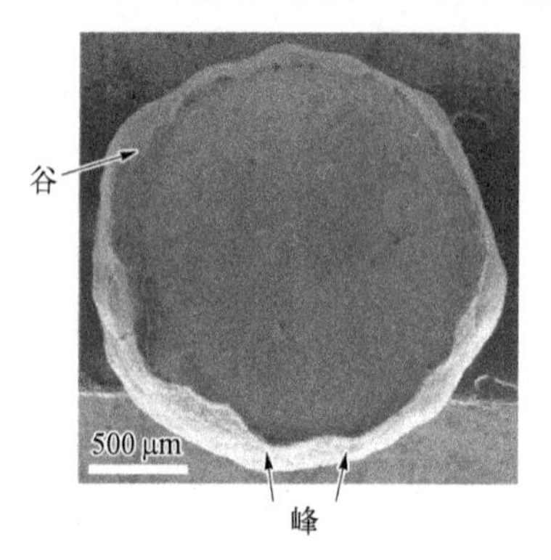

图 3－27　表面形貌中的“谷”和“峰”

选取同一时效时间、不同晶粒尺寸的试样进行端面形貌分析，如图 3－28 所示。在相同的时效时间下，随着晶粒尺寸的增加，压缩试样仍变得不规则。

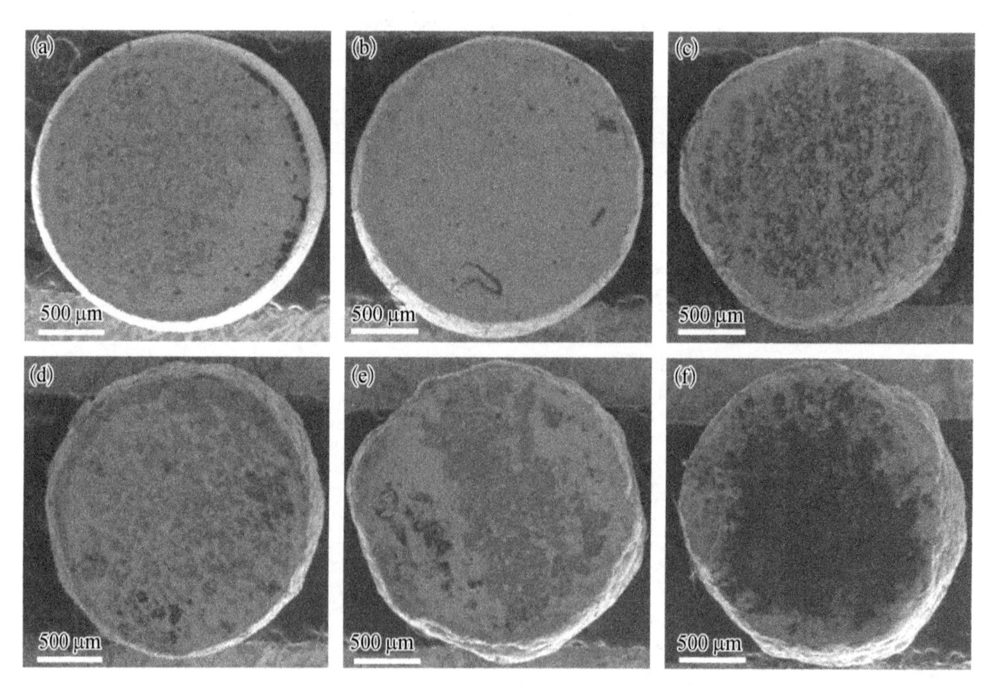

图 3－28　相同时效时间、不同晶粒尺寸的试样进行端面形貌

（a）d＝55.88 μm，时效 24 h；（b）d＝76.20 μm，时效 24 h；（c）d＝98.72 μm，时效 24 h；（d）d＝143.38 μm，时效 24 h；（e）d＝181.51 μm，时效 24 h；（f）d＝208.40 μm，时效 24 h

图 3－29 是未经时效与时效不同时间试样端面的比较。由于 δ 相的存在，相较于纯固溶试样，不均匀变形程度明显减小。这是由于 δ 相存在于晶界，并随时间的增长，逐渐由颗粒状变为长针状，由于 δ 相在晶界的钉扎作用，且不溶于基体，增大了晶粒的变形抗力；相邻晶粒之间的应变差异需要通过晶界的滑动来实现，δ 相的存在使晶界滑动变的较为困难，两方面的作用使得非均匀变形行为减弱。

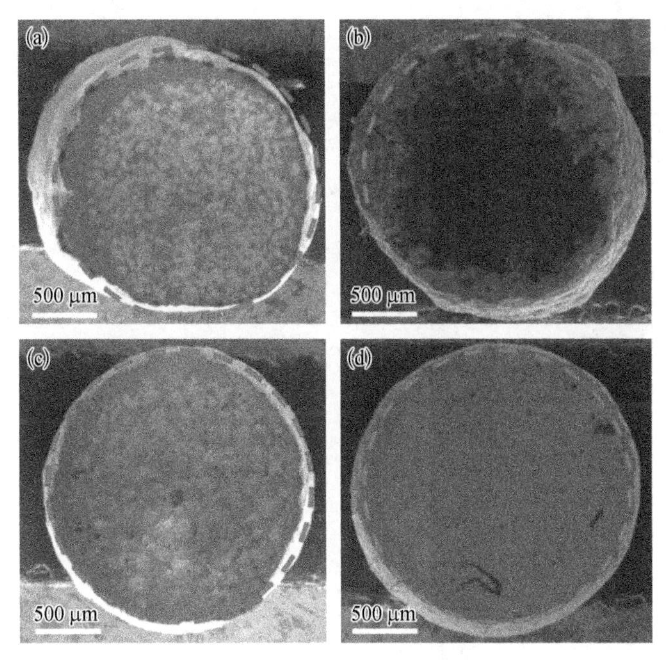

图 3－29　相同晶粒尺寸，时效 24 h 与未经时效试样端面对比

（a）d=208.40 μm，未经时效；（b）d=208.40 μm，时效 24 h；
（c）d=55.88 μm，未经时效；（d）d=55.88 μm，时效 24 h

3.4.1.2　侧表面形貌分析

图 3－30 为不同晶粒尺寸试样单向压缩后的侧表面形貌。在电子扫描显微镜下观察压缩后试样，小晶粒试样侧表面形貌较为规则，大晶粒试样压缩后侧表面形貌“谷”和“峰”分明；小晶粒试样压缩后侧表面形貌凸凹不平，而大晶粒试样压缩后试样侧表面形貌“谷”和“峰”极其明显且分布不均。表面粗糙度与塑性变形有关，塑性变形由滑移带的位错引导，滑移带对晶粒的各向异性弹塑性变形敏感。在介观尺度上，包括表面晶粒在内的晶粒级别变形的各向异性导致表面外位移的差异，这些位移的差异在试样形貌中表现为表面粗糙度。

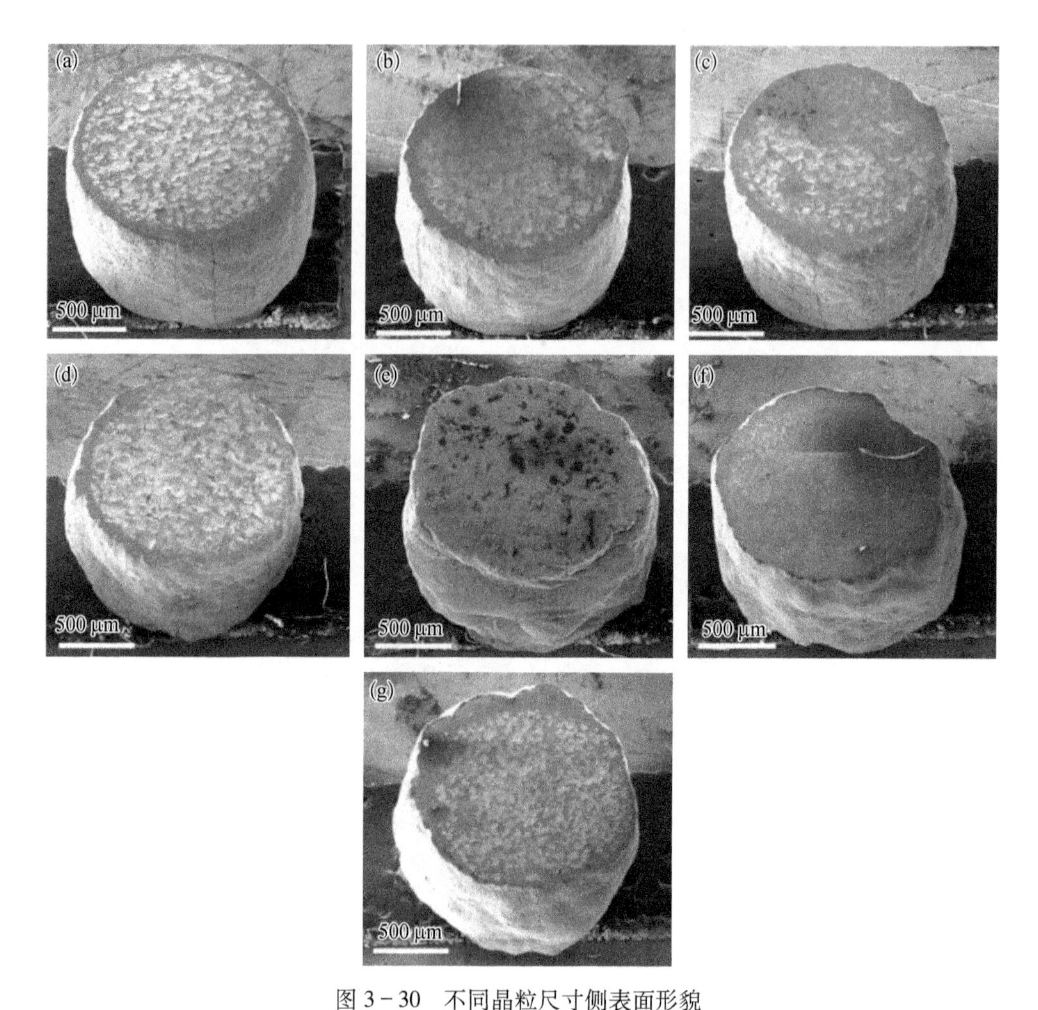

图 3-30 不同晶粒尺寸侧表面形貌

(a) d=55.88 μm；(b) d=76.20 μm；(c) d=98.72 μm；(d) d=143.38 μm；(e) d=161.44 μm；(f) d=181.51 μm；(g) d=208.4 μm

从图 3-30 中可以明显看出，随着晶粒尺寸的增大，在“谷”和“峰”数量增多的同时，凹凸不平的程度也逐渐增加。在晶粒中，晶界的变形抗力是大于晶内的。结合金属压缩过程应变的分区，小变形区晶粒受到的摩擦较小，同时相较于大变形区晶粒，所受晶界的束缚也较弱。所以在压缩的过程中，大变形区晶粒变形量大，小变形区的晶粒变形较小，且在晶界区域的变形量比晶内区域变形量小，大变形区晶粒会向束缚较小的小变形区流动，使侧表面凹凸不平。由上面分析可知，“谷”区域中晶粒为变形抗力较大的晶粒，“峰”区域中晶粒为变形抗力较小的晶粒。值得注意的是，d=208.4 μm 时的试样侧表面形貌

与 d = 161.44 μm 时进行比较，试样轮廓更为均匀。

为了直观地表示侧表面鼓形形貌与晶粒尺寸的关系，探究尺寸效应对表面形貌的影响，将不同晶粒尺寸压缩后变形试样鼓形与相同摩擦系数下试样理论鼓形形貌进行比对，如图 3 - 31 所示。

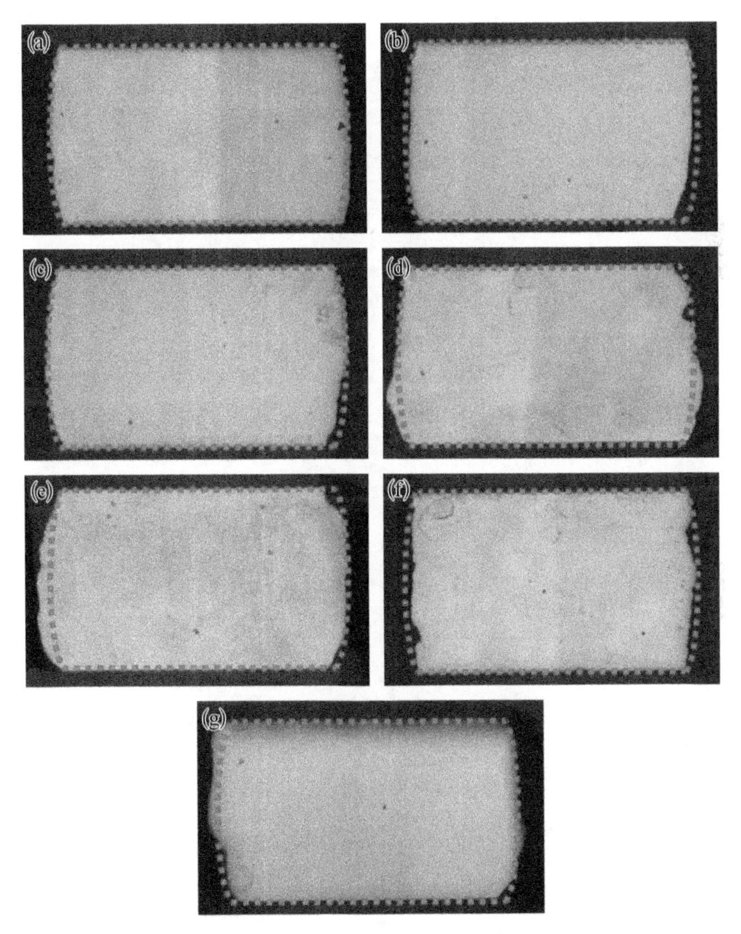

图 3 - 31　不同晶粒尺寸压缩后鼓形对比

(a) d = 55.88 μm；(b) d = 76.20 μm；(c) d = 98.72 μm；(d) d = 143.38 μm；(e) d = 161.44 μm；(f) d = 181.51 μm；(g) d = 208.4 μm

如图 3 - 32 所示，取 d = 76.20 μm 试样为例，在不同时效热处理时间下，对试样侧表面进行分析观察。在存在 δ 相的情况下，随着时效时间的增大，侧表面凹凸不平现象减弱，试样轮廓不均匀度下降。

为了表征 δ 相对试样非均匀变形的影响，将时效不同时间压缩后变形试样与相同摩擦系数下试样理论形貌进行对比，如图 3 - 33 所示。

图 3－32　d＝76.20 μm 试样不同时效时间压缩后侧表面形貌

（a）时效 1 h；（b）时效 2 h；（c）时效 8 h；（d）时效 12 h；（e）时效 24 h

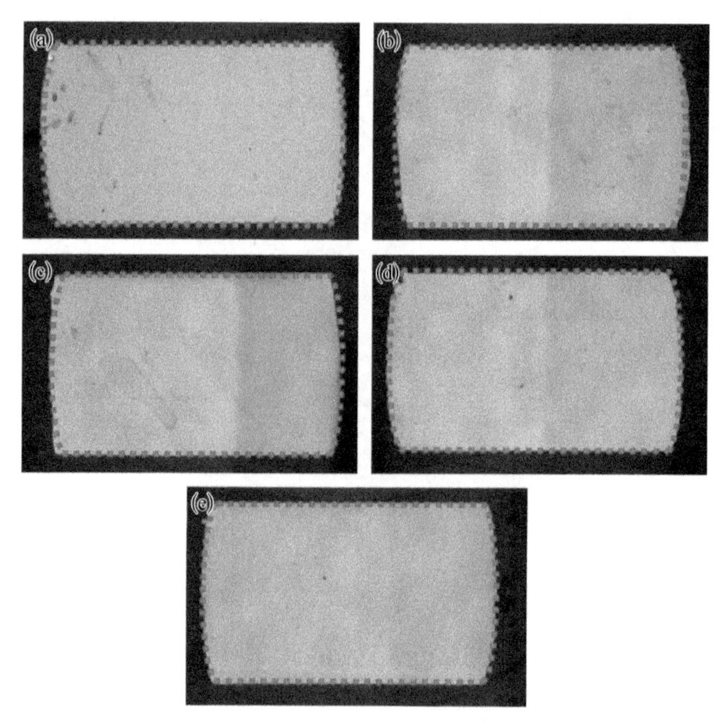

图 3－33　d＝76.20 μm 试样不同时效时间压缩后鼓形对比

（a）时效 1 h；（b）时效 2 h；（c）时效 8 h；（d）时效 12 h；（e）时效 24 h

从图 3－33 中可以看出，随着时效时间的增加，试样的鼓形形貌越来越接近理论鼓形形貌。为了分析晶粒尺寸、时效时间对试样鼓形的影响，通过比较不同状态下试样压缩后的纵截面与理论纵截面的面积，将压缩后纵截面与理论纵截面的凸出部分和凹陷部分面积的绝对值相加，该部分面积即为与理论值的面积差，如图 3－34 所示。

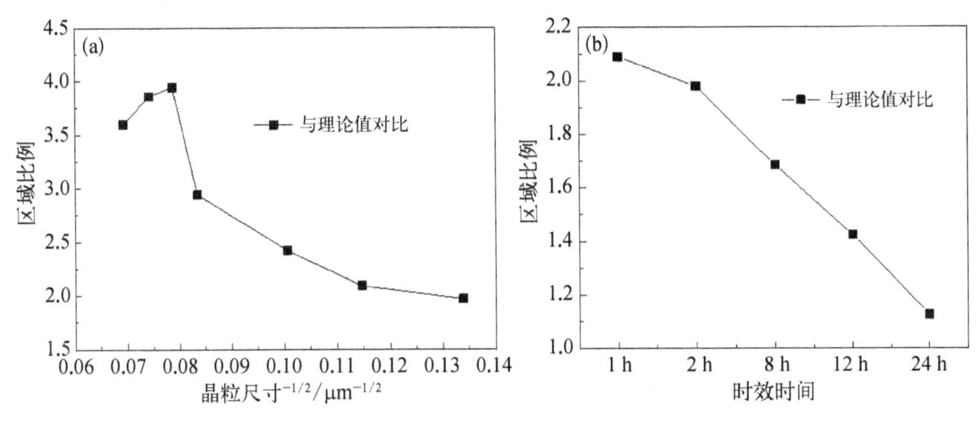

图 3－34　变形后试样鼓形与理论鼓形差值

(a) 固溶态不同晶粒尺寸试样压缩后鼓形与理论值对比；
(b) 时效态含 δ 相 d=76.20 μm 试样压缩后鼓形与理论值对比

从图 3－34 中可以看出，变形后试样鼓形随着晶粒尺寸的增大而不均匀增加，随着时效时间的增加鼓形的不均匀性减小，此现象与试样尺寸与晶粒尺寸的比值有关。当 $D/d\geqslant 9.7$ 时，试样鼓形与理论值偏差随晶粒尺寸的增大而增加，试样不均匀性增大；当 $D/d<9.7$ 时，试样鼓形与理论值偏差随晶粒尺寸增大而减小，试样不均匀性减小。这是由于晶粒尺寸的变大，晶界长度也随之增大，伴随着变形的进行，需要克服晶界的变形抗力越大，在大变形区的晶粒流向小变形区时阻力较晶界长度短的阻力更大。同时在同一平面内，难变形区晶粒比例增加，小变形区晶粒数量由于大变形区晶粒流入量的减少从而比例减小，大变形区所占比例反而上升更加明显。对于大晶粒尺寸的试样，由于单个晶粒的各向异性和晶粒数量较少，变形协调性也随之减小，其侧表面形貌差别较大。

在晶粒尺寸较大的部分压缩试样中，发现了折叠现象，其出现与晶粒的非均匀分布有关。折叠的形成原因有多种：金属汇合形成对流；金属大量流动且流速较大，与相邻金属的流动形成流速差；变形金属的弯曲、回流；一部分金属的局部变形被压入其余金属[17]。图 3－35 为试样压缩后侧表面的折叠现象。

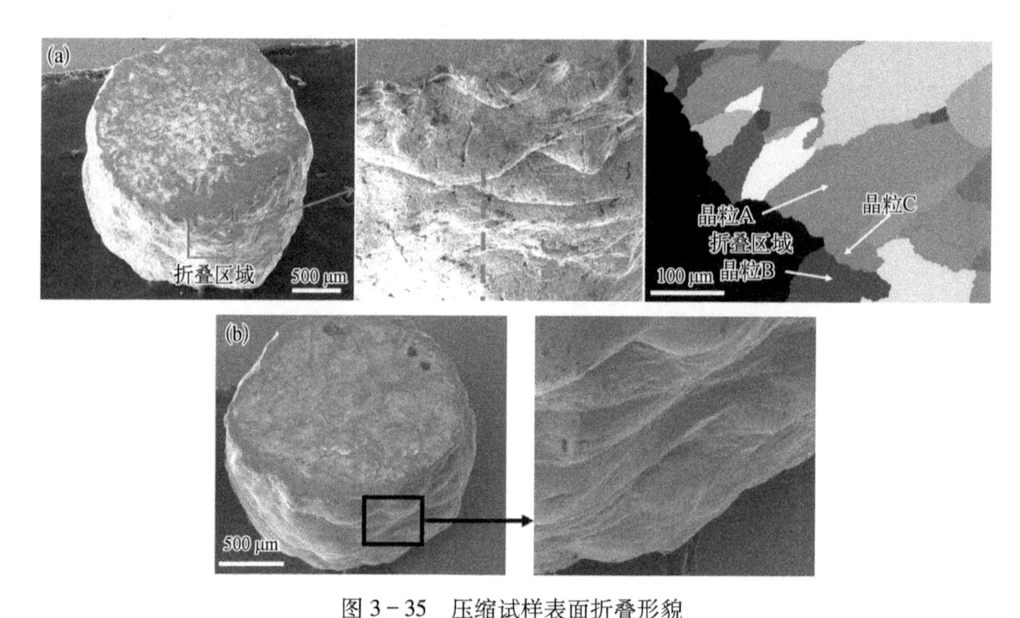

图 3-35　压缩试样表面折叠形貌

（a）d=161.44 μm 试样 SEM 图；（b）d=181.51 μm 试样 EBSD 图

分析图 3-35 中折叠的形貌，两种试样折叠的产生原因不同，图 3-35（a）试样侧面折叠的产生原因是变形过程中上下两股金属的对流；图 3-35（b）中试样侧面折叠的产生原因是两股金属的流动量差导致金属的弯曲与回流。在试样尺寸与晶粒尺寸的比值下降时，变形区内组织不均匀性提高，由于晶粒取向不同，晶粒 A 的变形抗力较小，在塑性变形过程中首先发生变形；而晶粒 B 的变形抗力较大，在塑性变形过程中，两个晶粒之间不同的变形抗力造成金属流速的不均，两股金属之间的流动量不同，因此在两晶粒之间产生折叠现象。

图 3-36 显示了在相同放大率下压缩样品的表面形貌的 SEM 图像。

在宏观试样中，鼓形形貌不规则度随着晶粒尺寸的增加而增加，而在微观尺寸的试样中，鼓形形貌不规则度随着试样尺寸与晶粒尺寸之比减小而先增加后减小。压缩后具有自由表面的晶粒不受强烈约束，并且在变形过程中晶界滑动可以容易地进行。晶粒之间的应变不相容性进一步导致不均匀变形，并且由于摩擦力的影响，圆柱中间部分沿径向流动速度较大，而两端面则因受上下压头的摩擦作用而流动较慢，这导致表面粗糙化的发生。有文献表明，表面粗糙度与塑性变形量成正比[18]。晶粒内的局部变形显著变化，还观察到在晶界附近的变形有明显的限制，这种限制导致在压缩试样的表面上可以看到凹槽。凹槽的形成是由于滑移可以更自由发生在远离晶界处，导致晶界区域与远离晶界的位置之间的形成高度差，并且表明粗糙化程度还与晶体结构的滑移系数有关。当晶粒仅具有少量可用的滑移系统时，材料的粗糙化程度会加剧。这是因为它具有较少的可用滑移系

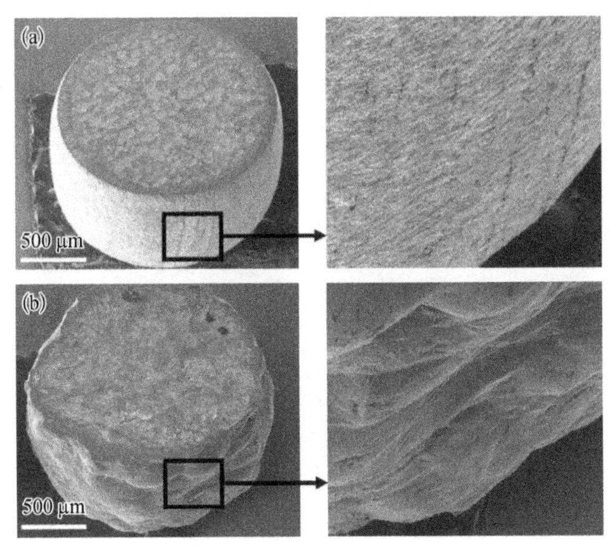

图 3－36　不同晶粒尺寸侧表面形貌

(a) $d=55.8$ μm；(b) $d=181.5$ μm

统以适应局部变形，因此导致晶粒之间的应变不相容性增加。另外，在晶粒尺寸较小试样的微压缩中发生表面粗糙化效果不明显，这可以基于强晶体结构和晶粒之间的应变不相容性这一事实来解释[19]。

为了更加清晰地观察不同晶粒尺寸对微型圆柱压缩变形行为的影响，使用光学数码显微镜对微型圆柱压缩后的试样进行了三维扫描，如图 3－37 所示。图 3－38 为不同时效时间下试样的三维扫描图，探究时效时间对微型圆柱压缩变形行为的影响。

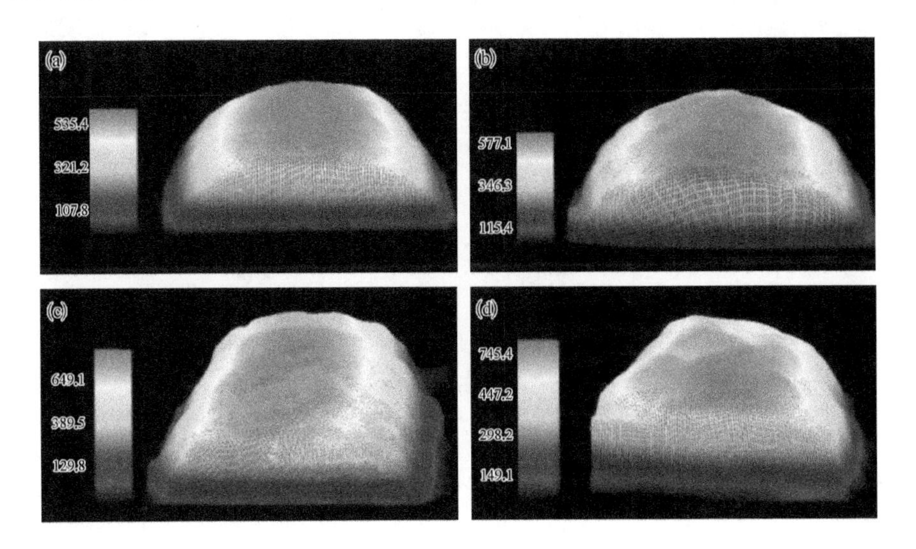

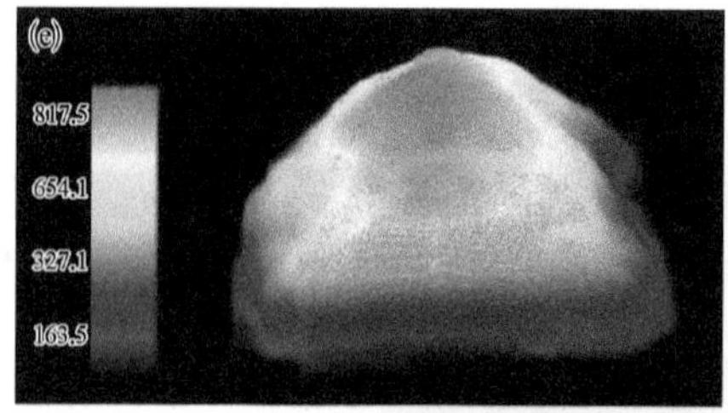

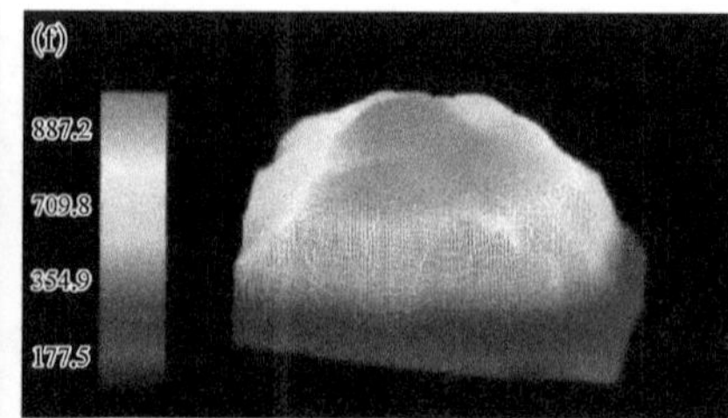

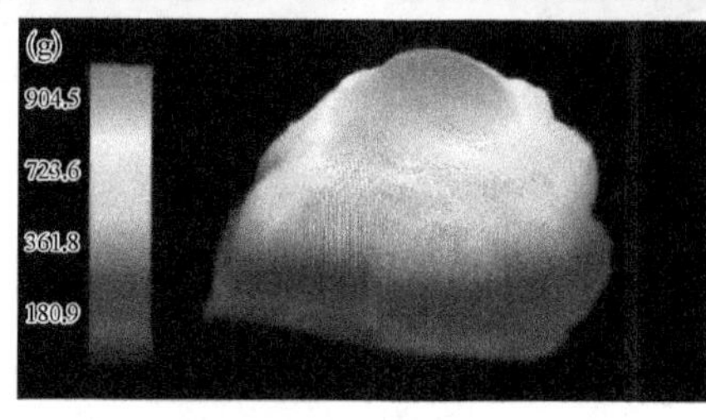

图 3－37　不同晶粒尺寸微压缩试样三维扫描图

(a) d=55.88 μm；(b) d=76.20 μm；(c) d=98.72 μm；(d) d=143.38 μm；
(e) d=161.44 μm；(f) d=181.51 μm；(g) d=208.4 μm

注：图例的单位为 μm。

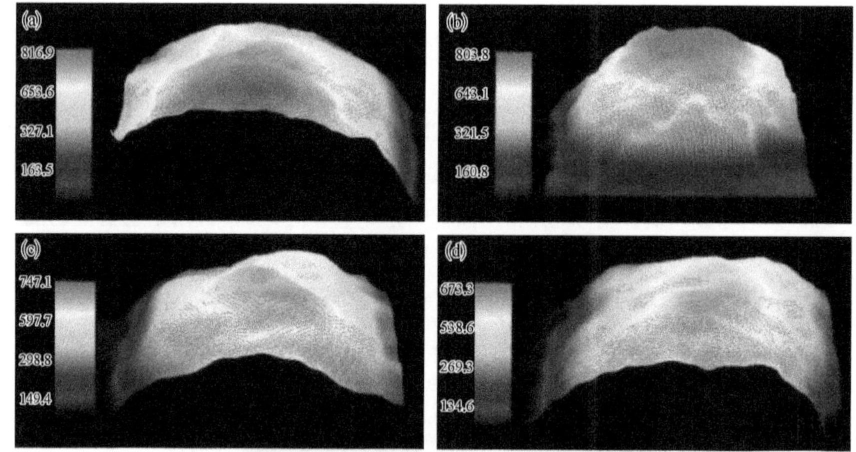

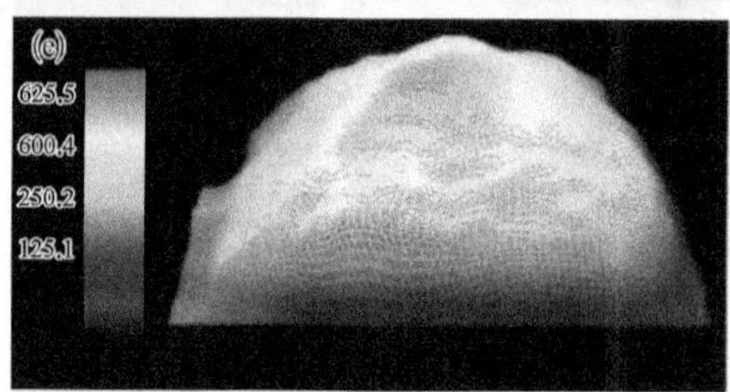

图 3－38　d=208.4 μm 试样不同时效时间微压缩试样三维扫描图

(a) 时效时间 1 h；(b) 时效时间 2 h；(c) 时效时间 8 h；(d) 时效时间 12 h；(e) 时效时间 24 h

注：图例的单位为 μm。

随着晶粒尺寸的增大，凹凸不平的程度越加严重，变形不均匀程度增加，在试样表面晶粒数量较少时，只有少数滑移系统能够适应局部变形，应变不相容性会加剧，导致试样轮廓不均匀度增加；δ 相含量的增加抑制了晶粒的变形，晶粒变形量减小，导致试样轮廓不均匀度减小。

从实验结果可以看出，表面粗糙化效应与晶粒尺寸密切相关。这种效果不仅影响变形的部件质量，而且影响生产成本。在微压缩过程中表面粗糙化的发展是重要的，因为它不仅影响整体易成形性还影响成形件的可靠性，因为表面不均匀性的增加引发应变局部化以及应力集中，导致微成形产品的开裂等。另外，由于界面摩擦的增加，表面粗糙化的发生加速了工具磨损。因此，表面粗糙化的尺寸效应成为实际应用中的重要因素，并且在进行所有微成形工艺时必须考虑。

3.4.1.3　微压缩微观组织演变规律研究

图 3 - 39 显示了固溶态试样在单向压缩后微观组织的形貌。与变形前相比，可以明显看出晶粒发生较大的变形。根据压缩后应变分区，将压缩后的组织分为难变形区（Ⅲ区）、小变形区（Ⅱ区）和大变形区（Ⅰ区）三个变形区。Ⅰ区晶粒处于大变形区，在水平方向所受的压应力较小，并且由于Ⅲ区晶粒的楔入作用，促使周围质点流动阻力加大，向外移动，呈扁平状；Ⅱ区晶粒处于小变形区，晶粒外部属于自由区域，仅受到晶粒内部的束缚，其晶粒变形量小于Ⅰ区晶粒变形量；Ⅲ区晶粒处于难变形区，与模具压头相接触，受到三向压应力，晶粒变化较小，与原始晶粒形态基本相同。

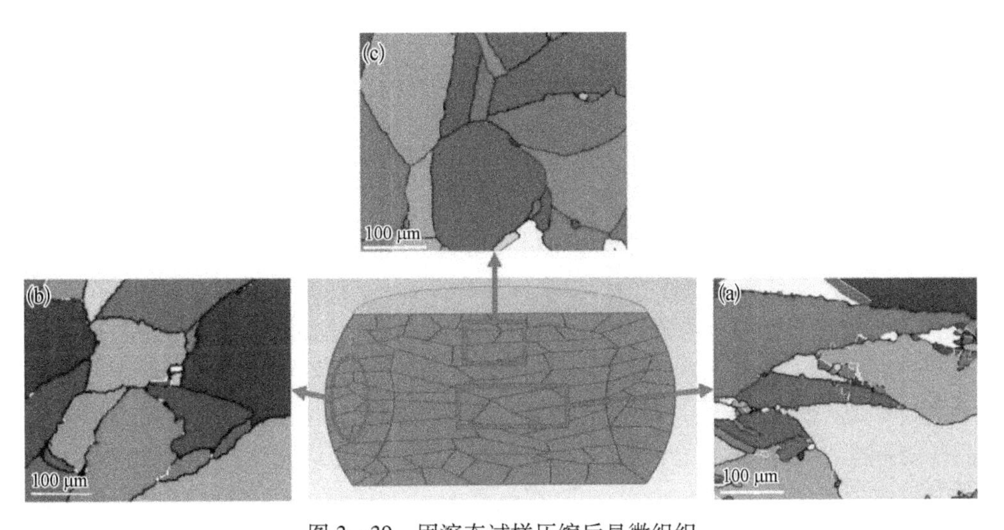

图 3 - 39　固溶态试样压缩后显微组织

(a) 大变形区；(b) 小变形区；(c) 难变形区

图 3-40 显示了时效态含 δ 相试样在单向压缩后微观组织的形貌。相比于未经时效的试样，含有 δ 相的试样晶粒变形较小，但也呈现出应变分布的不均匀。三个区域的 δ 相呈不同形态，且有断裂或弯曲现象发生。

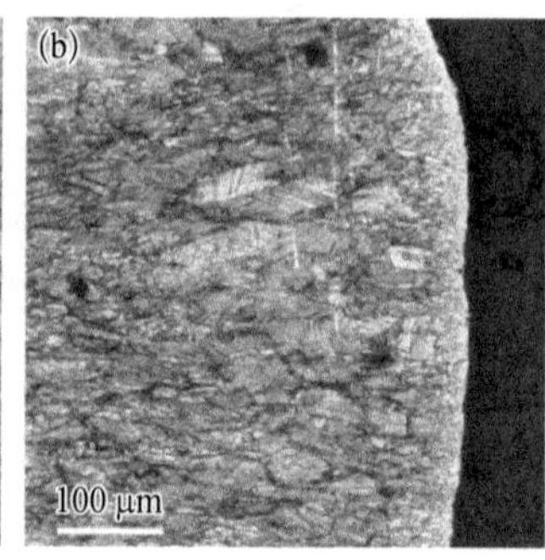

图 3-40　时效态含 δ 相试样压缩后显微组织

（a）难变形区；（b）小变形区；（c）大变形区

3.4.2　基于晶体塑性的微压缩变形行为有限元模拟研究

GH4169 镍基高温合金为多晶材料，面心立方（FCC）结构，在进行微观分析时，涉及多个晶粒的集合。对于镍基合金而言，在常温下一般有四个滑移面、三个滑移方向。本章基于率相关硬化模型，引入切线系数法以提高计算的稳定性，对本构模型进行数值求解，并应用 Fortran 语言编写用户材料子程序，在有限元软件 ABAQUS 中实现材料属性的赋予。

3.4.2.1　微压缩变形行为的晶体塑形模型构建

在金属材料中，晶粒的结晶过程与 Voronoi 图的制作原理相同[20]，故本章采用 Voronoi 图法来替代真实的微观组织，如图 3-41 所示。该二维模型大小为 1.5 mm×2.25 mm，与实际相对应。

3.4.2.2　微压缩变形行为有限元模拟结果分析

MATLAB 软件随机生成晶粒取向，使用 Python 语言在 ABAQUS 中将取向赋予试样，并对每个晶粒赋予属性，划分网格，网格密度为 0.05，如图 3-42 所示。

设置压下量 50%，并两侧保持为平面。在晶体塑性有限元中，通过子程序 UMAT 可以实现对材料自定义本构关系。本章模拟需要的材料参数主要包括单晶的各向异性、弹性模量和滑移系硬化，并将确定的参数通过 INP 文件依次输入在相对应的位置（共 8 行，20 列）：① 弹性参数 $C11$、$C12$、$C44$；② 滑移率参数 p、q，硬化参数 h_0、τ_s、τ_0。建立模型后确定晶粒大小，并通过布尔求和运算确定模型的尺寸大小。

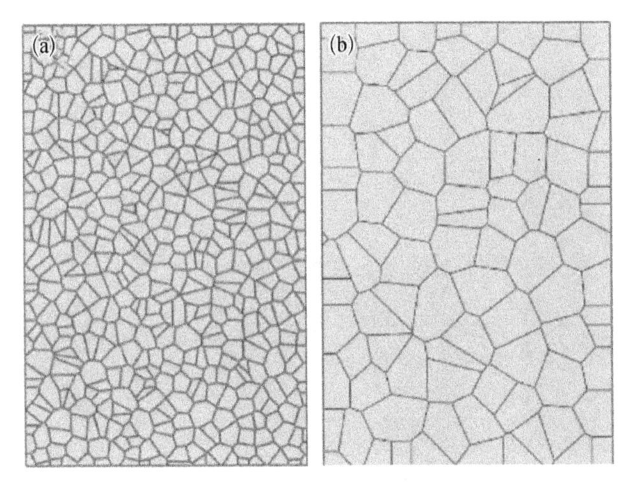

图 3－41　GH4169 合金微压缩有限元模型

（a）$d = 55.8\ \mu m$；（b）$d = 208.4\ \mu m$

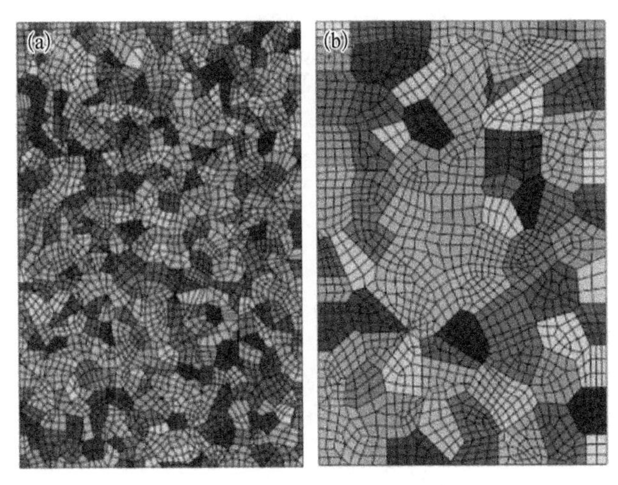

图 3－42　赋予属性后有限元模型

（a）$d = 55.8\ \mu m$；（b）$d = 208.4\ \mu m$

在晶体塑性有限元中，晶粒取向也是和晶体滑移系密切相关。金属材料的塑性变形，是具有各向异性的晶粒通过位错滑移来实现的，在压缩过程中，晶粒呈现明显的变形不均匀性，晶粒的各向异性以及受力状态起到了关键作用。滑移变形的开动取决于单个晶粒的取向，当晶粒取向对滑移运动有利时，晶粒的变形抗力降低，流动应力相对降低；当晶粒取向对滑移运动有阻碍时，晶粒的变形抗力升高，流动应力相对较高。对于 FCC 金属，一般滑移面为｛111｝，滑移方向为 <110>，共有 12 个滑移系。对于微成形而言，试样内晶粒个数较少，晶粒取向的存在使材料非均匀性变得更加重要。图 3－43 为不同晶粒尺寸压缩后的组织形貌图，由于压缩过程中内部变形复杂且不均匀，变形后晶粒按照应变分布划分为三个区域。

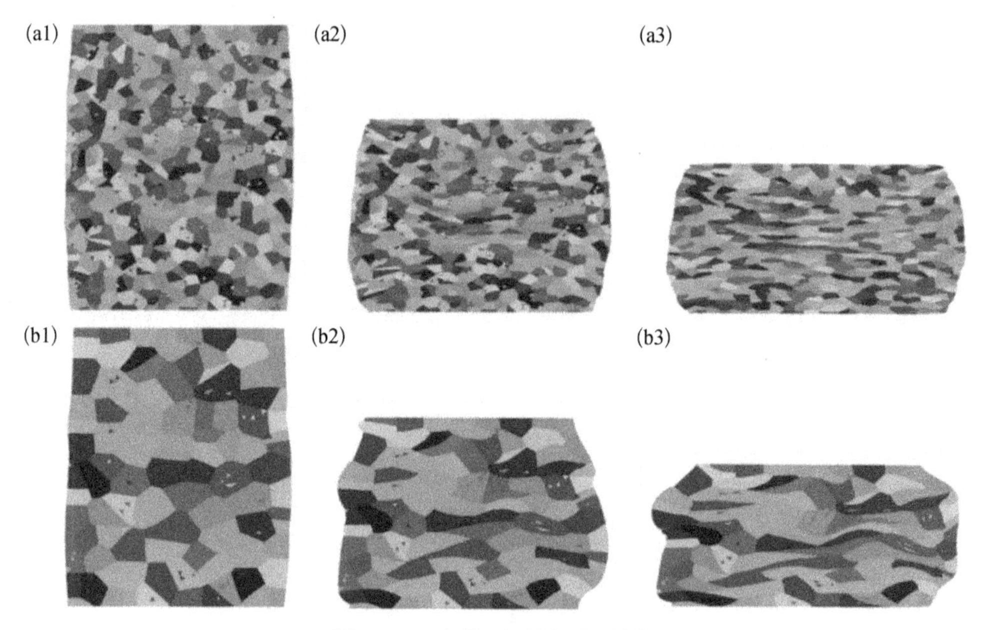

图 3－43　压缩后试样组织形貌

（a1）～（a3）$d=55.8\ \mu m$ 试样压下量分别为 10%、30%、50%；
（b1）～（b3）$d=208.4\ \mu m$ 试样压下量分别为 10%、30%、50%

靠近压头部位的晶粒变形量较小，这部分的晶粒处于难变形区（Ⅲ区）；位于试样中心部位的晶粒变形量大，这部分的晶粒处于大变形区（Ⅰ区）；位于试样两侧的晶粒处于小变形区（Ⅱ区）。随着压下量的增加，晶粒的变形程度越来越大，不同区域晶粒变化量不同，应变分布也越来越不均匀，三个区域的晶粒区分明显。试样变形的不均匀性随晶粒的增大而增大。晶粒尺寸较小时，即 $d=55.8\ \mu m$，试样的非均匀变形较小，鼓形较为均匀，试样轮廓不均匀度小。这是由于试样内晶粒数量大，各个晶粒在塑性变形过程中相互作用，变形协调性较好，各个滑移系的开动困难程度较小，但不同区域的晶粒形貌仍有所不同。晶粒尺寸较大时，即 $d=208.4\ \mu m$，试样变形有着明显的非均匀性，鼓形不均匀，试样轮廓不均匀度大。这是由于晶粒的取向分布不同，变形区内晶粒数量较少，晶粒的各向异性展现出来，造成滑移系开动的难易程度不同，试样的塑性变形呈明显的不均匀性。

从应变分布云图中可以看出，试样的塑性变形应变沿着压缩轴大约 45°方向分布，这是因为该方向的滑移有利于塑性变形的进行，如图 3－44 所示。

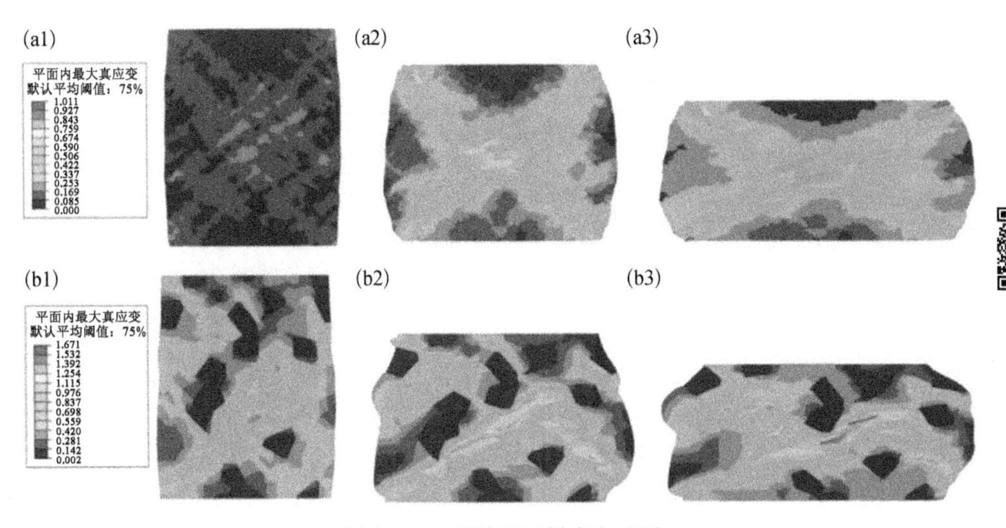

图 3－44　压缩后试样应变云图

（a1）～（a3）d=55.8 μm 试样压下量分别为 10%、30%、50%；
（b1）～（b3）d=208.4 μm 试样压下量分别为 10%、30%、50%

从图 3－44 中可以看出，压缩后试样与模具接触部分应变较小，并随着压下量的增加应变变化不大；位于试样中心部分的区域变形较大，并随着压下量的增加应变变化增大；外侧为自由表面的区域，其变形量处于大变形区和难变形区之间，这与微压缩实验结果相吻合。因此在实际生产中，在试样尺寸确定的条件下，减小材料晶粒尺寸可有效地减少塑性变形过程中由于非均匀变形带来的不利影响；通过高温时效热处理引入 δ 相，在起到调控晶粒尺寸作用的同时，还可以提高一定的材料强度并减小试样轮廓的不均匀度。

3.5　本 章 小 结

本章通过实验、有限元模拟与理论分析相结合的方法，研究了 GH4169 镍基高温合金微压缩的塑性变形行为，揭示了不同状态下材料微压缩尺寸效应和非均匀变形机制，结论如下。

1）随着固溶热处理温度的升高或时间的增长，试样的平均晶粒尺寸增大，并伴有孪晶的生成；随着时效热处理时间的增加，δ 相含量增加，分布情况从晶界延伸到晶粒内，形貌从颗粒状逐渐演变为针状。

2）固溶态 GH4169 镍基高温合金微压缩的尺寸效应主要受晶粒尺寸和试样尺寸的影响。通过固溶态试样的微压缩实验，结果表明：$D/d \geq 9.7$ 时，流动应力随晶粒尺寸的增大而减小；在 $D/d<9.7$ 时，变形区内晶粒数量较少，变形协调性较

差，流动应力随晶粒尺寸的增大而增大；微压缩过程中试样随应变的变化应变硬化率可分为三个阶段。

3）时效态含δ相GH4169镍基高温合金微型圆柱微压缩流动应力的尺寸效应主要受δ相含量、晶粒尺寸和试样尺寸的影响。δ相对晶粒生长有着钉扎作用，起到调控晶粒尺寸的作用，通过时效态含δ相试样的微压缩实验，结果表明：流动应力随δ相含量增大而增大；与固溶态试样相同，在 $D/d<9.7$ 时，流动应力随晶粒尺寸的增大而增大。

4）考虑了压缩变形后三个应变分区，构建了介观尺度材料的流动应力尺寸效应理论模型，解释了在试样尺寸与晶粒尺寸的比值较小的情况下流动应力偏离宏观Hall-Petch关系的原因，揭示了介观尺度下材料的流动应力尺寸效应产生机制，并验证了模型的可行性与准确性；在此基础上考虑δ相的作用，构建了在介观尺度含δ相材料流动应力尺寸效应理论模型，揭示了δ相对流动应力尺寸效应的影响机制，并验证了模型的可行性与准确性。

5）晶粒尺寸的增大会导致试样轮廓不均匀度的增加，部分试样有折叠现象产生；$D/d<9.7$ 时，试样鼓形不均匀度减小；随着δ相含量的升高，变形后试样表面质量有所改善；基于晶体塑性有限元对微压缩工艺进行模拟，实现变形过程中晶粒演变的可视化，由于晶粒的初始取向导致变形抗力的不同，不同区域晶粒的变形量不同，模拟结果与实际实验情况吻合，为微成形工艺设计奠定了基础。

参考文献

[1] Fu M W, Wang J L, Korsunsky A M. A review of geometrical and microstructural size effects in micro-scale deformation processing of metallic alloy components [J]. International Journal of Machine Tools and Manufacture, 2016, 109: 94-125.

[2] Zhan R, Han J Q, Liu B B, et al. Interaction of forming temperature and grain size effect in micro/meso-scale plastic deformation of nickel-base superalloy [J]. Materials & Design, 2016, 94: 195-206.

[3] Wen D X, Lin Y C, Chen J, et al. Effects of initial aging time on processing map and microstructures of a nickel-based superalloy [J]. Materials Science and Engineering: A, 2015, 620: 319-332.

[4] Sui F L, Zuo Y, Liu X H, et al. Microstructure analysis on IN 718 alloy round rod by FEM in the hot continuous rolling process [J]. Applied Mathematical Modelling, 2013, 37 (20-21): 8776-8784.

[5] Meng B, Wang W H, Zhang Y Y, et al. Size effect on plastic anisotropy in microscale deformation of metal foil [J]. Journal of Materials Processing Technology, 2019, 271: 46-61.

[6] Wang C J, Wang C J, Xu J, et al. Plastic deformation size effects in micro-compression of pure nickel with a few grains across diameter [J]. Materials Science and Engineering: A, 2015, 636: 352-360.

[7] Thompson A W, Baskes M I, Flanagan W F. The dependence of polycrystal work hardening on grain size [J]. Acta Metallurgica, 1973, 21 (7): 1017-1028.

[8] Kocks U F, Mecking H. Physics and phenomenology of strain hardening: the FCC case [J]. Progress in Materials Science, 2003, 48 (3): 171-273.

[9] Xu J, Li J, Shan D, et al. Strain softening mechanism at meso scale during micro-compression in an ultrafine-grained pure copper [J]. AIP Advances, 2015, 5 (9): 097147.

[10]　Chan W L, Fu M W. Studies of the interactive effect of specimen and grain sizes on the plastic deformation behavior in microforming [J]. The International Journal of Advanced Manufacturing Technology, 2012, 62 (9-12): 989-1000.

[11]　Keller C, Hug E, Chateigner D. On the origin of the stress decrease for nickel polycrystals with few grains across the thickness [J]. Materials Science and Engineering: A, 2009, 500 (1-2): 207-215.

[12]　Li W T, Fu M W, Shi S Q. Study of deformation and ductile fracture behaviors in micro-scale deformation using a combined surface layer and grain boundary strengthening model [J]. International Journal of Mechanical Sciences, 2017, 131-132: 924-937.

[13]　顾伟，李静媛，王一德. 晶粒尺寸及 Taylor 因子对过时效态 7050 铝合金挤压型材横向力学性能的影响 [J]. 金属学报，2016, 52 (01): 51-59.

[14]　Sharma V M J, Kumar K S, Rao B N, et al. Studies on the work-hardening behavior of AA2219 under different aging treatments [J]. Metallurgical and Materials Transactions A, 2009, 40 (13): 3186-3195.

[15]　Lai X, Peng L, Hu P, et al. Material behavior modelling in micro/meso-scale forming process with considering size/scale effects [J]. Computational Materials Science, 2008, 43 (4): 1003-1009.

[16]　Shaha S K, Czerwinski F, Kasprzak W, et al. Work hardening and texture during compression deformation of the Al-Si-Cu-Mg alloy modified with V, Zr and Ti [J]. Journal of Alloys and Compounds, 2014, 593: 290-299.

[17]　吕炎. 锻件缺陷分析与对策 [M]. 北京：机械工业出版社，1999.

[18]　Wilson W R D, Lee W. Mechanics of Surface Roughening in Metal Forming Processes [J]. Journal of Manufacturing Science and Engineering, 2001, 123 (2): 279.

[19]　Wu P D, Lloyd D J. Analysis of surface roughening in AA6111 automotive sheet [J]. Acta Materialia, 2004, 52 (7): 1785-1798.

[20]　钟飞. 基于晶体塑性有限元的镍基合金 GH4169 拉伸性能及疲劳行为研究 [D]. 上海：华东理工大学，2017.

第 4 章　镍基高温合金高温压缩力学性能及本构模型

4.1 引　　言

镍基高温合金在低温下塑性很差[1]，目前镍基高温合金涡轮盘需要在很高温度下进行锻造成型，然而若通过实验的方法来确定最佳锻造工艺往往要耗费很多的人力物力，且由于实验条件下温度或者应变速率间隔的选取不合理，很多时候甚至无法得出最佳锻造工艺[2-4]，因此通过对试样进行压缩试验得到应力-应变曲线并通过数学方法建立材料的本构关系对于预测高温下的金属流动应力很有帮助，同时对于热成型过程中设备的选择也可提供一定参考。

热加工图也是确定最佳锻造工艺的一个有力工具[5-8]。可以运用热加工图选择变形工艺参数和改善材料的加工性能，并且可以借用热加工图控制变形过程中形成的组织结构、形态和分析变形机制和组织演变规律。除此之外，还可利用热加工图分析塑性失稳的原因、避免缺陷的产生。因此，若可以建立起高温合金较准确的热加工图，对于实际锻造工艺的选取有着指导性作用。

4.2 高温力学性能

4.2.1 实验材料与方案

采用 GH4698 镍基高温合金，其化学成分按照质量百分比依次为 Cr－14.55%、C－0.048%、Mo－3.21%、Al－1.77%、Ti－2.68%、Nb－2.02%、Fe－小于 0.2%、其余成分为基体元素 Ni。合金采用真空感应炉和自耗双联工艺冶炼，熔炼中严格控制杂质含量。在得到熔炼后的棒状坯料后，内部的微观晶粒形貌在径向是变化的，心部为等轴晶区，而靠近边缘的区域则为表面激冷细晶区，为了使实验结果具有普遍代表性，在取材时特意避开了心部区域和边缘的细晶区，取材位置如图 4－1（a）所示。在取样后将试样加工成 ϕ10 mm×16 mm 的圆柱体，在得到试样后将上下端面加工出深度为 1 mm 的凹槽用来存放润滑脂，以此来消除热压缩过程中压头和试样之间的接触摩擦力，加工后的试样截面如图 4－1（b）所示。

采用计算机辅助控制的 MTS810.13 试验机对试样进行高温热压缩试验。本实验是研究不同温度和应变速率下材料的热压缩过程及压缩后的组织结构，为了使

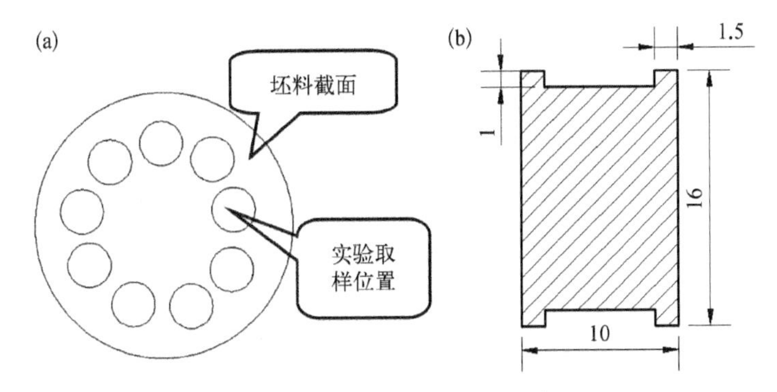

图 4－1　热压缩试样取材位置和截面图

（a）取材位置；（b）试样截面（单位：mm）

实验后的数据分布范围尽可能广泛，实验共设计为 25 组进行，热压缩实验温度分别控制为 1 223 K、1 273 K、1 323 K、1 373 K、1 423 K，变形速率分别控制为 0.001 s^{-1}、0.1 s^{-1}、1 s^{-1}、3 s^{-1}、30 s^{-1}。为了让压缩过程中试样内部温度均匀，加热保温过程如图 4－2 所示。

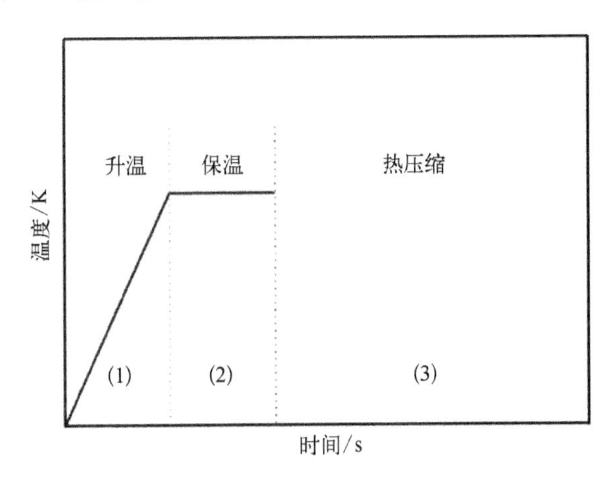

图 4－2　热压缩试验中试样的升温保温示意图

每个试样以一定的加热速度被加热到所需温度后保温 180 s 然后进行热变形，在变形完成后快冷至室温从而维持内部晶粒形貌，热压缩过程中的各种参数由计算机自动记录，在得到数据后通过数学换算方法将力-位移曲线换算成材料的真实应力-应变曲线。

4.2.2　高温压缩力学性能

通过热压缩实验所得到 GH4698 合金的真应力-应变曲线见图 4－3。从图中

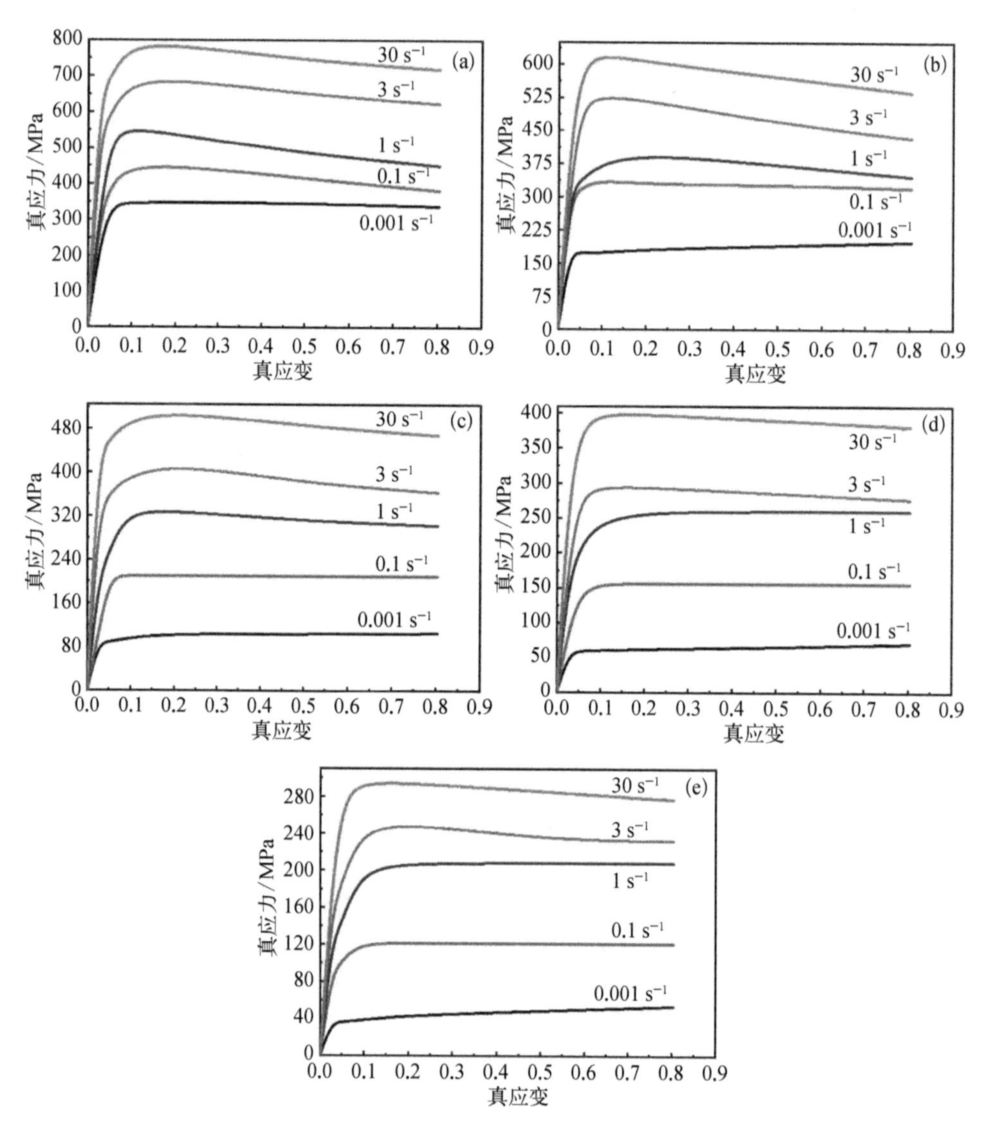

图 4-3　不同变形条件下 GH4698 合金真应力-应变曲线

(a) 1 223 K；(b) 1 273 K；(c) 1 323 K；(d) 1 373 K；(e) 1 423 K

可以看出，此合金无论在何种热变形条件下其应力值都先随应变量的增加而急剧增大，达到最大应力后逐渐缓慢下降，最终保持在动态稳定值的趋势。

这是在热变形中加工硬化现象和回复再结晶软化现象同时发生作用引起的。在变形初期，外加应力使合金内部位错等缺陷随着金属的流动而发生移动，从而使位错等缺陷的密度迅速增大，金属内部产生残余应力并迅速聚集，致使后续变形抗力急剧增大；随着变形的持续进行，合金内缺陷聚集产生的应力逐渐增大，当金属畸变能达到阈值时，此时金属内部会发生回复再结晶现象，新的晶粒会在变形金属内部能量较高的地方优先形核并逐渐长大，生成无畸变的新晶粒并逐渐取代原变形组织，此过程中原始组织中积累的残余应力会逐渐得到释放，从而使金属的变形抗力逐渐减小，因此图中流动应力的上升速率会逐渐放缓直至应力达到最大值；随着变形的继续进行，加工硬化引起的应力上升和回复再结晶软化引起的应力下降作用最终达到动态平衡，故图中流动应力最终会趋于稳定。由于变形温度较高，本部分中所有的实验条件下材料都可以发生动态回复再结晶，因此图中的曲线都表现出大致相同的变化趋势。

由图 4－3 可知，在 1 223 K 下应变速率为 0.001 s^{-1}时，应力值小于 350 MPa，应变速率达到 3 s^{-1}时，流变应力可达到 680 MPa；在 1 273 K 下应变速率为 0.001 s^{-1}时，应力值小于 200 MPa，而应变速率达到 3 s^{-1}时，流变应力可达到 525 MPa；在 1 323 K 条件下应变速率为 0.001 s^{-1}时，应力值小于 100 MPa，应变速率达到 3 s^{-1}时，流变应力可达到 400 MPa；在 1 373 K 条件下应变速率为 0.001 s^{-1}时，应力值小于 60 MPa，应变速率达到 3 s^{-1}时，流变应力可达到 280 MPa；在 1 423 K 条件下应变速率为 0.001 s^{-1}时，应力值小于 50 MPa，应变速率达到 3 s^{-1}时，流变应力可达到 240 MPa。以上的真应力-应变曲线规律显示当温度保持恒定时，应力值随应变速率的升高而呈增大趋势。这主要是因为发生回复再结晶时晶核形成和生长需要时间，在较小的应变速率下，动态回复再结晶有足够的时间进行，能够在相当程度上抵消加工硬化效果，故变形时应力值较小；当变形时金属应变速率较大时，由于时间较短导致再结晶过程进行不充分，故对加工硬化效果的抵消作用也比低应变速率时小，从而导致变形时流动应力相对较大。

由图 4－3 还可知，当合金变形温度为 1 223 K、变形速率为 3 s^{-1}时应力最大值为 680 MPa，变形速率为 3 s^{-1}、变形温度为 1 273 K 时最大应力 525 MPa，应变速率为 3 s^{-1}、变形温度为 1 323 K 时最大应力 400 MPa，应变速率为 3 s^{-1}、变形温度为 1 373 K 时最大应力 300 MPa，应变速率为 3 s^{-1}、变形温度为 1 423 K 时最大应力为 240 MPa。通过分析其他应变速率下的数据可以发现应力值也表现出相同的变化趋势，由此可知当应变速率保持恒定时，合金变形应力值随着温度的升高而降低。这是因为在变形过程中材料的热激活作用随着温度的升高逐渐增强，此时动态回复再结晶更容易进行，金属内部软化作用逐渐增强，从而促使材料的流动应力降低。

图 4－4 为变形过程中不同条件下的金相照片，由图可知材料在高温变形过程中会发生回复再结晶从而使晶粒细化。图 4－4（a）为合金在实验前原始晶粒照片，此时合金试样并未开始进行压缩试验，图 4－4（b）中合金的晶粒发生了明显的回复再结晶现象，此时材料在变形中有回复再结晶软化和加工硬化共同作

用，图4－4（c）中变形温度较高，在变形过程中晶界等缺陷处更容易形核，材料发生回复再结晶作用更加明显，软化作用更强，晶粒更细小，图4－4（d）中晶粒发生拉长、缺陷密度增大，此时虽然温度足够高但没有发生动态再结晶，这说明了回复再结晶过程需要时间，变形速率太大会导致金属没有足够的时间发生回复再结晶从而导致流动应力非常大。

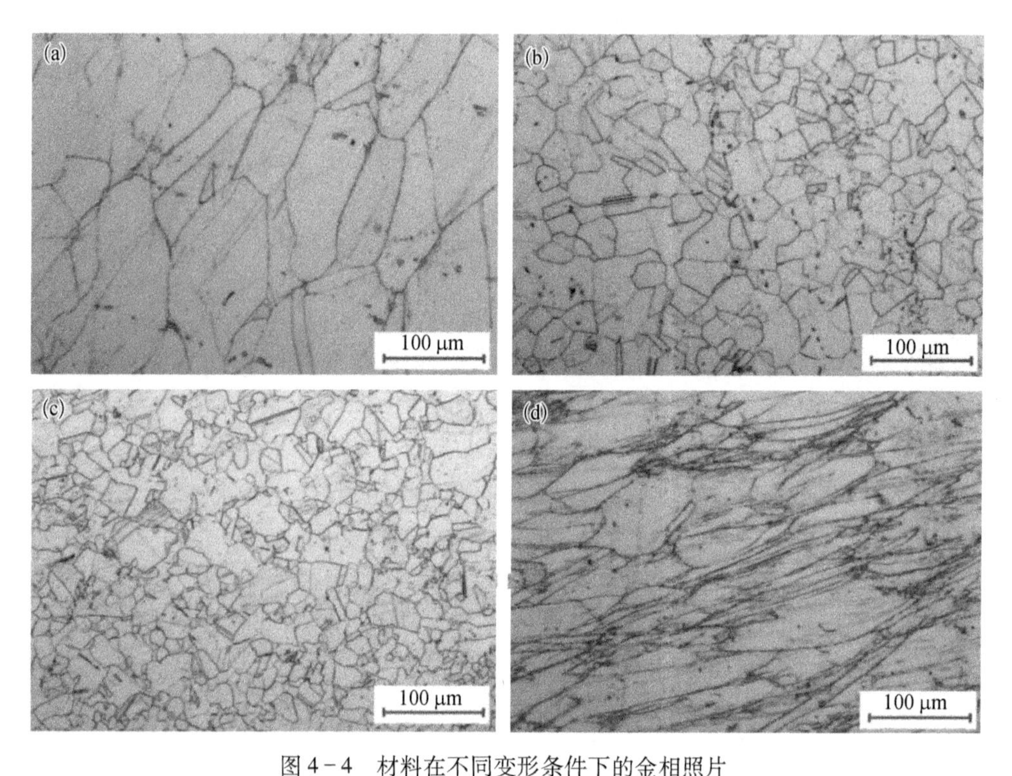

图4－4　材料在不同变形条件下的金相照片

（a）初始晶粒；（b）1 323 K、70%、0.1 s^{-1}；（c）1 423 K、70%、0.1 s^{-1}；（d）1 423 K、70%、30 s^{-1}

图4－5为不同变形条件下所得到的合金的透射照片，图4－5（a）为原始试样未变形前的透射照片，从图中可以看出合金内部的缺陷密度相对较小，没有出现大范围的阴影部分位错塞积缠结。图4－5（b）为变形温度1 423 K、应变速率为0.1 s^{-1}、应变量为70%时合金的透射照片，可以看出相比于图4－5（a）此时合金内部出现了大量的位错塞积缠结等缺陷。图4－5（c）为变形温度1 323 K、应变速率为0.1 s^{-1}、应变量为70%时合金的透射照片，可以看出此时合金内部的位错塞积缠结现象比图4－5（b）更加严重，出现了大面积的缺陷阴影。图4－5（d）为变形温度1 423 K、应变速率为30 s^{-1}、应变量为70%时合金的透射照片，此条件下的缺陷密度相比于图4－5（b）显得尤其大。

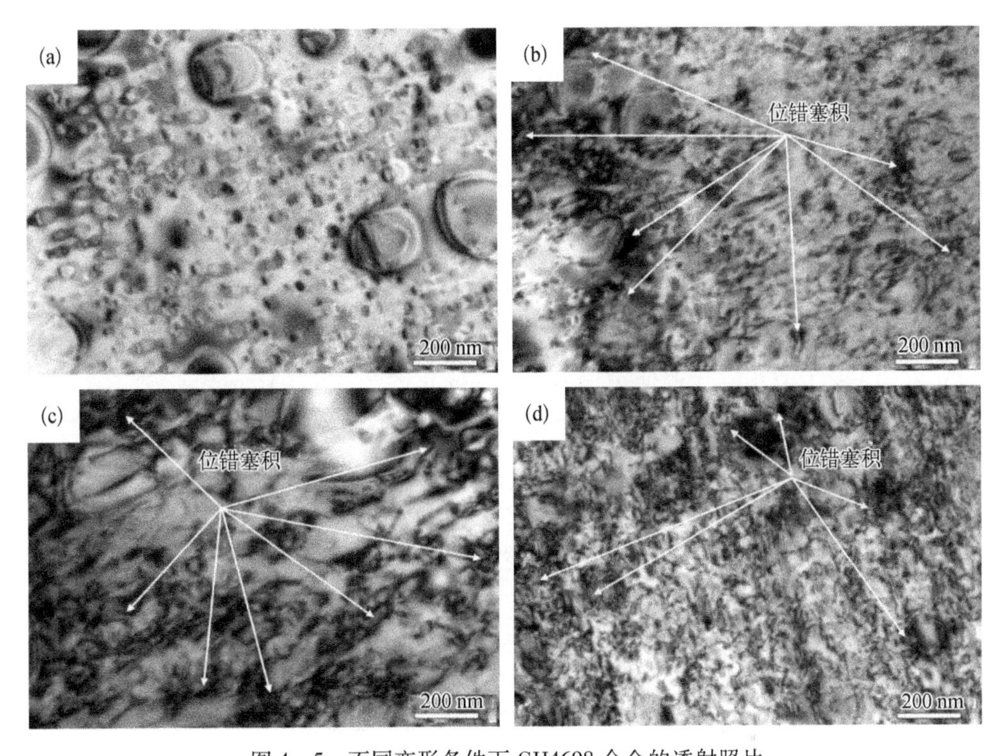

图 4-5　不同变形条件下 GH4698 合金的透射照片

(a) 未变形条件；(b) 1 423 K、70%、0.1 s^{-1}；(c) 1 323 K、70%、0.1 s^{-1}；(d) 1 423 K、70%、30 s^{-1}

事实上，在图 4-5 (b) 变形条件下流动应力大约为 100 MPa，而在图 4-5 (d) 变形条件下流动应力高达 277 MPa，这正是图中位错等缺陷密度的增大引起的。而在图 4-5 (c) 变形条件下，流动应力大约是 200 MPa，介于图 4-5 (b) 和图 4-5 (d) 变形条件下两者应力值之间，这与图中位错密度也介于两者之间是相互吻合的。

4.3　高温压缩本构模型

目前确定材料在变形过程中本构关系的方法主要有通过数学公式去描述流动应力和通过微观组织对流动应力的影响来确定两种方法。后者需要分析变形过程中各个不同的相和组织对流动应力的影响并分别确定它们对应力大小作用比例，因此计算过程很复杂也很不方便，前者由于有特定的数学模型可使用，计算出的本构关系精度也比较高，因此使用比较广泛。现用于描述合金在高温下热变形行为的数学方程主要有经典 Arrhenius 方程、考虑应变的 Arrhenius 方程、Johnson -

Cook 方程、Zerilli－Armstrong 方程、修正的 Zerilli－Armstrong 方程以及神经网络等。经典 Arrhenius 方程由于在任何变形条件下都表现出良好的适用性而成为目前使用最为普遍的模型，但由于其没有考虑应变量对方程参数值的影响，因此精度远远比不上考虑了应变对参数值影响的 Arrhenius 方程。Johnson－Cook 方程虽然也可以描述材料热变形时的流动应力，但是所需要的参数众多，并且需要测得常温时材料在不同应变速率下的流动应力，常温下这种实验对镍基高温合金等其他高强硬合金来说是很难做到的，就算通过压力机勉强测得最终所得到的方程精度也很不理想。Zerilli－Armstrong 方程需要确定合金在变形条件下晶格结构是体心立方还是面心立方，因此使用很不方便，修正的 Zerilli－Armstrong 方程由于不需要讨论晶格结构且计算相对较简单而得到广泛应用。神经网络法没有任何的数学模型，只单纯地利用数据的归纳总结，当误差达到所要求的水平便认为归纳出的结果满足条件，因此在此不讨论此方法。鉴于对上述各种不同本构模型优缺点的对比分析，本书通过实验和数学方法建立了基于考虑应变量对应力影响的 Arrhenius 模型和修正的 Zerilli－Armstrong 模型的 GH4698 合金高温本构方程，并通过对比试验值和理论预测值对不同形式的本构方程的精度进行分析。

4.3.1 基于 Arrhenius 方程的高温压缩本构模型

Arrhenius 方程最早是用来描述化学反应速率常数与化学反应温度之间的关系式，而高温下合金的变形也涉及热激活，在变形过程中人们发现变形速率、温度以及应力值在任何应力水平下均满足 Arrhenius 方程：

$$\dot{\varepsilon} = A[\sinh(\alpha\sigma)]^{n}\exp(-Q/RT) \tag{4-1}$$

根据经验及规律发现金属在低、高应力水平下应力值和应变速率分别满足式（4－2）和式（4－3）：

$$\dot{\varepsilon} = A_1\sigma^{n_1} \tag{4-2}$$

$$\dot{\varepsilon} = A_2\exp(\beta\sigma) \tag{4-3}$$

在式（4－2）和式（4－3）中，$\alpha=\beta/n_1$，并且 A、A_1、A_2、n、n_1、α、β 均是仅随着应变改变而改变的参数。其中 n 为应力指数、α 为应力水平参数（mm^2/N）、A 为结构因子（s^{-1}）、Q 为热变形激活能，它是金属在热压缩试验中重要的参数，主要可反映金属发生热变形的难易，铁、铝等易变形金属 Q 值较低，镍基合金由于难变形因此 Q 值较高；R 为标准摩尔气体常数（8.31 J/mol），T 为热力学温度，$\dot{\varepsilon}$ 为应变速率。由式（4－1）可知，只要推导出特定条件下 α、n、A、Q 等参数值，即可预测该合金在高温下的应力值。

（1）简化的 Arrhenius 本构关系中参数的确定

在对精度要求不高的情况下，可以认为本构方程中各个参数是不随着应变的改变而改变的常量，因此可以取各条曲线的峰值应力和应变来代入计算。对式（4-2）和式（4-3）两边同时取自然对数并整理可得

$$\ln\sigma = \ln\dot{\varepsilon}/n_1 - \ln A_1/n_1 \tag{4-4}$$

$$\sigma = \ln\dot{\varepsilon}/\beta - \ln A_2/\beta \tag{4-5}$$

由式（4-4）和式（4-5）可知，作出不同温度下 $\ln\sigma_{\mathrm{peak}}$ 和 $\ln\dot{\varepsilon}$ 的关系图以及 σ_{peak} 和 $\ln\dot{\varepsilon}$ 的关系图并用直线拟合，所得到的斜率的平均值便是式（4-4）和式（4-5）中的参数 n_1 和 β，图 4-6 为两组参数的拟合图，最终计算可得：$n_1 = 6.96$，$\beta = 0.026\,792$，$\alpha = \beta/n_1 = 0.003\,849\,6$。

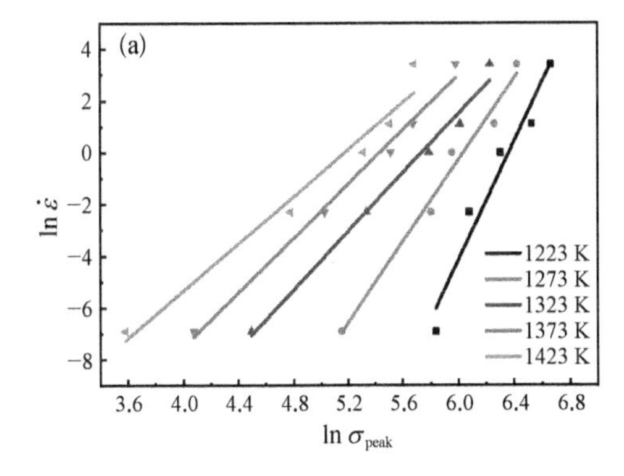

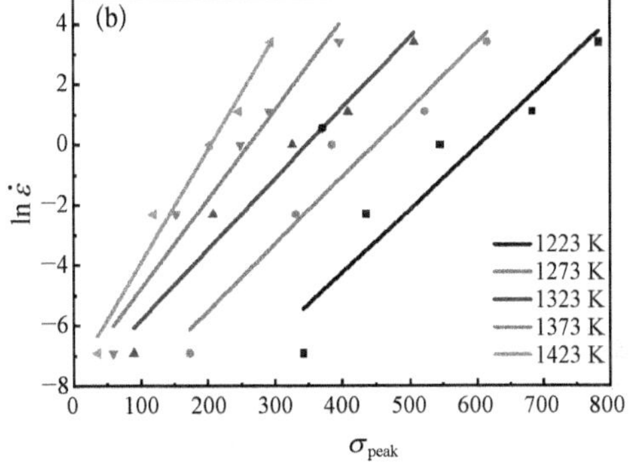

图 4-6　参数 $\ln\dot{\varepsilon}$ 与 $\ln\sigma$、σ 的拟合图

（a）$\ln\sigma_{\mathrm{peak}}$ 和 $\ln\dot{\varepsilon}$ 的关系图；（b）σ_{peak} 和 $\ln\dot{\varepsilon}$ 的关系图

对式（4-1）中的数学模型取对数并移项后可得：

$$\ln[\sinh(\alpha\sigma)] = \frac{1}{n}\ln\frac{\dot{\varepsilon}}{A} + \frac{Q}{n\cdot R}\cdot\frac{1}{T} \tag{4-6}$$

将不同温度下 GH4698 高温合金热变形时 σ_{peak} 和 $\dot{\varepsilon}$ 代入式（4-6）中，拟合 $\ln\dot{\varepsilon}$ 与 $\ln[\sinh(\alpha\sigma)]$ 如图 4-7（a）所示，所得到的直线斜率平均值便可表示参数 n 的大小，最终可得 $n = 4.672\,582$。再将不同 $\dot{\varepsilon}$ 下的 T 和对应的 σ_{peak} 代入式（4-6）中，用直线拟合 $\ln[\sinh(\alpha\sigma)]$ 与 $1/T$，见图 4-7（b），所得到的直线的斜率便可表示参数 Q/nR 的大小，最终可得 $Q = 646.341$ kJ/mol。图 4-7（a）中 X 轴上的截距表示参数 $Q/nRT - \ln A/n$，计算可得 $A = \mathrm{e}^{56.769\,5}$。

通过以上分析最终可确定简化后不考虑应变对各个变形参量影响的 Arrhenius

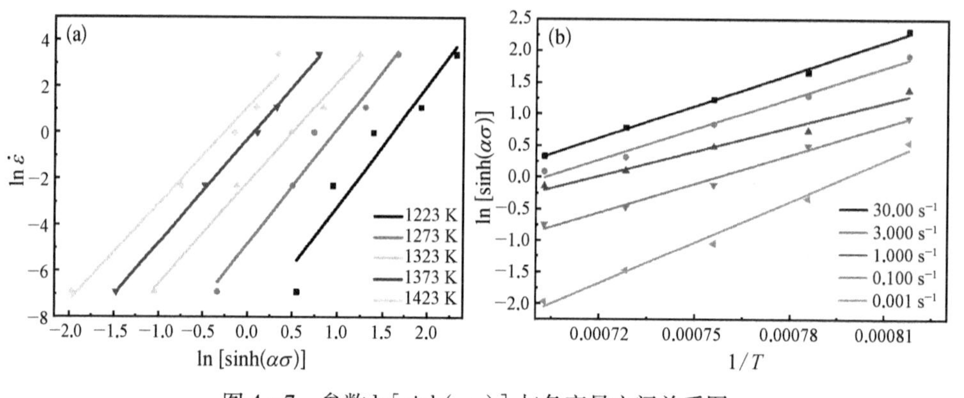

图 4-7　参数 ln[sinh($\alpha\sigma$)] 与各变量之间关系图

(a) ln[sinh($\alpha\sigma$)] - ln $\dot{\varepsilon}$ 关系图；(b) ln[sinh($\alpha\sigma$)] -1/T 关系图

方程的数学表达式为

$$\dot{\varepsilon} = e^{56.7695}[\sinh(0.0038496\sigma)]^{4.672582}\exp[-646341/(RT)] \tag{4-7}$$

（2）考虑应变的 Arrhenius 本构模型中参数的确定

在上述的推导过程中，为了计算简便对方程作了一定的简化，即默认本构方程中各个参数是与应变等参数无关的常量。然而在实际中由于应变量和温度等参数是变化的，这导致本构方程中的各个参量在数值上或多或少都会发生变化，因此如果在计算推导过程中将应变的变化对各个参数的影响考虑在内，则得到的本构关系在理论上更加准确。

由于本构方程中各个参数均是与应变有关的量，因此可以先分别求出不同应变下各个不同的参量，再通过数学方法确定这些参量随着应变量的变化而发生变化的规律，并将这些参量表示为应变量的函数，最终可得到包含应变的 Arrhenius 本构模型。

首先，在不同的应变条件下拟合 ln σ 与 ln $\dot{\varepsilon}$ 之间的关系，通过求拟合直线平均值的方法便可得到一系列的参数 $1/n_1$ 值，如图 4-8 所示；根据相同的方法分别拟合 σ 与 ln $\dot{\varepsilon}$ 之间的关系可得到不同应变下的一系列参数 $1/\beta$ 的值，如图 4-9 所示；最后通过式子 $\alpha=\beta/n_1$ 便可得到一系列不同应变下本构关系中的参数 α 值，不同应变下的 α 值如表 4-1 所示。

表 4-1　不同应变下的参数 α 值

应变	0.026 4	0.052 8	0.092 4	0.198	0.500 6	0.804 2
α	0.005 222 4	0.004 487 7	0.004 180 4	0.004 054 3	0.004 155 1	0.004 186 5

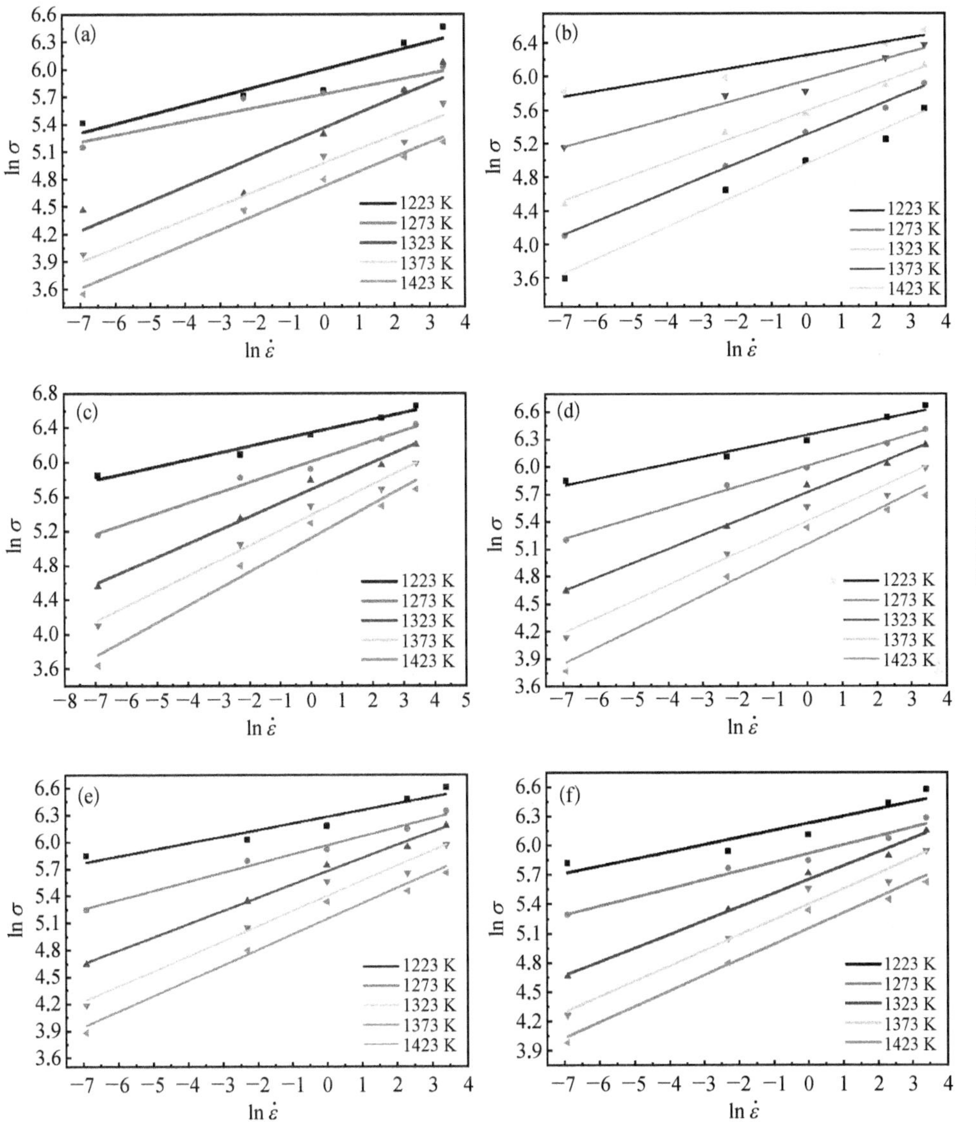

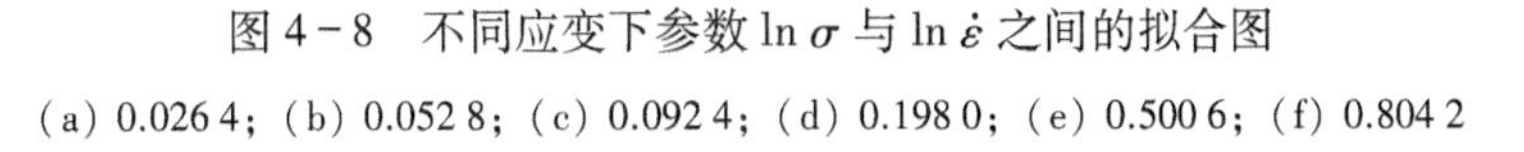

图 4－8　不同应变下参数 ln σ 与 ln $\dot{\varepsilon}$ 之间的拟合图

（a）0.026 4；（b）0.052 8；（c）0.092 4；（d）0.198 0；（e）0.500 6；（f）0.804 2

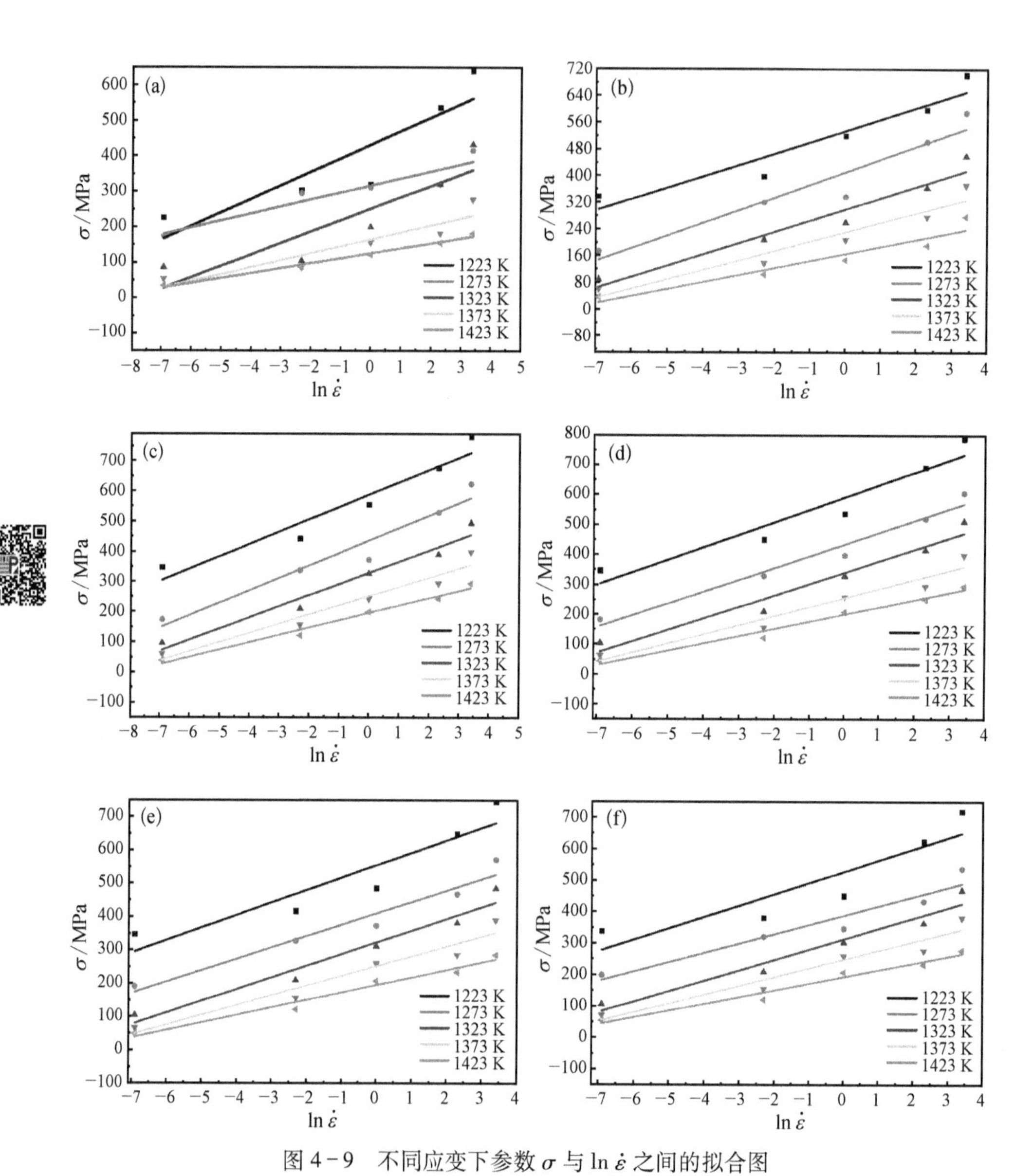

图 4-9 不同应变下参数 σ 与 $\ln\dot{\varepsilon}$ 之间的拟合图

(a) 0.026 4；(b) 0.052 8；(c) 0.092 4；(d) 0.198 0；(e) 0.500 6；(f) 0.804 2

在得到不同应变下的 α 值后，选用合适的数学表达式拟合便可将 α 值表达为应变的函数，在本书中利用多项式 $\alpha=(\alpha_1\varepsilon^2+b_1\varepsilon+c_1)/(d_1\varepsilon+e_1)$ 可以较好地拟合 α 与应变之间的关系，拟合过程见图 4－10（a）。最终拟合后所得到的参数 α 与 ε 之间的数学表达式为

$$\alpha=(2.040\,2E39\varepsilon^2+1.862\,7E40\varepsilon+3.617\,3E37)/(4.856\,6E42\varepsilon-2.689\,8E40) \tag{4-8}$$

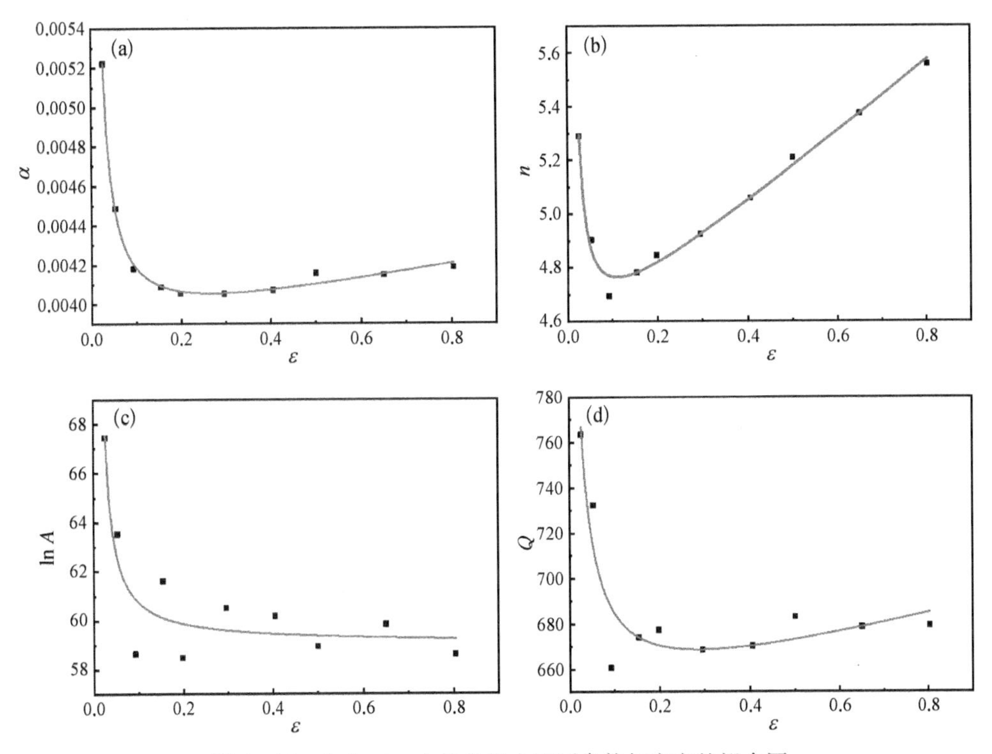

图 4－10　Arrhenius 本构关系中不同参数与应变的拟合图

（a）α 值；（b）n 值；（c）$\ln A$ 值；（d）Q 值

通过相同的拟合方式可确定在不同应变下 Arrhenius 本构方程中的其他参数 n、$\ln A$ 及 Q，故在此不再一一说明，不同应变下的方程参数如表 4－2 所示。

表 4－2　不同应变下的 n、$\ln A$ 及 Q 值

应变	0.026 4	0.052 8	0.924	0.198	0.500 6	0.804 2
n	5.290 0	4.904 9	4.694 5	4.846 9	5.209 7	5.558 0
$\ln A$	67.447 1	63.547 7	58.649 3	58.499 2	58.957 3	58.619 5
Q	763.592 9	732.445 0	660.776 0	677.443 0	683.141 0	679.257 0

在得到这些参数后利用式（4－9）～式（4－11）的数学模型可以较好地拟合出各个参数与应变量之间的关系，拟合过程见图4－10（b）、（c）、（d），拟合后所得详细方程参数见表4－3。

$$n=(a_2\varepsilon^2+b_2\varepsilon+c_2)/(d_2\varepsilon+e_2) \quad (4-9)$$

$$\ln A=(a_3\varepsilon^2+b_3\varepsilon+c_3)/(d_3\varepsilon+e_3) \quad (4-10)$$

$$Q=(a_4\varepsilon^2+b_4\varepsilon+c_4)/(d_4\varepsilon+e_4) \quad (4-11)$$

表4－3　各参数和应变的拟合系数值

	a	b	c	d	e
n	5.924 7	19.687 6	−0.104 7	4.407 1	−0.037 2
$\ln A$	14.168 7	216.526 6	3.302 4	3.892 5	0.030 8
Q	192.920 0	2 471.936 7	36.450 5	3.861 8	0.030 9

最终建立的考虑应变对变形参数影响的 Arrhenius 本构关系如式（4－12）～式（4－16）所示：

$$\sigma=\frac{1}{\alpha}\operatorname{arcsinh}\left[\exp\left(\frac{\ln\dot{\varepsilon}-\ln A+Q/RT}{n}\right)\right] \quad (4-12)$$

$$\alpha=(2.040\,2E39\varepsilon^2+1.862\,7E40\varepsilon+3.617\,3E37)/(4.856\,6E42\varepsilon-2.689\,8E40) \quad (4-13)$$

$$n=(5.924\,7\varepsilon^2+19.687\,6\varepsilon-0.104\,7)/(4.407\,1\varepsilon-0.037\,2) \quad (4-14)$$

$$\ln A=(14.168\,7\varepsilon^2+216.526\,6\varepsilon+3.302\,4)/(3.892\,5\varepsilon+0.030\,8) \quad (4-15)$$

$$Q=(192.920\,0\varepsilon^2+2\,471.936\,7\varepsilon+36.45)/(3.861\,8\varepsilon+0.030\,9) \quad (4-16)$$

4.3.2　基于修正的 Zerilli－Armstrong 方程的高温压缩本构模型

Zerilli 和 Armstrong 等为了描述金属在高温下的流动应力曾提出过著名的 Zerilli－Armstrong 本构方程，在原始的本构方程中，需要先确定金属的晶格在特定的变形条件下究竟是面心立方还是体心立方结构才可以选择具体形式的数学表达式，合金的晶格在面心立方和体心立方结构下的本构关系表达式分别如式（4－17）和式（4－18）所示：

$$\sigma = C_0 + C_2\varepsilon^{\frac{1}{2}}\exp(-C_3 + C_4T \cdot \ln\dot{\varepsilon}) \tag{4-17}$$

$$\sigma = C_0 + C_1\exp(-C_3 + C_4T \cdot \ln\dot{\varepsilon}) + C_5\varepsilon^n \tag{4-18}$$

在上述两式中等式右边的第二项均表示与热力学及热变形速率有关的流动应力，其余部分为非热力学及热变形速率相关应力，这些部分主要与应变及金属类别有关，理论上只需要确定了一定的条件下金属的晶格结构便可以利用它们来计算金属在高温下的本构方程。然而在实际中很多金属的晶格结构会随着温度等因素的改变而发生变化，图 4-11 所示为铁碳合金平衡转变相图[9]，铁碳合金在温度升高到 727℃左右时会发生相转变，晶格会由体心立方转变为面心结构，并且升温速度还会影响到晶格的转变温度，此时若使用 Zerilli-Armstrong 模型研究其流动应力与应变的关系就显得非常复杂，可见经典形式的 Zerilli-Armstrong 模型在使用时有很大的局限性。

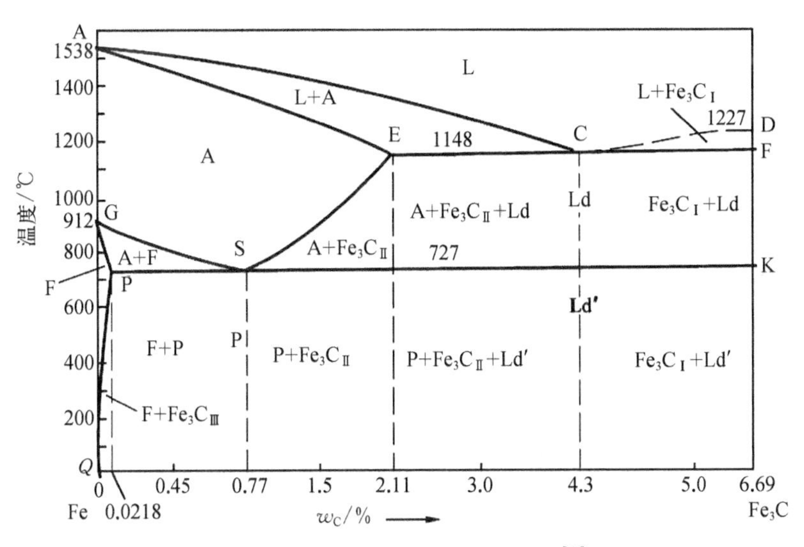

图 4-11　铁碳合金平衡转变相图[9]

经过修正的 Zerilli-Armstrong 数学模型如式（3-19）所示，在公式中，$T^* = T - T_{\text{ref}}$，$\dot{\varepsilon}^* = \dot{\varepsilon}/\dot{\varepsilon}_{\text{ref}}$。$T_{\text{ref}}$ 与 $\dot{\varepsilon}_{\text{ref}}$ 分别为相关参考温度和相关参考应变速率，这两个参量可以在计算前根据设计的实验方案选为任意一组合适的数值，但它们一旦被确定，在后续计算中就不可再随意更改，在本章中基于实验条件我们可将这些参数选择为 $T_{\text{ref}} = 1\,000\text{C}^{\circ}$，$\dot{\varepsilon}_{\text{ref}} = 0.001\ \text{s}^{-1}$。

$$\sigma = (C_1 + C_2\varepsilon^n)\exp[-(C_3 + C_4\varepsilon)T^* + (C_5 + C_6T^*)\ln\dot{\varepsilon}^*] \tag{4-19}$$

当变形过程中应变速率等于相关参考应变速率即 $\dot{\varepsilon} = \dot{\varepsilon}_{\text{ref}} = 0.001\ \text{s}^{-1}$ 时，修正

的本构模型可以简化为式（4-20）的形式：

$$\sigma=(C_1+C_2\varepsilon^n)\exp[-(C_3+C_4\varepsilon)T^*] \tag{4-20}$$

对式（4-20）中的数学模型取自然对数并整理可得式（4-21）：

$$\ln\sigma=\ln(C_1+C_2\varepsilon^n)-(C_3+C_4\varepsilon)T^* \tag{4-21}$$

此时就剩下了应力、温度和应变三个变量，若将应变固定为一系列常量，通过拟合 $\ln\sigma$ 与 T^* 之间的关系便可得到不同应变下的一系列拟合直线，这些直线的斜率 $k=-(C_3+C_4\varepsilon)$，对应的 Y 轴上的截距 $l_1=\ln(C_1+C_2\varepsilon^n)$，不同应变下的拟合直线见图 4-12（a），拟合后所得到的参数如表 4-4 所示。

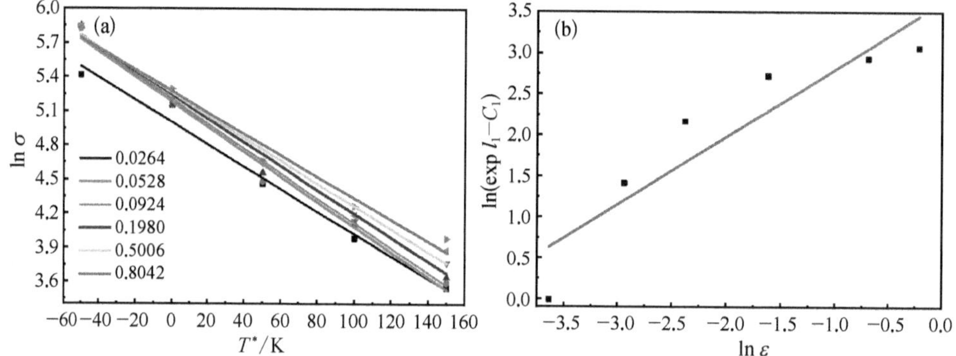

图 4-12　不同参量间的拟合图

(a) $\ln\sigma-T^*$ 拟合图；(b) $\ln\varepsilon-\ln(\exp l_1-C_1)$ 拟合图

表 4-4　$\ln\sigma$ 与 T^* 拟合直线参数

应变	0.026 4	0.052 8	0.092 4	0.198 0	0.500 6	0.804 2
斜率	-0.009 8	-0.011 0	-0.010 9	-0.010 5	-0.009 9	-0.009 4
截距	5.163 9	5.181 5	5.207 2	5.242 1	5.261 2	5.274 9

对截距的表达式取对数可得

$$\ln(\exp l_1-C_1)=\ln C_2+n\ln\varepsilon \tag{4-22}$$

根据式（4-21）可知，当实验温度等于相关参考温度，实验应变速率等于相关参考应变速率，并且塑性应变为 0 时，参数 C_1 的值等于此条件下材料的屈服应力，根据实验数据点的详细坐标可得 C_1 的值为 173.84。在 C_1 的值确定后，每个应变下的 $\ln(\exp l_1-C_1)$ 便可确定，通过拟合不同应变下 $\ln(\exp l_1-C_1)$ 的值与 $\ln\varepsilon$ 值所得到的拟合直线的斜率值便是参数 n，截距值是 $\ln C_2$，如图 3.10（b）

所示。最终计算出参数 $n=0.823\,3$，$C_2=37.54$。

在图4－12（a）中，斜率的表达式 $k=-(C_3+C_4\varepsilon)$，拟合斜率值 k 和应变 ε 的关系所得到的直线的斜率便是 $-C_4$，截距是 $-C_3$（图4－13）。故可得参数 $C_3=0.010\,7$，$C_4=-0.001\,5$。

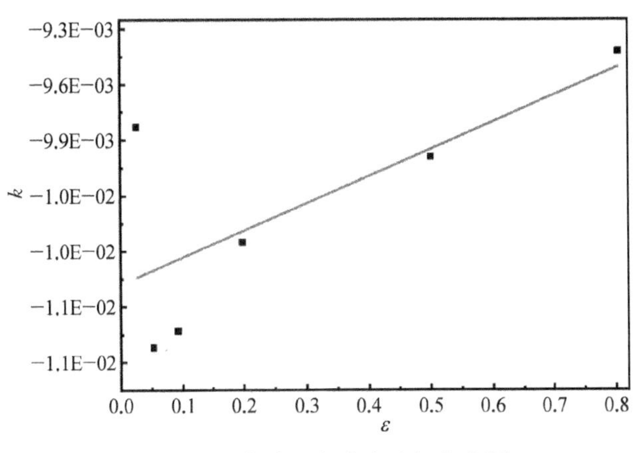

图4－13　斜率 k 与应变之间拟合图

对本构关系式（4－19）两边同时取对数可得

$$\ln\sigma=\ln(C_1+C_2\varepsilon^n)-(C_3+C_4\varepsilon)T^*+(C_5+C_6T^*)\ln\dot{\varepsilon}^* \quad (4-23)$$

此时在本构方程中参数 C_1、C_2、C_3、C_4 都已确定，在不同的温度下拟合每个特定的应变对应的 $\ln\sigma$ 与 $\ln\dot{\varepsilon}^*$ 之间的关系，如图4－14所示，此时每条拟合直线都对应着此温度下的某个特定应变，其斜率 $k=C_5+C_6T^*$。此时所得到的各个斜率值包含的变量较多，因此可以在每个不同的应变下拟合所得到的斜率 k 和 T^* 之间的关系，所得到的拟合直线的截距和斜率便分别是不同应变下的参数 C_5 和 C_6，如图4－15所示，拟合后所得到的不同应变量下的参数 C_5 和 C_6 见表4－5。

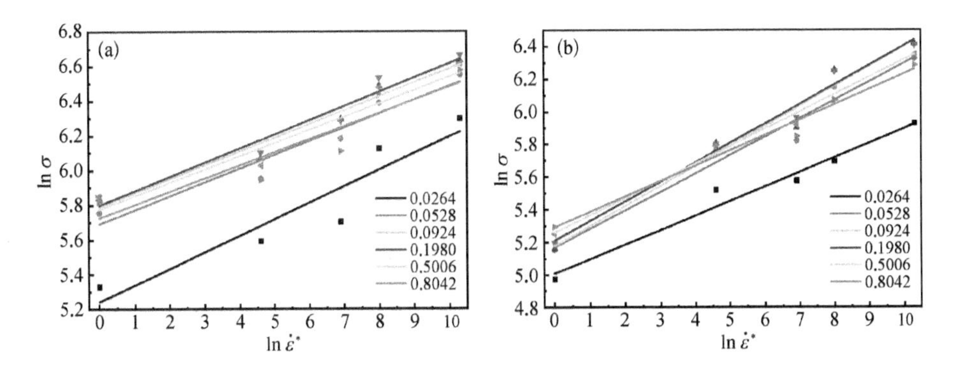

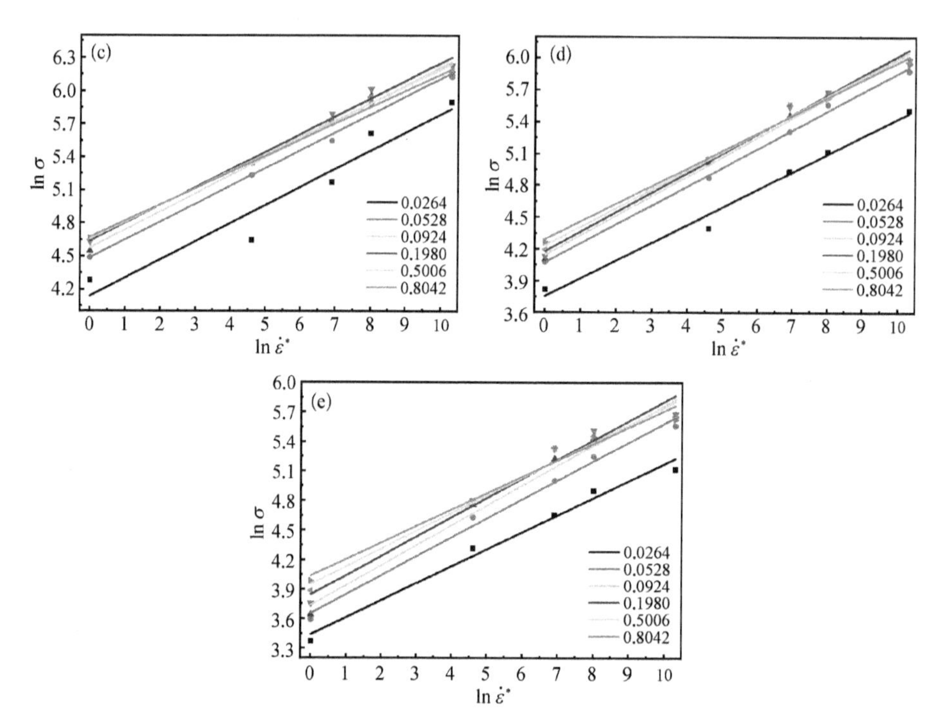

图 4-14　不同温度下 $\ln\sigma$ 与 $\ln\dot{\varepsilon}^*$ 之间的拟合图

(a) 1 223 K；(b) 1 273 K；(c) 1 323 K；(d) 1 373 K；(e) 1 423 K

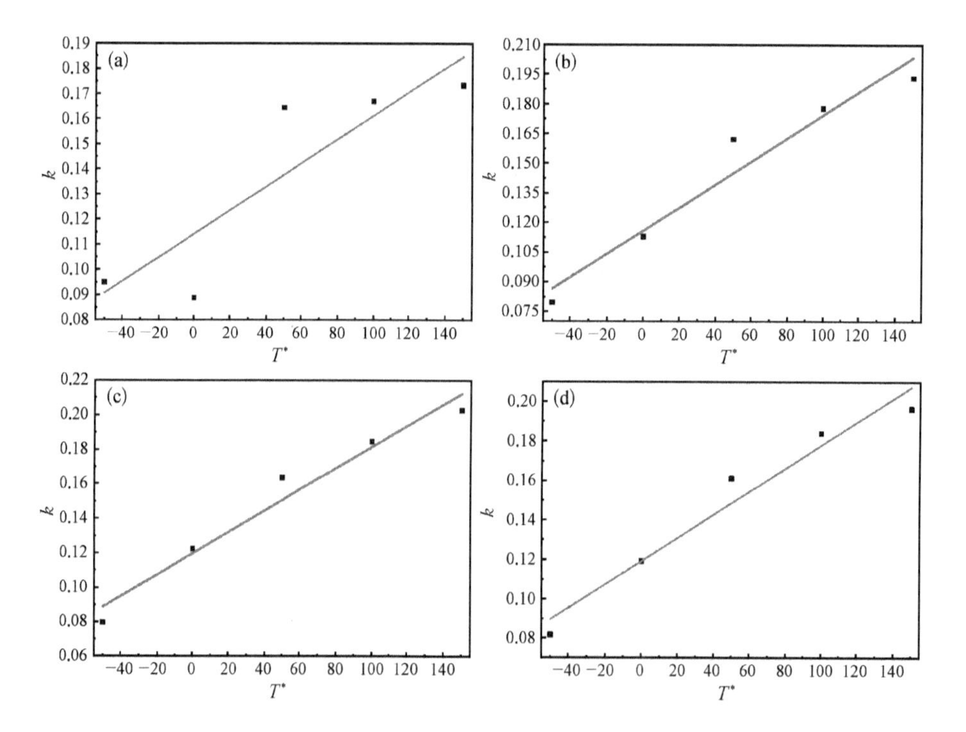

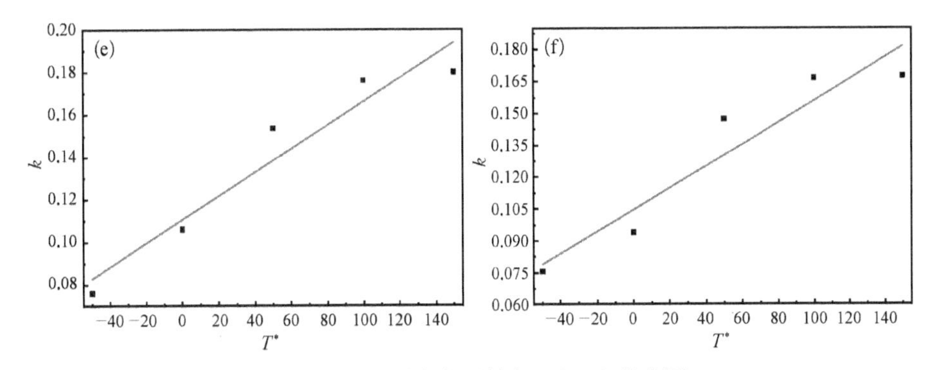

图 4-15　不同应变下斜率 k 和 T^* 拟合图

(a) 0.026 4；(b) 0.052 8；(c) 0.092 4；(d) 0.198 0；(e) 0.500 6；(f) 0.804 2

表 4-5　不同应变下的 C_5 和 C_6 值

应变	0.026 4	0.052 8	0.092 4	0.198 0	0.500 6	0.804 2
截距	0.114 2	0.115 8	0.119 7	0.119 1	0.110 7	0.104 6
斜率	4.70E-04	5.86E-04	6.17E-04	5.88E-04	5.55E-04	5.13E-04

最终本构方程中的参数 C_5 和 C_6 值是由最小误差法确定的，即将求得的所有 C_5 和 C_6 值分别代入修正的 Zerilli-Armstrong 本构方程中，利用确定的本构方程去预测不同变形条件下的应力值，再将预测值与实验值作对比并分析各个包含不同参数的本构方程的误差，最后取相对误差最小的那一组作为最合适的本构方程，方程中的参数的 C_5 和 C_6 便是最终的选用值。

通过 6 个应变值确定的 6 个不同本构方程各自的误差值如表 4-6 所示，可见当应变为 0.804 2 时所确定的 C_5 和 C_6 值代入本构方程误差最小。

表 4-6　不同的 C_5 和 C_6 值确定的本构方程误差分布

应　变	0.026 4	0.052 8	0.092 4	0.198 0	0.500 6	0.804 2
误　差	8.217%	12.869%	16.659%	15.187%	8.447%	3.385%

因此修正的 Zerilli-Armstrong 本构方程形式如式（4-24）所示：

$$\sigma = (173.84 + 37.54\varepsilon^n)\exp[-(0.010\,7 - 0.001\,5\varepsilon)T^* + (0.104\,6 + 5.13 \cdot 10^{-4}T^*)\ln \dot{\varepsilon}^*] \quad (4-24)$$

4.3.3　高温本构关系精确度分析

(1) 基于 Arrhenius 方程的高温压缩本构模型精确度验证

在建立起不同形式的 GH4698 合金高温本构关系后需要对其精确度进行验

证，从而确定其是否可满足实际工程中的应力预测。在数学上相关系数（r_{XY}）和绝对平均误差（AARE）常用来描述误差分布的参量，相关系数和绝对平均误差的数学表达式如式（4-25）和式（4-26）所示：

$$r_{XY}=\frac{\sum_{i=1}^{N}(X_i-\bar{X})(Y_i-\bar{Y})}{\sqrt{\sum_{i=1}^{N}(X_i-\bar{X})^2}\sqrt{\sum_{i=1}^{N}(Y_i-\bar{Y})^2}} \tag{4-25}$$

$$\mathrm{AARE}=\frac{1}{N}\sum_{i=1}^{N}\left|\frac{X_i-Y_i}{X_i}\right| \tag{4-26}$$

式中，X_i和 Y_i分别是实验值和理论预测值，$\bar{X}$ 和 $\bar{Y}$ 分别为实验值的平均值和理论预测值的平均值，N 是代入计算中所采用的数据点的个数。r_{XY}的数值越接近 1 则说明相关性越好，在本章中若实验测得的应力值与通过本构关系计算出的预测值全部相等则 r_{XY}等于 1，然而由于模型误差的客观存在 r_{XY}总是介于 0~1。当没有误差存在时 AARE 的值等于 0，因此在实际中本构方程 AARE 的值总是大于 0。

图 4-16 为实验值与基于考虑应变的 Arrhenius 本构方程所得到的预测值之间的对比图，由图可知当变形速率大于 1 s^{-1}、金属变形量大于 0.5 时，计算出的应力预测值在温度低于 1 273 K 时误差较大；与此同时当热压缩变形温度高于 1 323 K 时，模型在任何变形条件下都表现出较高的精度，且温度越高模型的准确性越好，由此可见在温度大于 1 273 K 时 Arrhenius 本构方程表现出极高的精度。

图 4-17（a）是基于 Arrhenius 模型的应力预测值与实验测得的实际值的相关性图，在图中若预测值等于实验值，则位置点会落在直线 $y=x$ 上，此时表示实验值和理论值没有偏差，位置点偏离直线 $y=x$ 的程度越大表示误差越大，由拟合结果可知相关系数为 0.955，实验值与预测值相关性良好，位置点的波动情况也不是很大，由此可见基于建立的 Arrhenius 本构方程得到的预测值与实验值的偏差波动在一个较理想的范围内。

图 4-17（b）为基于 Arrhenius 本构方程的理论预测值的误差分布直方图，从图中可以就看出误差绝大多数都分布在-0.2~0.3 的区间范围内，且在这一区间内的误差值绝大多数还分布在 0 附近，绝对平均误差为 3.975%，最大正、负误差分别为 33.98%和-57.8%。从以上的数据及分析可知基于考虑应变对方程参数影响的 Arrhenius 模型所建立的 GH4698 镍基合金高温本构关系精度较高，误差波动也较小，可用来描述 GH4698 高温下的热变形行为。

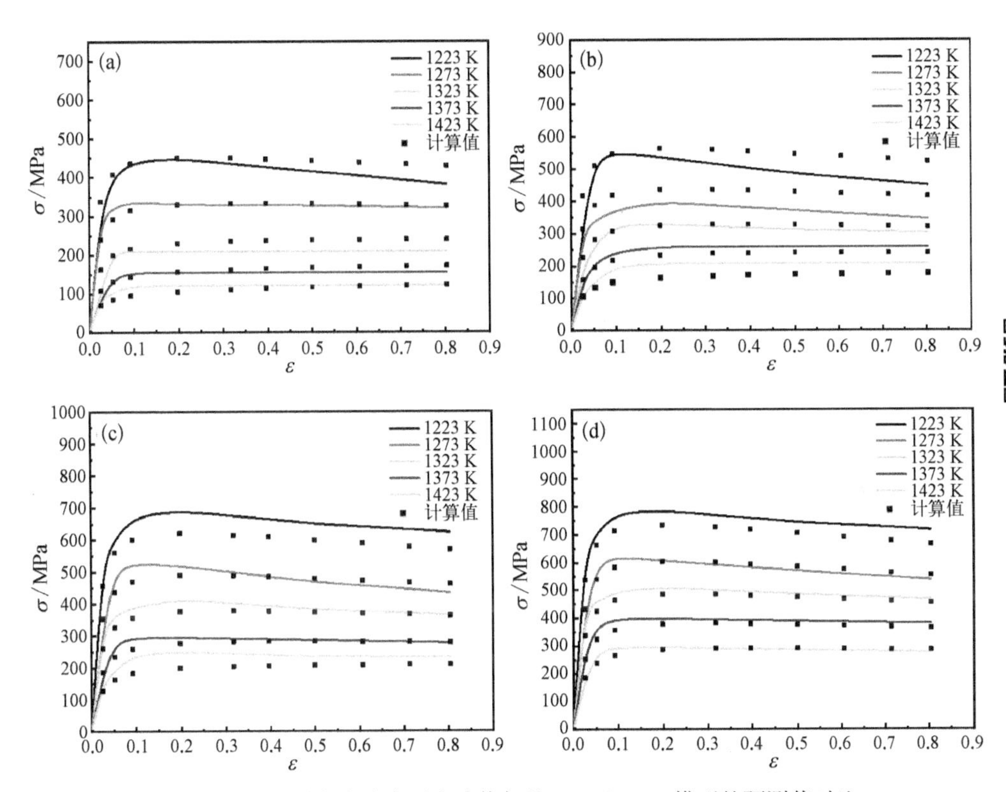

图 4－16　不同应变速率下实验值与基于 Arrhenius 模型的预测值对比

（a）$0.1\ s^{-1}$；（b）$1\ s^{-1}$；（c）$3\ s^{-1}$；（d）$30\ s^{-1}$

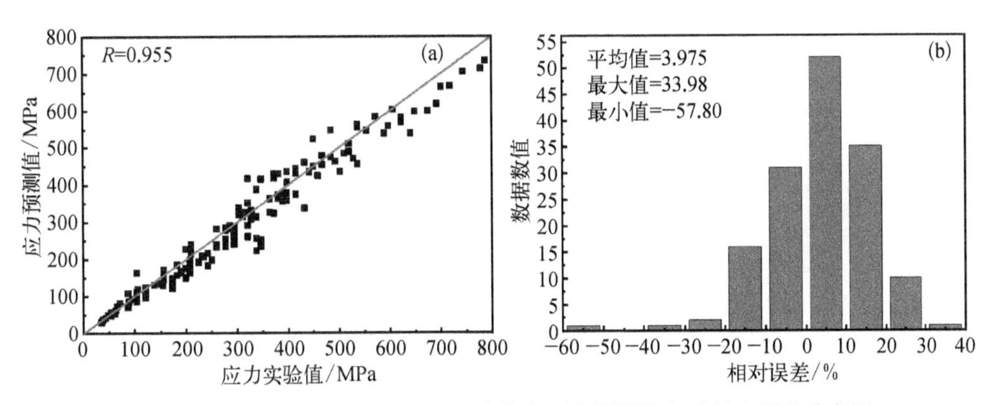

图 4－17　实验值与基于 Arrhenius 本构方程的预测值相关性和误差分布图

（a）相关性图；（b）误差分布图

（2）基于修正的 Zerilli－Armstrong 方程的高温压缩本构模型精确度验证

图 4－18 为不同应变速率下基于修正的 Zerilli－Armstrong 本构关系的理论预测值与实验值的对比图。由图可知当应变速率为 $0.1\ s^{-1}$ 和 $1\ s^{-1}$、应变大于 0.5 时

本构模型的误差较大，并且在温度低于 1 273 K 时误差尤其大，与此相反，应变速率为 3 s^{-1}和 30 s^{-1}、应变大于 0.5 模型的误差相对较小。在变形温度低于 1 273 K 时，模型无论在何种变形速率下误差值都相对较大，这说明所建立的本构关系在较高温度下精度较好。从图中还可以看出，虽然预测值大体都是在实验值上下波动，但是在有些变形条件下波动的幅度相对较大，在实际预测中整体上可以满足精度要求，但是对于单个应力点的描述则可能误差过大。

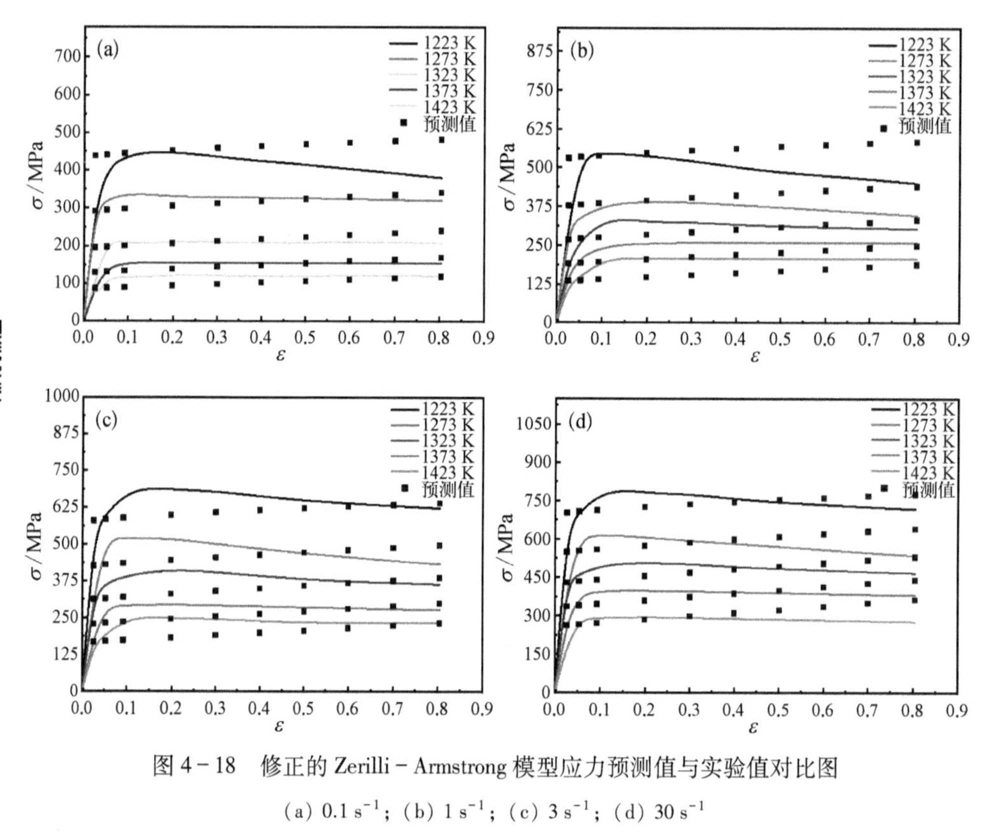

图 4－18　修正的 Zerilli－Armstrong 模型应力预测值与实验值对比图

(a) 0.1 s^{-1}；(b) 1 s^{-1}；(c) 3 s^{-1}；(d) 30 s^{-1}

图 4－19（a）为基于修正的 Zerilli－Armstrong 模型的应力预测值与基于实验的实际值之间的相关性图，拟合结果显示相关性系数等于 0.931 9，虽然在数值上略小于基于 Arrhenius 本构方程得到的预测值，但整体也体现出较高的相关性。图中位置点相对于 Arrhenius 本构方程来说则波动很大，数据预测的稳定性远不如 Arrhenius 本构方程。图 4－19（b）为修正的 Zerilli－Armstrong 本构关系预测值误差分布直方图，由图可知误差大多分布在－0.4～0.3，最大正负误差达到了 28.39%和－87.95%，这无论是在主要误差分布跨度还是最大正、负误差大小上均远远超过了 Arrhenius 本构方程，虽然绝对平均误差只有 3.365%，在数值上略小

于 Arrhenius 本构方程，但是数据的波动性太大，对单个应力值的预测往往达不到要求。通过对比上述两种模型的误差可知，在整体数据误差上修正的 Zerilli－Armstrong 本构关系为 3.365%，略小于 Arrhenius 本构方程的 3.975%，两者总体上都表现出较高的精度，但是通过误差分布分析可知考虑应变对参数影响的 Arrhenius 本构方程误差分布更集中，数据波动性比较小，因此更加适合用于单个应力值预测。

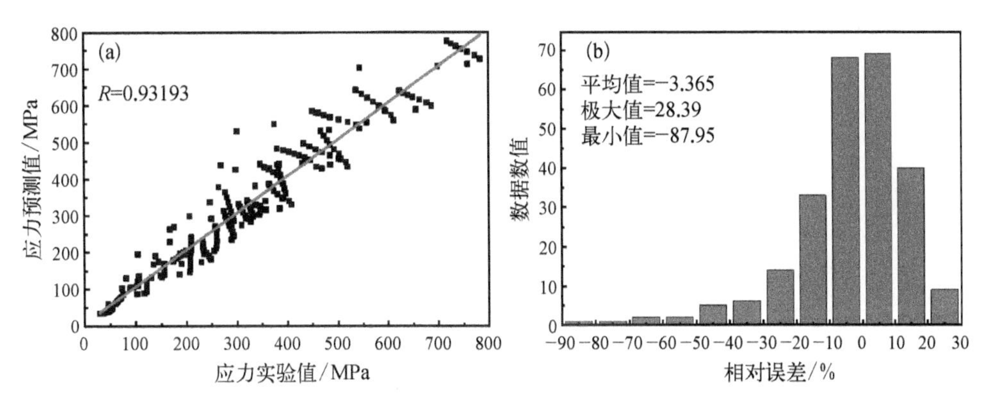

图 4－19　实验值与基于修正的 Zerilli－Armstrong 本构方程的预测值相关性和误差分布图

（a）相关性图；（b）误差分布图

4.4　热加工图理论

4.4.1　加工效率图

4.4.1.1　加工效率图的建立及分析

目前热加工图主要有基于原子模型和动态材料模型两种形式，前者中的代表为 Raj 加工图，由于计算推导中提出的假设导致其只适用于简单的合金或纯金属，不适用于复杂的合金，并且有大量的参数需要确定，往往需要人们对原子领域的知识有深入的了解，因此此类加工图在实际使用中有很大的局限性。后者最早是由 Prasad 和 Gegel 等提出的，此类加工图需要叠加效率图和失稳图，所得到的图可以正确反映材料的加工性能与变形时温度 T 与应变速率 $\dot{\varepsilon}$ 之间的关系，由于计算过程相对简单，且相关理论也可被大多数人理解，因此在目前广为采用。

基于动态材料模型的加工效率图理论认为金属在塑性变形中，变形金属吸收的总功率主要通过塑性变形和显微组织变化两个途径消耗，若输入的总功率都通过塑性变形而消耗，则材料内部的缺陷会越积越多而没有回复再结晶改善组织，故此时可认为加工性能很差，因此认为若输入的总功率中用于组织变化的比例越多则材料的加工性能越好，总输入功率的两个耗散途径可表示成式（4－27），其中 G 为塑性变形所消耗的功率，J 为组织转变所消耗的功率，P 为输入变形体的总功率，由此可见，若 J/P 越大则用于组织转变的功率越多，回复再结晶对组织的改善越充分，材料的加工性能越好。

$$P=\sigma\dot{\varepsilon}=G+J=\int_0^{\dot{\varepsilon}}\sigma\mathrm{d}\dot{\varepsilon}+\int_0^{\sigma}\dot{\varepsilon}\mathrm{d}\sigma \tag{4-27}$$

流动应力可表示为 $\sigma=K(\dot{\varepsilon})^m$，其中 $m=\partial\lg\sigma/\partial\lg\dot{\varepsilon}$，综上可得 $\Delta J/\Delta G\approx m$，$\Delta J/\Delta P\approx m/(m+1)$，为确定材料热变形过程中组织转变所消耗的功率在总输入功率中所占比例的大小，可以引入功率耗散系数 η，η 可以表示为

$$\eta=\frac{\Delta J/\Delta P}{(\Delta J/\Delta P)_{\text{line}}}=\frac{m/(m+1)}{1/2}=\frac{2m}{m+1} \tag{4-28}$$

这里 η 是关于 ε、$\dot{\varepsilon}$、T 的三元物理量，当应变固定不变时，η 是依赖 $\dot{\varepsilon}$、T 的二元函数，在三维坐标上作出三者的关系图即可得到三维加工效率图。在图中 η 值越大的地方表示变形体被输入的功率中用于组织转变的比例越大，用于回复再结晶的功率越多，晶粒改善越充分，加工性能越好。

根据 m 值的表达式可知，在特定的应变和温度下通过拟合 $\lg\sigma$ 与 $\lg\dot{\varepsilon}$ 之间的关系曲线可确定 m 的表达式，在这里发现利用三次多项式拟合便可达到较高的精度。以应变为 0.198、温度为 1 273 K 为例，图 4－20 为 $\lg\sigma$ 与 $\lg\dot{\varepsilon}$ 之间的拟合图。

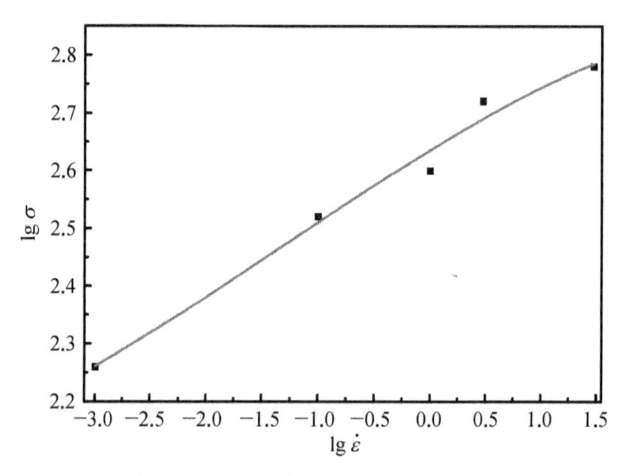

图 4－20　应变 0.198、温度 1 273 K 时 $\lg\sigma$ 与 $\lg\dot{\varepsilon}$ 拟合图

拟合得两者关系为 $\lg\sigma=2.635+0.118\,9\lg\dot{\varepsilon}-0.008\,7(\lg\dot{\varepsilon})^2-0.002\,2(\lg\dot{\varepsilon})^3$，于是 m 可表示为 $m=\partial\lg\sigma/\partial\lg\dot{\varepsilon}=0.118\,9-0.017\,4\ln\dot{\varepsilon}-0.006\,6(\ln\dot{\varepsilon})^2$，再根据加工效率参数 η 的表达式 $\eta=2m/(m+1)$ 可得加工效率参数 η 的形式为

$$\eta = \frac{0.237\,8 - 0.034\,8\lg\dot{\varepsilon} - 0.013\,2\,(\lg\dot{\varepsilon})^2}{1.118\,9 - 0.017\,4\lg\dot{\varepsilon} - 0.006\,6\,(\lg\dot{\varepsilon})^2} \tag{4-29}$$

利用同样的方式可求得其他条件下的 m 值与加工效率参数 η 值，表 4－7 为所得到的参数值，从表中可以看出 m 值分布在 0~0.2 之间，加工效率值分布在 0~1 之间，故所建立的方程符合实际。

表 4－7 应变为 0.198、温度为 1 273 K 时各参数值

应变速率/s^{-1}	0.001	0.1	1	3	30
m 值	0.111 7	0.129 7	0.118 9	0.109 1	0.078 8
η 值	0.201 0	0.229 6	0.212 5	0.196 7	0.146 1

利用同样的方法可以计算出不同应变下材料的参数 m、η 值，在此不再赘述。在经过计算得到不同条件下的失稳等参数值后，利用有关软件对所得到的参数进行离散插值，从而使这些参数在各个不同的变形条件之间尽可能连续分布，最后在 Origin 软件中作出加工效率值的等高线图即为加工效率图，如图 4－21 所示。

图 4－21 中显示出加工效率值较高的区域随着应变量的改变而发生改变，在图 4－21（a）中，当应变速率的对数值在−3 ~ −2.8、变形温度在 1 240 ~ 1 280 K 之间时材料的加工效率值较大；此外当应变速率的对数值在−1.5 ~ 1.5、变形温度在 1 300 ~ 1 380 K 之间时材料的加工效率值也比较高。从最高加工效率区域沿着箭头方向会出现三个低加工效率区，分别是应变速率的对数值在−2 ~ −1、变形温度 1 260 ~ 1 300 K 区间，应变速率的对数值在 1 ~ 1.5、变形温度 1 400 ~ 1 420 K 区间，以及应变速率的对数值在−1 ~ 0、变形温度 1 240 ~ 1 260 K 的区间，在这些区域加工效率值都小于 12%，属于加工性能较差的区域。随着应变值的逐渐增大，低应变速率低温条件下的高效率区消失，取而代之的是高温中等应变速率区间，在图 4－21（b）中高加工效率区出现在应变速率的对数值在−3 ~ −1、变形温度 1 380 ~ 1 420 K 区间，顺着箭头的方向会出现两个低效率区，分别是在低温高应变速率区和低温高应变速率区。图 4－21（c）和（d）表现出相似的规律，高加工效率区间都大致出现在应变速率的对数值在−3 ~ 0、变形温度 1 320 ~ 1 420 K 区间，且沿着箭头方向都会在低温低应变速率下出现低加工效率区间。随着应变的继续扩大，图 4－21（e）和（f）中高加工效率区都出现在应变速率的对数值在−2.2 ~ 0.5、变形温度 1 330 K 以上的区间，并且低效率区同样都是在高温高应变速率区间和低温低应变速率区间。

从以上的分析可知，随着应变的逐渐增大，加工效率图上会逐渐出现两个低效率区间，分别位于低温低应变速率和高温高应变速率变形条件下。这主要是由于在低温低应变速率下虽然材料有充足的时间发生回复再结晶，但是低温限制了

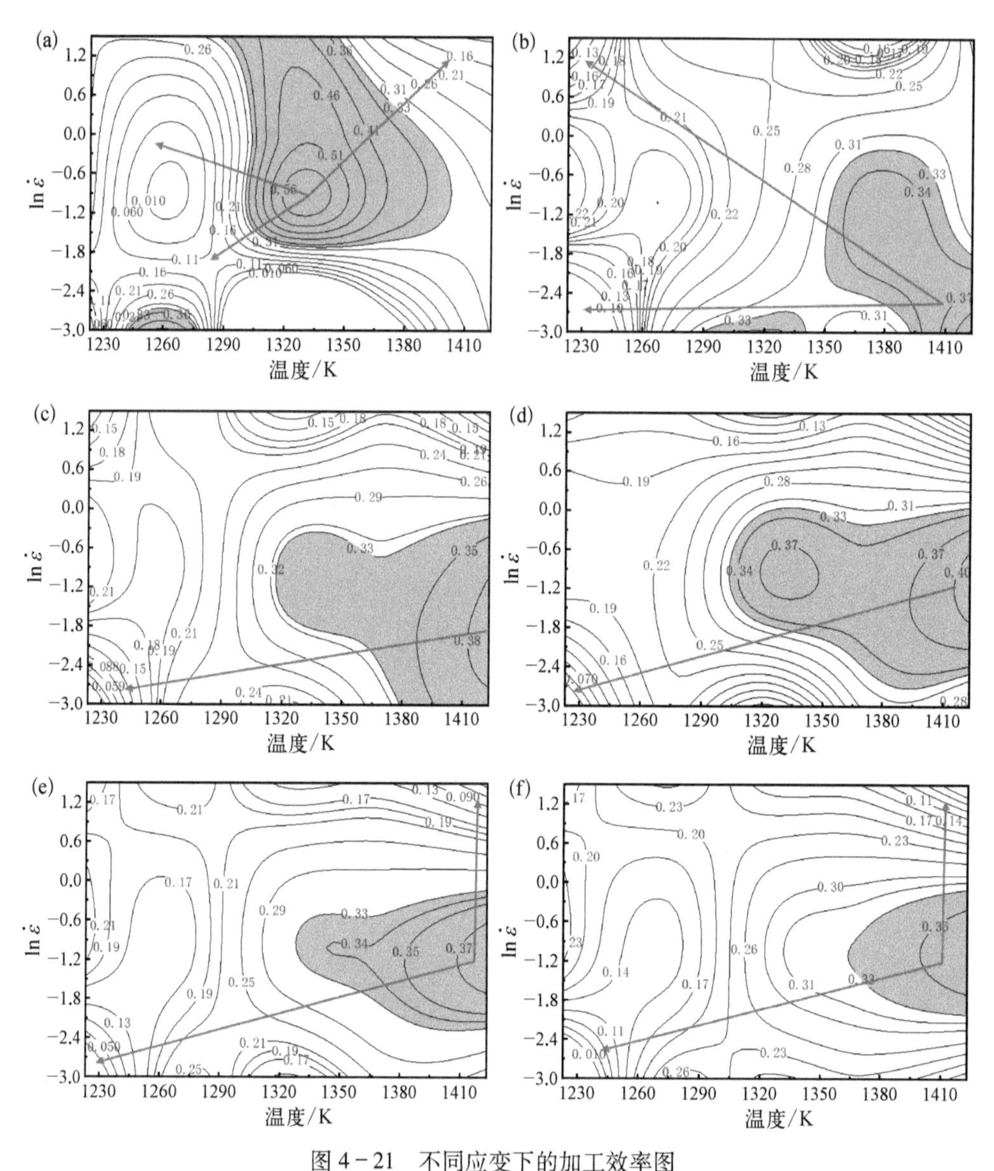

图 4-21　不同应变下的加工效率图

(a) 0.026 4；(b) 0.052 8；(c) 0.092 4；(d) 0.198；(e) 0.500 6；(f) 0.804 2

回复再结晶的进行，因此材料的加工效率比较低；在高温高应变速率下虽然材料在热力学角度满足发生回复再结晶的条件，但是过快的变形速率导致回复再结晶这一过程无法充分进行。随着应变的增大，图中的高效区的形状和位置也是在不断变化的，在应变增大过程中低温下的高效区间会慢慢消失，取而代之的是高温中等应变速率高效区间的出现，并且随着应变的增大，高效区间的面积先增大后减小，说明应变在 0.2~0.6 之间加工性能较好。通过以上分析可得出 GH4698 镍基高温合金塑性加工时的高效率区为应变速率的对数值在 -2 ~ 0.5、变形温度 1 273 ~ 1 423 K 的区间，此时材料变形时有三分之一以上的能量可用于组织转变来消除加工硬化从而改善加工性能。

4.4.1.2　应变对加工效率值的影响

图 4-22 为不同应变速率和温度下材料的加工效率值随着应变的变化图，由图可以发现当应变量小于 0.1 时，加工效率值随着应变的增大基本没有规律性，

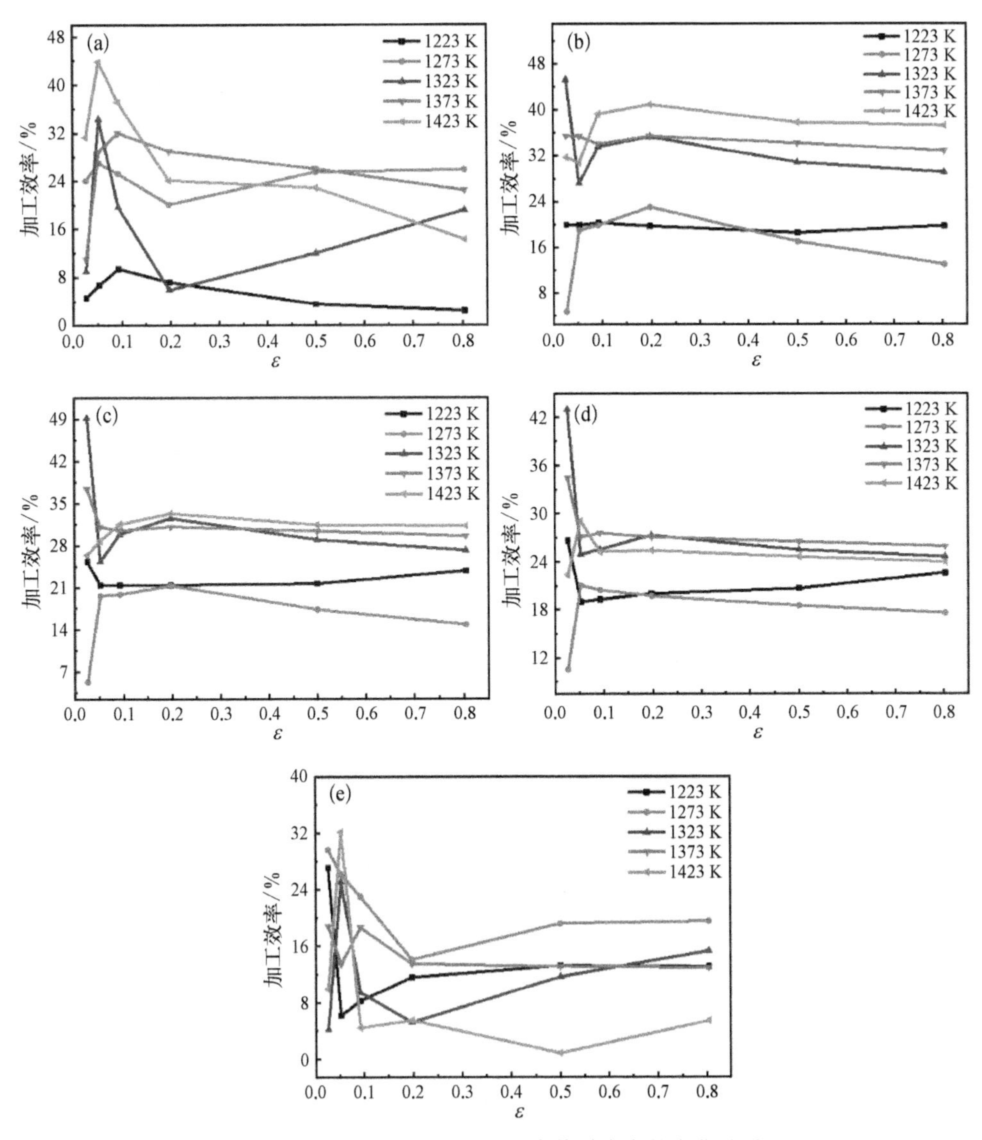

图 4-22　不同条件下加工效率值随应变的变化关系

(a) 0.001 s^{-1}；(b) 0.1 s^{-1}；(c) 1 s^{-1}；(d) 3 s^{-1}；(e) 30 s^{-1}

这主要是因为在变形开始阶段外界条件会影响到工件变形，并且在小应变时会有弹性应变，而加工效率图中主要讨论塑性应变和组织变化这两部分，为了排除此部分的影响本章主要讨论应变量大于 0.2 的部分。

当应变速率较小时，材料在高温下加工效率值较高，从图 4－22（a）中可知当应变速率为 0.001 s^{-1}时材料在 1 373 K 时的加工效率值比其他温度时高，大约维持在 25%以上，最大值可达到 33%，然而当温度为 1 223 K 时材料的加工效率值很低，整个变形过程中大约都维持在 3%～5%，这是因为在低温下动态回复再结晶较难发生。从图 4－22（b）、（c）、（d）中可以看出当变形速率为 0.1～3 s^{-1}时材料在 1 373～1 423 K 加工效率值均比其他温度高，并且随着应变速率的增大材料的最大加工效率值从 35%～40%逐渐减小到 25%，这是由于在高温下回复再结晶相比低温下更容易发生，大的应变速率下虽然温度足够高但是回复再结晶没有充分的时间进行。图 4－22（e）中在任何的温度下加工效率值都小于 20%，这再次证明了回复再结晶不仅与温度有关，也与变形速率息息相关。

结合以上热加工效率图的分析可说明 GH4698 高温合金的高加工效率对应的加工条件为变形速率为 0.1～3 s^{-1}、温度大于 1 323 K 的区间，此时可以保证尽量多的输入功率用于组织转变从而改善合金的锻后性能，此变形条件和实际锻造这种合金所采用的锻造工艺符合得很好。

4.4.2 加工失稳图

通过加工效率图理论上就可以确定材料的最佳加工参数了，但是在实际中加工性能往往在高效区并不总是最好的，这是因为材料在变形时有可能出现流变失稳现象，这类现象包括材料破坏、折叠等。因此在确定最佳加工工艺时需要同时考虑加工效率图和加工失稳图。目前 Prasad 提出的失稳判据使用较为广泛，同时 Gegel、Malas 以及 Murty 失稳判据也被人们广泛接受。在本章中选择使用最为广泛的 Prasad 判据建立材料的失稳图并对其合理性进行了讨论。

Prasad 失稳判据如式（4－30）所示，式中 $m=\partial\lg\sigma/\partial\lg\dot{\varepsilon}$，采用三次多项式拟合 $\lg\sigma$ 和 $\lg\dot{\varepsilon}$ 之间的函数关系，其导函数便是 $m=A+B\lg\dot{\varepsilon}+C\lg\dot{\varepsilon}^2$。

$$\xi(\dot{\varepsilon})=\frac{\partial\ln\left(\frac{m}{m+1}\right)}{\partial\ln\dot{\varepsilon}}+m<0 \tag{4-30}$$

因此最终的失稳判据可以表示为式（4－31），若此判据的值小于零则说明材料塑性变形金属流动会局部化，最终发生流变失稳。

$$\xi(\dot{\varepsilon}) = \frac{B + 2C\lg\dot{\varepsilon}}{(A + B\lg\dot{\varepsilon} + C\lg\dot{\varepsilon}^2)\cdot(A + 1 + B\lg\dot{\varepsilon} + C\lg\dot{\varepsilon}^2)\cdot\ln 10} + A + B\lg\dot{\varepsilon} + C\lg\dot{\varepsilon}^2 \tag{4-31}$$

以应变为 0.198、温度为 1 273 K 为例，所求得不同应变速率下的失稳参数如表 4－8 所示，由表可知失稳参数在应变速率为 30 s^{-1}时小于零，此时会出现流变失稳。

表 4－8　应变为 0.198、温度为 1 273 K 时的失稳参数值

应变速率/s^{-1}	0.001	0.1	1	3	30
$\xi(\dot{\varepsilon})$ 值	0.179 9	0.114 6	0.062 1	0.025 6	−0.102 9

利用同样的方法可以确定其他变形条件下的失稳参数，在得到这些参数后利用 Matlab 软件对数值离散，并用 Origin 软件作出的等高线失稳图如图 4－23 所示。从图中可以看出失稳图的失稳区间也是随着应变量的变化而发生变化的，图 4－23（a）中当应变为 0.026 4 时，失稳区间面积较大，在应变速率的对数值在−3 ~ −0.7、温度在 1 223 ~ 1 300 K 的区间，应变速率的对数值在−3 ~ −1.5、温度在 1 340 K 以上的区间，以及应变速率的对数值大于 0.5、温度在 1 280 ~ 1 360 K 和 1 415 ~ 1 420 K 的区间都会出现流变失稳现象。图 4－23（b）中对应的应变量为 0.052 8，此时失稳区间为低温下的高、低应变速率区间和高温下的高应变速率区间，对应图中的应变速率的对数值大于 0.5、温度在 1 223 ~ 1 280 K 的区间，应变速率的对数值小于−2、温度在 1 223 ~ 1 240 K 的区间，以及应变速率的对数值大于 1、温度在 1 360 ~ 1 400 K 的区间。随着应变的继续增大，失稳区间逐渐表现出一定的规律性，在图 4－23（c）和（d）中，塑性流动失稳区间形状和位置都很接近，出现在低温低变形速率加工条件和高温高变形速率加工条件下，且同时在低温高变形速率加工条件下也出现较小的失稳区。图 4－23（e）和（f）中 GH4698 合金的失稳加工条件区间大致相同，即低温低变形速率加工条件和高温高变形速率加工条件区间，但相比于图 4－23（c）和（d）高温区间稍有减小，低温失稳区间形状稍有拉长，且高温低应变速率的失稳区间彻底消失。此外图中显示出在任何应变条件下，当应变速率的对数值位于−0.8 ~ 0.3 的区间时，无论温度在 1 223 ~ 1 423 K 之间如何变化材料都不会进入加工失稳区间，因此选择此条件范围内的加工参数比较安全，不会出现流变失稳现象。

综合叠加建立的效率图和失稳图可以得到材料的加工图，叠加后所得到的材料的加工图如图 4－24 所示，由图和以上综合分析可知随着应变的增大，材料会出现高温高应变速率和低温低应变速率两个失稳区间，分别大概对应应变速率的

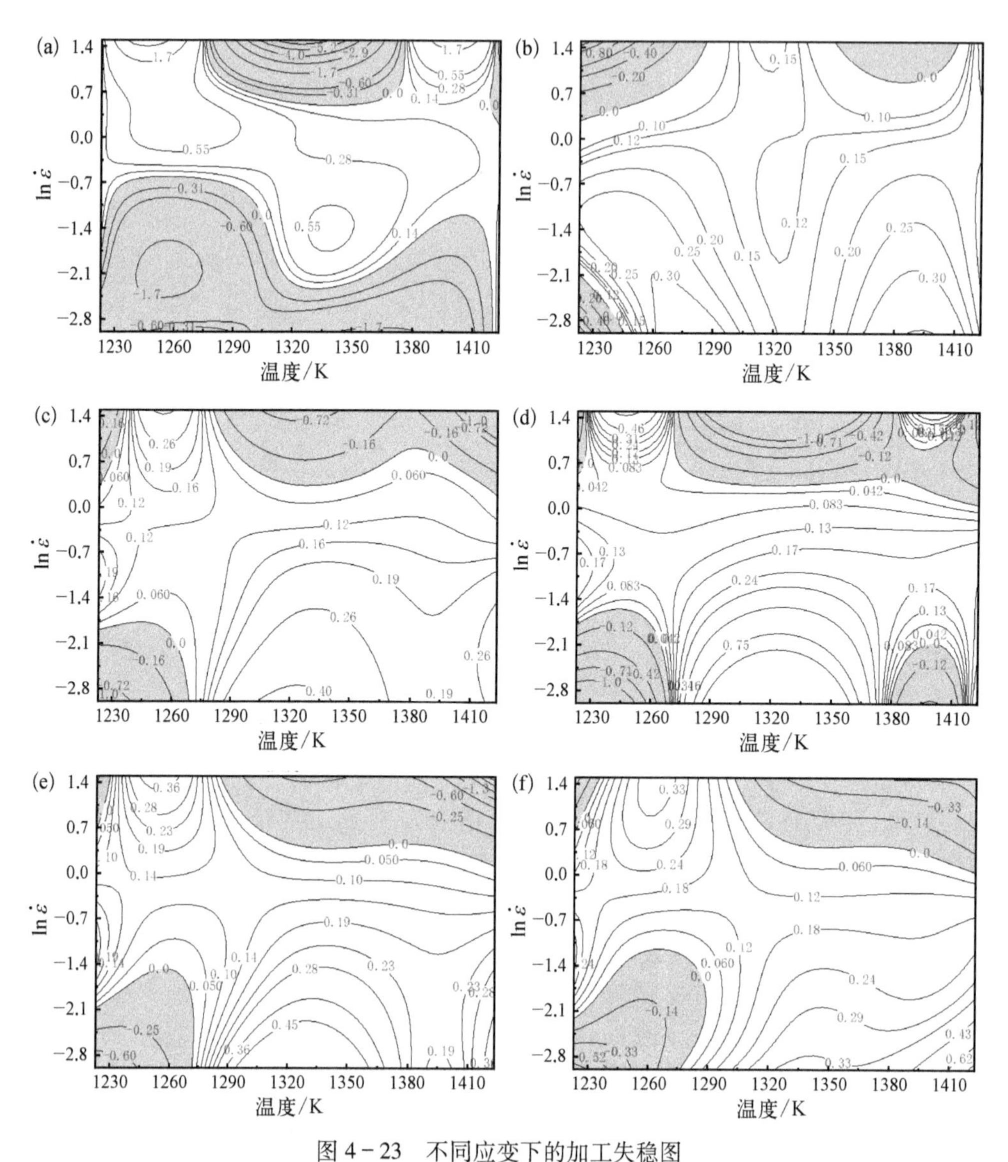

图 4-23　不同应变下的加工失稳图

(a) 0.026 4；(b) 0.052 8；(c) 0.092 4；(d) 0.198；(e) 0.500 6；(f) 0.804 2

对数值大于 0.5、温度介于 1 300~1 420 K 的区间和应变速率的对数值小于-1.5、温度介于 1 223~1 280 K 的区间。结合图中的高效率加工区间和失稳区间最终可知 GH4698 镍基高温合金的最佳塑性变形条件为温度高于 1 300 K、应变速率介于 0.01~1 s^{-1}的区间，且为了高效区间可能更大，最佳的应变量大约在 0.2~0.6 之间。

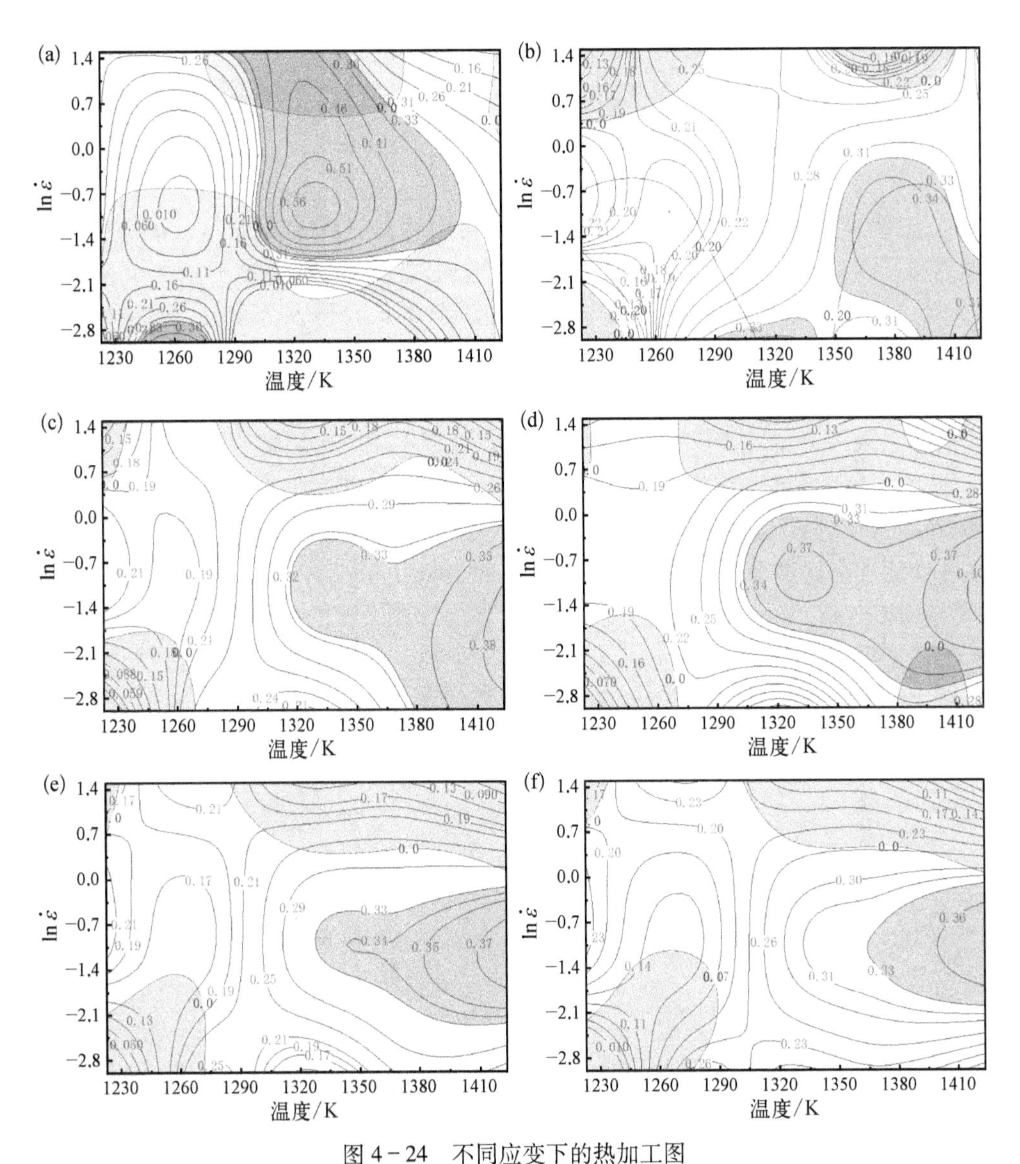

图 4－24　不同应变下的热加工图

(a) 0.026 4；(b) 0.052 8；(c) 0.092 4；(d) 0.198；(e) 0.500 6；(f) 0.804 2

4.4.3　热加工图的合理性分析

在建立了 GH4698 合金的热加工图后，需要对其合理性进行验证，此类的验证通过其他手段一般较难进行，目前可采用分析不同变形条件下的金相照片和透射照片来分析变形过程中的塑性变形和组织变化情况。在加工图上对应的高效率加工条件区域，材料吸收外界输入的总功率中用于组织转变的比例越大，在理论上材料在这种加工条件下组织越均匀，晶粒细化越明显；在失稳图上对应的失稳加工条件区域，材料在热变形过程中容易出现流变失稳，因此在理论上组织性能会较差。

4.4.3.1 不同变形条件下金相照片对比

图 4－25 为 GH4698 高温合金在不同变形条件下的金相照片。由图 4－25 可以看出，GH4698 合金热变形后的晶粒组织大小与变形参数有很大关系，图 4－25（g）对应的加工条件下，材料的加工效率值较低，合金在变形过程中只发生了晶粒拉长，出现了缺陷的塞积等特征，而没有动态再结晶改善内部组织，因此此条件下的加工性能很差；图 4－25（a）、（e）、（f）、（b）、（c）、（d）对应的加工条件下加工效率值逐渐增大，变形过程中用于组织转变的功率比例也逐渐增大，从金相照片中可以看出，晶粒尺寸也是越来越细小，材料在变形过程中都发生了再结晶。这说明在热变形过程中，随着加工效率值的增大，材料用于组织转变的功率比例增大，因此变形后的组织性能也就越好。图 4－25（h）材料所处的加工条件下，在加工效率图上可以看出加工效率参数的数值为 5%，而且此时在失稳图上可以看出失稳参数的数值小于零，故加工处于失稳区，此时从金相照片上可以看出晶粒很粗大，随着变形的加大晶粒被拉长，缺陷塞积很严重，基本没有发生再结晶，材料很容易在加工过程中被破坏。

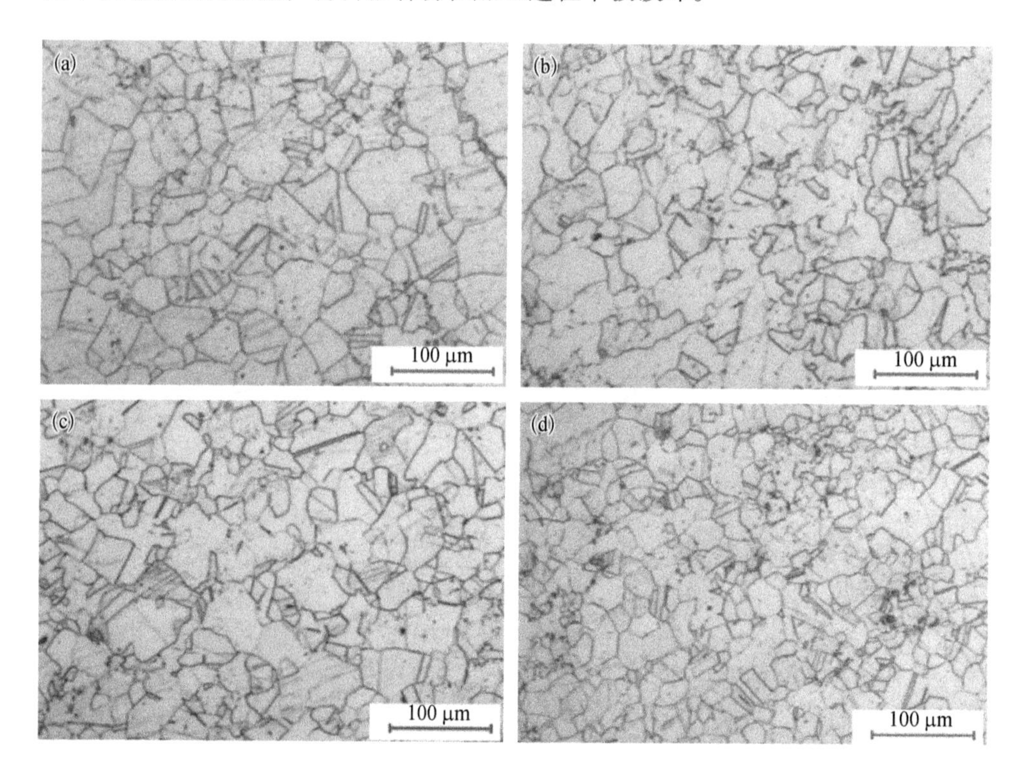

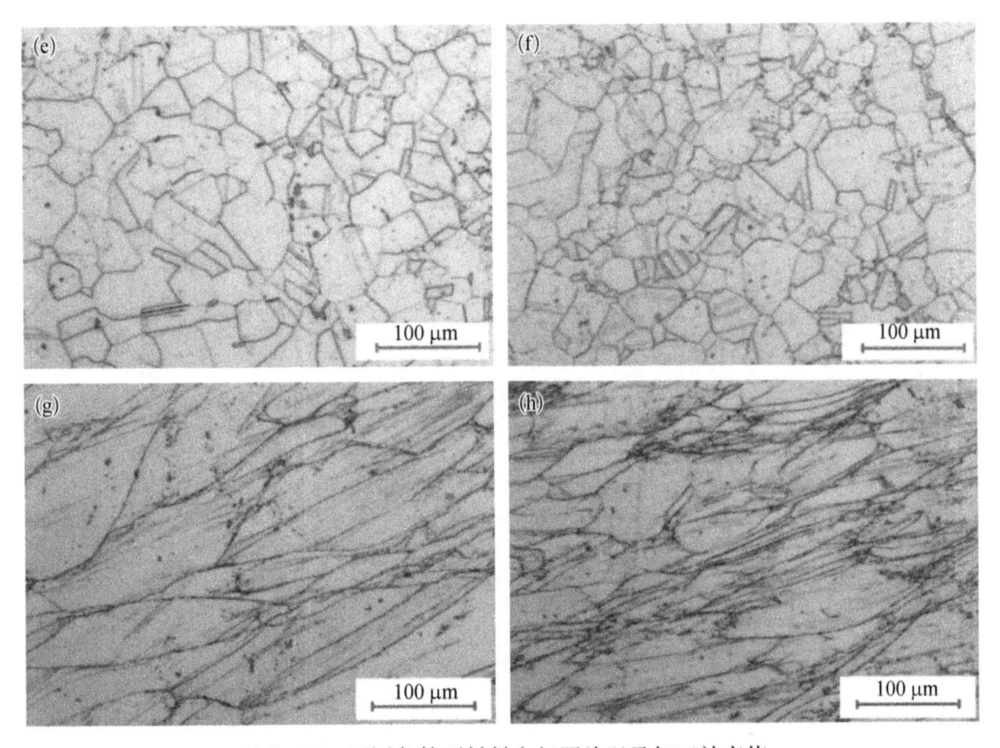

图 4－25　不同条件下材料金相照片以及加工效率值

(a) 1 323 K、0.001 s^{-1}、50%，效率=16%；(b) 1 323 K、0.001 s^{-1}、80%，效率=22%；
(c) 1 323 K、3 s^{-1}、80%，效率=23%；(d) 1 323 K、1 s^{-1}、80%，效率=27%；
(e) 1 373 K、0.1 s^{-1}、50%，效率=19%；(f) 1 373 K、0.1 s^{-1}、80%，效率=21%；
(g) 1 223 K、0.001 s^{-1}、80%，效率=8%；(h) 1 423 K、30 s^{-1}、80%，效率=5%

4.4.3.2　不同变形条件下的透射照片对比

图 4－26 为 GH4698 高温合金在不同的变形条件下观察到的透射照片的位错分布情况，从图 4－26（a）中可以看出，此条件下材料的加工效率可达到 27%，此时材料内部位错密度相对较小；在图 4－26（b）中，加工效率只有 16%，此时透射电镜显示出的材料内部位错密度相对于图 4－26（a）增大了许多；而图 4－26（c）中材料处于加工过程中的失稳区，加工效率最小，此时材料内部的位错密度最大。由透射照片可以证明，材料内部的位错等缺陷发生严重的塞积恰好可以对应加工图上效率值很低的区域，说明建立的加工图是符合实际的。

4.5　本 章 小 结

本章采用 MTS810.13 试验机对 GH4698 镍基高温合金在高温、不同应变速率下进行了热压缩试验，在得到合金的真应力-应变曲线后基于考虑应变的 Arrhenius 方

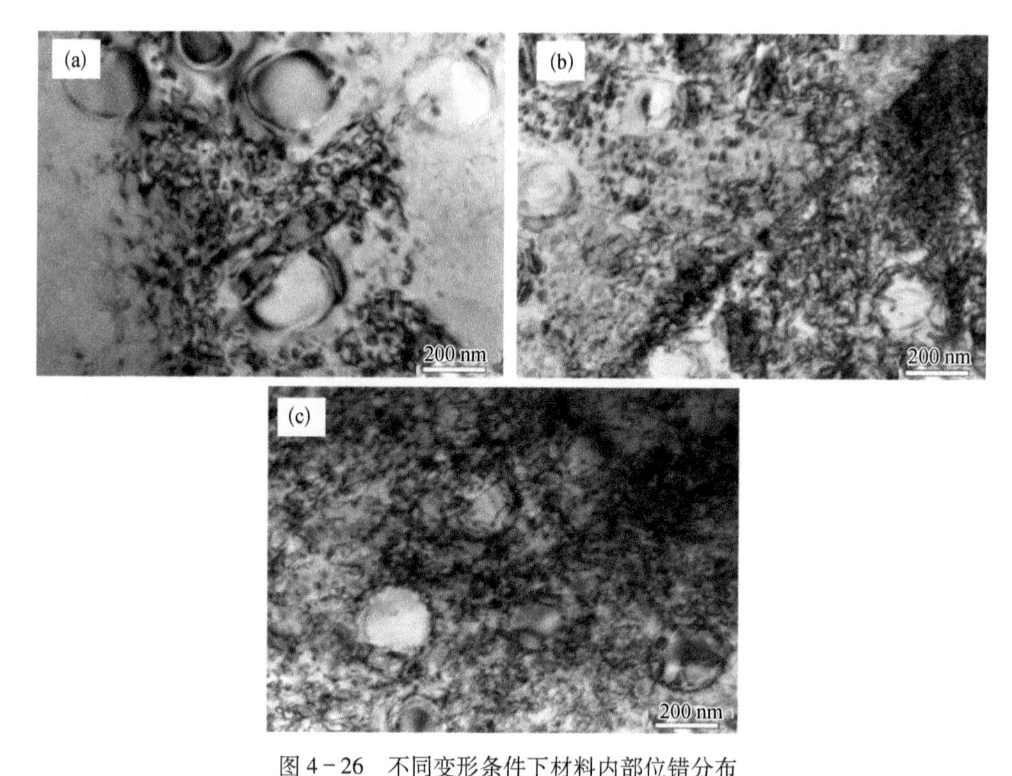

图 4-26　不同变形条件下材料内部位错分布

(a) 1 323 K、1 s^{-1}、80%；(b) 1 323 K、0.001 s^{-1}、50%；(c) 1 423 K、30 s^{-1}、80%

程和修正的 Zerilli - Armstrong 方程建立了材料的本构关系，与此同时也建立了此合金的热加工图以及回复再结晶模型，基于对它们的研究分析可得到以下结论：

1）基于修正的 Zerilli - Armstrong 模型建立的 GH4698 高温合金本构关系绝对平均误差为 3.365%，有多达 7 个参数需要通过实验和数学方法测定，可见虽然该数学模型在高温下精度较高，但是计算过程很复杂繁琐。基于考虑应变的 Arrhenius 模型建立的 GH4698 高温合金本构关系绝对平均误差为 3.975%，此种本构方程也表现出很高的精度，且此模型只有 4 个参数需要确定，计算相比于前一种模型更加简单，通过对比误差的分布可知考虑应变的 Arrhenius 模型相关性更好，预测值波动性更小，对于单个应力的预测往往更加精确。

2）通过对基于相关判据建立的加工图的分析可知，GH4698 高温合金在温度为 1 300~1 423 K、应变速率在 0.01~1 s^{-1}时加工性能最好，此时加工效率图上的区间为相对高效区间，与此同时在失稳图上此区间也不会出现流变失稳。通过对相关变形条件下材料热压缩后的金相照片和透射照片的分析可知，当材料加工效率图上效率值较高时，晶粒较细小；当加工效率值较低时，晶粒相对较粗大；在加工效率高的区域位错密度相对较小，在失稳区位错塞积严重，此时金属变形塑性流动易局部化，导致金属容易发生破坏，最终说明本章所建立的加工图是合理有效的。

参 考 文 献

[1] 赵钺. 烟气轮机转子剩余寿命预测 [D]. 沈阳：沈阳工业大学，2007：58－66.

[2] 贾锦虹，杨肆滨，刘朝晖. GH2136 锻造过程对晶粒度的影响 [J]. 机械工程师，2012 (1)：84－83.

[3] 万金川，王海山，王伟光. 涡轮转子用 GH4141 高温合金锻造工艺研究 [J]. 火箭推进，2010 (6)：30－35.

[4] Wang H S, Chen H G, Gu J W, et al. Improvement in strength and thermal conductivity of powder metallurgy produced Cu－Ni－Si－Cr alloy by adjusting Ni/Si weight ratio and hot forging [J]. Journal of Alloys and Compounds, 2015, 633: 59－64.

[5] 龚乃国. 电热合金 Cr20Ni80 热变形行为及热加工图研究 [D]. 兰州：兰州理工大学，2014：66－73.

[6] Zhou H T, Peng Q Z, Yang H X, et al. Dynamic recrystallization during hot deformation of GH690 alloy: a study using processing maps [J]. Journal of Nuclear Materials, 2014, 448 (1－3): 153－162.

[7] Zhang M J, Li F G, Wang S Y, et al. Characterization of hot deformation behavior of a P/M nickel-base superalloy using processing map and activation energy [J]. Materials Science and Engineering A-Structural Materials Properties Microstructure and Processing, 2010, 527 (24－25): 6771－6779.

[8] Xu Y, Shu Q, Guo B, et al. Microstructural characterization of spray formed FGH4095 superalloy during hot deformation [J]. Journal of Iron and Steel Research International, 2013, 20 (7): 57－62.

[9] 师昌绪，仲增墉. 我国高温合金的发展与创新 [J]. 金属学报，2010 (11)：1281－1288.

第 5 章　镍基高温合金高温压缩过程动态再结晶有限元模拟

5.1 引　　言

镍基高温合金通常是在高温下加工成零件。而其在热塑性变形过程中会发生微观组织演变，例如静态再结晶、晶粒长大以及动态再结晶等过程。众所周知，微观组织是影响产品机械性能和使用性能的主要因素[1-4]。因此，调整镍基高温合金热加工过程中的主要工艺参数，从而控制产品的最终微观组织以及宏观力学性能，已逐渐成为塑性加工领域广大学者研究的热点。由于涡轮叶片等产品的机械性能要求极高，不仅要“成形”还要“控性”[5]。但镍基高温合金锻压成形温度区间范围非常窄，并且这种高温合金的合金化程度较高会导致变形困难，而且对于几何结构复杂的产品，变形会极度不均匀。因此，控制产品微观组织均匀分布是镍基高温合金成形过程中很难攻克的问题。因此，研究镍基高温合金热变形过程的变形行为和微观组织演化规律，对提高涡轮叶片等产品的机械性能和使用性能具有极其重要的指导意义。

然而仅仅通过传统实验的方法来确定镍基高温合金最佳的成形工艺参数会大大增加研究成本，而且研究周期较长。因此，通过理论研究建立镍基高温合金本构模型和再结晶模型来解决上述问题是十分有意义的。借助计算机技术将理论模型集成到有限元软件中进行二次开发实现对微观组织演变数值模拟，这对定量表征成形工艺参数、微观组织演变和产品性能之间的关系具有重要的意义，且具有实验不可比拟的优越性。除此之外，通过微观组织演变数值模拟对材料的微观组织演变及产品性能等进行预测，为新产品开发制定最佳的成形工艺参数提供科学依据。在“控形”的同时实现“控性”，对提高产品机械性能具有极其重要的意义。

5.2 回复再结晶模型

5.2.1 动态再结晶临界应变模型

在通常情况下，材料在塑性变形过程中是否会发生回复再结晶在宏观上主要取决于激活能以及变形量的大小，而在微观上则取决于位错的分布及密度大小，也就是说能否发生回复再结晶与位错等缺陷密度是否达到临界值有关。当激活能大小一定时，随着变形量的逐渐增大，材料内部会发生一系列的变化，在变形过程中加工硬化作用持续增强，这将导致材料逐渐发生回复再结晶，最终软化作用和变形强化作用达到平衡状态。在这一过程中，临界应变通常是用来衡量金属在变形中发生再结晶与否的重要因素，若变形量大小没有达到临界应变，即使变形温度足够高合金也无法发生回复再结晶，只有应变量和温度同时满足条件，回复再结晶才可进行。研究表明，金属的临界应变与峰值应变有很大关系，在真应力-应变曲线上，材料发生回复再结晶时对应的应变量为回复再结晶临界应变量，这个量无法直接从曲线上读出，需要借助数学处理方法才可间接知晓。

材料的加工硬化率 $\theta = \partial\sigma/\partial\varepsilon$ 是表征材料的应力值随应变量的变化快慢的物理量，研究表明通过建立参数 θ 和流动应力 σ 的关系并处理可用来描述材料的回复再结晶临界应变，存在峰值的真应力-应变曲线其参数 θ 随着流动应力变化图会出现拐点特征。图 5－1 为参数 θ 和变形应力的关系图[6]，此图的变化可以分为以下几个区域：第一区域为易滑移区域，此时对应的应力很小，变形才刚开始，此时金属内部的位错等缺陷在移动时基本不会受到其他缺陷的限制，这一区域加工硬化率的值非常低，在金属的内部会逐渐汇聚位错缺陷段。第二区域为线性硬化阶段，此过程发生在易滑移阶段后，从图中可以看出加工硬化率突然增大到一个很高的水平，且在理论上保持恒定值，这是因为随着应变量的逐渐增大，位错之间产生相互影响，位错密度迅速增大，从而使位错等缺陷的移动变得很难，加工硬化率变大。第三区域为回复硬化区域，在区域可看出材料的硬化率随着应力的增大出现降低，此区域也被称为抛物线硬化区域，此区域出现的主要原因是随着应变的增大材料内部发生动态回复过程，虽然此时位错等缺陷的密度逐渐增大导致加工硬化作用变大，但是回复软化作用使得部分硬化作用得以抵消，因此加工硬化率变小，应力上升速度得以放缓，呈现出抛物线强化趋势。第四区域是大变形强化区域，此区域显示，随着应变量的增加，材料的硬化率下降趋势放缓，随着回复作用的增强，材料的加工硬化率理应按照一定速率持续变小，但是由于位错密度等缺陷的增大，形成的亚晶界和位错胞会对合金的强度起到增大作用，因此合金的硬化率降低速率稍有放缓，并最终以另一个较慢的速率下降。第五区域为再结晶软化区域，此时材料内部的位错等缺陷的密度已经达到阈值，且在此区间材料发生回复再结晶，软化作用越来越强。第四阶段和第五阶段会出现拐点，拐点后的曲线表明材料的加工硬化率快速降低并变为负值，拐点处的应力值便是发生回复再结晶临界应力，据此可在真应力-应变曲线上确定临界应变，加工硬化率由正变负的地方所对应为峰值应力，此时应力-应变曲线斜率为零。

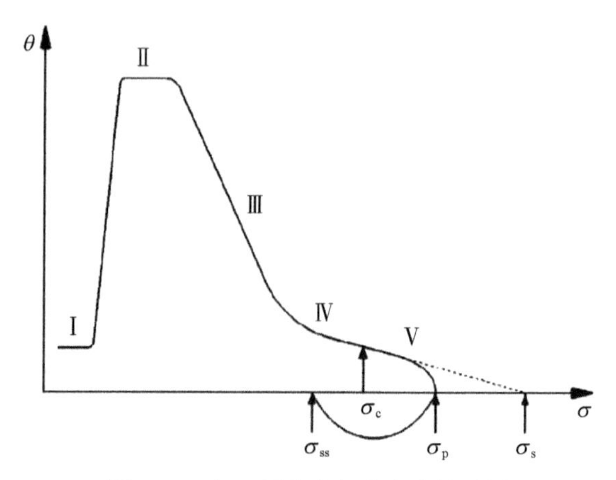

图 5-1　加工硬化率与应力的关系图

动态回复再结晶临界应变模型可以通过式（5-1）和式（5-2）确定，其中 ε_c 为临界应变值，ε_p 为出现最大应力时对应的峰值应变，a_1 和 a_2 分别为常数，它们可通过特定条件下的参数拟合得到。

$$\varepsilon_c = k \cdot \varepsilon_p \tag{5-1}$$

$$\varepsilon_p = a_1 \cdot Z^{a_2} \tag{5-2}$$

在式（5-2）中，Z 参数是回复再结晶中一个非常重要的参量，如式（5-3）所示。$\dot{\varepsilon}$ 为应变速率；Q 为变形激活能（kJ/mol），计算出其值大小为 646.341 kJ/mol；R 为理想气体常数，取 8.31 J×mol；T 为热力学温度（K）。

$$Z = \dot{\varepsilon} \cdot e^{Q/RT} \tag{5-3}$$

许多研究表明峰值应变和临界应变两者之间的比例系数 k 为一介于 0~1 之间的常数，很多学者在处理时根据参考文献以及实际经验直接将此值选择为 0.6~0.85 之间的某一个值，并利用此比值来代入计算体积分数模型，在本章中采用真应力-应变曲线的导函数的拐点来确定临界应变值。然而材料的应力-应变曲线并不是平滑曲线，因此无法用数学式来直接精确描述，首先采用多项式拟合出所需曲线的表达式，再利用求导的方法计算加工硬化率。

以变形时 T 为 1 223 K、应变速率 $\dot{\varepsilon}$ 为 30 s^{-1} 为例来说明，由于回复再结晶临界应变小于峰值应变，为了达到更高的拟合精度只需拟合应变量小于峰值应变部分的应力-应变曲线，利用七次多项式拟合后的表达式为式（5-4）：

$$\sigma = 3.1349E8\varepsilon^7 - 3.9543E8\varepsilon^6 + 2.0482E8\varepsilon^5 - 5.6219E7\varepsilon^4 + 8.8088E6\varepsilon^3 - 7.9209E5\varepsilon^2 + 3.8826E4\varepsilon - 72.1138 \tag{5-4}$$

在真实应力-应变曲线上应力对应变的导数定义为加工硬化率 $\theta = d\sigma/d\varepsilon$，故对所拟合的应力应变曲线的关系式求一阶导数即加工硬化率的函数，图 5－2（a）为峰值应变附近的加工硬化率的函数图像，对于加工硬化率的函数在拐点附近利用多项式拟合，如图 5－2（b）所示，通过对拟合后得到的函数求导数便可求得图 5－2（a）中加工硬化率函数的拐点。

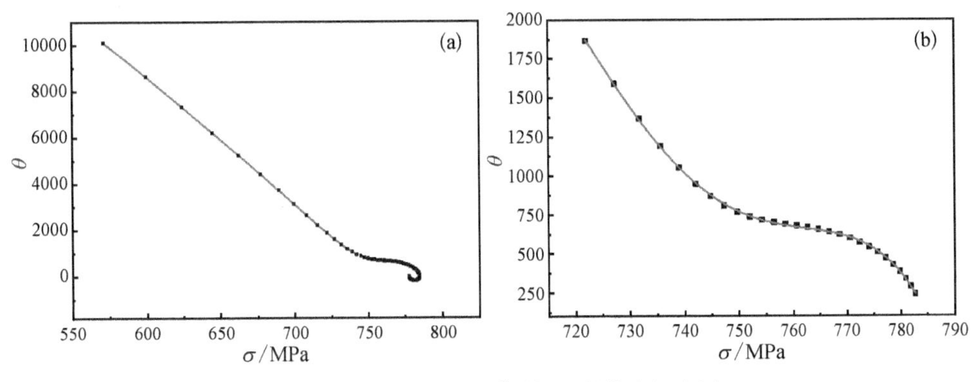

图 5－2　1 223 K、30 s^{-1}时加工硬化率拟合图

（a）整体图；（b）拐点附近详细图

图 5－2（b）中拟合函数的解析式为

$$\theta = -3.7981\times 10^{-4}\sigma^4 + 1.1275\sigma^3 - 1254.1856\sigma^2 + 619566\sigma - 1.1468\times 10^8 \tag{5-5}$$

对式（5－5）求导可得

$$f(\sigma) = d\theta/d\sigma = -1.5192\times 105\sigma^3 + 3.3824\sigma^2 - 2508.3711\sigma + 619566.6 \tag{5-6}$$

图 5－3 为式（5－6）的函数图像，从图中可以看加工硬化率的导函数在临界应变附近先增大后减小，最大值即对应加工硬化率函数的拐点处，此时对应的应力值即为临界应力，故此条件下临界应力值 $\sigma_c = 762.4$ MPa，进而通过真应力-应变曲线可知此条件下的临界应变 $\varepsilon_c = 0.09623$。

根据以上方法可求出其他条件下临界应变值，图 5－4 和图 5－5 分别为部分变形条件下加工硬化率与应力的关系图以及加工硬化率的导函数与应力的关系图。

通过计算拟合后所得到的 GH4698 高温合金在所有实验条件下的 ε_c、ε_p 等参数见表 5－1，在得到临界应变和峰值应变后对它们进行直线拟合便可得到式（5－1）中的参数 k，拟合 Z 参数与 ε_p 的对数可求得式（5－2）中的参数 a_1、a_2，拟合过程见图 5－6。

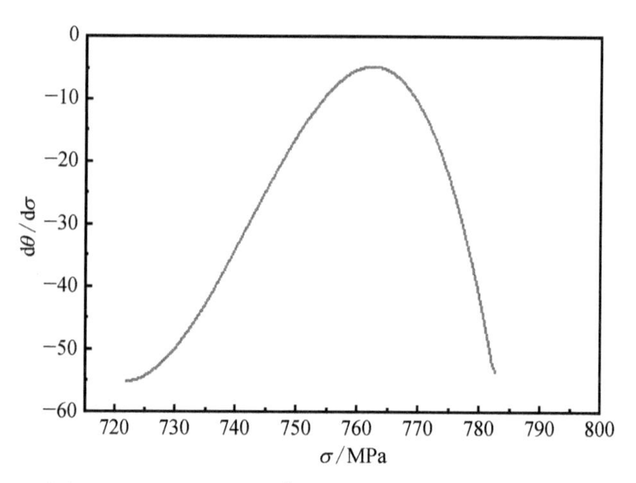

图 5-3　1 223 K、30 s^{-1}时 $d\theta/d\sigma$ 与 σ 之间的关系图

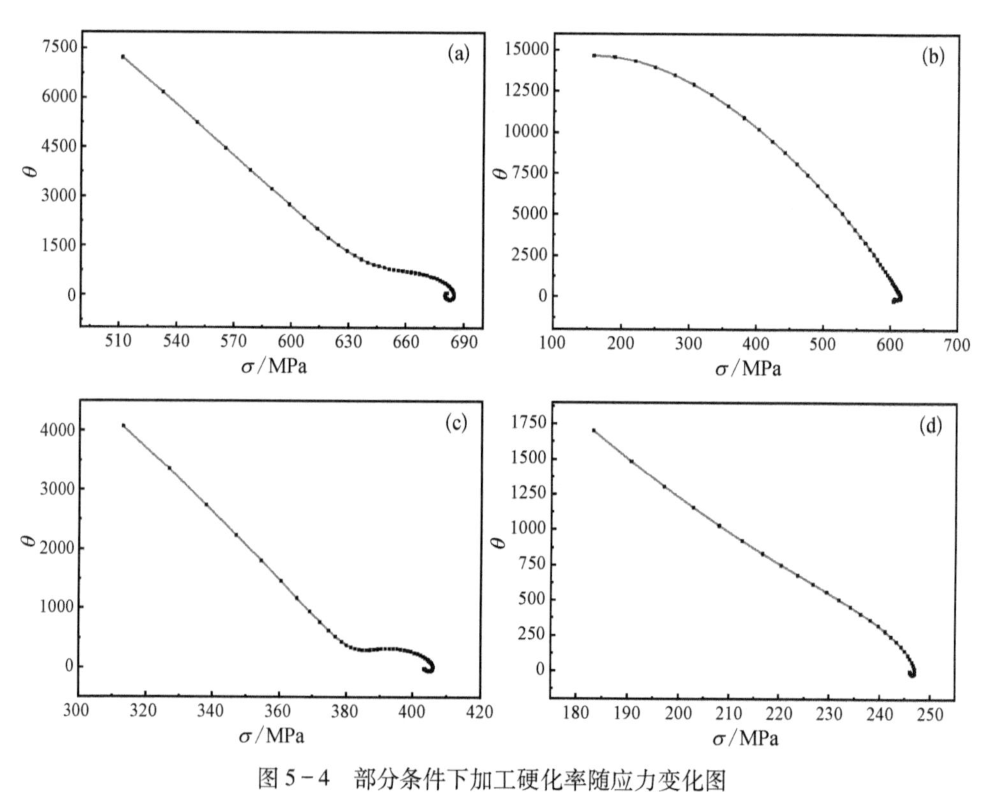

图 5-4　部分条件下加工硬化率随应力变化图

(a) 1 223 K、3 s^{-1}；(b) 1 273 K、3 s^{-1}；(c) 1 323 K、3 s^{-1}；(d) 1 373 K、3 s^{-1}

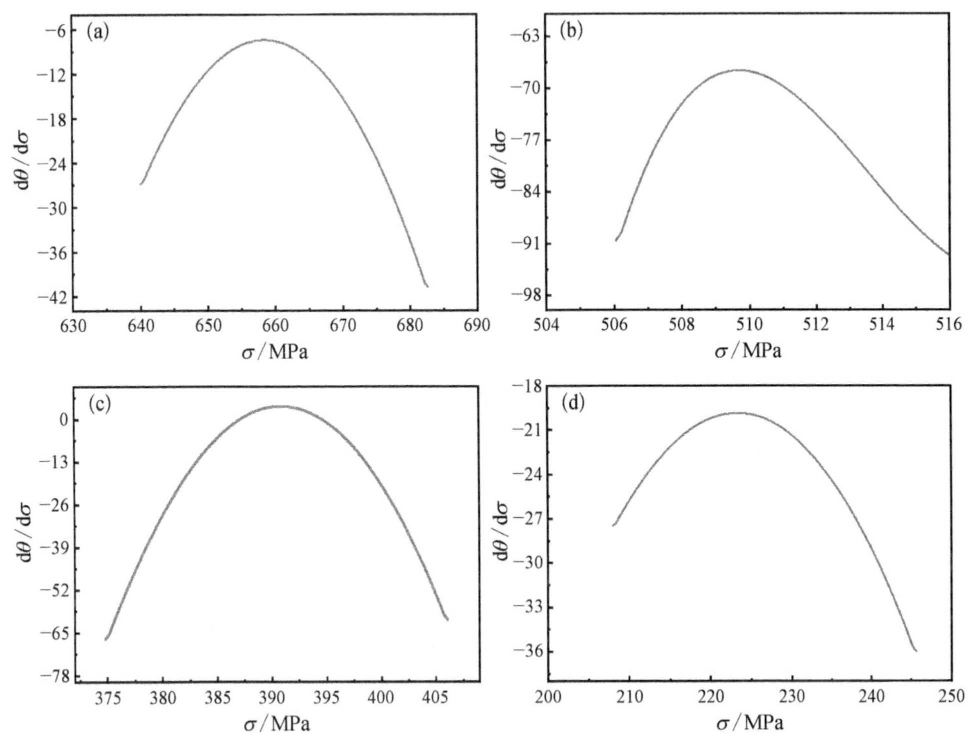

图 5-5　部分条件下硬化率的导函数随应力变化图

(a) 1 223 K、3 s^{-1}；(b) 1 273 K、3 s^{-1}；(c) 1 323 K、3 s^{-1}；(d) 1 373 K、3 s^{-1}

表 5-1　不同实验条件下各参数值大小

T/K	$\dot{\varepsilon}$/s^{-1}	Z	ln Z	ε_c	ε_p	σ_p
1 223	30	1.202 6E29	66.959 452 52	0.096 23	0.140 4	782.839 49
	3	1.202 6E28	64.656 867 42	0.094 72	0.133 53	682.993 96
	1	4.008 66E27	63.558 255 14	0.066 72	0.105 83	545.611 57
	0.1	4.008 66E26	61.255 670 04	0.085 49	0.103 39	435.655 1
	0.001	4.008 66E24	56.650 499 86	0.072 58	0.086 17	343.013 62
1 273	30	9.910 08E27	64.463 350 13	0.084 12	0.126 25	615.163 93
	3	9.910 08E26	62.160 765 04	0.072 71	0.108 26	522.540 98
	1	3.303 36E26	61.062 152 75	0.079 62	0.103 32	385.655 74
	0.1	3.303 36E25	58.759 567 65	0.070 18	0.087 83	331.557 38
	0.001	3.303 36E23	54.154 397 47	0.045 05	0.069 64	172.950 82
1 323	30	9.861 95E26	62.155 896 22	0.102 39	0.123 64	506.473 81
	3	9.86195E25	59.853 311 13	0.085 88	0.108 37	409.071 76
	1	3.287 32E25	58.754 698 84	0.083 09	0.103 39	326.836 12
	0.1	3.287 32E24	56.452 113 75	0.053 28	0.082 5	208.116 84
	0.001	3.287 32E22	51.846 943 56	0.038 6	0.058 33	89.650 33

续表

T/K	$\dot{\varepsilon}$/s^{-1}	Z	ln Z	ε_c	ε_p	σ_p
1 373	30	1.160 99E26	60.016 483 23	0.092 29	0.113 59	396.721 31
	3	1.160 99E25	57.713 898 14	0.089 87	0.108 26	291.803 28
	1	3.869 96E24	56.615 285 85	0.071 74	0.096 27	248.360 66
	0.1	3.869 96E23	54.312 700 76	0.054 51	0.080 73	152.732 24
	0.001	3.869 96E21	49.707 530 57	0.030 15	0.051 87	59.016 39
1 423	30	1.588 47E25	58.027 399 66	0.080 31	0.111 01	294.017 69
	3	1.588 47E24	55.724 814 56	0.082 68	0.108 37	245.850 3
	1	5.294 91E23	54.626 202 28	0.061 94	0.089 43	203.138 6
	0.1	5.294 91E22	52.323 617 18	0.058 05	0.074 44	118.796 52
	0.001	5.294 91E20	47.718 447	0.029 49	0.049 67	36.027 24

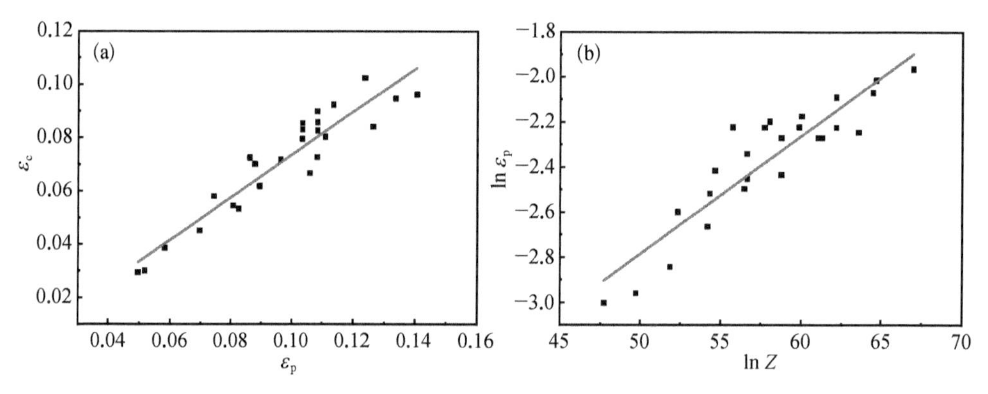

图 5-6　GH4698 合金临界应变相关参数拟合

(a) $\varepsilon_p-\varepsilon_c$ 拟合；(b) ln Z − ln ε_p 拟合

最终求得 GH4698 高温合金在发生回复再结晶时的临界应变数学模型为式（5-7）~式（5-9），在温度满足情况下只有当变形时应变达到式中的临界应变时材料才可发生再结晶。

$$\varepsilon_c = 0.803\ 51\varepsilon_p \tag{5-7}$$

$$\varepsilon_c = 3.647\ 6 \times 10^{-3} Z^{0.052\ 23} \tag{5-8}$$

$$\varepsilon_p = 4.539\ 6 \times 10^{-3} Z^{0.052\ 23} \tag{5-9}$$

5.2.2　动态再结晶体积分数模型

动态回复再结晶的进行需要一定的时间，因此金属内部发生回复再结晶的比例会随着时间和变形条件的改变而改变。测定在不同条件下的 GH4698 高温合金的再结晶体积分数 X_d 目前主要有试验观测金相照片的方法和建立方程来计算的方法，由于对是否发生再结晶的晶粒的形貌判定只能通过经验和感觉，因此通过实验观测金相照片的方法往往会有很大的误差。故本章通过建立数学模型来预测再结晶体积分数 X_d，若实验数据较精确，理论上所建立数学模型的精确度也会较高。图 5-7 是变形过程中合金在发生再结晶和只发生回复两种条件下的应力-应变曲线的形状。

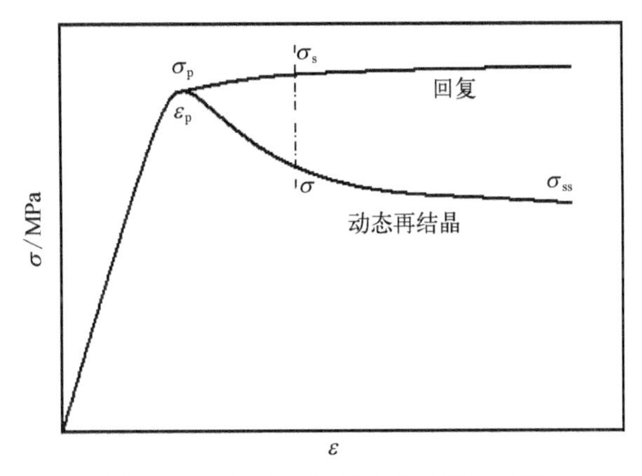

图 5-7　回复与再结晶应力曲线示意图

其中，σ_s 为回复条件下对应的饱和应力，σ_{ss} 为再结晶条件下稳态应力，σ 为任意时刻的应力，通过外推法可以得出饱和应力 σ_s 和稳态应力 σ_{ss}，进而得到不同条件下的 X_d。饱和应力 σ_s 和稳态应力 σ_{ss} 可由式（5-10）与式（5-11）表示：

$$\sinh(\alpha\sigma_s) = n_1 \cdot Z^{n_2} \tag{5-10}$$

$$\sinh(\alpha\sigma_{ss}) = n_3 \cdot Z^{n_4} \tag{5-11}$$

在上述等式中 n_1、n_2、n_3、n_4 均为与材料有关的常数。对式（5-10）与式（5-11）两边同时取对数可得式（5-12）和式（5-13）：

$$\ln[\sinh(\alpha\sigma_s)] = \ln n_1 + n_2 \ln Z \tag{5-12}$$

$$\ln[\sinh(\alpha\sigma_{ss})] = \ln n_3 + n_4 \ln Z \tag{5-13}$$

绘制 $\ln[\sinh(\alpha\sigma_s)] - \ln Z$ 和 $\ln[\sinh(\alpha\sigma_{ss})] - \ln Z$ 的关系并拟合如图 5-8 所示：

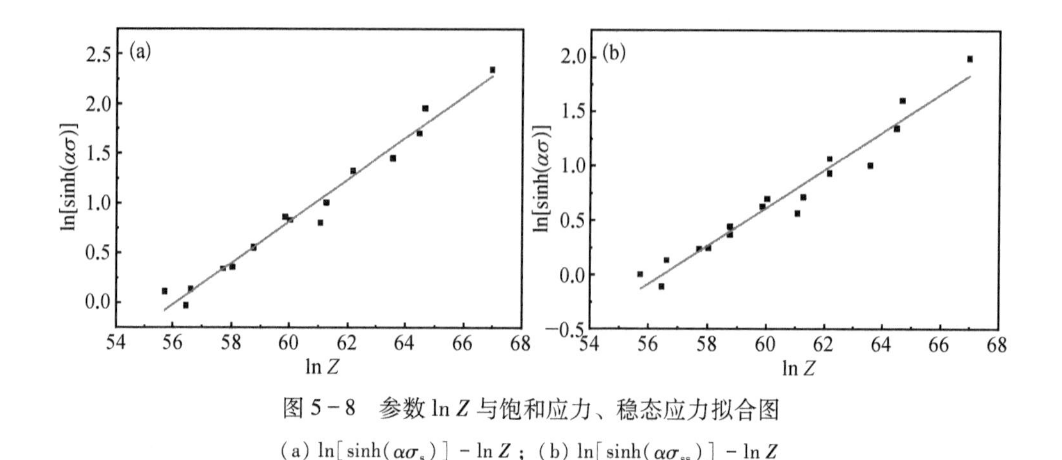

图 5-8　参数 ln Z 与饱和应力、稳态应力拟合图

(a) $\ln[\sinh(\alpha\sigma_s)] - \ln Z$；(b) $\ln[\sinh(\alpha\sigma_{ss})] - \ln Z$

最终可确定稳态应力与饱和应力的表达式为

$$\ln[\sinh(\alpha\sigma_s)] = -11.76234 + 0.20971 \ln Z \tag{5-14}$$

$$\ln[\sinh(\alpha\sigma_{ss})] = -9.87487 + 0.17486 \ln Z \tag{5-15}$$

对式（5-14）和式（5-15）进行整理可得

$$\sigma_s = 259.835 \times \sinh^{-1}(7.793 \times 10^{-6} Z^{0.20971}) \tag{5-16}$$

$$\sigma_{ss} = 259.835 \times \sinh^{-1}(5.145 \times 10^{-5} Z^{0.17486}) \tag{5-17}$$

根据 JMAK 动力学理论，再结晶体积分数 X_d 与应变 ε 之间的关系可以为

$$X_d = 1 - \exp\{-k_1 \cdot [(\varepsilon - \varepsilon_c)/\varepsilon_p]^{k_2}\} \tag{5-18}$$

式中，k_1 和 k_2 均为与材料有关的系数，由式（5-18）可推导出式（5-19）：

$$\ln[-\ln(1 - X_d)] = \ln k_1 + k_2 \ln[(\varepsilon - \varepsilon_c)/\varepsilon_p] \tag{5-19}$$

根据之前计算所得相关数据，线性拟合参数 $\ln[-\ln(1 - X_d)]$ 与 $\ln[(\varepsilon - \varepsilon_c)/\varepsilon_p]$ 如图 5-9 所示。

由图 5-9 的拟合结果及相关数据可得式（5-20）：

$$\ln[-\ln(1 - X_d)] = -2.00731 + 1.55411 \cdot \ln[(\varepsilon - \varepsilon_c)/\varepsilon_p] \tag{5-20}$$

最终可得 GH4698 高温合金的在发生回复再结晶时的体积分数 X_d：

$$X_d = 1 - \exp\{-0.13435 \cdot [(\varepsilon - \varepsilon_c)/\varepsilon_p]^{1.55411}\} \tag{5-21}$$

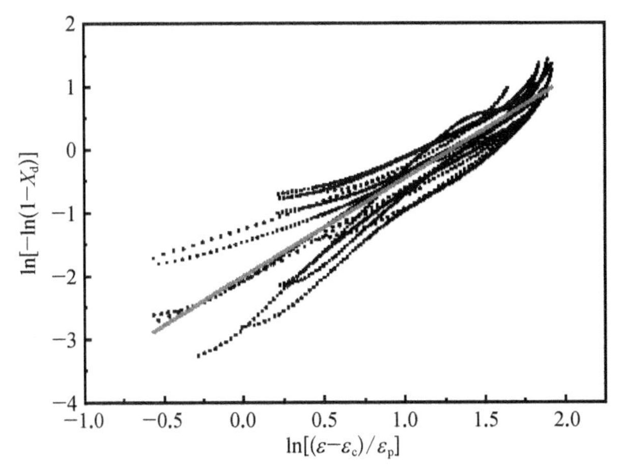

图5-9 $\ln[-\ln(1-X_d)]$ 与 $\ln[(\varepsilon-\varepsilon_c)/\varepsilon_p]$ 的拟合关系

5.2.3 动态再结晶晶粒长大模型

5.2.3.1 晶粒长大模型的建立

紧随着再结晶晶粒形核的进程就是晶粒长大，此现象广泛存在于热变形和热处理过程中。在热压缩试验中，当应变速率小于0.1 s^{-1}时，由于变形时间很长，回复再结晶晶粒长大现象很明显，回复再结晶后的晶粒尺寸对于热变形后的合金性能影响很大，因此了解并建立合金的晶粒长大模型对于我们预测热变形和热处理后的组织性能很有参考意义。此外在三维有限元模拟中，常规的模拟软件（如DEFORM-3D、Marc等）都不可以直接模拟热变形过程中的晶粒生长情况，要实现此功能必须对软件进行二次开发，在这一步骤中也需要将材料的动态再结晶模型以程序代码的形式输入子程序，由此可见建立合金在高温变形时准确的晶粒长大模型意义重大。

在实际热变形中，变形温度、初始晶粒尺寸以及随后的保温时间等参数都对合金的晶粒尺寸有很大影响，因此建立起包含此三者的形如 $d=f(d_0,\ T,\ t)$ 的动态再结晶模型是比较合理的。对于GH4698镍基高温合金，图5-10为保温过程中晶粒尺寸随着温度的变化图。

描述合金晶粒长大的模型有很多，目前使用最广泛的为Sellars在研究C-Mn合金时提出的方程（5-22）以及Anelli提出的方程（5-23）：

$$d^n = d_0^n + At\exp(-Q/RT) \tag{5-22}$$

$$d = Bt^m\exp(-Q/RT) \tag{5-23}$$

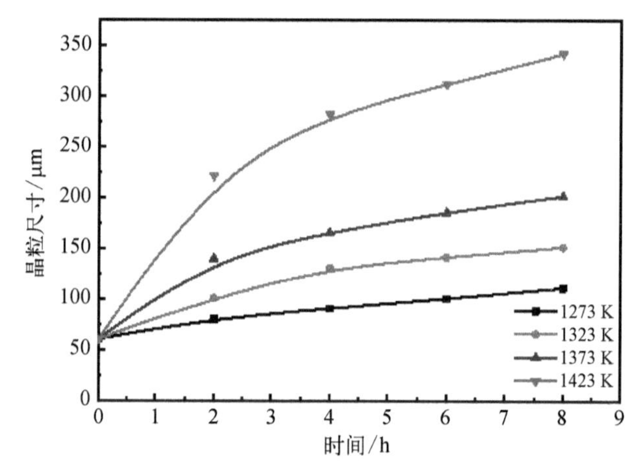

图 5-10　GH4698 高温合金晶粒随温度长大趋势

式中，d 为晶粒尺寸；d_0 为变形或保温开始前晶粒尺寸；A、B、m、n 为与材料有关的常数；Q 为晶粒长大激活能；R 为气体常数；t 为时间；T 为热力学温度。研究发现，式（5-23）在时间为 0 时无法描述晶粒尺寸，故可将初始晶粒尺寸作为边界条件加入式中，于是可得到类似于式（5-22）的再结晶长大模型如式（5-24）所示。

$$d = d_0 + Bt^m \exp(-Q/RT) \tag{5-24}$$

学者在对实验所得到的数据总结并对理论模型推导修改后最终提出了使用较普遍用于描述动态回复再结晶晶粒长大的式（5-25）。

$$d^n = d_0^n + At^m \exp(-Q/RT) \tag{5-25}$$

为了确定 GH4698 高温合金再结晶晶粒长大模型中的参数，将式（5-25）左右移项并取自然对数可得式（5-26）：

$$\ln(d^n - d_0^n) = \ln A + m\ln t - Q/RT \tag{5-26}$$

在式（5-26）中，同时含有参数 m、A、n、Q 四个参数，故无法直接通过线性回归来拟合任意两项之间的关系从而确定它们。因此可以先根据经验对参数 n 赋值，在不同的 n 值下计算出最符合的 m、Q、A 值，再通过对比不同 n 值对应的模型的误差来选择最佳的参数组合，作为描述 GH4698 高温合金晶粒长大模型的参数。

设 $D=\ln(d^n - d_0^n)$，$a=m$，$x=\ln t$，$b=-Q/R$，$y=1/T$，$c=\ln A$，则式（5-26）可以转化为 $D=ax+by+c$，当取 $n=1$ 时，根据实验所测得的 16 组数可以分别确定 $x_1 \sim x_4$，$y_1 \sim y_4$，$D_{11} \sim D_{44}$，利用式（5-27）所示矩阵可计算出参数 a、b、c，进而求出 m、Q、A。

$$\begin{bmatrix} x_1 & y_1 & 1 \\ x_1 & y_2 & 1 \\ x_1 & y_3 & 1 \\ x_1 & y_4 & 1 \\ x_2 & y_1 & 1 \\ \vdots & \vdots & \vdots \\ x_4 & y_4 & 1 \end{bmatrix} \cdot \begin{bmatrix} a \\ b \\ c \end{bmatrix} = \begin{bmatrix} D_{11} \\ D_{12} \\ D_{13} \\ D_{14} \\ D_{21} \\ \vdots \\ D_{44} \end{bmatrix} \tag{5-27}$$

选取的 n 值和对应的 m、Q、A 值以及参数 D 的误差平方和如表 5－2 所示。

表 5－2　不同 n 值下各参数值及模型误差

n	1	2	2.25	2.3	2.4	2.5
m	0.519 2	0.715 3	0.768 9	0.779 9	0.801 9	0.824 1
Q	187 261.69	265 239.41	286 655.62	291 016.03	299 809.56	308 696.45
A	88 426 344	6.96E12	1.29E14	2.32E14	7.58E14	2.49E15
误差	0.006 505 8	0.002 384	0.002 309	0.002 303	0.002 297	0.002 298

n	2.6	2.75	3	3.25	3.5	4
m	0.846 5	0.880 6	0.938 3	0.997 1	1.056 8	1.178 7
Q	317 672.49	331 294.79	354 388.37	377 920.27	401 839.08	450 658.53
A	8.20E15	4.97E16	1.03E18	2.18E19	4.76E20	2.42E23
误差	0.002 305 4	0.002 324	0.002 368	0.002 423	0.002 481	0.002 596

在得到 n 值及与之对应的误差平方和之后，通过拟合两者关系可得到误差平方和随 n 值变化的曲线，如图 5－11 所示。

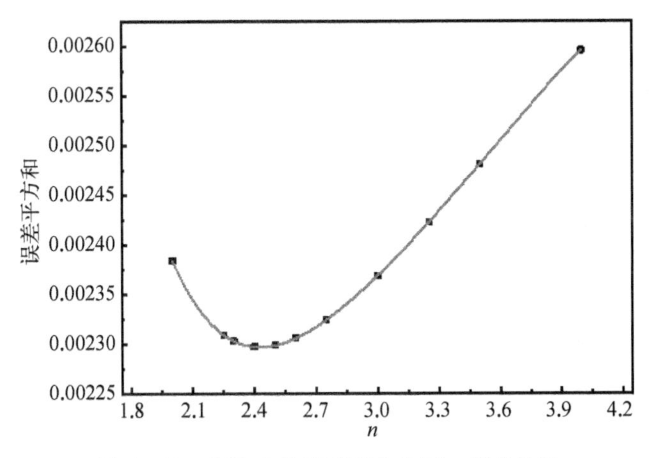

图 5－11　参数 D 的误差平方和随 n 值变化图

通过五次多项式拟合图 5－11 中的曲线后发现误差随着 n 值的增大先减小后增大，通过对多项式求导可得到当 n 等于 2.43 时误差平方和最小，故参数 n 取为 2.43 最合适。n 值确定后参数 $D=\ln(d^n-d_0^n)$ 便可确定，此时拟合 D 与 $\ln t$ 和 $1/T$ 的关系，根据拟合直线的斜率和截距便可得到参数 m、Q、A，如图 5－12 所示。

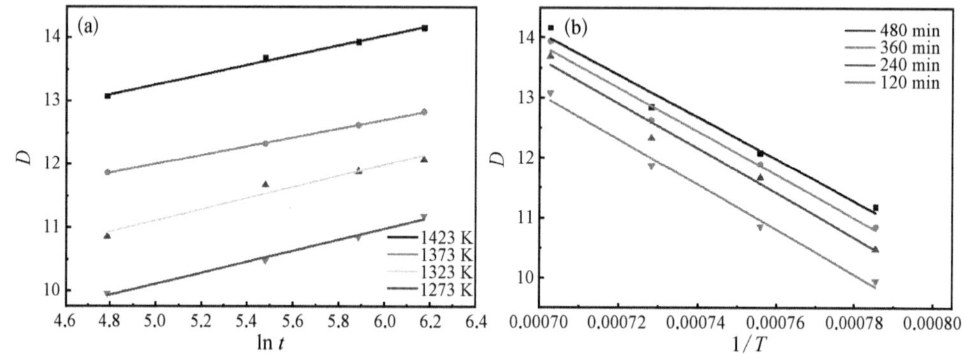

图 5－12　D 与 $\ln t$ 和 $1/T$ 的拟合图

(a) D 与 $\ln t$；(b) D 与 $1/T$

最终可求解得到参数 $m=0.808\ 5$，$Q=302.462\ 5$ kJ/mol，$A=1.256\text{E}15$，故 GH4698 高温合金晶粒长大模型为

$$d^{2.43}=d_0^{2.43}+1.256\times10^{15}t^{0.808\,5}\exp[-302\,462.5/(RT)] \qquad (5-28)$$

5.2.3.2　晶粒长大模型准确性验证

在得到 GH4698 高温合金的晶粒长大模型后需要对其精确性进行验证才可用于实际预测和有限元模拟，表 5－3 为基于模型的计算晶粒尺寸与实验所测得的晶粒尺寸的大小及两者之间的误差。从表中数据可以看出两者基本吻合，误差波动也在一个较合理范围内。

表 5－3　实验所测晶粒尺寸与计算晶粒尺寸对比

温度/K	120 min			240 min		
	实验值	预测值	误差/%	实验值	预测值	误差/%
1 273	80.186	81.915	2.156	90.600	93.904	3.647
1 323	100.500	109.376	8.832	130.589	131.830	0.950
1 373	139.878	154.530	10.475	165.926	191.067	15.152
1 423	221.230	220.813	0.188	282.005	275.976	2.138

续表

温度/K	360 min			480 min		
	实验值	预测值	误差/%	实验值	预测值	误差/%
1 273	100.347	103.118	2.761	111.011	110.794	0.195
1 323	141.308	148.237	4.903	151.444	161.546	6.670
1 373	185.685	217.126	16.932	201.583	238.024	18.077
1 423	311.761	314.929	1.016	342.072	346.028	1.156

图 5－13 为预测值与实验值的对比图与偏离图，从图 5－13（a）中可以看出误差在温度为 1 373 K 左右时较大，其余条件下理论值与实验值吻合得较好，平均误差为 5.95%；从 5－13（b）中可以看出位置点基本都位于直线 $y=x$ 附近，表现出较好的线性关系，因此分析可知所建立的 GH4698 高温合金晶粒长大模型精度较好，可用于该合金晶粒长大尺寸的预测。

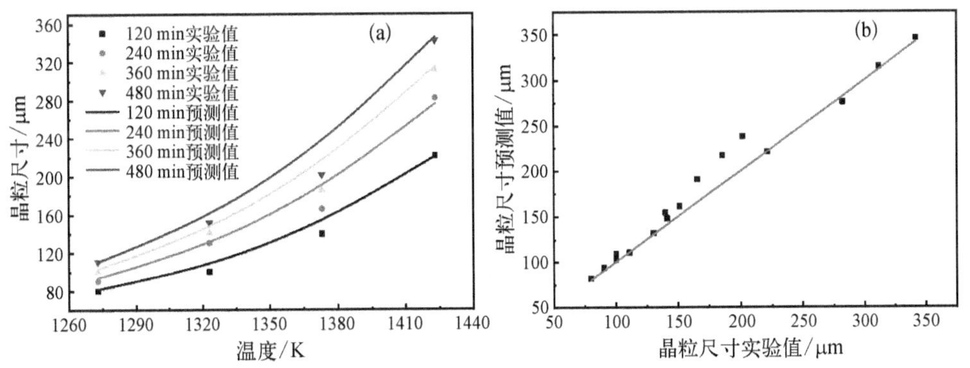

图 5－13　晶粒长大过程中实验所测值与理论预测值对比

（a）预测值与实验值的对比图；（b）预测值与实验值的对比图偏差图

5.3　高温压缩变形行为有限元模拟

5.3.1　高温压缩有限元模型建立

图 5－14 是热压缩有限元模型示意图，包括上模、下模和坯料，其中上下模是刚性体，坯料是变形体，材料是 GH4698 合金，坯料尺寸是 $\phi10\times15$ mm。热压缩仿真方案为：变形温度分别是 1 273 K、1 323 K、1 373 K 和 1 423 K，应变速率分别是 0.01 s^{-1}、0.1 s^{-1}和 1 s^{-1}，初始晶粒尺寸是 105 μm 和 41 μm，热压缩到真应变为 1 停止。将本构模型、动力学模型、动态再结晶晶粒尺寸模

型和晶粒长大模型嵌入有限元软件中进行微观组织演变模拟，研究在不同变形温度、应变速率和应变条件下，镍基高温合金热压缩再结晶微观组织演变规律。

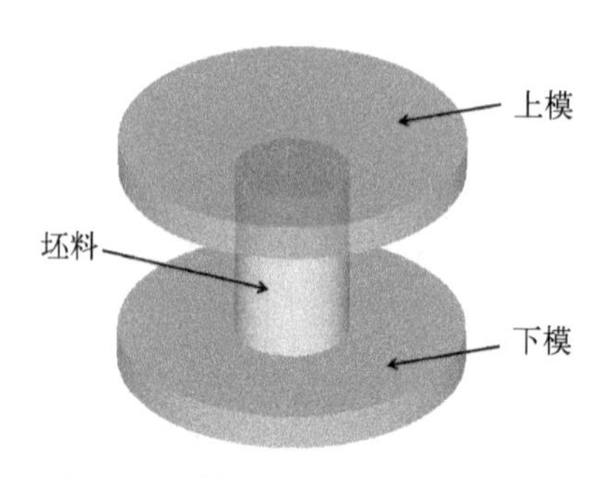

图 5－14　热压缩有限元模型示意图

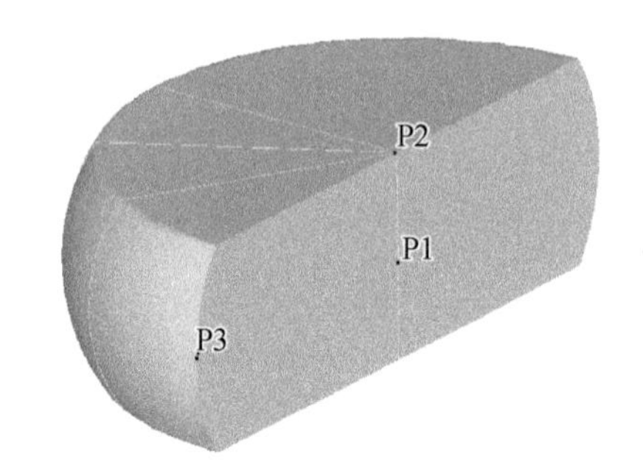

图 5－15　坯料特征点示意图

5.3.2　高温压缩过程等效应变和组织演变规律

热压缩过程中变形的不均匀性会导致组织演变的不同，为了分析热压缩过程高温合金各点组织演变规律，提取具有代表性的点 P1、P2 和 P3，如图 5－15 所示。P1 处于大变形区，P2 处于难变形区，P3 处于自由变形区。

5.3.2.1　等效应变

图 5－16 是热压缩过程 P1、P2 和 P3 点的等效应变的变化曲线图和云图，其中（a）图和（b）图分别是初始晶粒尺寸为 105 μm 和 41 μm，其他条件相同下的曲线和云图。从图 5－16 云图中可以看出热压缩结束时高温合金坯料的各个位置等效应变明显不一样，大致分成三个特征区，坯料中心位置等效应变较大，鼓形区域等效应变小于中心位置，与上下模具接触位置的等效应变最小。从图 5－16（a）和（b）变化曲线中可以看出，在热变形过程中，随着变形时间的增加，P1、P2 和 P3 点的等效应变都逐渐增加。但是 P1、P2 和 P3 点的等效应变的大小不同，最终 P1 点等效应变最大，P2 点等效应变最小，P3 点等效应变中等。这是因为 P2 是处于难变形区，P2 点和上模接触，变形时坯料和上模之间产生摩擦力，摩擦力阻碍 P2 点的金属向径向流动，从力学角度分析 P2 处于压应力状态，比较难满足塑性变形条件；从金属变形材料流动角度分析，P2 点处于接触面中心位置，变形时还要受到外层金属的阻碍，所以 P2 点等效应变最小。P1 点是处于大变形区，因为受摩擦力影响小，P1 点相比较 P2 点来说，P1 点较容易满足塑性变形的条件，所以 P1 点等效应变最大。P3 是处于自由变形区，所以等效应变介于 P1 和 P2 两点之间。

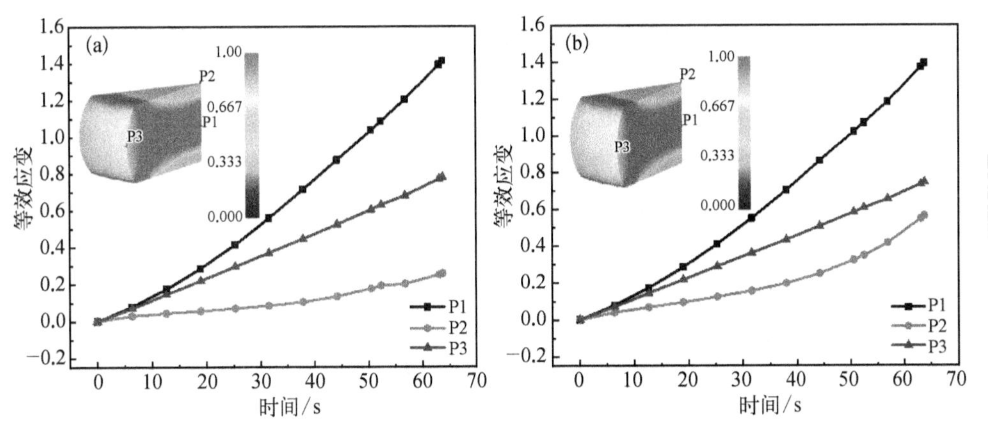

图 5－16　热压缩过程 P1、P2 和 P3 点等效应变变化曲线图和云图

（a）初始晶粒尺寸 105 μm；（b）初始晶粒尺寸 41 μm

5.3.2.2　动态再结晶体积分数

图 5－17 是热压缩过程 P1、P2 和 P3 点的动态再结晶体积分数的变化曲线图和云图。图 5－17（a）和（b）分别是初始晶粒尺寸为 105 μm 和 41 μm、其他条件相同下的曲线和云图。从图 5－17（a）变化曲线中可以看出在热变形过程中，随着变形时间的增加，P1、P2 和 P3 点的动态再结晶体积分数都逐渐增加，但是 P1、P2 和 P3 点的动态再结晶体积分数大小不同。P1 点最先开始发生动态再结晶，并且曲线斜率较大，在热变形过程动态再结晶体积分数始终最大，最终增加到 1，发生完全动态再结晶。P2 点在变形时间达到 32 s 左右开始发生动态再结晶，变形结束时动态再结晶体积分数在 0.5 左右。P3 点动态再结晶体积分数在 0.5~1.0 之间。从图 5－16 云图也能看出 P1、P2 和 P3 点的动态再结晶体积分数的大小分布。

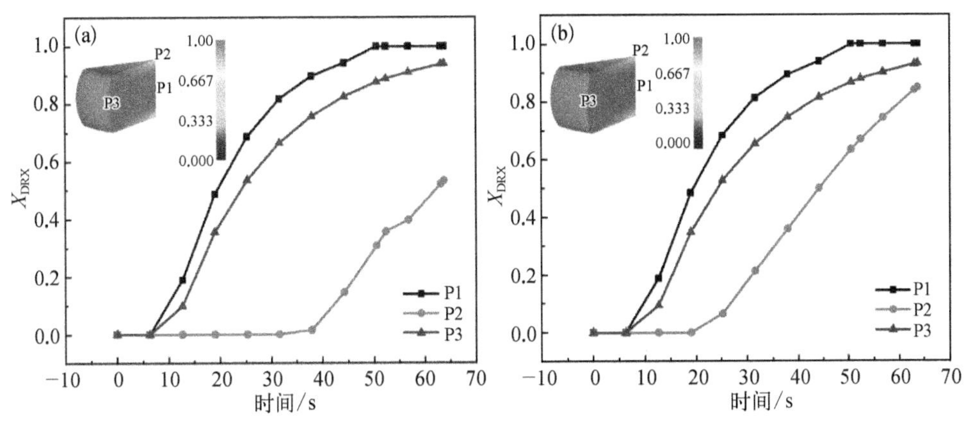

图 5－17　热压缩过程 P1、P2 和 P3 点动态再结晶体积分数变化曲线图和云图

（a）初始晶粒尺寸 105 μm；（b）初始晶粒尺寸 41 μm

P1点最先开始发生动态再结晶这是因为P1点等效应变较大，位错密度较大，最先达到动态再结晶的阈值，启动动态再结晶。当开始发生动态再结晶时，由于热变形过程等效应变不断增加，所以动态再结晶体积分数不断增加，最终增加到1之后恒定，即发生动态再结晶越来越充分，最终发生完全动态再结晶。P2点最晚发生动态再结晶，并且最终动态再结晶体积分数只有0.5，这是因为P2点处于难变形区，等效应变较小，所以动态再结晶较难启动，最终动态再结晶体积分数较小，发生不完全动态再结晶。P3点动态再结晶体积分数在P1点和P2点之间，这是由等效应变所导致的，因为在变形温度、应变速率等条件都一致时，应变成为影响动态再结晶体积分数最重要的因素。

5.3.2.3 动态再结晶晶粒尺寸

图5－18是热压缩过程P1、P2和P3点的动态再结晶晶粒尺寸的变化曲线图和云图，（a）图和（b）图分别是初始晶粒尺寸为105 μm和41 μm，其他条件相同下的曲线和云图。从图5－18（a）和（b）变化曲线中可以看出，在热变形过程中，随着变形时间的增加，P1、P2和P3点的动态再结晶晶粒尺寸都逐渐增加，并且动态再结晶晶粒尺寸都是从0开始增加，曲线斜率由大变小，即动态再结晶晶粒开始长大速率快，长大到一定程度时，动态再结晶晶粒尺寸增加速率变缓，最终动态再结晶晶粒以极缓慢的速率增加。P1、P2和P3点最终的动态再结晶晶粒尺寸大小也不同。P2点动态再结晶晶粒尺寸最大，P3点动态再结晶晶粒尺寸次之，P1点动态再结晶晶粒尺寸最小。从5－17（a）和（b）云图也能看出P1、P2和P3点的动态再结晶晶粒尺寸的大小分布。

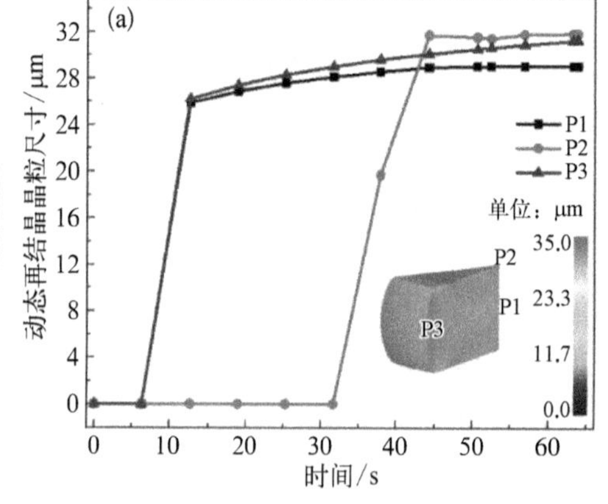

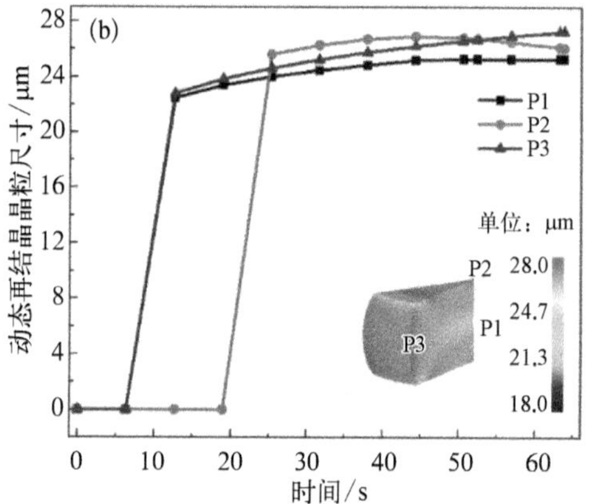

图5－18 热压缩过程P1、P2和P3点动态再结晶晶粒尺寸变化曲线图和云图

（a）初始晶粒尺寸105 μm；（b）初始晶粒尺寸41 μm

在热变形过程中位错密度必须先达到一个阈值才能发生动态再结晶，之后发生形核长大，所以图5－18（a）动态再结晶晶粒尺寸从0开始增加。P1和P3动

态再结晶晶粒尺寸最早开始增加，主要是因为动态再结晶发生较早。动态再结晶一旦形核就迅速开始长大，因为此时动态再结晶晶粒和原始晶粒之间位错密度差大，驱动力大，动态再结晶晶粒能迅速长大，当长大到一定程度后，驱动力减小，动态再结晶晶粒长大速率就会变慢，所以曲线斜率开始较大，随后逐渐减小。图 5 - 18（a）中 P2 点在 32 s 左右动态再结晶晶粒尺寸才开始增大，之后迅速增大，这是因为 P2 点动态再结晶发生较晚，但是由于变形程度大，位错密度大，晶粒之间位错密度差大，驱动力大，所以动态再结晶晶粒能迅速长大。并且由于 P2 点动态再结晶体积分数小，没有完全发生动态再结晶，所以驱动力减小相对较慢，P2 点动态再结晶晶粒继续长大最终超过 P1 点的动态再结晶晶粒尺寸，所以 P2 点动态再结晶晶粒尺寸最大。P1 点由于发生完全动态再结晶，所以 P1 点动态再结晶晶粒尺寸最小。P3 点动态再结晶晶粒尺寸介于两者之间。图 5 - 18（b）的结果也是由于位错密度差导致的驱动力不同所引起的。

5.3.2.4　平均晶粒尺寸

图 5 - 19 是热压缩过程 P1、P2 和 P3 点的平均晶粒尺寸的变化曲线图和云图。图 5 - 19（a）和（b）分别是初始晶粒尺寸为 105 μm 和 41 μm，其他条件相同下的曲线和云图。从图 5 - 19（a）和（b）变化曲线中可以看出在热变形过程中，随着变形时间的增加，P1、P2 和 P3 点的平均晶粒尺寸都逐渐减小，曲线斜率绝对值由大变小。P2 点平均晶粒尺寸最大，P3 点平均晶粒尺寸次之，P1 点平均晶粒尺寸最小。从 5 - 18（a）和（b）云图也能看出 P1、P2 和 P3 点的平均晶粒尺寸的大小分布。

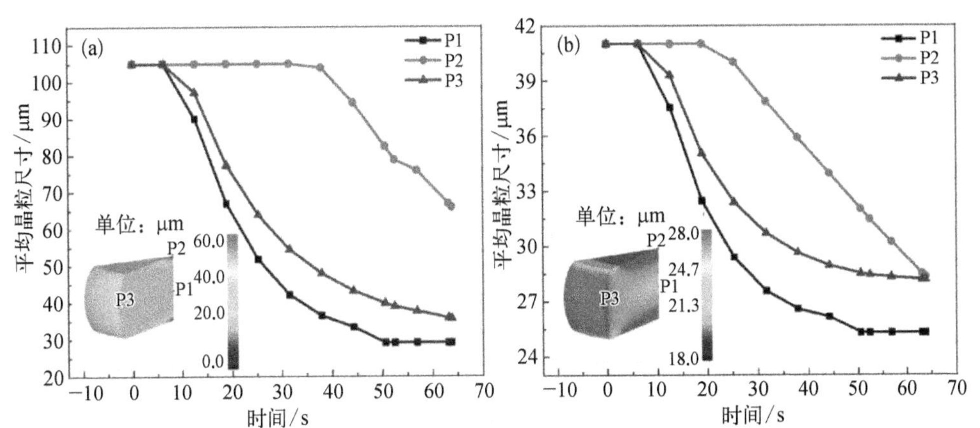

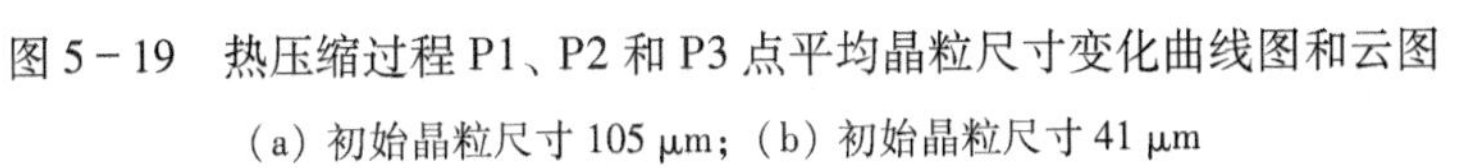
图 5 - 19　热压缩过程 P1、P2 和 P3 点平均晶粒尺寸变化曲线图和云图

（a）初始晶粒尺寸 105 μm；（b）初始晶粒尺寸 41 μm

从图 5 - 18（a）中可知，当初始晶粒尺寸是 105 μm 时，P1 和 P3 点平均晶粒尺寸差不多同时减小，这是因为发生动态再结晶导致晶粒细化。P1 点平均晶

粒尺寸减小最快，曲线斜率绝对值最大。这是因为 P1 点动态再结晶体积分数较大，发生动态再结晶的晶粒数较多，而新形核的晶粒都是小晶粒，尺寸都较小，所以平均晶粒尺寸较小。同理，由于 P1 点动态再结晶体积分数大于 P3 点，所以 P3 点平均晶粒尺寸大于 P1 点。P2 点 0~32 s 平均晶粒尺寸都是 105 μm，这是因为没有发生动态再结晶。随后平均晶粒尺寸开始减小，最终的平均晶粒尺寸最大，这是因为 P2 点处于难变形区，发生动态再结晶的比例较小，大部分晶粒没有发生动态再结晶，晶粒细化不明显，所以平均晶粒尺寸较大。

5.3.3 工艺参数对动态再结晶体积分数的影响

5.3.3.1 变形温度的影响

为了研究变形温度和应变速率对热变形微观组织演变的影响，提取路径 1 上的数据，分析这条路径上不同位移处微观组织的演变规律，路径如图 5-20 所示。

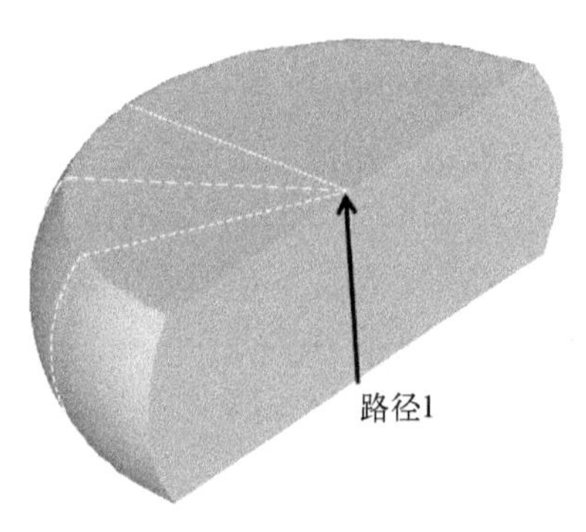

图 5-20 路径 1 示意图

图 5-21 是不同变形温度下动态再结晶体积分数随位移的变化曲线，图 5-21（a）、(b）和（c）分别是应变速率为 1 s^{-1}、0.1 s^{-1}、0.01 s^{-1} 的条件下动态再结晶体积分数变化曲线。从图 5-21（a）中可以看出不同变形温度条件下动态再结晶体积分数明显不同，变形温度为 1 273 K 动态再结晶体积分数最小，变形温度为 1 423 K 动态再结晶体积分数最大，在位移为 3 mm 左右动态再结晶体积分数达到最大值 1。并且随着变形的温度升高，动态再结晶体积分数逐渐变大；随着位移的增加，动态再结晶体积分数先增大后减小，从图 5-21（b）和（c）中可以得出相同的结论。图 5-22 是不同变形条件再结晶体积分数云图，从图中可以看出再结晶体积分数不同位置差异较大，中心位置再结晶体积分数最大，上下表面中心位置较小，有着显著不均匀性。并且变形温度较低时，可以看出动态再结晶体积分数整体较小，从图 5-22（i）可以看出，大多数区域发生不完全动态再结晶，局部区域没有发生动态再结晶。变形温度较高时，动态再结晶体积分数整体较大，从图 5-22（d）可以看出，基本发生完全动态再结晶。

从云图可以看出随着变形温度逐渐升高，发生动态再结晶的区域逐渐增多，程度逐渐增大，直至发生完全动态再结晶。这是因为热压缩变形的不均匀性导致各个区域动态再结晶的程度不均匀。金属坯料中心区域等效应变较大导致中心区域动态再结晶体积分数较大，然而难变形区的再结晶体积分数较小，所以随着位移的增加，动态再结晶体积分数先增大后减小。变形温度升高时，高温合金原子

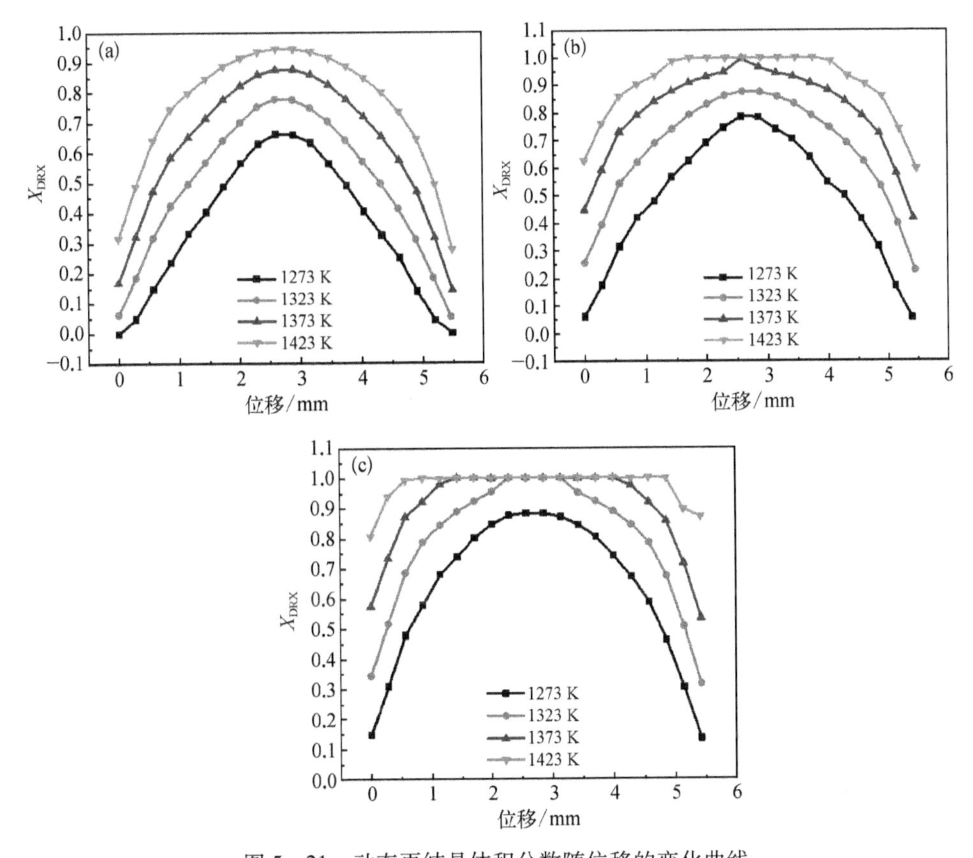

图 5-21　动态再结晶体积分数随位移的变化曲线

(a) 应变速率为 1 s^{-1}；(b) 应变速率为 0.1 s^{-1}；(c) 应变速率为 0.01 s^{-1}

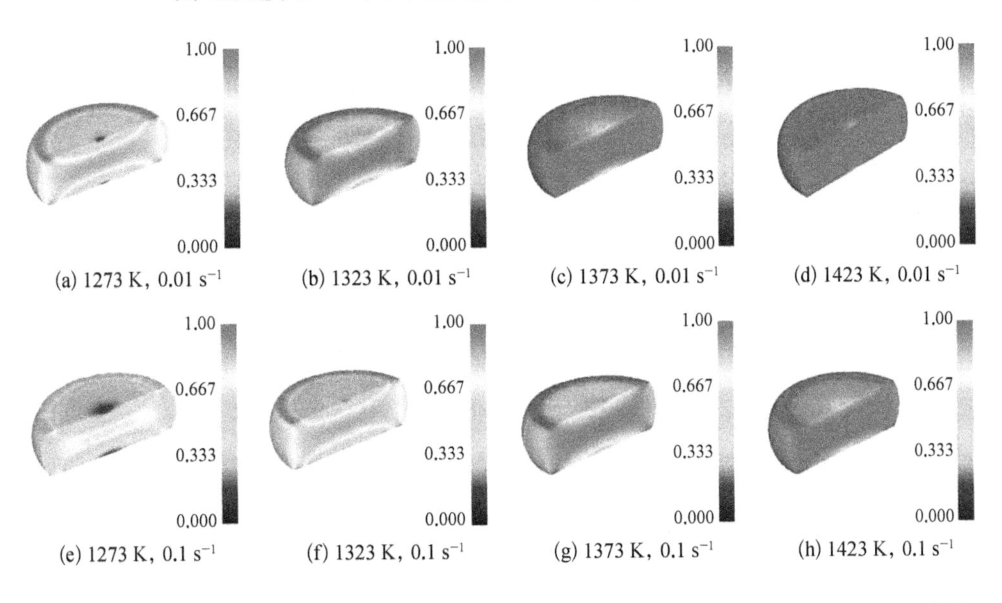

(a) 1273 K，0.01 s^{-1}　(b) 1323 K，0.01 s^{-1}　(c) 1373 K，0.01 s^{-1}　(d) 1423 K，0.01 s^{-1}

(e) 1273 K，0.1 s^{-1}　(f) 1323 K，0.1 s^{-1}　(g) 1373 K，0.1 s^{-1}　(h) 1423 K，0.1 s^{-1}

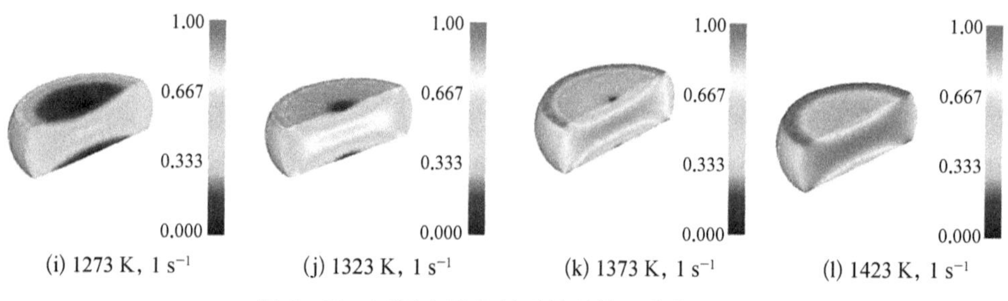

图 5-22　不同变形条件再结晶体积分数云图

能量高，激活能大，这为发生动态再结晶提供了足够的能量，高温合金就更容易发生动态再结晶。所以变形温度越高，高温合金发生动态再结晶更加完全，动态再结晶体积分数越大。变形温度越高也使得变形更加均匀，各个区域动态再结晶也更加均匀，所以随着变形温度升高，动态再结晶体积分数波动性减小，趋向一致。

5.3.3.2　应变速率的影响

图 5-23 是不同应变速率下动态再结晶体积分数随位移的变化曲线，图 5-23（a）、（b）、（c）和（d）分别是变形温度为 1 273 K、1 323 K、1 373 K 和 1 423 K 的条件下动态再结晶体积分数变化曲线。从图 5-23（a）、（b）、（c）和（d）中都可以看出不同应变速率条件下动态再结晶体积分数明显不同，应变速率为 $1\ s^{-1}$时动态再结晶体积分数最小，应变速率为 $0.01\ s^{-1}$时动态再结晶体积分数最大。并且随着应变速率的减小，动态再结晶体积分数逐渐变大。图 5-24 是不同变形条件下动态再结晶体积分数云图，每一行的变形温度相同，应变速率逐渐增加。从云图中可以看出随着应变速率的逐渐增加，动态再结晶体积分数逐渐减小，并且各个区域差异变大。从图 5-24（j）可以看出高温合金几乎发生完全动态再结晶，而图 5-24（m）大部分区域没有发生动态再结晶，可见动态再结晶

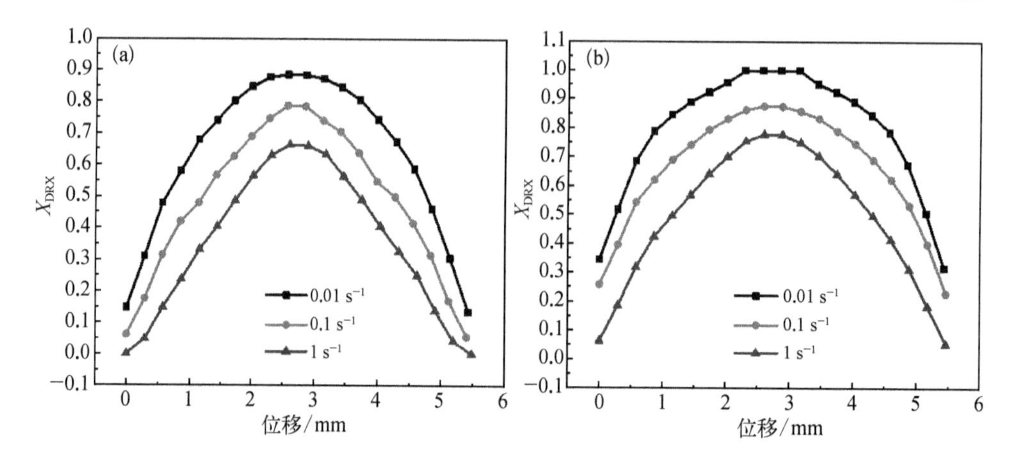

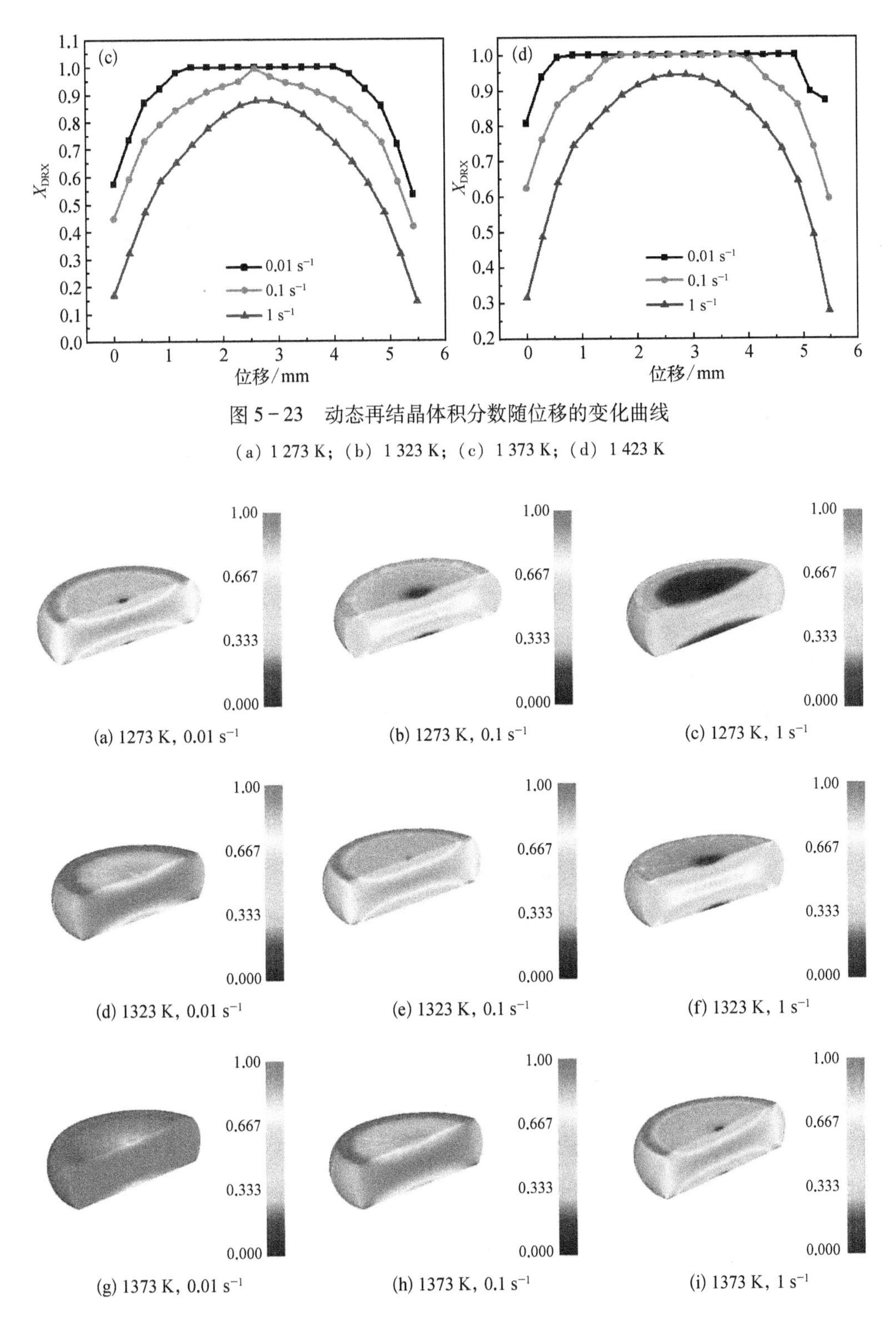

图 5－23　动态再结晶体积分数随位移的变化曲线

(a) 1 273 K；(b) 1 323 K；(c) 1 373 K；(d) 1 423 K

(a) 1273 K，0.01 s^{-1}　(b) 1273 K，0.1 s^{-1}　(c) 1273 K，1 s^{-1}

(d) 1323 K，0.01 s^{-1}　(e) 1323 K，0.1 s^{-1}　(f) 1323 K，1 s^{-1}

(g) 1373 K，0.01 s^{-1}　(h) 1373 K，0.1 s^{-1}　(i) 1373 K，1 s^{-1}

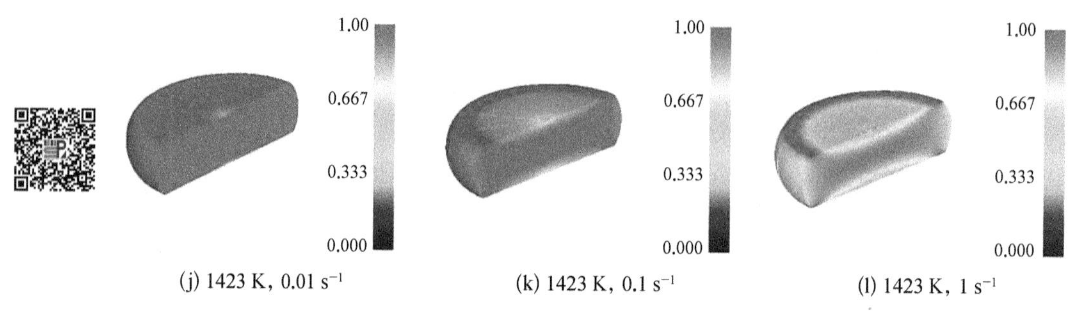

(j) 1423 K，0.01 s^{-1}　　(k) 1423 K，0.1 s^{-1}　　(l) 1423 K，1 s^{-1}

图 5 - 24　不同变形条件再结晶体积分数云图

体积分数对应变速率的变化较敏感。

这是由于应变速率增加，高温合金热压缩变形时间变短，位错塞积严重并产生应力集中，应力不能释放也会抑制动态再结晶，然而应变速率较低应力能得到释放，从而有助于高温合金形核与长大，发生动态再结晶，所以随着应变速率的逐渐减小，动态再结晶体积分数就会逐渐变大。当变形温度相同时，高温合金的变形储存能即为动态再结晶的驱动力，当应变速率较高时，高温合金原子扩散不充分，则不利于再结晶形核，并且应变速率较高，热变形时间短，就会使高温合金来不及发生动态再结晶，则动态再结晶进行程度不充分，而应变速率低时正好相反，所以应变速率较低时，动态再结晶体积分数较大。

5.3.3.3　变形温度和应变速率耦合作用影响

图 5 - 25 是变形温度和应变速率对动态再结晶体积分数影响三维数据云图，

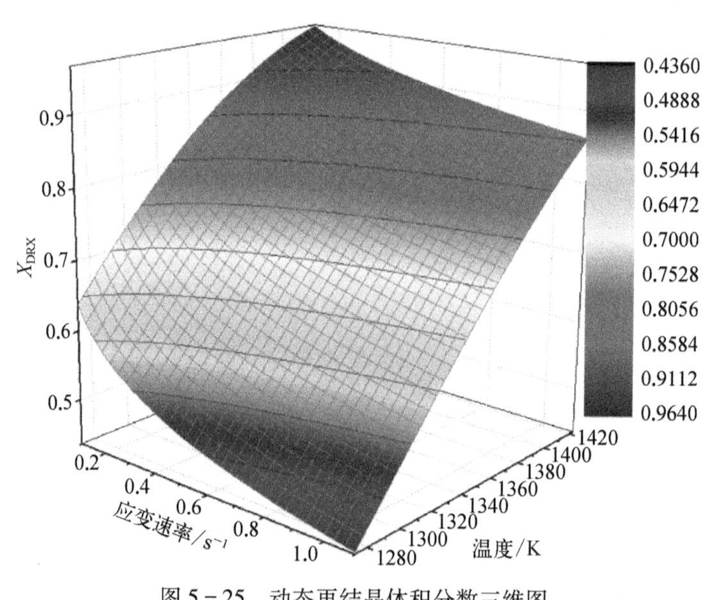

图 5 - 25　动态再结晶体积分数三维图

从图中可以看出动态再结晶体积分数对变形温度和应变速率都较为敏感，随着变形温度的升高，动态再结晶体积分数逐渐增大，随着应变速率的升高，动态再结晶体积分数逐渐减小，即高温低应变速率有利于促进动态再结晶的发生，有利于发生完全动态再结晶，低温高应变速率有利于抑制动态再结晶的发生。

5.3.4　工艺参数对动态再结晶晶粒尺寸的影响

5.3.4.1　变形温度的影响

图 5－26 是不同变形温度下动态再结晶晶粒尺寸随位移的变化曲线，图 5－26（a）、（b）和（c）分别是应变速率为 1 s^{-1}、0.1 s^{-1}、0.01 s^{-1}的条件下动态再结晶晶粒尺寸变化曲线。从图 5－26（a）、（b）和（c）中可以看出不同变形温度条件下动态再结晶晶粒尺寸也明显不同，变形温度为 1 273 K 动态再结晶晶粒尺寸

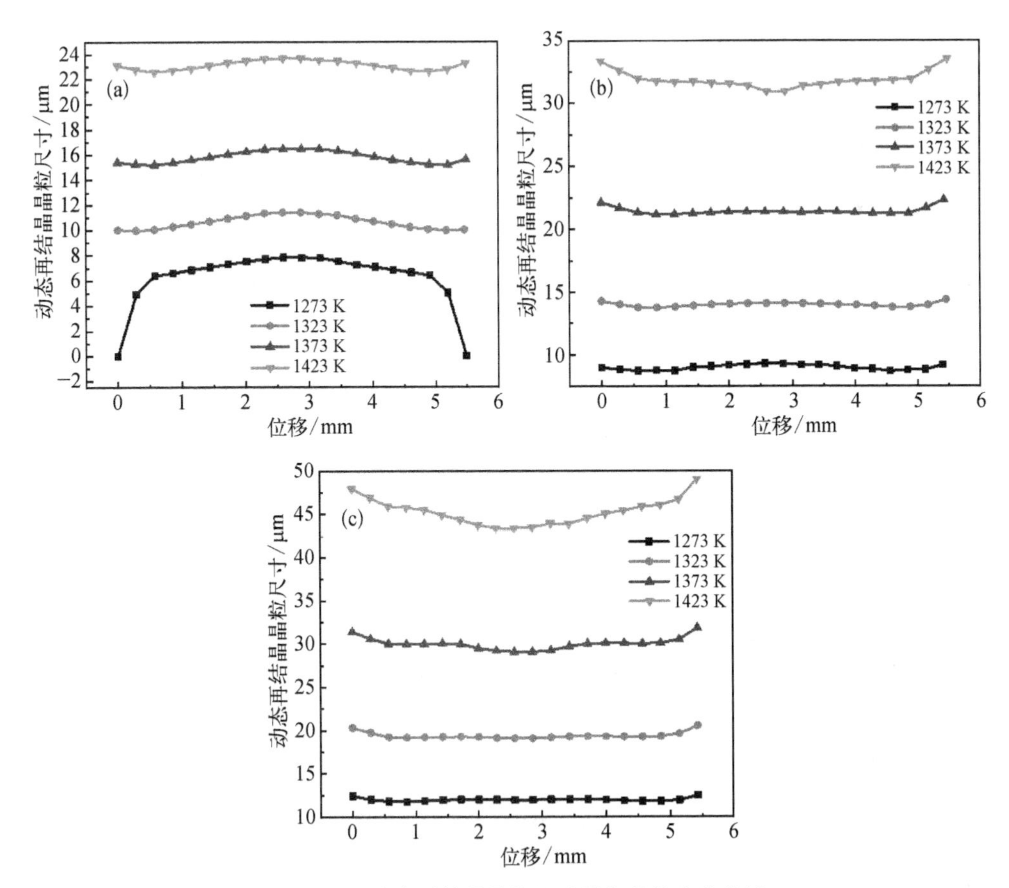

图 5－26　动态再结晶晶粒尺寸随位移的变化曲线

（a）应变速率为 1 s^{-1}；（b）应变速率为 0.1 s^{-1}；（c）应变速率为 0.01 s^{-1}

最小，变形温度为 1 423 K 动态再结晶晶粒尺寸最大。并且随着变形温度升高，热变形动态再结晶晶粒尺寸逐渐变大。图 5－27 是不同变形条件动态再结晶晶粒尺寸云图，每一行的应变速率相同，变形温度是逐渐升高的。从图 5－27（a）中可以看出大多数区域动态再结晶晶粒尺寸只有 13 μm 左右，而图 5－27（d）大多数区域动态再结晶晶粒尺寸达到 40 μm 左右。从云图明显可见随着变形温度升高，动态再结晶晶粒尺寸都逐渐增大。

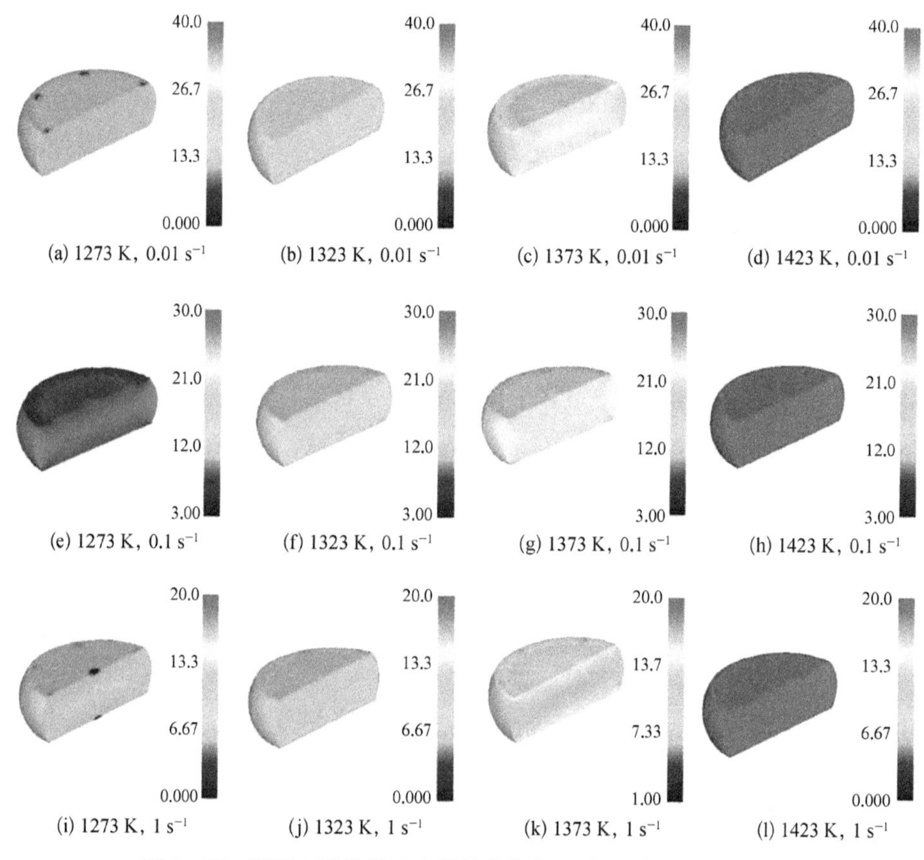

(a) 1273 K，0.01 s^{-1}　(b) 1323 K，0.01 s^{-1}　(c) 1373 K，0.01 s^{-1}　(d) 1423 K，0.01 s^{-1}

(e) 1273 K，0.1 s^{-1}　(f) 1323 K，0.1 s^{-1}　(g) 1373 K，0.1 s^{-1}　(h) 1423 K，0.1 s^{-1}

(i) 1273 K，1 s^{-1}　(j) 1323 K，1 s^{-1}　(k) 1373 K，1 s^{-1}　(l) 1423 K，1 s^{-1}

图 5－27　不同变形条件动态再结晶晶粒尺寸云图（单位：μm）

综上可知，变形温度是影响高温合金动态再结晶晶粒尺寸的极重要的因素，这是因为在热变形过程中形核率与长大速率的比值，即 N/G 这个参数决定着动态再结晶晶粒尺寸。众所周知，变形温度越高，动态再结晶的晶粒长大的速率越快。变形温度越高，高温合金动态再结晶进行越充分，再结晶体积分数越大。即在较高变形温度下的稳定变形阶段，晶粒内的位错密度相对较低，致使形核率相对较低，所以当变形温度较高时，形核率 N 减小，长大速率 G 增大，则 N/G 比值减小，则动态再结晶晶粒尺寸较大。并且当变形温度较高时，高温合金原子震荡剧烈，原子扩散速率加快导致位错与晶界的迁移能力显著提高，则相同时间内动态再结晶晶粒长大得更加充分更加均匀。

5.3.4.2　应变速率的影响

图 5－28 是不同应变速率下动态再结晶晶粒尺寸随位移的变化曲线，图 5－28（a）、（b）、（c）和（d）分别是变形温度为 1 273 K、1 323 K、1 373 K、1 423 K 的条件下动态再结晶晶粒尺寸变化曲线。从图 5－28（a）、（b）、（c）和（d）中都可以看出不同应变速率条件下动态再结晶晶粒尺寸明显不同，应变速率为 1 s^{-1} 时动态再结晶晶粒尺寸最小，应变速率为 0.01 s^{-1} 时动态再结晶晶粒尺寸最大。并且随着应变速率的减小，动态再结晶晶粒尺寸逐渐变大。图 5－29 是不同变形条件下动态再结晶晶粒尺寸云图，每一行的变形温度相同，应变速率逐渐增加。从云图中可以看出，随着应变速率的逐渐增加，动态再结晶晶粒尺寸逐渐减小。从云图可见动态再结晶晶粒尺寸对应变速率的变化较为敏感。这是因为应变速率

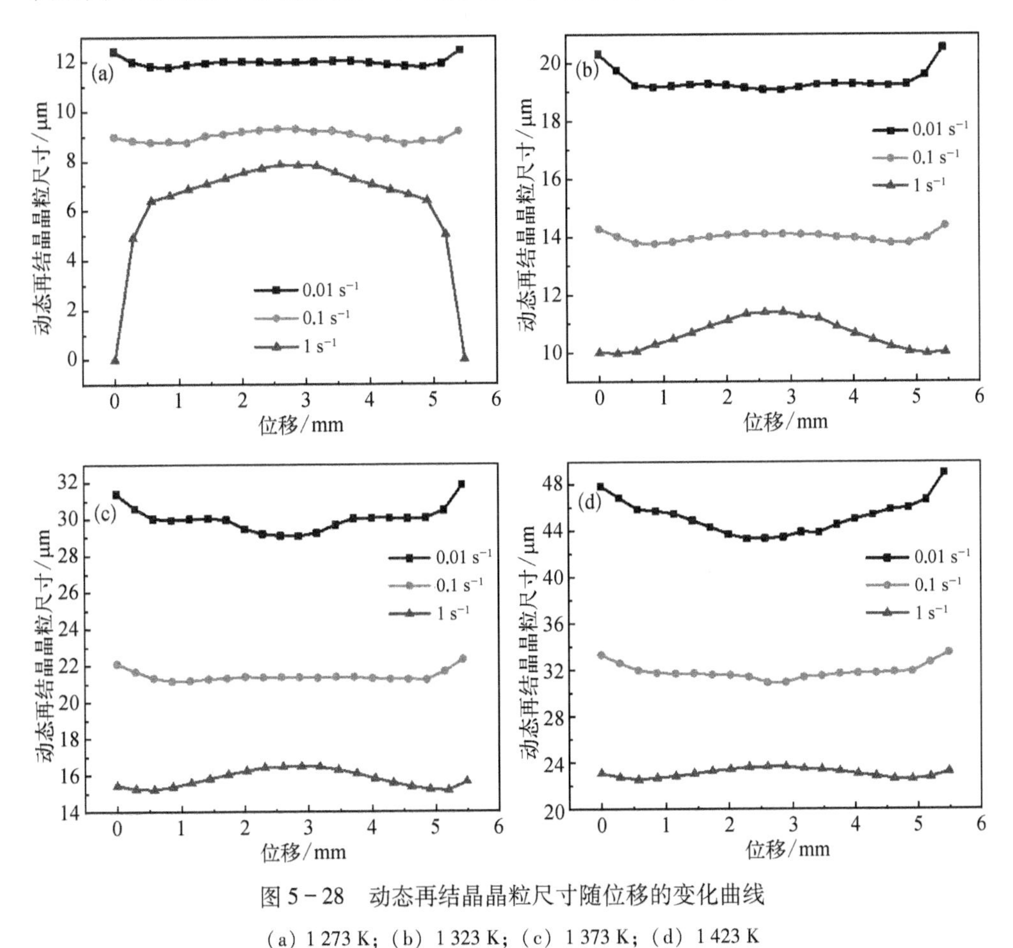

图 5－28　动态再结晶晶粒尺寸随位移的变化曲线

（a）1 273 K；（b）1 323 K；（c）1 373 K；（d）1 423 K

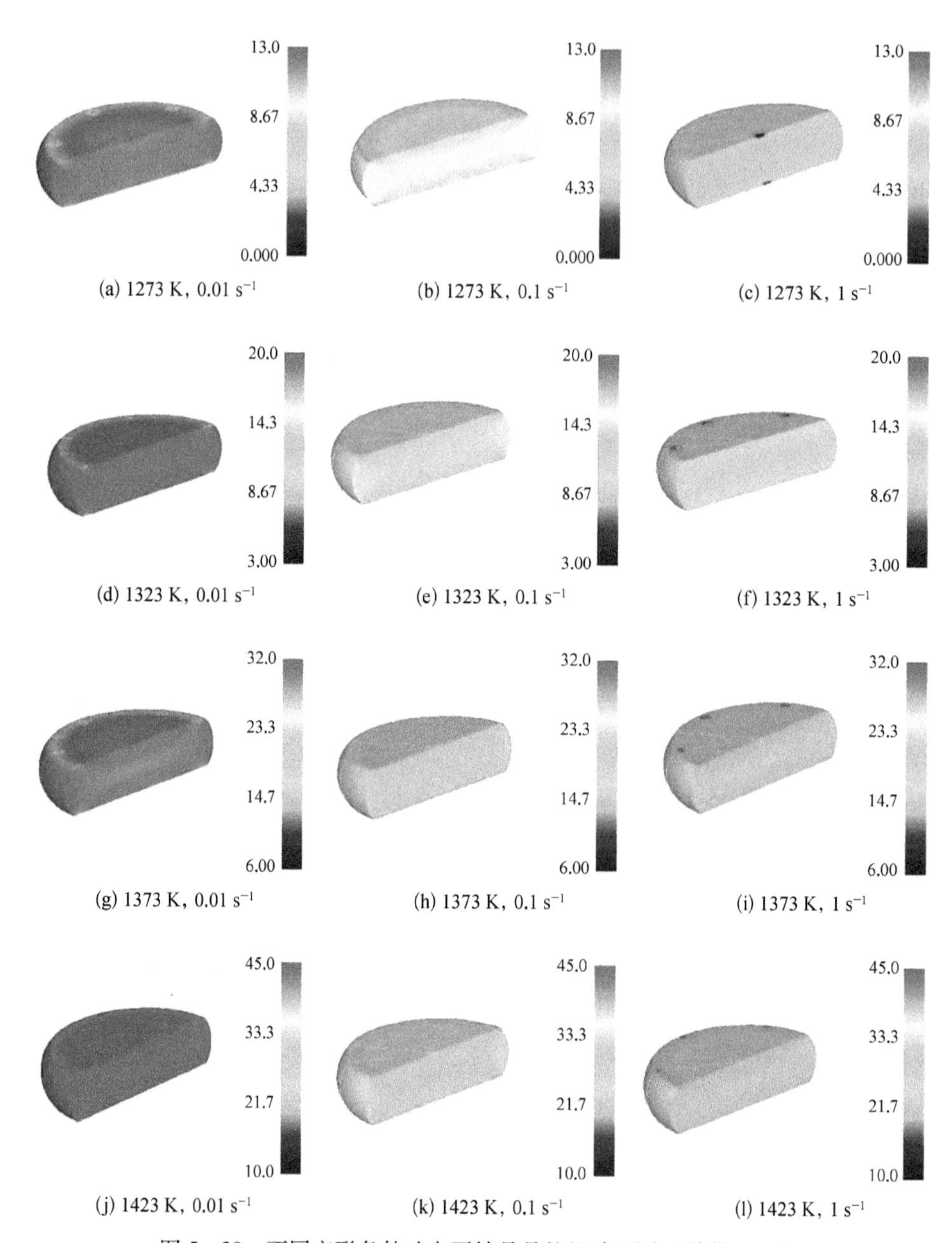

(a) 1273 K，0.01 s^{-1}　(b) 1273 K，0.1 s^{-1}　(c) 1273 K，1 s^{-1}

(d) 1323 K，0.01 s^{-1}　(e) 1323 K，0.1 s^{-1}　(f) 1323 K，1 s^{-1}

(g) 1373 K，0.01 s^{-1}　(h) 1373 K，0.1 s^{-1}　(i) 1373 K，1 s^{-1}

(j) 1423 K，0.01 s^{-1}　(k) 1423 K，0.1 s^{-1}　(l) 1423 K，1 s^{-1}

图 5－29　不同变形条件动态再结晶晶粒尺寸云图（单位：μm）

较大时，塑性变形热较大，储存能较多，高温合金晶粒内部诱发动态再结晶行为的驱动力也较大，则相同时间内高温合金的形核率较高，从而使晶粒细化。并且应变速率较大时，热变形过程需要的时间短，从而刚刚动态再结晶形核的晶粒来不及长大，所以动态再结晶晶粒尺寸较小。而应变速率较低时，高温合金储存能较小，驱动力也较小，通常高温合金晶粒只有在能量起伏的少数区域先发生形核，所以形核率较低。并且位错与晶界的迁移时间比较充分，则高温合金动态再结晶晶粒长大时间充足，所以动态再结晶晶粒尺寸较大。

5.3.4.3　变形温度和应变速率耦合作用影响

图 5 - 30 是变形温度和应变速率对动态再结晶晶粒尺寸综合影响三维数据云图，从图中可以看出，动态再结晶晶粒尺寸对变形温度和应变速率也都较为敏感，随着变形温度的升高，动态再结晶晶粒尺寸都逐渐增大，随着应变速率的升高，动态再结晶晶粒尺寸都逐渐减小，即高温低应变速率有利于促进动态再结晶晶粒尺寸的长大，低温高应变速率不利于动态再结晶晶粒的长大。

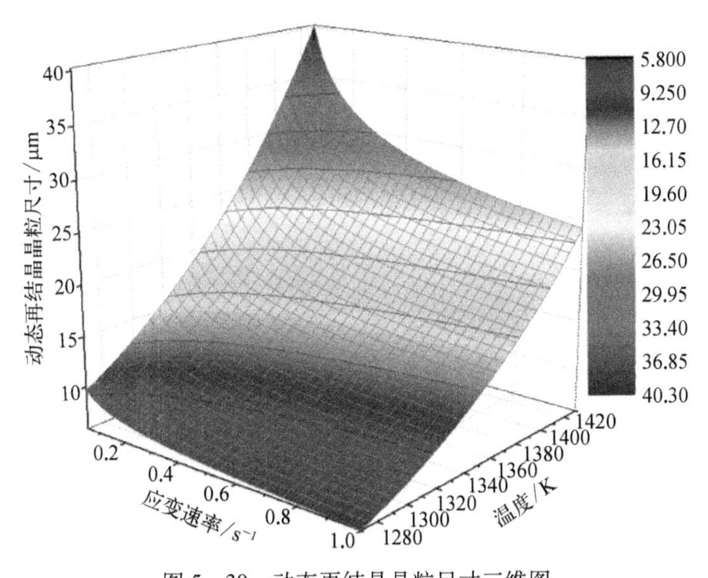

图 5 - 30　动态再结晶晶粒尺寸三维图

5.3.5　工艺参数对平均晶粒尺寸的影响

5.3.5.1　变形温度的影响

图 5 - 31 是不同变形温度下平均晶粒尺寸随位移的变化曲线，图 5 - 31（a）、（b）和（c）分别是应变速率为 1 s^{-1}、0.1 s^{-1}、0.01 s^{-1} 条件下动态再结晶晶粒尺寸变化曲线。从图 5 - 31（a）、（b）和（c）中可以看出，随着位移的增加，平均晶粒尺寸都先减小后增加。从图 5 - 31（a）可以看出在应变速率为 1 s^{-1} 的情况下，当位移较小时，变形温度为 1 273 K 平均晶粒尺寸最大，变形温度为 1 423 K 平均晶粒尺寸最小，满足随着变形温度逐渐增加、平均晶粒尺寸逐渐减小的趋势。当位移为 2.8 mm 左右时，变形温度为 1 373 K 的平均晶粒尺寸比 1 423 K 的要稍大。当位移较大时，随着变形温度逐渐增加，平均晶粒尺寸有逐渐减小的趋

势。从图 5-31（b）可以看出，在应变速率为 0.1 s^{-1}的情况下，当位移较小和较大时，随着变形温度逐渐增加，平均晶粒尺寸有逐渐减小的趋势。当位移为 2.8 mm 左右时，变形温度为 1 273~1 373 K 时，变形温度逐渐增加平均晶粒尺寸逐渐减小。图 5-31（c）可以看出在应变速率为 0.01 s^{-1}的情况下，当位移较小和较大时，随着变形温度逐渐增加，平均晶粒尺寸有逐渐减小的趋势。但当位移为 2.8 mm 左右时，变形温度仅为 1 273~1 323 K 时，变形温度逐渐增加平均晶粒逐渐减小，变形温度为 1 423 K 时平均晶粒尺寸最大，1 373 K 次之。

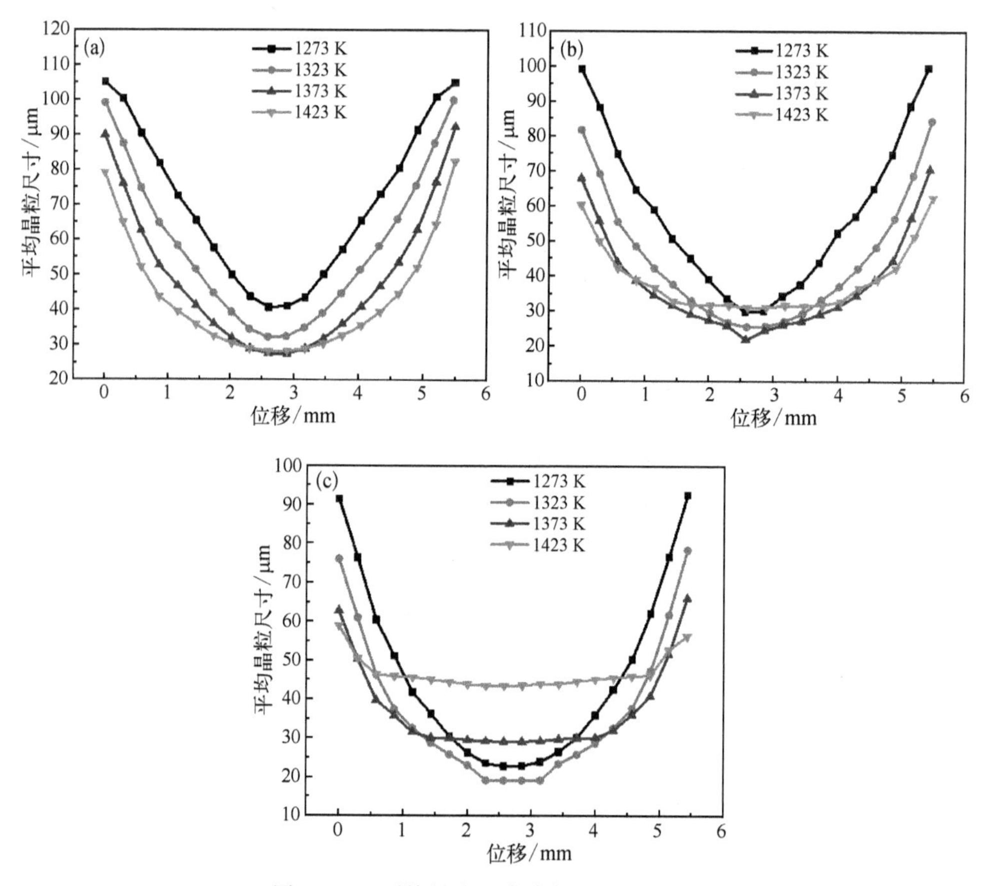

图 5-31　平均晶粒尺寸随位移的变化曲线

（a）应变速率为 1 s^{-1}；（b）应变速率为 0.1 s^{-1}；（c）应变速率为 0.01 s^{-1}

图 5-32 是不同变形条件平均晶粒尺寸云图，从云图也能得出一致的规律。随着位移的增加，平均晶粒尺寸都先减小后增加，这是因为坯料上下两端再结晶体积分数较低，中心位置再结晶体积分数较高，即上下两端初始大晶粒较多，再结晶细小晶粒较少，所以平均晶粒尺寸较大；而中心位置再结晶晶粒较多，初始

大晶粒较少，平均晶粒尺寸较小，所以平均晶粒尺寸先减小后增加。在上下两端位置由于难变形再结晶体积分数都较小，但是温度升高，再结晶体积分数会逐渐增大，即初始晶粒数减小，动态再结晶晶粒增多，所以平均晶粒尺寸减小，当位移较小和较大时，随着变形温度逐渐增加，平均晶粒尺寸都逐渐减小。然而应变速率减小时，中心位置会出现反常现象。例如，应变速率为 0.01 s^{-1}时，变形温度为 1 423 K 时平均晶粒尺寸最大，1 373 K 次之，1 273 K 平均晶粒尺寸大于 1 323 K。这是由于变形温度为 1 323 K、1 373 K、1 423 K 时，坯料中心位置已经发生完全动态再结晶，即没有初始大晶粒，全部是动态再结晶晶粒。然而动态再结晶晶粒尺寸随着变形温度的升高而增大，所以变形温度为 1 323 K、1 373 K、1 423 K 的平均晶粒尺寸逐渐增大。但是变形温度为 1 273 K 时坯料中心位置没有发生完全动态再结晶，还有一部分初始晶粒，但是初始晶粒数较少，大部分都是动态再结晶晶粒，综合平均晶粒尺寸比 1 323 K 时大，可见变形温度对平均晶粒尺寸有着复杂的影响。

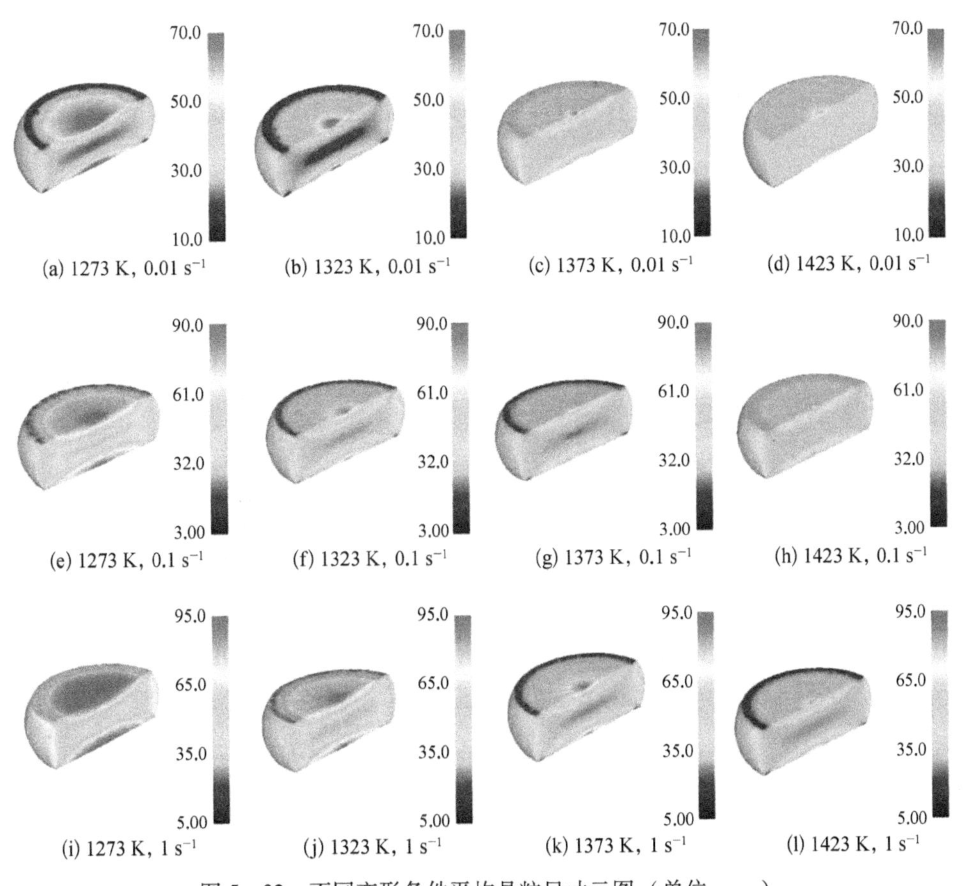

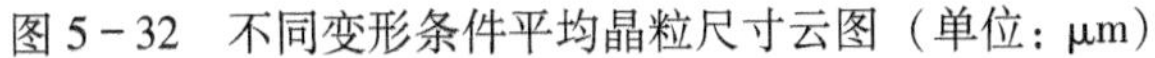
图 5－32　不同变形条件平均晶粒尺寸云图（单位：μm）

5.3.5.2 应变速率的影响

图 5-33 是不同应变速率下平均晶粒尺寸随位移的变化曲线，图 5-33（a）、（b）、（c）和（d）分别是变形温度为 1 273 K、1 323 K、1 373 K、1 423 K 时平均晶粒尺寸变化曲线。从图 5-33（a）、（b）、（c）和（d）中都可以看出，在坯料上下两端，随着应变速率的增大，平均晶粒尺寸逐渐增大。然而在坯料中心位置，当变形温度较低时（如 1 273 K、1 323 K），随着应变速率的增大，平均晶粒尺寸逐渐增大；当变形温度较高时（如 1 373 K、1 423 K），随着应变速率的增大，平均晶粒尺寸变化复杂，有着向平均晶粒尺寸逐渐减小的趋势过渡。

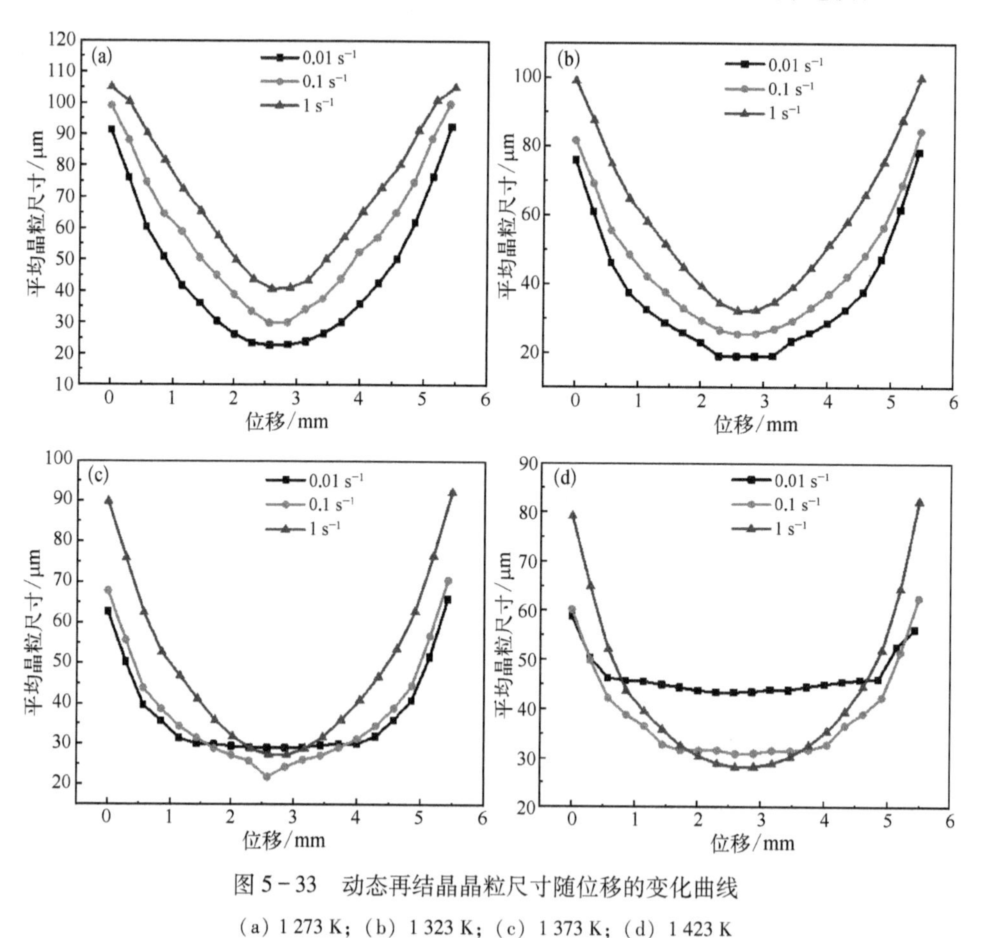

图 5-33 动态再结晶晶粒尺寸随位移的变化曲线

（a）1 273 K；（b）1 323 K；（c）1 373 K；（d）1 423 K

图 5-34 是不同变形条件平均晶粒尺寸云图，从云图可以明显看出一致的变化规律。这是因为变形温度较低时，坯料上下两端和心部的再结晶体积分数都较低，没有发生完全动态再结晶，随着应变速率的降低，动态再结晶体积分数增加，再结晶程度变大，晶粒细化效果明显，所以随着应变速率的增大，平均晶粒尺寸逐

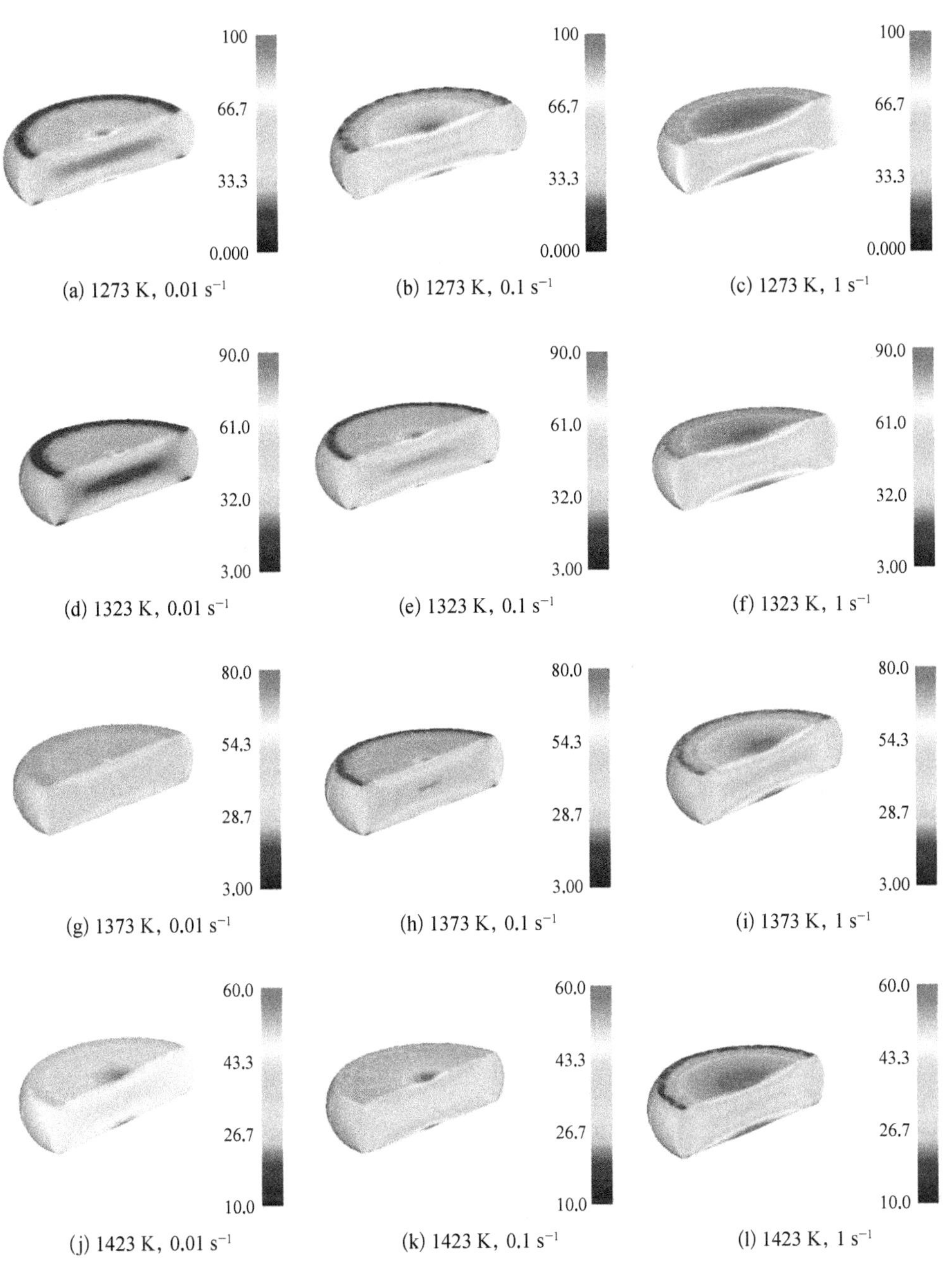

(a) 1273 K，0.01 s^{-1}　(b) 1273 K，0.1 s^{-1}　(c) 1273 K，1 s^{-1}

(d) 1323 K，0.01 s^{-1}　(e) 1323 K，0.1 s^{-1}　(f) 1323 K，1 s^{-1}

(g) 1373 K，0.01 s^{-1}　(h) 1373 K，0.1 s^{-1}　(i) 1373 K，1 s^{-1}

(j) 1423 K，0.01 s^{-1}　(k) 1423 K，0.1 s^{-1}　(l) 1423 K，1 s^{-1}

图 5－34　不同变形条件平均晶粒尺寸云图（单位：μm）

渐增大。但是当变形温度较高时，坯料心部的变化趋势不同。例如 1 423 K 时，此时应变速率为 0.01 s^{-1}、0.1 s^{-1}已经发生完全动态再结晶，应变速率为 1 s^{-1}也接近完全动态再结晶，初始晶粒极少。而动态再结晶晶粒尺寸随着应变速率的增加是逐渐减小的，所以对坯料心部来说应变速率为 0.01 s^{-1}的平均晶粒尺寸最大，应变速率为 0.1 s^{-1}的次之，应变速率为 1 s^{-1}的平均晶粒尺寸最小，坯料上下两端平均晶粒尺寸正好相反。

5.3.5.3 变形温度和应变速率耦合作用影响

图 5－35 是变形温度和应变速率对平均晶粒尺寸综合影响三维数据云图，从图中可以看出，平均晶粒尺寸对变形温度和应变速率都较为敏感。变形温度和应变速率对平均晶粒尺寸的影响也较为复杂。在没有发生完全动态再结晶时，随着变形温度的升高，平均晶粒尺寸逐渐减小，随着应变速率的升高，平均晶粒尺寸逐渐增加。而部分发生完全动态再结晶时，平均晶粒尺寸随变形温度和应变速率的变化会有多种情况发生。当发生完全动态再结晶时，随着变形温度的升高，平均晶粒尺寸逐渐增大，随着应变速率的升高，平均晶粒尺寸逐渐减小。

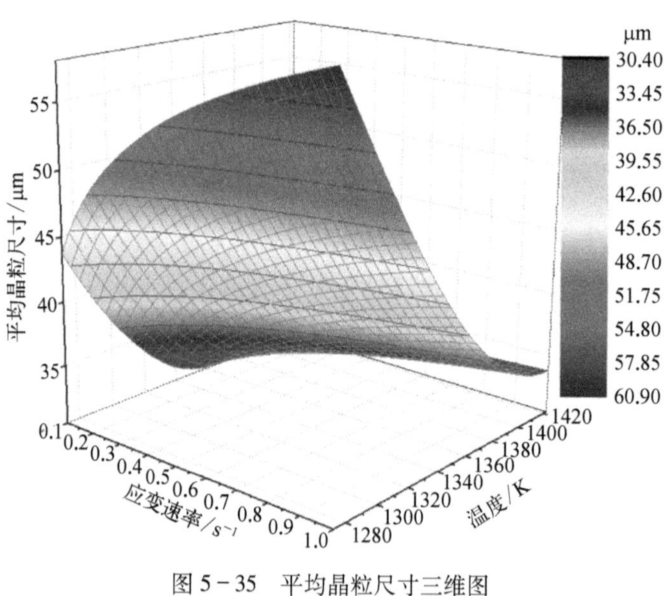

图 5－35　平均晶粒尺寸三维图

5.3.6 高温压缩微观组织演变模拟精确度分析

图 5－36 是 GH4698 镍基高温合金热压缩动态再结晶晶粒尺寸实验值与模拟值对比图，从图中可以看出，实验值与模拟值散点都分布在 $y=x$ 这条线附近，说明实验值与模拟值具有较好的相关性，并且都分布在±15%误差线内，即实验值和模拟值最大误差不超过 15%，误差较小。并且大多数点几乎分布在 $y=x$ 这条线上，这说明某些条件下动态再结晶晶粒尺寸实验值与模拟值数值极为接近，

误差远小于 15%；少数点分布在±15%误差线附近，说明这些条件下误差稍大。整体来看，误差较小，有较好的预测效果。这说明将建立的本构模型和微观组织演变模型嵌入有限元软件中进行微观组织演变模拟，这种方法是可行的并且有较好的预测效果，这为采用研究热变形过程动态再结晶晶粒演化提供了一种新的方法和思路，微观组织演变模拟对指导工艺生产和预测变形过程组织演变具有重要的意义。

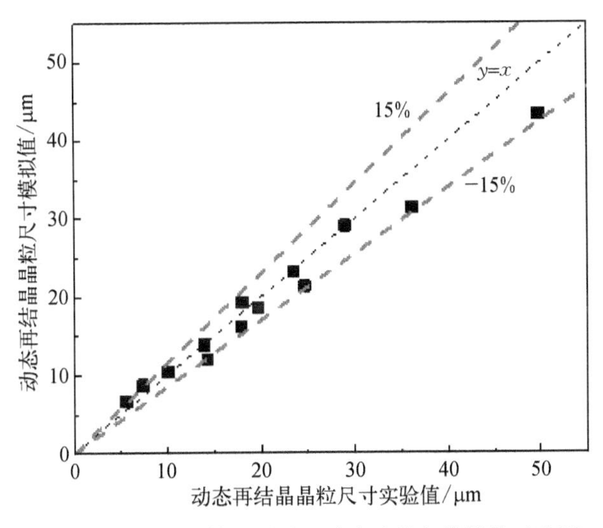

图 5－36　动态再结晶晶粒尺寸实验值与模拟值对比图

5.4　基于元胞自动机的热塑性变形组织演化模拟

5.4.1　元胞自动机模拟思路框架

采用有限元技术可以预测产品的微观组织，但是无法得到微观组织演化图，无法将变形过程的晶粒演化可视化。为了更深入研究镍基高温合金热变形过程动态再结晶的晶粒演化，将动态再结晶整个过程的晶粒演化过程可视化。本章采用元胞自动机法来研究应变、变形温度和应变速率对动态再结晶形核和长大的影响，统计小于 20 μm、20～80 μm 和大于 80 μm 三个区间晶粒尺寸百分比分布，揭示热变形过程镍基高温合金动态再结晶组织演变规律，并和实验对比来验证元胞自动机法的可行性。研究晶粒演化的预测和可视化对新产品的设计、工艺开发与优化、调控微观组织具有重要的指导作用。

图 5－37 是元胞自动机模拟思路框架流程图，从图中可知模拟思路为：在热

变形刚开始时，高温合金变形程度逐渐增加引起位错密度逐渐增加，当位错密度累积到阈值即临界位错密度 ρ_c 时，就会以形核率 $\dot{n}$ 形核，刚刚形核的高温合金动态再结晶晶粒在驱动力下长大。产生的新晶粒在变形时位错密度也会增加，这会导致新晶粒和初始晶粒之间的位错密度差逐渐减小，即驱动力逐渐减小，当驱动力减小到一定程度时，动态再结晶晶粒就会停止长大。

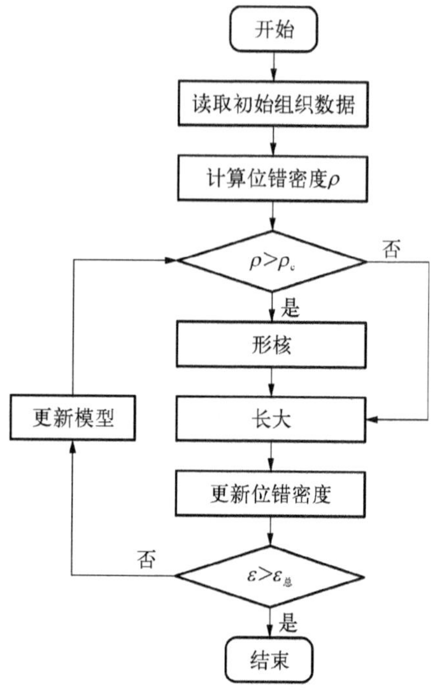

图 5-37　元胞自动机模拟思路框架流程图

5.4.2　元胞自动机再结晶模型

5.4.2.1　位错密度模型

高温合金在热变形过程中，随着应变的增加导致位错密度也逐渐增加，当位错密度 ρ 增加到某个临界值时，会发生动态再结晶。高温合金热变形位错密度由加工硬化产生的硬化效应和动态回复与动态再结晶产生的软化效应这些物理过程共同决定。本章采用 Laasroui-Jonas 位错密度模型[7]，模型可由式（5-29）表示。

$$d\rho_i = (h - r\rho_i)\, d\varepsilon - \rho_i d\varepsilon \tag{5-29}$$

式中，h 是硬化系数；r 是软化系数；ρ_i 是位错密度。硬化系数 h 和软化系数 r 都可以表示成变形温度和应变速率的函数，可由式（5-30）和式（5-31）表示：

$$h = h_0 \left(\frac{\dot{\varepsilon}}{\dot{\varepsilon}_0}\right)^{-m} \exp\left(\frac{mQ}{RT}\right) \tag{5-30}$$

$$r = r_0 \left(\frac{\dot{\varepsilon}}{\dot{\varepsilon}_0}\right)^{-m} \exp\left(-\frac{mQ}{RT}\right) \tag{5-31}$$

式（5-30）和式（5-31）中，h_0 是硬化常数；r_0 是回复常数；m 是应变速率敏感因子；Q 是动态再结晶激活能；$\dot{\varepsilon}$ 是应变速率，应变速率矫正常数通常取 1。式（5-30）和式（5-31）系数的具体求解结果如下所示：

$$r = 15\,529.34\dot{\varepsilon}^{-0.171\,9} \exp\left(-\frac{0.171\,9 \times 460\,411.54}{RT}\right) \tag{5-32}$$

$$h = 0.33\dot{\varepsilon}^{-2.004}\exp\left(\frac{2.004 \times 335\,383}{RT}\right) \tag{5-33}$$

5.4.2.2　动态回复模型

热变形过程中，动态回复也是高温合金的一种软化行为，即发生动态回复会使合金位错密度下降，本章采用的是 Goetz 模型[8]，可由式（5－34）表示：

$$\rho_{i,\ j}^{t} = \frac{\rho_{i,\ j}^{t-1}}{2} \tag{5-34}$$

Goetz 模型在元胞自动机模拟过程中，每个时间步都随机选取 N 个元胞进行模拟，位错密度在每一个时间步都要减半。N 可由式（5－35）表示：

$$N = \frac{[(\#\text{rows}) \times (\#\text{columns}) \times \sqrt{2}]^{2}}{K} h\,(\mathrm{d}\varepsilon)^{(1-2m)} \tag{5-35}$$

式中，K 是常数，通常取 6 030；#rows 表示元胞自动机模拟空间的元胞行数；#columns 表示元胞列数；（#rows）×（#columns）表示模拟空间总元胞数；N 表示发生动态回复元胞数量。

5.4.2.3　动态再结晶形核与长大模型

在元胞自动机模拟过程中，动态再结晶形核条件一般有以下几种：① 饱和位置形核，即变形温度、应变速率、应变达到某个阈值以上才发生形核；② 位错密度阈值形核，即位错密度达到某阈值以上才发生形核；③ 位错密度阈值且以一定概率形核，即位错密度达到某阈值以上且以一定概率形核；④ 位错密度阈值及能量阈值，即位错密度达到某阈值以上且能量也达到某阈值以上才发生形核。为了更加精确地模拟热变形微观组织演变规律，本章所选用形核方式为位错密度达到阈值且以一定概率形核。即热变形过程位错密度达到某个阈值（临界位错密度）ρ_c才可能发生形核，本章采用 Roberts 临界位错密度模型[9]，Roberts 模型可由式（5－36）表示：

$$\rho_c = \frac{20\gamma\dot{\varepsilon}}{3blM\tau^{2}} \tag{5-36}$$

式中，γ 是界面能；τ 是线位错能；b 是伯氏矢量；M 是晶界迁移率；l 是位错自由程。当位错密度 ρ 累积到一定程度时，动态再结晶晶粒将会以某个形核率 $\dot{n}$ 在晶界位置开始形核，形核率 $\dot{n}$ 具体形式如式（5－37）所示：

$$\dot{n} = C \cdot \dot{\varepsilon}^{a} \cdot \exp\left(-\frac{Q}{RT}\right) \tag{5-37}$$

式中，C 和 a 是常数，一般 C 取 200，a 取 0.9；Q 是激活能。高温合金动态再结晶晶粒形核之后，晶粒会发生长大，长大过程需要驱动力。在热变形过程，刚刚形核的动态再结晶晶粒位错密度通常为 0，那么初始晶粒和形核的动态再结晶晶粒之间会有位错密度差，这会诱发位错密度低的晶粒晶界迁移到位错密度高的晶粒，即位错密度差提供了动态再结晶晶粒长大的驱动力。动态再结晶晶粒的驱动力和长大速率关系可由式（5－38）表示：

$$V = MF/(4\pi r^2) \tag{5-38}$$

式中，F 是驱动力；V 是晶粒长大速率；M 是晶界迁移速率，M 可由式（5－39）表示：

$$M = \frac{b \cdot \delta \cdot D_{ab}}{kT} \cdot \exp\left(-\frac{Q}{RT}\right) \tag{5-39}$$

式中，D_{ab}是晶界扩散系数；δ 是晶界厚度；k 是玻尔兹曼系数。动态再结晶驱动力 F 可由式（5－40）表示：

$$F = 4\pi r^2 \tau(\rho_m - \rho_d) - 8\pi r\gamma \tag{5-40}$$

式中，ρ_m是初始晶粒位错密度；ρ_d是新晶粒的位错密度。线位错能 τ 和界面能 γ 分别用式（5－41）和式（5－42）表示：

$$\tau = 0.5 \cdot \mu \cdot b^2 \tag{5-41}$$

$$\gamma = \gamma_m \cdot \frac{\theta}{\theta_m}\left(1 - \ln\frac{\theta}{\theta_m}\right) \tag{5-42}$$

式（5－41）和式（5－42）中，μ 为剪切模量；θ_m是大角度晶界取向差；θ 是新晶粒和相邻晶粒取向差；大角度晶界能 γ_m可由公式（5－43）表示：

$$\gamma_m = \frac{\mu \cdot b \cdot \theta_m}{4\pi(1 - v)} \tag{5-43}$$

5.4.3 元胞自动机模拟条件设定及结果验证

5.4.3.1 基本条件设定

本章元胞自动机模拟的位置是大变形区域中心位置，模拟划分网格数是 100×100，用来表示实际面积为 1 mm^2 区域，网格划分方式使用的是四边形网格划分技术，边界条件赋予的是周期性边界条件，本章选用的邻居类型是 Moore 邻居，形核方式为位错密度达到阈值且以一定概率形核，初始晶粒尺寸为 41 μm 和 105 μm。

5.4.3.2　结果验证

为了对元胞自动机模拟结果进行验证，以变形温度为 1 373 K 和应变速率为 $\dot{\varepsilon}=1\ s^{-1}$ 为例进行验证，图 5－38 是初始晶粒为 41 μm 的坯料热压缩结束时中心位置实验和模拟晶粒分布图，统计实验和模拟晶粒分布图中的平均晶粒尺寸，实验值的平均晶粒尺寸约为26 μm，元胞自动机模拟预测的平均晶粒尺寸约为29 μm，实验值与模拟值误差为 12%，并且晶粒分布图中晶粒尺寸大小分布相对均匀，从第四章可以发现动态再结晶晶粒尺寸和原始晶粒尺寸相差不多，不需要对晶粒尺寸进行分区，用平均晶粒尺寸即可较好地描述晶粒大小。统计初始晶粒尺寸为 105 μm 的坯料热压缩结束时中心位置实验和模拟平均晶粒尺寸，实验值的平均晶粒尺寸约为 35 μm，元胞自动机模拟预测的平均晶粒尺寸约为 40 μm，实验值与模拟值误差为 14%，验证了元胞自动机模拟这种方法的可行性，具有一定的预测性，但是当初始晶粒尺寸为 105 μm 时，动态再结晶晶粒尺寸大多数小于 20 μm 和原始晶粒尺寸大多数大于 80 μm，两者相差较多，用平均晶粒尺寸来评估误差较大，为了进一步分析平均晶粒尺寸误差的具体来源，统计不同区间的晶粒尺寸百分比。

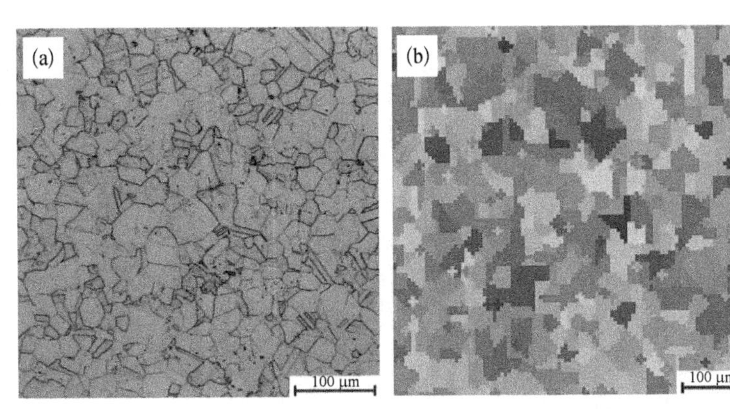

图 5－38　热压缩结束时中心位置实验和模拟晶粒分布图

(a) 实验晶粒分布图；(b) 模拟晶粒分布图

图 5－39 是热压缩过程不同区间晶粒百分比实验值与预测值对比柱状图，从图中可以看出大于 80 μm 的晶粒所占比例都非常小，并且误差仅有 2.17%；20~80 μm 的晶粒所占比例都在 60%以上，并且模拟值和实验值误差为 11.44%，误差比较小，说明在 20~80 μm 和大于 80 μm 的区间，元胞自动机具有较好的预测效果；而小于 20 μm 的晶粒预测值和实验值误差稍大为 21.21%，这主要是因为这个区间晶粒太小，统计误差较大。而最终平均晶粒尺寸大约都在 20~80 μm 这个区间。综上可知，基于元胞自动机的微观组织演变模拟具有一定的预测精度，对研究复杂产品的微观组织演变有着重要的指导意义。

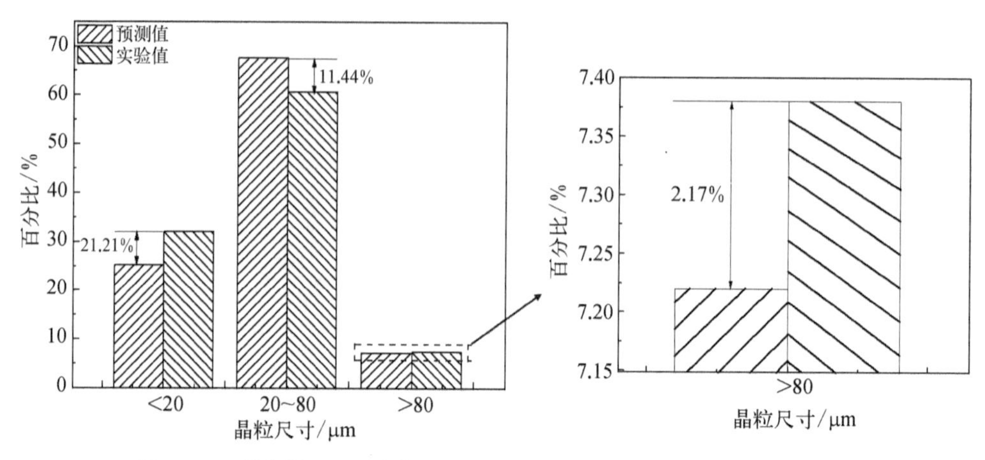

图 5-39 热压缩过程不同区间晶粒百分比实验值与预测值对比柱状图

5.4.4 元胞自动机动态再结晶组织演变模拟

为了更深入研究基于元胞自动机的动态再结晶组织演变规律，在初始晶粒尺寸为 105 μm 时、动态再结晶晶粒尺寸和原始晶粒尺寸两者相差较多的情况下，分别研究应变、温度和应变速率小于 20 μm、20~80 μm 和大于 80 μm 三个区间的晶粒演化影响。

5.4.4.1 应变的影响

图 5-40（a)、(b)、(c)、(d) 和 (e) 是在变形温度为 1 373 K、应变速率为 0.01 s^{-1}的条件下，大变形区中心点位置在热压缩过程不同应变时晶粒演化图。从图中可以定性分析出：图 5-40（a) 是应变为 0（即变形开始）时的晶粒图，此时都是原始晶粒，晶粒尺寸较大；当应变增加的 0.17 时，此时在原始晶粒的晶界处开始形核，这说明此刻高温合金位错密度已经增加到临界位错密度，开始发生动态再结晶，但发生的不完全，只是形核阶段；当应变增加到 0.38 时，

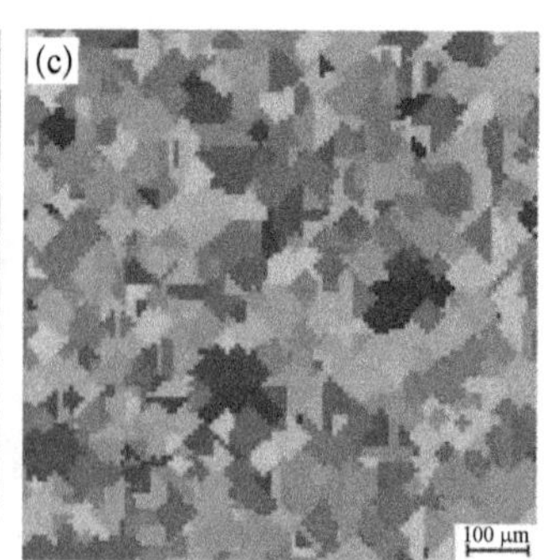

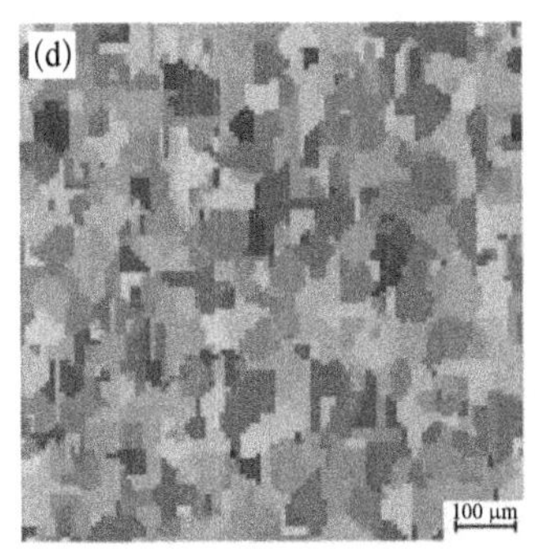

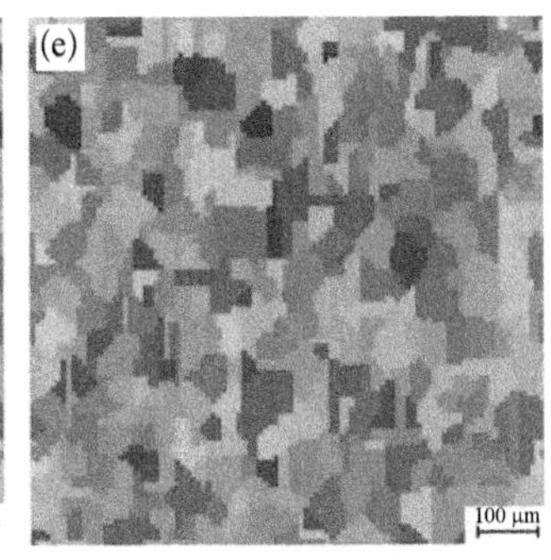

图 5-40 热压缩过程不同应变时晶粒演化图

(a) $\varepsilon=0$；(b) $\varepsilon=0.17$；(c) $\varepsilon=0.38$；(d) $\varepsilon=0.64$；(e) $\varepsilon=1$

此时已经形核出很多新晶粒，说明此时大部分区域已经发生动态再结晶，并且有部分晶粒发生了长大；当应变继续增加到 0.64 时，已经发生完全动态再结晶，并且新晶粒开始长大，原始晶粒基本被新晶粒吞噬；当应变增加到 1 时，此时新晶粒基本都停止长大，原始晶粒也基本完全被吞噬。

为了定量研究晶粒尺寸的分布情况，对不同区间晶粒所占百分比进行统计，将图中晶粒尺寸分为晶粒尺寸小于 20 μm、20~80 μm 和大于 80 μm 三个区间。图 5-41 是热压缩过程不同应变时不同区间晶粒百分比柱状图，图（a）、（b）、（c）、（d）和（e）分别是应变为 0、0.17、0.38、0.64、1 的百分比柱状图。

从图 5-41 中可知，当应变为 0 时，大于 80 μm 的晶粒比例最高，小于 20 μm 的晶粒比例最少，基本没有，说明此时基本都是原始大晶粒。当应变为 0.17 时，小于 20 μm 和大于 80 μm 的晶粒所占比例较多，而 20~80 μm 的晶粒所占比例较小，这说明此时发生形核，新生成大量小晶粒。当应变为 0.38 时，20~80 μm 的晶粒所占比例较多，小于 20 μm 和大于 80 μm 的晶粒所占比例大幅减小，这主要是因为新晶粒发生长大并吞噬原始晶粒，小于 20 μm 的晶粒长大到 20~80 μm 的区间，所以小于 20 μm 和大于 80 μm 的晶粒所占比例大幅减小。当应变为 0.64 时，20~80 μm 的晶粒所占比例较多，小于 20 μm 的晶粒比例有所增加，同时大于 80 μm 的晶粒比例进一步减小，这主要是因为应变增加到一定程度，位错密度进一步积累，晶界又开始发生形核，产生细小晶粒。当变形结束时，20~80 μm 的晶粒所占比例最多，晶粒尺寸尺寸主要集中在 20~80 μm 的区间，主要是因为发生动态再结晶形核和长大，大晶粒被小晶粒长大所吞噬，最终小于 20 μm 和大于 80 μm 的晶粒都较少。

图 5-42 是热压缩过程不同应变时不同区间晶粒百分比变化曲线，从图中可以看出大于 80 μm 的晶粒占比随着应变的增加逐渐减小，而小于 20 μm 的晶粒占比从 0 开始，随着应变的增加，变化趋势较为复杂，晶粒百分比多次增加和减

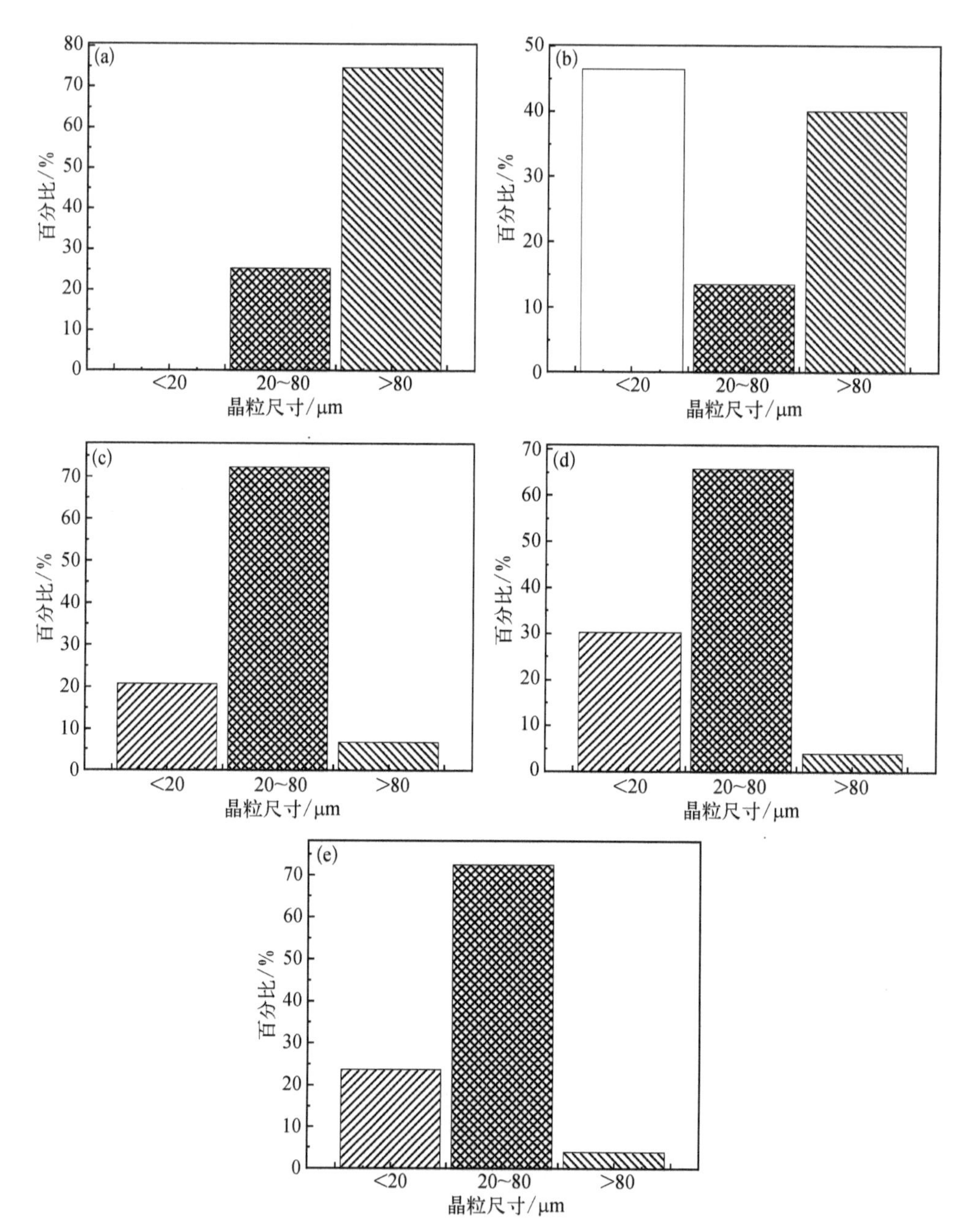

图 5-41　热压缩过程不同应变时不同区间晶粒百分比柱状图

(a) $\varepsilon=0$；(b) $\varepsilon=0.17$；(c) $\varepsilon=0.38$；(d) $\varepsilon=0.64$；(e) $\varepsilon=1$

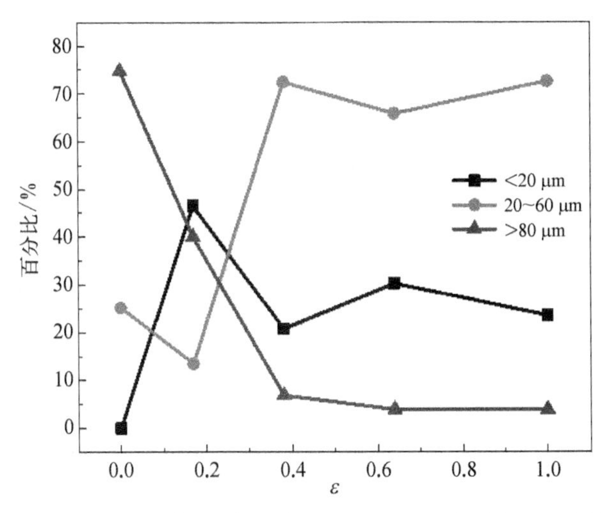

图 5－42　热压缩过程不同应变时不同区间晶粒百分比变化曲线

小，并且小于 20 μm 的晶粒占比和 20～80 μm 的变化趋势相反。这是因为在热变形过程中，当位错密度达到阈值，开始发生动态再结晶形核，在驱动力下形核的新晶粒又开始长大，当长到一定程度时，又会在晶界处形核，周而复始，最终达到一个相对稳定的状态，晶粒尺寸主要集中在 20～80 μm 的区间。由于大于 80 μm 的晶粒由于逐渐被吞噬，所以随着应变增加逐渐减小，小于 20 μm 的晶粒由于快速长大，大多都过渡到 20～80 μm 的区间，所以晶粒尺寸主要集中在 20～80 μm 的区间，所占比例最大。

5.4.4.2　变形温度的影响

图 5－43 是热压缩过程在其他条件相同、变形温度不同时晶粒分布图，图 5－43（a）、（b）、（c）和（d）分别是变形温度为 1 273 K、1 323 K、1 373 K、1 423 K 的晶粒分布图。当变形温度为 1 273 K 时，晶界位置才刚刚发生形核，新晶粒尺寸较小，原始晶粒基本还被保留，没有被吞噬。当变形温度继续升高时，可见再结晶体积分数急剧增加，发生再结晶的程度越大，原始晶粒基本被新形核

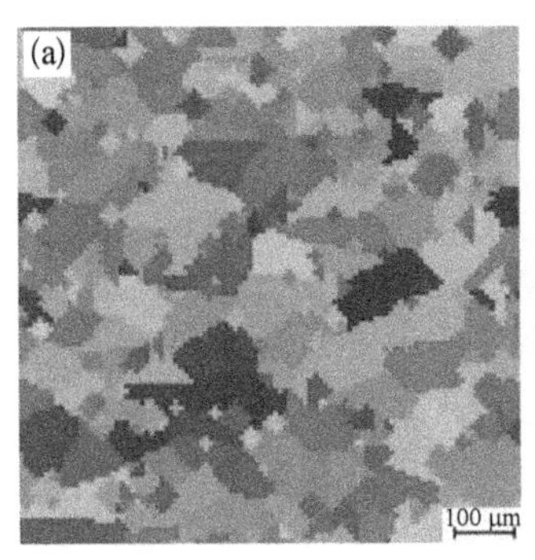

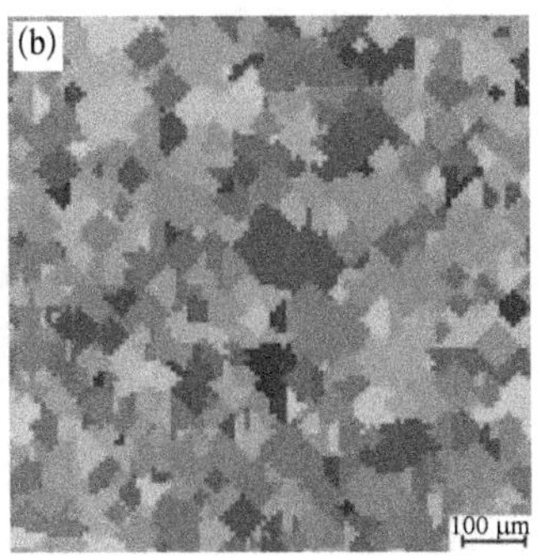

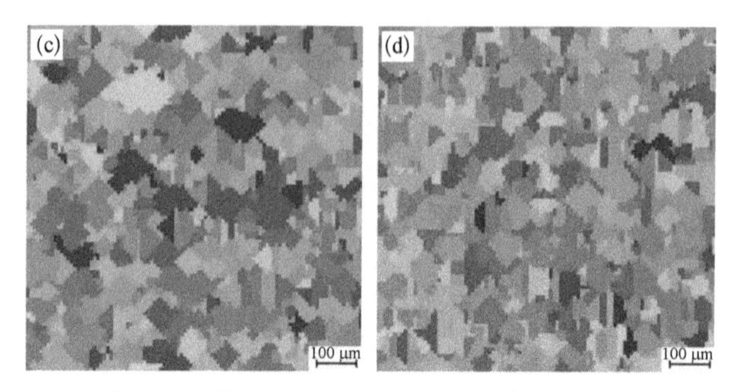

图 5－43　热压缩过程不同变形温度时晶粒演化图

（a）1 273 K；（b）1 323 K；（c）1 373 K；（d）1 423 K

小晶粒长大而吞噬，可见变形温度对动态再结晶形核和长大非常敏感。

图 5－44 是热压缩过程不同变形温度时不同区间晶粒百分比柱状图。从图 5－44 中可以看出，图（a）、（b）、（c）和（d）中都是 20～80 μm 的晶粒所占比例最多，小于 20 μm 和大于 80 μm 的晶粒所占比例较少。

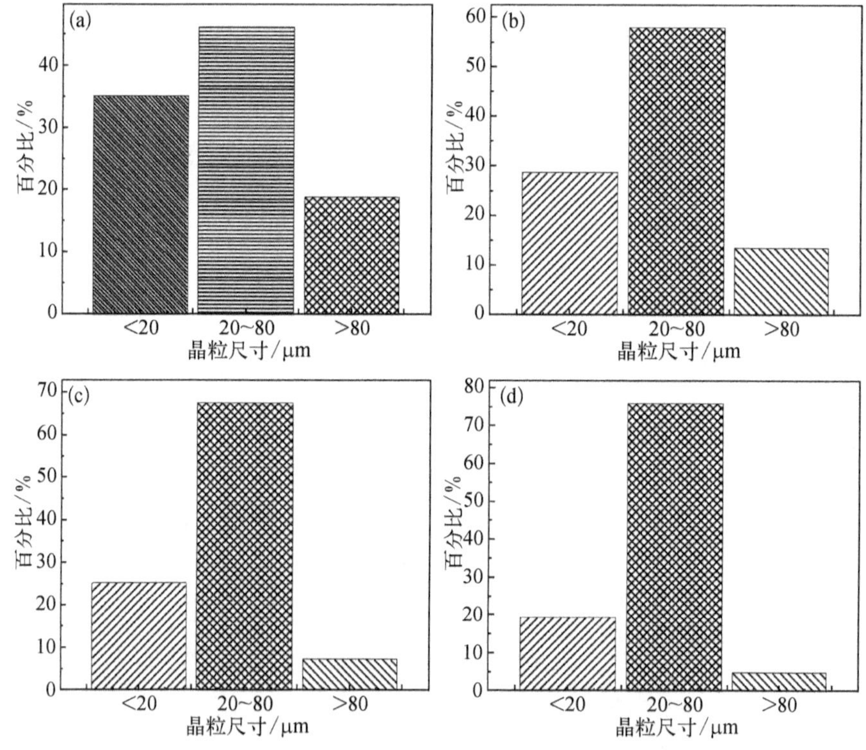

图 5－44　热压缩过程不同变形温度时不同区间晶粒百分比柱状图

（a）1 273 K；（b）1 323 K；（c）1 373 K；（d）1 423 K

图 5－45 是热压缩过程在其他条件相同、变形温度不同时，不同区间晶粒百分比变化曲线，从图中可以看出，小于 20 μm 的晶粒比例随着变形温度的升高而逐渐减小，20～80 μm 的晶粒比例随着变形温度的升高而逐渐增加，大于 80 μm 的晶粒比例随着变形温度的升高而逐渐减小。这是因为变形温度升高时，高温合金原子震荡非常剧烈，激活能大，这可以为诱发动态再结晶提供足够的能量，高温合金发生动态再结晶就会更加完全，并且新形核小晶粒长大导致初始晶粒被吞噬，即大尺寸晶粒数减小，所以大于 80 μm 的晶粒比例随着变形温度的升高而逐渐减小。而变形温度越高，晶粒内的位错密度相对较低，致使形核率相对较低，然而驱动力大导致新形核的小晶粒长大速率更快。即小于 20 μm 的晶粒都长大到 20～80 μm 的晶粒尺寸区间，所以小于 20 μm 的晶粒比例随着变形温度的升高而逐渐减小，20～80 μm 的晶粒比例随着变形温度的升高而逐渐增加。可见变形温度是影响高温合金热变形动态再结晶形核和长大的一个极重要的因素。

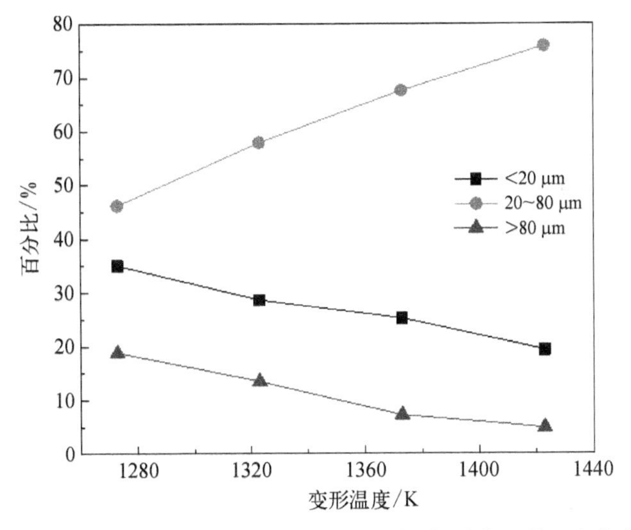

图 5－45　热压缩过程不同变形温度时不同区间晶粒百分比变化曲线

5.4.4.3　应变速率的影响

图 5－46 是热压缩过程在变形温度和应变相同、应变速率不同条件下晶粒分布图，图 5－46（a）、（b）和（c）分别是应变速率为 $\dot{\varepsilon}=1\ \mathrm{s}^{-1}$、$\dot{\varepsilon}=0.1\ \mathrm{s}^{-1}$、$\dot{\varepsilon}=0.01\ \mathrm{s}^{-1}$ 的晶粒分布图。从图 5－46（a）、（b）和（c）中可以看出，随着应变速率的降低，动态再结晶体积分数逐渐增高，发生动态再结晶程度变大。从图 5－46（a）中可以看出，在应变速率较高时晶粒分布图还有大部分原始晶粒，发生动态再结晶程度较低。从图 5－46（c）中可以看出，当应变速率较小时，几乎发生完全动态再结晶，并且新形核的小尺寸晶粒明显长大，原始晶粒几乎完全被新晶粒吞噬。

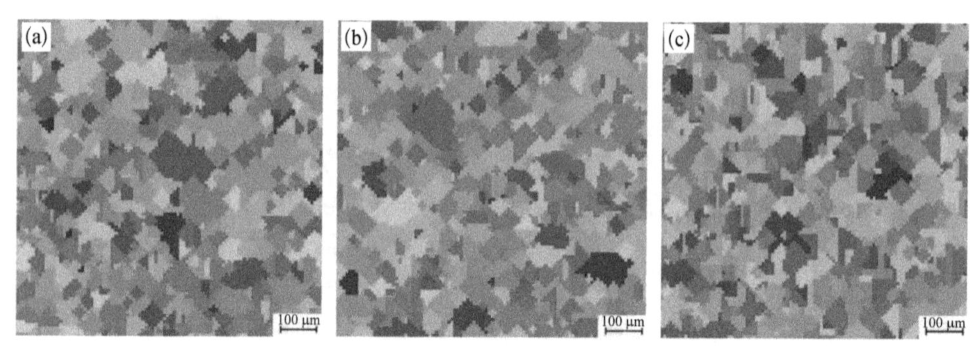

图 5-46　热压缩过程不同应变速率时晶粒演化图

(a) $\dot{\varepsilon}=1\ s^{-1}$；(b) $\dot{\varepsilon}=0.1\ s^{-1}$；(c) $\dot{\varepsilon}=0.01\ s^{-1}$

图 5-47 是热压缩过程在变形温度和应变相同、应变速率不同时不同区间晶粒百分比柱状图，从图 5-47 中可以看出（a）、（b）和（c）中都是 20~80 μm

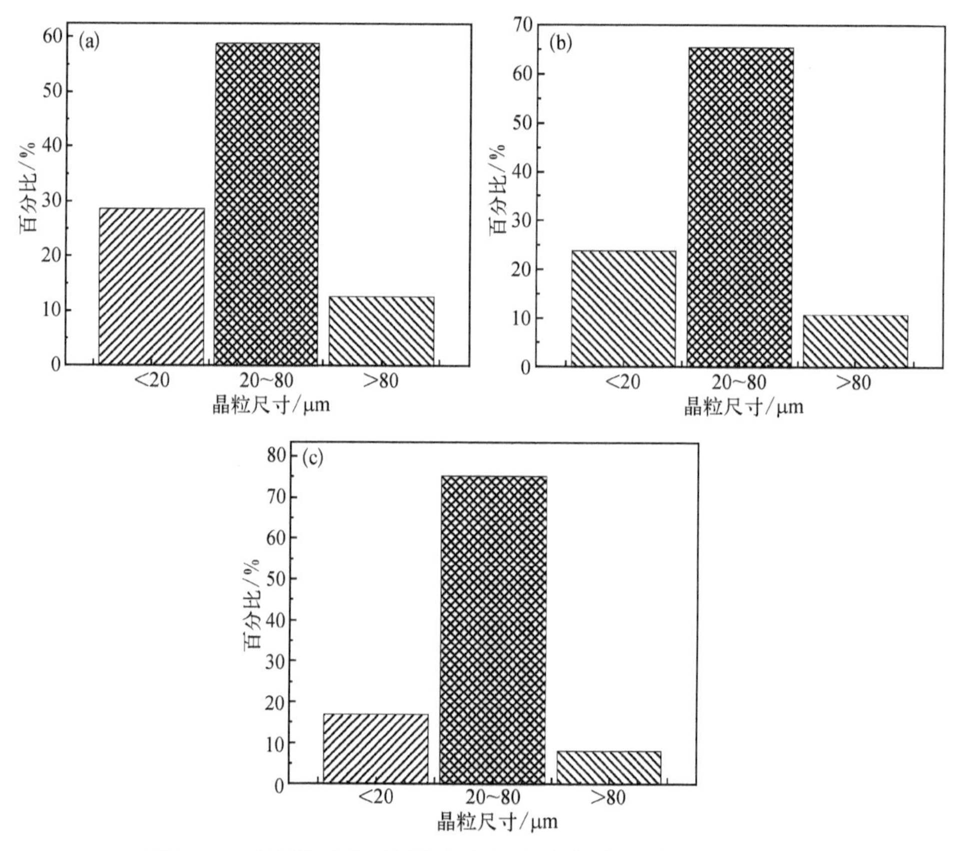

图 5-47　热压缩过程不同应变速率时不同区间晶粒百分比柱状图

(a) $\dot{\varepsilon}=1\ s^{-1}$；(b) $\dot{\varepsilon}=0.1\ s^{-1}$；(c) $\dot{\varepsilon}=0.01\ s^{-1}$

的晶粒所占比例最多，小于 20 μm 和大于 80 μm 的晶粒所占比例较少。这主要是因为动态再结晶形核与长大的综合影响效果所致。并且当其他条件相同应变速率不同时，小于 20 μm、20~80 μm 和大于 80 μm 的晶粒所占比例变化较大，可见应变速率对晶粒演化有重要的影响。

图 5-48 是热压缩过程在其他条件相同应变速率不同时，不同区间晶粒百分比变化曲线，从图中可以小于 20 μm 的晶粒百分比随着应变速率的增加而逐渐增加，20~80 μm 的晶粒比例随着应变速率的增加而逐渐减小，大于 80 μm 的晶粒比例随着应变速率的增加而逐渐增加。这是因为应变速率增加时，高温合金塑性变形热较大，则能量高，高温合金晶粒内部诱发动态再结晶行为的驱动力也较大，则相同时间内高温合金的形核率较高，然而高温合金热压缩变形时间较短，新形核的小晶粒来不及长大，所以小于 20 μm 的晶粒比例随着应变速率的增加而逐渐增加。另一方面应变速率较大时，使得高温合金发生动态再结晶不充分，原始大晶粒剩余较多，所以大于 80 μm 的晶粒比例随着应变速率的增加而逐渐增加。而应变速率较低时，高温合金晶界迁移更加充分，则新形核晶粒有充分的时间来长大，小于 20 μm 的晶粒都长大到 20~80 μm 的晶粒区间，所以 20~80 μm 的晶粒百分比随着应变速率的减小而逐渐增加。

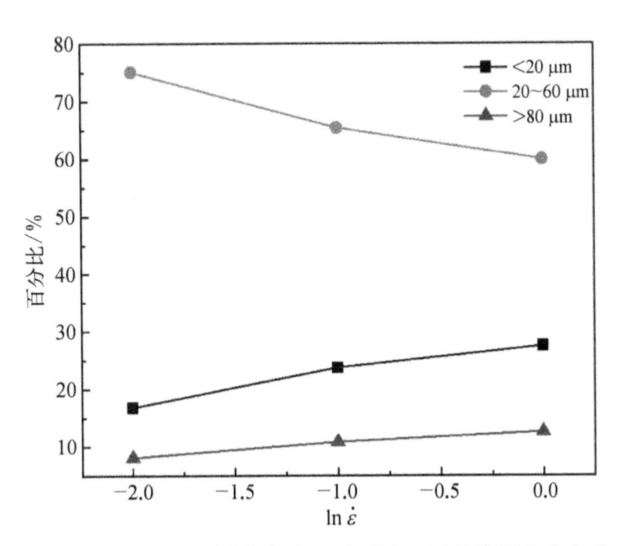

图 5-48　热压缩过程不同应变速率时不同区间晶粒百分比变化曲线

5.5　本 章 小 结

（1）本章通过对材料的加工硬化率曲线的研究得出了 GH4698 高温合金的临

界应变方程为：$\varepsilon_c = 0.803\,51 \cdot \varepsilon_p$、$\varepsilon_c = 3.647\,6 \times 10^{-3} Z^{0.052\,23}$、$\varepsilon_p = 4.539\,6 \times 10^{-3} Z^{0.052\,23}$。根据这些方程可判断此合金在何种变形条件下会发生再结晶现象。通过对材料的真应力-应变曲线的研究及分析得出了材料在变形过程中发生回复再结晶体积分数的表达式为：$X_d = 1 - \exp\{-0.134\,35 \cdot [(\varepsilon - \varepsilon_c)/\varepsilon_p]^{1.554\,11}\}$。

（2）通过对 GH4698 高温合金的晶粒尺寸随变形温度和保温时间的变化图的研究以及相关数据的处理得出了此高温合金在热变形中的晶粒长大模型的数学表达式为：$d^{2.43} = d_0^{2.43} + 1.256 \times 10^{15} t^{0.808\,5} \exp[-302\,462.5/(RT)]$，利用实验所测得的实际晶粒尺寸与预测晶粒尺寸之间的对比分析发现此晶粒长大模型精度良好，可用于描述 GH4698 高温合金热变形和热处理中的晶粒长大现象。

（3）建立了微观组织演变模型，并进行 GH4698 合金热压缩微观组织演变模拟。发现动态再结晶体积分数对变形温度和应变速率都较为敏感，随着变形温度的升高而逐渐增大，随着应变速率的升高而逐渐减小；动态再结晶晶粒尺寸随着变形温度的升高而逐渐增大，随着应变速率的升高而逐渐减小；在没有发生完全动态再结晶时，平均晶粒尺寸随着变形温度的升高而逐渐减小，随着应变速率的升高而逐渐增加。当发生完全动态再结晶时，平均晶粒尺寸随着变形温度的升高而逐渐增大，随着应变速率的升高而逐渐减小。

（4）基于元胞自动机法研究了应变、变形温度和应变速率对动态再结晶形核和长大的影响，并统计热变形过程镍基高温合金动态再结晶晶粒中，小于 20 μm、20～80 μm 和大于 80 μm 三个区间晶粒尺寸百分比的变化规律。并对比在变形温度为 1 373 K 和应变速率为 1 s^{-1}的条件下，初始晶粒为 41 μm 时，实验值的平均晶粒尺寸约是 26 μm，元胞自动机模拟预测的平均晶粒尺寸约是 29 μm，实验值与模拟值误差为 12%。初始晶粒尺寸为 105 μm 时实验值的平均晶粒尺寸约是 35 μm，元胞自动机模拟预测的约是 40 μm，实验值与模拟值误差为 14%；其中大于 80 μm 的晶粒所占比例非常小，并且误差仅有 2.17%；20～80 μm 的晶粒误差为 11.44%，小于 20 μm 的晶粒误差为 21.21%。

参 考 文 献

[1] 王会阳，安云岐，李承宇，等. 镍基高温合金材料的研究进展［J］. 材料导报，2011，25（2）：482－486.

[2] 陈文豪. 镍基高温合金涡轮盘成形工艺的数值模拟分析［D］. 南京：南京航空航天大学，2014.

[3] 陈飞，崔振山，董定乾. 微观组织演变元胞自动机模拟研究进展［J］. 机械工程学报，2015，51（4）：30－39.

[4] 吴舒婷. 20CrMnTiH 钢高温塑性变形行为及微观组织的研究［D］. 武汉：武汉理工大学，2015.

[5] 汪杰. 新型喷射成形镍基高温合金热变形行为研究［D］. 成都：西南交通大学，2014.

[6] 杨小红. GH4169 合金高温塑性变形行为及组织演变模型研究［D］. 沈阳：沈阳理工大学，2007：7－14.

[7] Sellars C M，Whiteman J A. Recrystallization and grain growth in hot rolling［J］. Metal Science，1978，

13 (3-4): 187-194.

[8] Goetz R L, Seetharaman V. Static recrystallization kinetics with homogeneous and heterogeneous nucleation using a cellular automata model [J]. Metallurgical & Materials Transactions A, 1998, 29 (9): 2307-2321.

[9] Roberts W, Ahlblom B. A nucleation criterion for dynamic recrystallization during hot working [J]. Acta Metallurgica, 1978, 26 (5): 801-813.

第 6 章　镍基高温合金低周疲劳行为及断裂机制

6.1　引　　言

低周疲劳指的是合金在外加循环载荷的作用下服役，疲劳寿命位于 $10^2 \sim 10^5$ 范围内的一种疲劳断裂形式[1]。航空发动机热端部件在实际服役过程中，在反复的起飞、巡航和降落期间，不断承受高温和应力波动，这些周期化的作用导致局部小塑性应变，在较少的周次内发生疲劳断裂，因此低周疲劳又被称为“低循环疲劳”或者应变疲劳[2, 3]。伴随着燃气轮机和喷气式发动机的发展，对其结构设计提出了更高的要求[4-6]，促进了镍基高温合金材料低周疲劳性能的研究。在高温环境中工作的零部件，其低周疲劳性能通常受到高温氧化、热腐蚀和蠕变等多种因素的影响，严重降低了这些热端部件的服役性能和寿命[7-9]。近几十年来，由于燃气轮机的热端构件受机械和热负荷的变化需要，镍基高温合金高温低周疲劳的研究热度不断增加[10-12]。

合金内部一旦产生微观裂纹，微观裂纹在外界苛刻复杂的环境中会迅速长大扩展形成一定长度的宏观裂纹，导致这些热端部件疲劳断裂，从而严重降低其服役寿命，带来不可挽回的经济损失，影响人身财产安全。由于低周疲劳本身的复杂特性，截至目前，其物理本质和变化规律尚未被完全掌握，低周疲劳损伤引起的危害不能从根本上预防。研究涡轮盘材料在服役条件下的疲劳行为，对于涡轮盘合金的设计及其使用寿命预测具有十分重要的意义。

6.2　低周疲劳性能及寿命模型

6.2.1　实验材料、实验方案及分子动力学模拟方案

6.2.1.1　实验材料

本章研究的合金化学成分如表 6 - 1 所示。

表 6 - 1　GH4698 合金化学成分

元　素	C	Cr	Mo	Al	Ti	Fe	Nb	B	Mg
含量/%	0.042	14.50	3.18	1.70	2.68	<0.10	2.02	0.002 7	0.002 7

续表

元　素	Ce	Zr	Mn	Si	P	S	Cu	Ni
含量/%	0.003 1	0.033	<0.005	<0.10	0.002 6	0.002	<0.005	剩余

注：表中均为质量百分比。

采用四段式热处理制度研究不同的热处理对合金晶粒尺寸及其长大规律与析出相关系的影响，并且进一步研究合金微观组织对低周疲劳行为的影响，本章采用的热处理制度如下：① 1 050℃/8 h，空冷+1 000℃/4 h，空冷+775℃/16 h，空冷+700℃/16 h，空冷；② 1 100℃/8 h，空冷+1 000℃/4 h，空冷+775℃/16 h，空冷+700℃/16 h，空冷。

图 6－1 为 GH4698 合金原始的和热处理后的金相组织。金相组织主要是面心立方结构的基体 γ 相晶粒组织。镍原子较强的合金化能力使得基体可以通过溶解不同的合金元素来实现基体的固溶强化作用，从而使得基体获得较高的强度[13]。原始锻态 GH4698 合金组织中主要表现为较小尺寸的晶粒组织，由霍尔佩奇关系知道原始锻态 GH4698 合金可以实现细晶强化作用，然而由于成形过程中组织中

图 6－1　GH4698 合金热处理后晶粒形貌

(a) 原始样；(b) 合金 A；(c) 合金 B

产生的分布不均匀的碳化物以及含量稀少的γ′相，会严重降低合金的力学性能，且合金内部存在较大的残余应力，因而原始锻态合金的性能不均匀，难以直接在工业等场合得到应用。GH4698 合金经过热处理后，可以明显提高其服役性能。从图 6－1 可以看出原始样的晶粒尺寸是最小的，经过不同的热处理后，合金的晶粒尺寸明显增大，经过热处理制度②处理后的合金（记为合金 B）晶粒尺寸明显大于经过热处理制度①处理后的合金（记为合金 A）晶粒尺寸。利用截线法测量热处理试样的晶粒尺寸，原始试样、合金 A 和合金 B 的平均晶粒尺寸分别为 31.4 μm、70.7 μm 和 144.3 μm。

GH4698 合金经过热处理后的析出相形貌如图 6－2 所示，清晰可见γ′相均匀弥散地分布在晶内和晶界上。γ′相的形态主要有三种形式，包括球形、立方和板条形，γ′相的形态取决于与基体γ相的晶格错配度。当γ′相与γ相的晶格错配度在 0~0.2%时，γ′相的形态为球形粒子；当γ′相与γ相的晶格错配度在 0.5%~1.0%时，γ′相的形态为立方粒子；当γ′相与γ相的晶格错配度大于 1.25%时，γ′相的形态为板条形粒子[14]。图 6－2 中的沉淀析出相γ′为球形，可以说明其与基体的晶格错配度低于 0.2%。

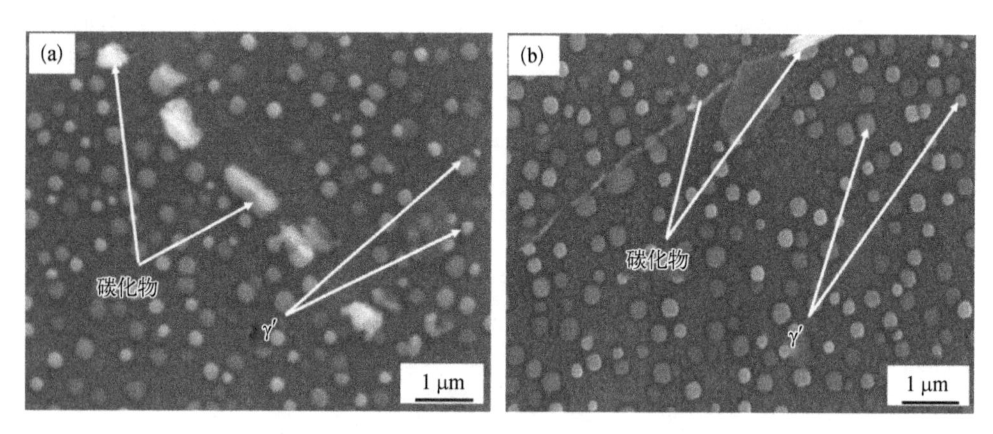

图 6－2　GH4698 合金热处理后析出相形貌

（a）合金 A；（b）合金 B

从图 6－2 中可以发现，GH4698 合金经过四段式热处理后得到了均匀分布的γ′相，GH4698 合金中存在两种尺寸的球形γ′相，经过统计大尺寸的γ′相直径在 200~300 nm，小尺寸的γ′相直径在 30~50 nm。γ′相弥散分布在基体γ相中，大部分γ′相是在二次固溶处理中析出长大的，时效处理补充析出小部分γ′相。可以发现合金 B 的γ′相的分布要比合金 A 更加均匀，这是由于热处理制度②的固溶温度 1 100℃高于γ′相的初熔温度 1 050℃和全熔温度 1 080℃，在此固溶温度下γ′相会全部溶解，随后在时效热处理时均匀析出。热处理制度①的固溶温度

1 050℃低于 γ′相的全熔温度 1 080℃，在此固溶温度下粒 γ′相部分溶解，一些仍存在于合金中，故 γ′相分布不如热处理制度②处理得均匀。此外，合金 B 大尺寸析出相的数量要比合金 A 的多，合金 A 小尺寸析出相的数量要比合金 B 多，因此合金 A 的 γ′相的强化能力更高，塑性也更高。GH4698 合金试样在热处理过程中，γ′相的存在影响晶粒的长大，γ′相钉扎晶界，晶粒的长大受到限制。因此，合金在热处理制度①下，未溶解的 γ′相抑制晶粒的长大，而合金在热处理制度②下，γ′相完全溶解，晶粒长大不受阻碍。此外可以发现，GH4698 合金经过不同制度的热处理后晶界上都均匀分布着较大的间隙相 $M_{23}C_6$ 型碳化物颗粒，$M_{23}C_6$ 型碳化物颗粒是十分复杂的面心立方结构，与基体相的点阵常数有较大的差距，与基体保持半共格关系，这是镍基高温合金的一个普遍特征[15]。这两个析出相都对晶粒长大具有钉扎作用。在较高温度范围内合金晶粒快速长大与 γ′相的溶解或粗化和碳化物的溶解密切相关，合金晶粒长大的阻碍来自合金内部第二相的钉扎作用[16]。故经过热处理制度②处理后的合金晶粒尺寸明显大于经过热处理制度①处理后的合金晶粒尺寸，热处理后的合金晶粒尺寸远远超过原始锻态组织的晶粒尺寸。在图 6－2（a）中，可以发现在 $M_{23}C_6$ 型碳化物位于的晶界位置是大尺寸的 γ′相的贫化区。相反，在图 6－2（b）中可以发现在没有碳化物存在的晶界位置，存在着球形大尺寸 γ′相的析出。晶界上碳化物析出不足将给 GH4698 合金带来不利的影响，然而 γ′相和碳化物的同时存在于晶界上弥补了这个缺点，从而使得晶界强度与晶粒内部强度配合良好，因此 GH4698 合金在得到较高的强度的同时，也得到了优良的塑性[17]。

6.2.1.2　实验方案

镍基高温合金低周疲劳试验参考标准 GB/T 15248－2008《金属材料轴向等幅低循环疲劳试验方法》。通过机械加工将 GH4698 高温合金热处理试样加工成直径 6.35 mm、标距 16 mm、总长度 90 mm 的低周疲劳试样。GH4698 合金低周疲劳试样尺寸如图 6－3 所示。GH4698 合金低周疲劳测试在 MTS NEW810 电子液压伺服疲劳试验机上进行。试验温度选择 650℃的恒定温度，采用感应加热方法将 GH4698 合金疲劳试样的温度加热到 650℃，并保持 650℃的恒定温度，加热过程中通过热电偶实时测定温度。实验在实验室的大气中进行。采用轴向总应变控制全反向的拉-压循环加载方式，用轴向高温引伸计控制试样经受不同的名义总应变，外加总应变幅范围分别为±0.3%、±0.4%、±0.5%、±0.6%、±0.7%和±0.8%。应变比 $R=-1$，实验加载波形采用三角波形式，实验加载频率选取 0.50 Hz。不同应变幅下的低周疲劳实验均进行至 GH4698 合金疲劳试样最终断裂为止。测定该高温合金在 650℃时不同应变条件下的疲劳寿命、弹性与塑性值和疲劳应力值。为了减小测试误差，每个应变幅下准备 3 个标准的平行疲劳试样，在相同测试条件下对他们进行加工和测试。

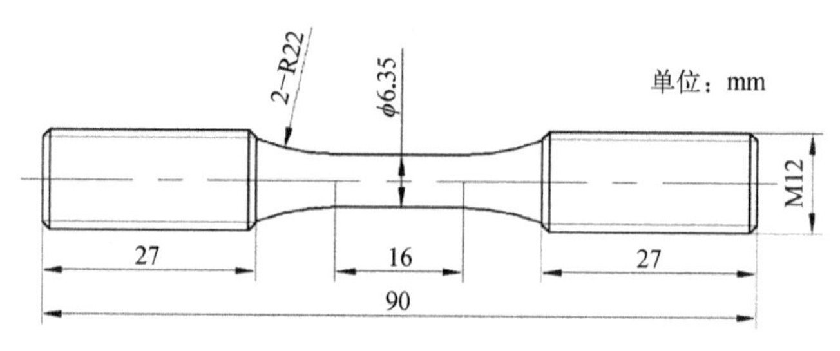

图 6-3　GH4698 合金低周疲劳试样

6.2.1.3　分子动力学模拟方案

在过去的几十年间，出现了不同的原子层面的模拟，包括晶格静力学、晶格动力学，以及蒙特卡洛、分子动力学，其中分子动力学已被证明是研究塑性变形比较有用的工具。对于分子动力学而言，系统中原子间的相互作用通过势函数来描述，然后通过求解牛顿运动方程得到原子在塑性变形过程中的实时运动信息。因此，分子动力学的一个显著优势就是通过原子间的相互作用力来操控变形机制而并非预先对模型设定相应的变形机制。而得益于这种特征，不仅可以通过分子动力学研究已知的变形机制，还可以通过分子动力学发现新的变形机制。本章进行低周疲劳模拟所采用的模型为 $Ni/Ni_3Al/Ni$ 原子模型。除了模型的确立，还需确定低周疲劳模拟制度。本章所采用的低周疲劳加载方式如图 6-4 所示，其中应变幅值为 0.03，应变比为-1，模拟所采用的温度为 900 K。

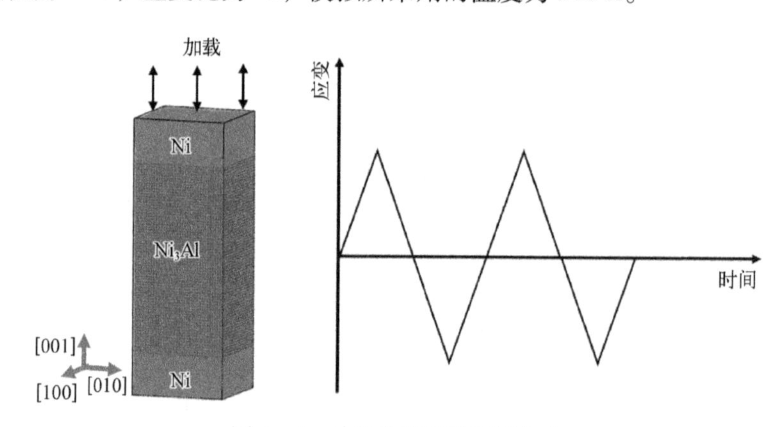

图 6-4　单向拉压疲劳模拟方式

6.2.2　循环应力响应行为

6.2.2.1　循环应力响应曲线

循环应力响应行为表明了合金在不同实验条件下的循环变形行为。在不同的实验条件下，循环应力响应行为包括循环硬化、循环软化和循环稳定性行为。合金的循环变形行为不仅取决于低周疲劳的条件，如温度和应力范围，还依赖于合金的微观结构。合金的微观结构是循环应力响应行为的本质，如位错的不同运动方式、位错与强化相颗粒 γ′相的交互作用等。从循环应力响应曲线可以得到合金低周疲劳循环变形行为和疲劳损伤机制的有用信息。GH4698 合金经受不同热处理制度处理后在疲劳过程中的拉应力随疲劳寿命的变化如图 6－5 所示。从图中看出，GH4698 合金在疲劳过程中的峰值应力、疲劳寿命、循环应力响应行为与总应变幅紧密相关。

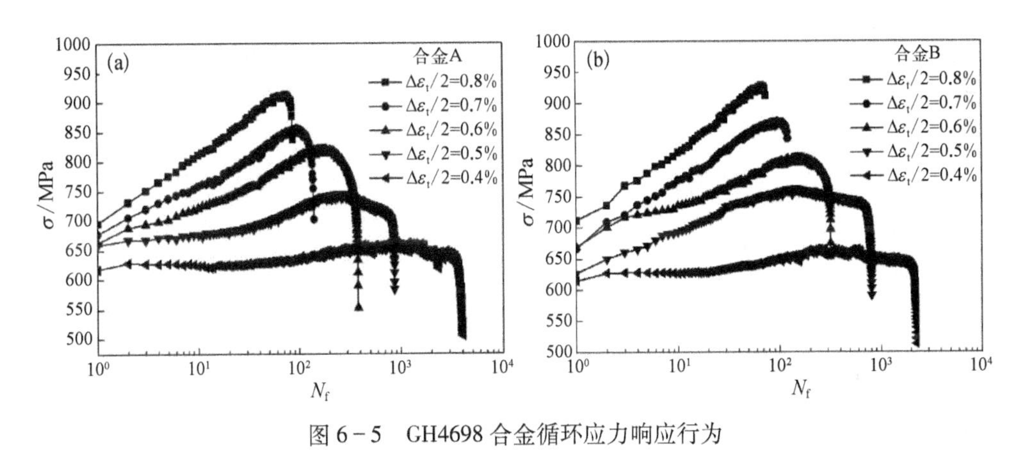

图 6－5　GH4698 合金循环应力响应行为

(a) 合金 A；(b) 合金 B

从图 6－5 中可以观察到，在低周疲劳过程中 GH4698 合金的峰值应力随着总应变幅的增加而显著增加。对于合金 A 的疲劳试样，峰值应力从总应变幅 0.4%时的 659 MPa 增加到总应变幅 0.8%时的 904 MPa，增加了 37.18%；对于合金 B 的疲劳试样，峰值应力从总应变幅 0.4%时的 661 MPa 增加到总应变幅 0.8%时的 910 MPa，增加了 37.67%。此外，从图中可以清晰地发现 GH4698 合金的疲劳寿命随着总应变幅的增加而显著下降。

从图 6－5 中可以观察到，循环硬化、循环软化和循环稳定性行为在 GH4698 合金的低周疲劳过程中都存在。对于合金 A 的疲劳试样，在总应变幅 0.4%时，合金在较长的疲劳周次内先表现出持续的循环稳定行为，然后表现为循环软化行为直到最后断裂。在总应变幅 0.5%时，循环应力响应行为的整体趋势与总应变幅 0.4%时相近，不同的地方在于总应变幅 0.5%时，合金持续循环稳定行为的疲劳周次要少一些，循环软化行为更加明显。在总应变幅 0.6%、0.7%和 0.8%时，合金先是表现出持续的循环硬化行为，之后在较少的疲劳周次内发生断裂，并且循环硬化程度随着总应变幅的增加逐渐加大。Shi 等[18] 研究也发现，应变幅越大，循环硬化现象越明显。对于合金 B 的疲劳试样，在总应变幅 0.4%时，合金先表现出较长疲劳周次的持续循环稳定行为，之后表现为循环软化行为直到最后断裂。在总应变幅 0.5%时，合金先表现出持续的循环硬化行为，这与合金 A 的疲劳试样在总应变幅为 0.5%时的现象不同，然后表现为明显的循环软化行为直到最后的疲劳断裂。在总应变幅 0.6%、0.7%和 0.8%时，合金先是表现出持续的循环硬化行为，之后在非常短的疲劳周次内迅速发生断裂。

众所周知，镍基高温合金在低周疲劳测试过程中，不仅产生了循环硬化现象，而且也产生了循环软化现象。对于大部分镍基高温合金而言，合金在低周疲劳测试时先发生硬化达到最大应力值，然后发生明显的软化现象。国内外很多研究者已经表明合金在疲劳过程中表现出来的循环行为是与应变幅、温度和显微结构的变化紧密相关的。通过透射电镜观察发现，合金在低周疲劳的前几个循环周次滑移带发生局部变形，合金在达到峰值应力时与位错密度紧密相关，此时滑移带数量达到最多且宽度达到最大，滑移带之间的合金区域已经发生转向，在滑移带和基体之间观察到大量的刃型位错[19]。

为了更直观地揭示镍基高温合金的低周疲劳机制，进行了相应的分子动力学模拟，结果表明，循环前期的循环硬化及循环软化行为会涉及复杂的位错反应以及基体位错与相界面的相互作用，不同的位错反应以及位错与相界面的相互作用决定了循环的硬化与软化。然而，对于循环稳定性行为，通过对循环稳定时微观结构的分析可知，该行为的疲劳变形机制为位错在基体相中往复运动，而且值得注意的是，此时位错并未摆脱相界面的束缚进入到强化相 γ' 中，如图 6－6 所示。

从图 6－5 中还可以观察到，GH4698 合金疲劳试样在低周疲劳过程的最后阶段，即最后的疲劳断裂前，循环应力响应行为以应力的快速下降为典型特征，这是由于宏观裂纹的形成及扩展导致的瞬间断裂。宏观裂纹发生时，拉伸截面面积的减少导致拉伸应力峰值的降低。从图 6－5 可以看出，在应变幅 0.6%～0.8%时，合金 A 的疲劳试样最终断裂前应力快速下降的循环周次多于合金 B 的疲劳试样。因此可以推断出合金 B 的疲劳试样会造成更大的危害。另外，可以看出热处理工艺对合金的疲劳行为有重要的影响，并且热处理制度①处理的试样疲劳性能优于热处理制度②处理的疲劳试样。

6.2.2.2 滞后回线

合金的应力-应变滞后回线可以用来反映镍基高温合金在低周疲劳过程中循环加载作用下的应力和应变的连续变化情况。在外加恒定应变幅的作用下，合金的应力-应变滞后回线经过一定的循环周次后形成封闭的滞后环。合金在低周疲劳过程中的变形抗力与滞后回线从一开始到转变为稳态时的循环应变有关。变形抗力的变化即是上文提及的循环硬化、循环软化和循环稳定性行为。如果在恒定

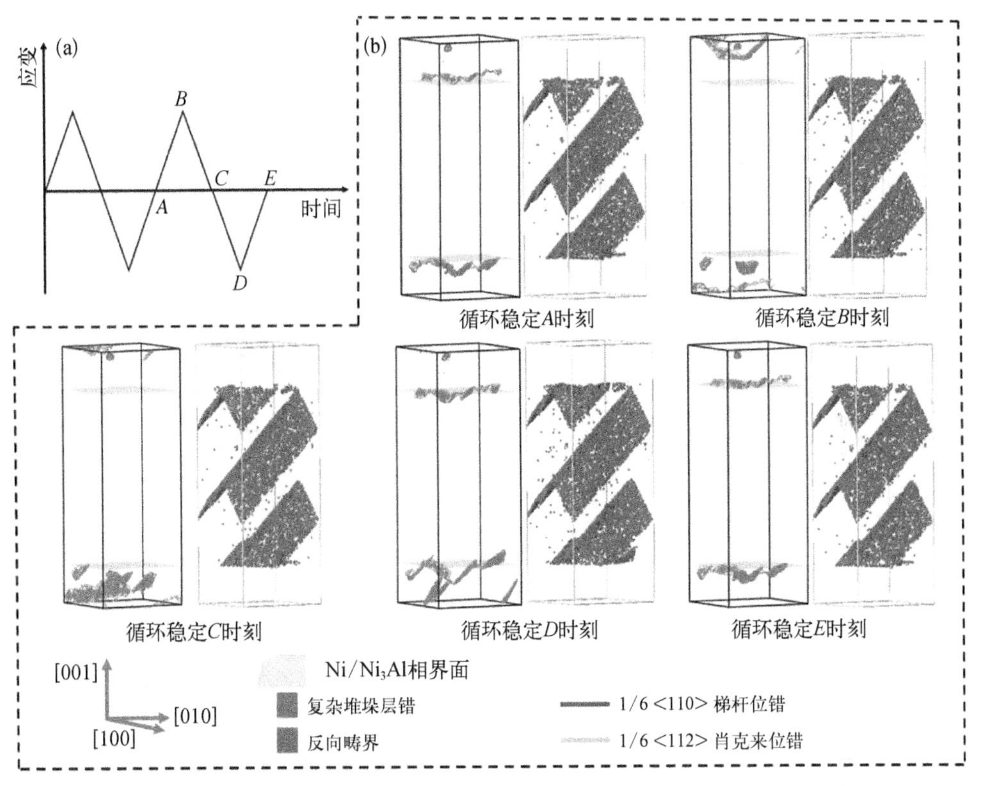

图 6-6　疲劳稳定性行为的变形机制

（a）疲劳加载模式示意图；（b）循环稳定同一周次不同时刻微观结构分析结果

的应变幅条件下，应力幅和滞后回线的面积减少说明合金在低周疲劳过程中发生了循环软化；如果在恒定的应变幅条件下，应力幅和滞后回线的面积增加说明合金在低周疲劳过程中发生了循环硬化。

两种热处理制度处理后合金在疲劳过程中的滞后回线分别如图 6-7 和图 6-8 所示。对于两种热处理制度处理的合金疲劳试样的滞后回线，从图中可以发现这两种组织的疲劳试样的循环硬化及循环软化的变化趋势类似。在总应变幅为 0.3%时，在应变幅不变的对称循环下，随着循环周次的增加，应力幅不断增大。达到一定周次后，随着循环周次的增加，应力幅反而不断下降。这说明 GH4698 合金在总应变幅 0.3%时，随着循环周次的增加先发生循环硬化，紧接着发生循环软化，但是经过循环周次的增加，应力-应变曲线也没有形成封闭的滞后环。应变幅为 0.4%和 0.5%时，滞后回线的变化趋势与 0.3%时的一致。在应变幅为 0.6%~0.8%时，在应变幅不变的对称循环下，随着循环周次的增加，应力幅不断增大直至稳定，这说明在此应变幅下 GH4698 合金只发生循环硬化现象，没有发生明显的循环软化现象。这与 Hong 等[20]的研究结果不同，他们指出在 950℃低周疲劳时，最大拉伸应力随着疲劳周次的增加逐渐减少，即只发生循环软化现象。

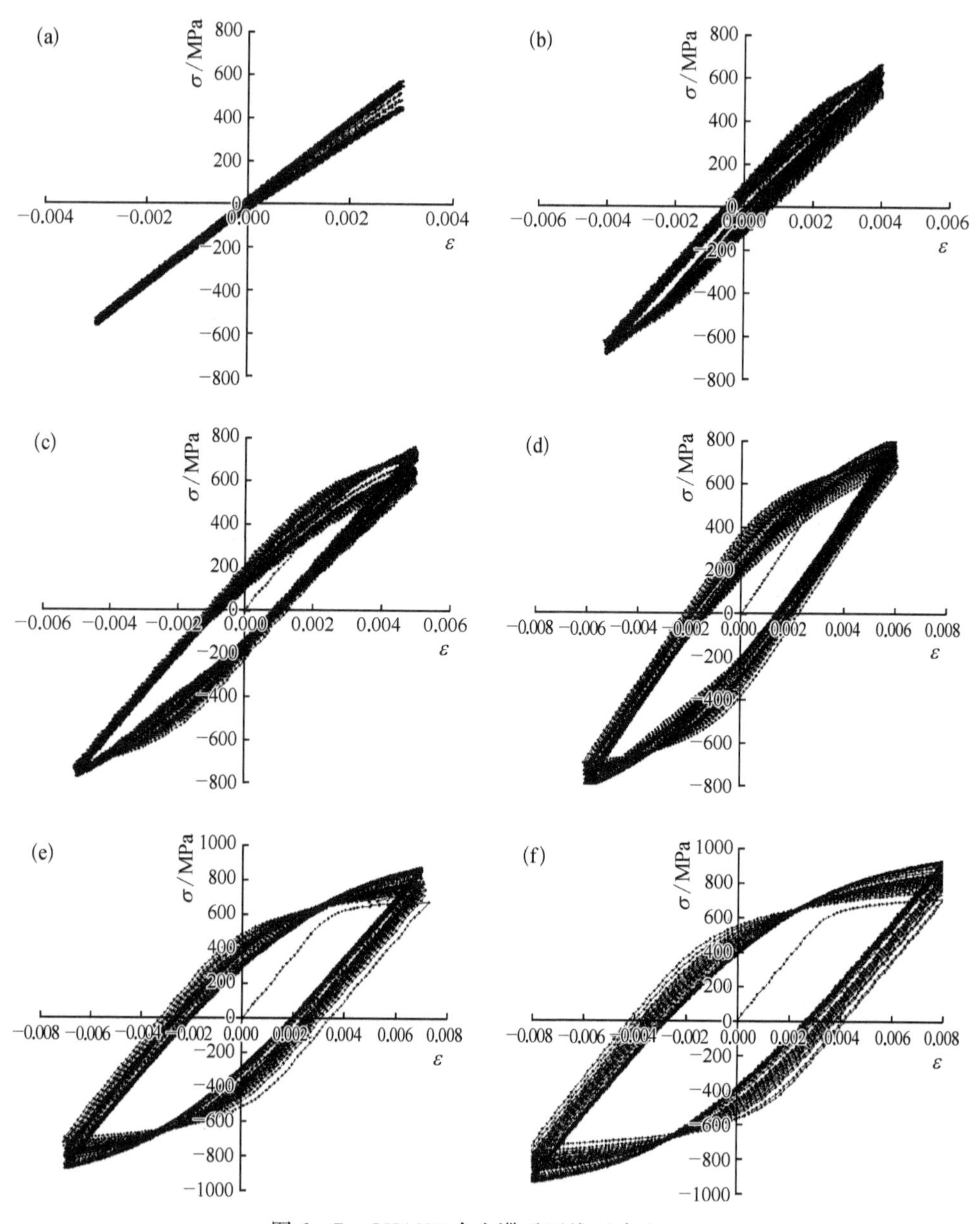

图 6-7　GH4698 合金滞后回线（合金 A）

(a) $\Delta\varepsilon_t/2=0.3\%$；(b) $\Delta\varepsilon_t/2=0.4\%$；(c) $\Delta\varepsilon_t/2=0.5\%$；(d) $\Delta\varepsilon_t/2=0.6\%$；(e) $\Delta\varepsilon_t/2=0.7\%$；(f) $\Delta\varepsilon_t/2=0.8\%$

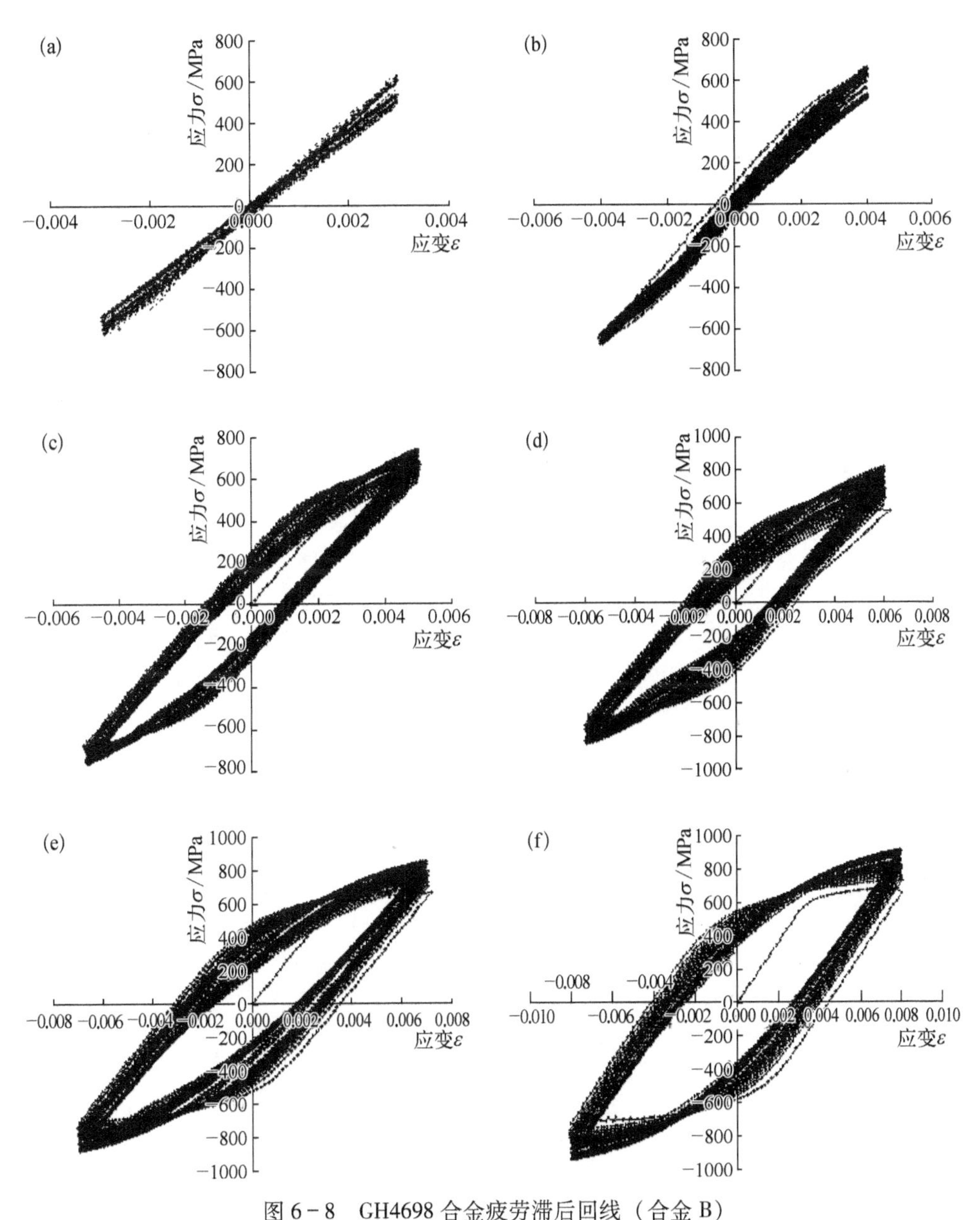

图 6－8　GH4698 合金疲劳滞后回线（合金 B）

(a) $\Delta\varepsilon_t/2=0.3\%$；(b) $\Delta\varepsilon_t/2=0.4\%$；(c) $\Delta\varepsilon_t/2=0.5\%$；(d) $\Delta\varepsilon_t/2=0.6\%$；
(e) $\Delta\varepsilon_t/2=0.7\%$；(f) $\Delta\varepsilon_t/2=0.8\%$

滞后回线反映了 GH4698 合金低周疲劳过程中在循环加载作用下的应力和应变的连续变化情况。合金 A 在应变幅 0.3%、合金 B 在应变幅 0.3% 和 0.4% 时，疲劳滞后回线直到疲劳试样断裂也未形成封闭的滞后环。一般来说，在低周疲劳过程中合金在最开始的循环周次内开始发生循环硬化，开始的加载周次内应力-应变曲线无法形成一个封闭的疲劳滞后环，只有当循环加载达到一定周次后才可能围成一个封闭滞后环，这时合金达到循环稳定或循环软化的阶段，这个过程表明合金从循环加载初期的不稳定逐渐转变成稳定状态。在低应变时应力-应变滞后回线并未围成封闭的滞后环，说明此时合金具有较弱的应力-应变滞后效应，这个情形能够用 GH4698 合金塑性应变在总应变中所占的比例来解释。当弹性变形在总应变中所占比例较大时，滞后回线趋于平直，随着应变幅增加，塑性变形在总应变中所占的比例逐渐增加，而合金的疲劳寿命下降，因此，可以看出合金的疲劳寿命受到塑性应变所占比例的制约。随着总应变幅的增加，合金在低周疲劳过程中的应力幅值在前期具有增加的趋势，随着疲劳周次的增加转变为稳定或者下降的趋势，这可能受到合金低周疲劳过程中塑性变形所占的比例的不断变化的影响。

合金在低周疲劳过程中，加载时塑性变形吸入的能量与卸载时放出的能量之差，即合金在变形中吸收的不可逆变形功，即滞后回线所围成的面积。可以看出，GH4698 合金在低周疲劳变形过程中随着总应变幅的增加，合金吸收不可逆变形的能力逐渐提高，表明合金的循环韧性逐渐增加。图 6－7 和图 6－8 所表示的循环应力-应变曲线的类型是交变加载塑性滞后环，说明低周疲劳过程中最大应力超过了 GH4698 合金的宏观弹性极限，说明循环加载时合金吸收的变形功超过卸载时合金变形恢复所释放出的变形功，有一些变形功被合金所吸收。图 6－9 表示两种热处理制度处理的 GH4698 合金在低周疲劳测试条件下不同应变幅时吸收的不可逆变形功的大小，GH4698 合金吸收的不可逆变形功的大小是通过各应变幅下的应力-应变滞后回线所围成的面积转换而来。从图 6－9 可以清晰地发

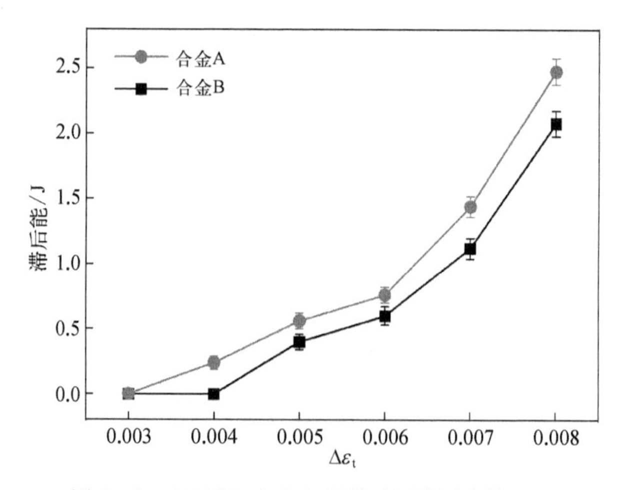

图 6－9　GH4698 合金疲劳滞后回线围成的面积

现，两种微观组织的 GH4698 合金在低周疲劳测试条件下吸收的不可逆变形功随着总应变幅值的增加而显著增大。此外，对于同一应变幅而言，合金 A 在低周疲劳测试条件下吸收的不可逆变形功要高于合金 B 在低周疲劳测试条件下吸收的不可逆变形功，这说明同一应变幅条件下，GH4698 合金通过热处理制度①处理后，其循环韧性要明显高于热处理制度②处理后 GH4698 合金的循环韧性。

6.2.3　低周疲劳寿命模型构建

镍基高温合金疲劳试样的低周疲劳寿命波动是非常常见的，然而波动的原因至今仍然不清楚。一个可能的原因是疲劳全寿命不仅取决于裂纹萌生机制，但也取决于小裂纹扩展行为。本章对经过两种热处理制度处理后的 GH4698 合金疲劳试样进行了控制总应变幅条件的低周疲劳测试，3 个平行试样中选择了其中一组疲劳测试数据，如表 6－2 所示。其中，$\Delta\varepsilon_t/2$ 表示总应变幅，$\Delta\varepsilon_e/2$ 表示弹性应变，$\Delta\varepsilon_p/2$ 表示峰值塑性应变，$2N_f$表示反向失效数。从表 6－2 可以看出，同一热处理制度下合金的疲劳寿命随着应变幅的增加而显著降低，即疲劳性能随着应变幅的增加而显著降低。对于合金 A 而言，疲劳反向失效数从总应变幅 0.3%变到 0.8%减少了 99.75%，对于合金 B 而言，疲劳反向失效数从总应变幅 0.3%变到 0.8%减少了 99.72%。此外，在同一个应变幅下尤其是在低应变幅下可以看出，合金 A 的疲劳寿命显著高于合金 B 的。在总应变幅为 0.3%时，合金 A 的失效反向数比合金 B 的多 31.59%，在总应变幅为 0.8%时，合金 A 的失效反向数比合金 B 的多 17.57%，可以看出合金 A 的疲劳性能优于合金 B 的。

表 6－2　GH4698 合金低周疲劳测试结果

	$\Delta\varepsilon_t/2$（%）	$\Delta\varepsilon_e/2$（%）	$\Delta\varepsilon_p/2$（%）	$2N_f$
合金 A	0.3	0.297	0.003	68 468
	0.4	0.378	0.022	8 094
	0.5	0.413	0.087	1 746
	0.6	0.473	0.127	768
	0.7	0.489	0.211	282
	0.8	0.510	0.290	174
合金 B	0.3	0.297	0.003	52 032
	0.4	0.368	0.032	4 528
	0.5	0.414	0.086	1 622
	0.6	0.466	0.134	648
	0.7	0.491	0.209	242
	0.8	0.508	0.292	148

合金在变形过程中，总应变幅包括弹性应变与塑性应变两部分，对于镍基高温合金的疲劳变形亦是如此。从表 6－2 可以看出，GH4698 合金在控制不同总应变幅值条件的疲劳测试过程中，合金的弹性应变和塑性应变随之发生相应的变化，总体趋势为随着总应变幅的增加，GH4698 合金在疲劳过程中的弹性应变和塑性应变逐渐增大，但是塑性应变在总应变幅中所占的比例逐渐增大，相应的弹性应变在总应变幅中所占的比例逐渐减少。对于合金 A 而言，塑性应变在总应变幅中所占的比例从总应变幅为 0.3%变化到 0.8%时从 1%增加到 36.25%；对于合金 B 而言，塑性应变在总应变幅中所占的比例从总应变幅为 0.3%变化到 0.8%时从 1%增加到 36.50%。这表明随着总应变幅的增加，GH4698 合金在疲劳过程中发生了显著的塑性变形。由此可见，不同的热处理制度对合金组织产生的影响是不同的，从而影响合金的疲劳性能。

镍基高温合金在实际应用时，经常遭受高温环境和外加载荷的交互作用，非常容易产生疲劳损伤导致零部件断裂，从而严重影响其服役性能，带来不可挽回的损失。因而，精确地预测疲劳寿命具有非常重要的意义。本章研究不同应变幅控制的 GH4698 合金的低周疲劳性能，在应变幅为 0.3%时，断裂位置不在标距位置，因此为了减少实验误差对合金疲劳寿命预测带来的影响，提高应变寿命模型的精确性，下面将选择应变幅 0.4%～0.8%条件下的低周疲劳实验数据进行疲劳寿命的预测。

6.2.3.1 Manson－Coffin 寿命模型

对于总应变幅控制的低周疲劳，总应变包括弹性应变与塑性应变两部分，经典的 Manson－Coffin 寿命模型通常被用来描述应变控制的低周疲劳[21]。图 6－10 表示 GH4698 镍基高温合金总应变、弹性应变与塑性应变随疲劳周次的变化。

疲劳寿命与外加的应力范围或者应力幅值有关，因此可得到循环应力幅为参量的疲劳寿命表达方法，如式（6－1）所示：

$$\Delta\sigma/2 = \sigma'_{\mathrm{f}}(2N_{\mathrm{f}})^{b} \tag{6-1}$$

式中，$\Delta\sigma/2$ 为总应力幅；σ'_{f} 为疲劳强度系数；$2N_{\mathrm{f}}$ 为失效反向数；b 为疲劳强度指数，b 的符号是负的。

在大多数疲劳设计的实际情况下，缺口处是零部件的关键位置，因为这一位置的塑性应变是周围弹性材料造成的。因此，这一情形是由应变控制的，总应变包括弹性和塑料应变。Manson 等[21]和 Coffin 等[22]同时提出的以塑性应变幅为参量的疲劳寿命表达方法，如式（6－2）所示：

$$\Delta\varepsilon_{\mathrm{p}}/2 = \varepsilon'_{\mathrm{f}}(2N_{\mathrm{f}})^{c} \tag{6-2}$$

式中，$\Delta\varepsilon_{\mathrm{p}}/2$ 为塑性应变幅；$\varepsilon'_{\mathrm{f}}$ 为疲劳塑性系数；c 为疲劳塑性指数，c 的符号是

负的。

Manson 等[21]提出合金的总应变循环的强度是合金弹性强度和塑性强度的叠加，结合式（6－1）和式（6－2）可以得到：

$$\frac{\Delta\varepsilon_t}{2}=\frac{\Delta\varepsilon_e}{2}+\frac{\Delta\varepsilon_p}{2}=\frac{\sigma_f'}{E}(2N_f)^{b}+\varepsilon_f'(2N_f)^{c} \tag{6-3}$$

根据式（6－3）对总应变、弹性应变与塑性应变随疲劳周次的变化进行了拟合，Manson－Coffin 寿命模型中的参数相应地可以得到，如图 6－10 所示。

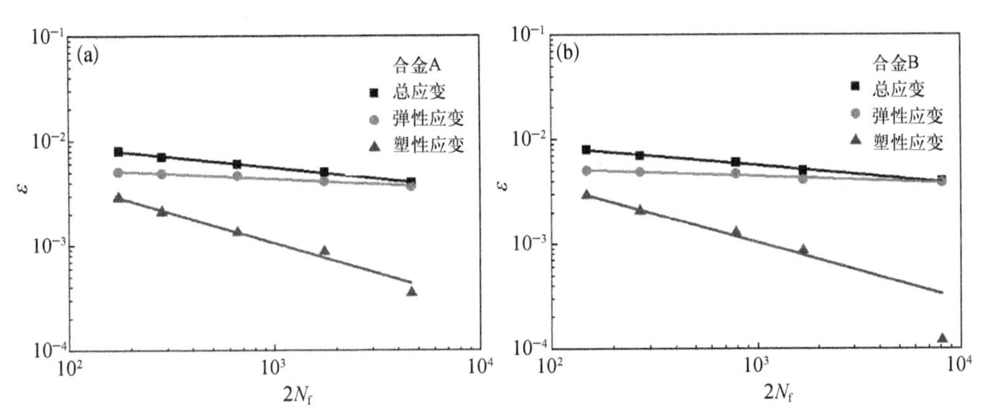

图 6－10　GH4698 合金总应变、弹性应变和塑性应变随疲劳周次的变化

（a）合金 A；（b）合金 B

相应地，Manson－Coffin 模型公式如下：

合金 A：$$\frac{\Delta\varepsilon_t}{2}=0.008\,22\,(2N_f)^{-0.092\,6}+0.056\,97\,(2N_f)^{-0.578\,99} \tag{6-4}$$

合金 B：$$\frac{\Delta\varepsilon_t}{2}=0.007\,20\,(2N_f)^{-0.069\,51}+0.044\,25\,(2N_f)^{-0.543\,33} \tag{6-5}$$

6.2.3.2　Ostergren 能量寿命模型

Ostergren[23]将能量法的内涵成功地应用到合金材料的单轴疲劳损伤，提出应变能或者拉伸滞后能控制着低周疲劳损伤，滞回能与疲劳寿命之间的关系符合指数关系，模型公式如式（6－6）所示：

$$\Delta W\cdot N_f^{a}=c \tag{6-6}$$

式中，a 和 c 为材料常数；ΔW 为拉伸滞后能，可以用式（6－7）来表示。

$$\Delta W=\Delta\varepsilon_{in}\cdot\Delta\sigma_t \tag{6-7}$$

式中，$\Delta\sigma_t$ 为拉伸峰值应力；$\Delta\varepsilon_{in}$ 为合金材料的非弹性变形，合金材料纯疲劳时 $\Delta\varepsilon_{in}$ 可以用塑性应变幅来代替。

GH4698 合金疲劳过程中的拉伸滞后能随着疲劳周次的变化如图 6－11 所示。GH4698 合金的拉伸滞后能随着疲劳周次的变化关系根据式（6－6）进行拟合，如图 6－11 的曲线所示。从图 6－11 中可以看出 Ostergren 能量法对于预测合金低周疲劳寿命非常精确。

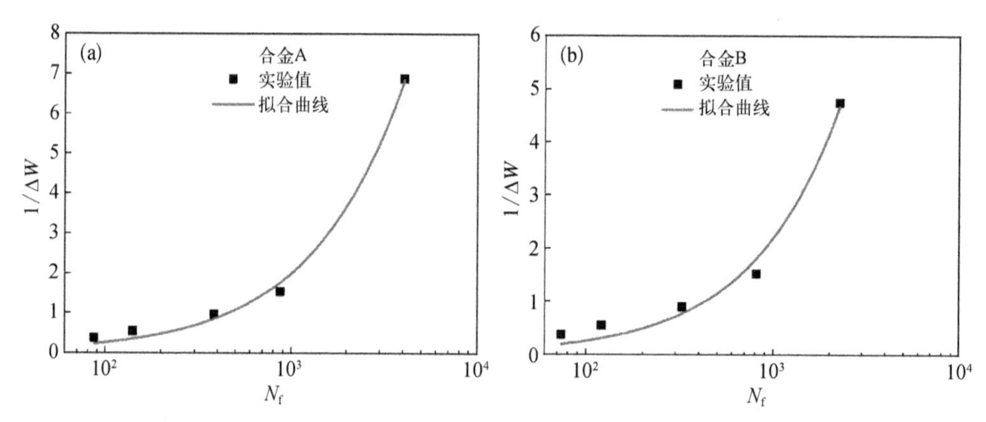

图 6－11　GH4698 合金的拉伸滞后能随着疲劳周次的变化关系

（a）合金 A；（b）合金 B

相应的疲劳寿命模型如下：

合金 A：
$$\Delta W \cdot N_f^{0.88441} = 226.24 \qquad (6-8)$$

合金 B：
$$\Delta W \cdot N_f^{0.9244} = 270.27 \qquad (6-9)$$

6.2.3.3　三参数幂函数寿命模型

傅惠民[24]认为，虽然 Manson－Coffin 寿命模型可以对很多合金估算疲劳寿命，但是 Manson－Coffin 寿命模型也存在着一些缺点，如铝合金等金属材料利用 Manson－Coffin 寿命模型在双对数坐标内并非和其它合金一样呈现直线形式，一些合金无法形成稳定的滞后回线，无法利用 Manson－Coffin 寿命模型，此外，Manson－Coffin 寿命模型没有将合金的疲劳极限考虑在内。傅惠民考虑了合金的疲劳极限之后提出了三参数幂函数寿命模型。三参数幂函数寿命模型可以用来描述总应变控制的低周疲劳行为的疲劳寿命预测，三参数幂函数寿命模型中总应变范围与疲劳寿命的关系如式（6－10）所示：

$$N_f(\Delta\varepsilon_t - \Delta\varepsilon_0)^m = c \qquad (6-10)$$

三参数幂函数寿命模型亦用于总应变幅控制的低周疲劳寿命预测[24]。图 6－12

表示 GH4698 镍基高温合金疲劳周次随着总应变幅的变化曲线，并且根据式（6－10）对 GH4698 镍基高温合金疲劳周次随着总应变幅的变化进行了拟合。三参数寿命模型中的参数相应地可以得到，如图 6－12 所示。

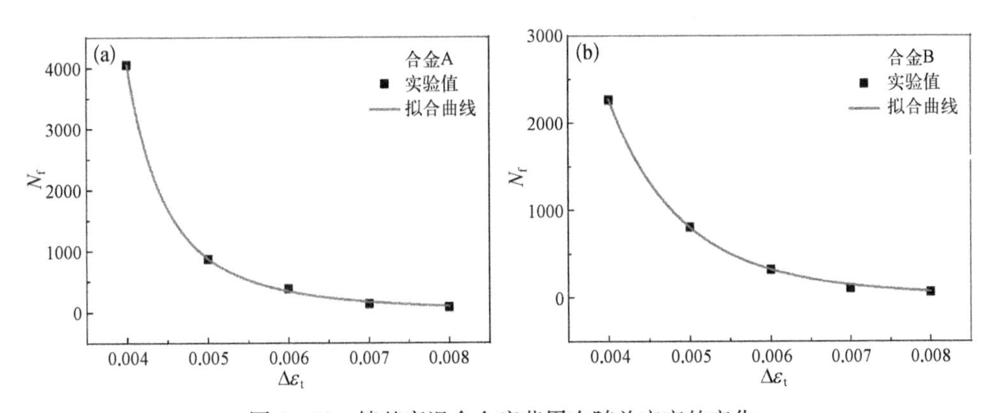

图 6－12　镍基高温合金疲劳周次随总应变的变化

（a）合金 A；（b）合金 B

相应的三参数寿命模型公式如下。

合金 A：
$$N_f = 1.3777 \times 10^{-4}(\Delta\varepsilon_t - 0.00276)^{-2.56844} \tag{6-11}$$

合金 B：
$$N_f = 2.5495 \times 10^{-5}(\Delta\varepsilon_t - 0.00158)^{-3.01031} \tag{6-12}$$

6.2.3.4　考虑晶粒尺寸影响的疲劳寿命模型

经典的 Manson－Coffin 寿命模型、Ostergren 能量法寿命模型和三参数寿命模型均可用于合金低周疲劳的寿命预测。通过上文的拟合曲线可以发现，对于 GH4698 镍基合金的高温低周疲劳，这三个寿命预测模型的预测精度整体而言都较高。从低周疲劳测试结果可以看出，GH4698 合金晶粒尺寸对于合金的低周疲劳寿命具有显著的影响。众所周知，组织决定性能。一般而言，合金的晶粒尺寸越小，其疲劳寿命越长，即其疲劳性能更优。然而，这三个寿命预测模型均未考虑合金组织的影响，应用于不同晶粒尺寸的 GH4698 合金 A 和合金 B 的低周疲劳寿命预测时，同一个寿命模型需要两个表达式来分别完成合金 A 和合金 B 的寿命预测。因而可以推断出对于不同组织的合金而言，这三个寿命模型的实际应用比较有限，只有对不同组织的合金分别进行低周疲劳测试后才可用于预测该组织合金在不同应变幅条件下的低周疲劳寿命，这样无异于增加了昂贵的测试费用和耗材。因此，一种将合金微观组织考虑在内的疲劳寿命模型显得尤为重要，这对于合金热处理制度的选择、合金实际服役时的寿命预测和工业中合金应用的成本节约等具有关键性的意义。

合金在疲劳过程中，当承受的外加应力低于某一值时，试样可以经受无限次的循环而不断裂，此应力值称为该合金的疲劳极限（记为σ_{-1}）。合金在疲劳过程中，在一定的外加应力作用下一旦发生塑性变形，经过循环加载，塑性变形累积到一定程度合金必然发生疲劳断裂。因此，可以推测出疲劳极限相当于合金的弹性极限，即合金在外力加载时不产生塑性变形的最大应力值。什科利尼克提出疲劳极限相当于循环比例极限。Manson - Coffin 寿命模型没有将合金的疲劳极限考虑在内，对于一些合金的低周疲劳寿命预测精度不高；而傅惠民提出的三参数幂函数寿命模型考虑了合金的疲劳极限，通过对一些合金的低周疲劳寿命预测发现，考虑了合金的疲劳极限之后，寿命模型的预测精度更高。因此，为了进一步提高寿命模型的预测精度，本章在考虑疲劳极限的三参数幂函数寿命模型的基础上，考虑晶粒尺寸对疲劳寿命的影响，建立一种新的疲劳寿命预测模型。

式（6－10）中的应变极限$\Delta\varepsilon_0$可以用式（6－13）表示：

$$\Delta\varepsilon_0 = \frac{\sigma_{-1}}{E} \tag{6-13}$$

对于钢、镁合金和镍基合金等金属材料而言，疲劳极限与金属材料的抗拉强度具有一定的比例关系[25, 26]，可以用式（6－14）表示：

$$\sigma_{-1} = P\sigma_{\mathrm{b}} \tag{6-14}$$

式中，P为比例因子；σ_{b}为合金的抗拉强度。

研究表明，合金的抗拉强度与晶粒尺寸满足类似的霍尔-佩奇关系[27-29]，如式（6－15）所示：

$$\sigma_{\mathrm{b}} = \sigma_{\mathrm{b0}} + k_{\mathrm{b}} d^{-\frac{1}{2}} \tag{6-15}$$

式中，σ_{b0}为摩擦应力；k为与合金相关的因子；d为合金的平均晶粒尺寸。

由式（6－10）、式（6－13）、式（6－14）和式（6－15）可以得到考虑晶粒尺寸影响的疲劳寿命模型，如式（6－16）所示：

$$N_{\mathrm{f}} = c\left(\Delta\varepsilon_{\mathrm{t}} - \frac{P(\sigma_{\mathrm{b0}} + k_{\mathrm{b}} d^{-\frac{1}{2}})}{E}\right)^{-m} \tag{6-16}$$

式中，N_{f}为合金的疲劳寿命；$\Delta\varepsilon_{\mathrm{t}}$为总应变幅；$E$为合金的弹性模量；$m$和$c$为材料常数。

对于镍基合金，疲劳极限与抗拉强度的关系可以用式（6－17）表示[25]：

$$\sigma_{-1} = 0.35\sigma_{\mathrm{b}} \tag{6-17}$$

经过实验测试，GH4698 合金在 650℃时的弹性模量E为 178 GPa，不同晶粒尺寸的 GH4698 合金在 650℃时的抗拉强度与晶粒尺寸之间的关系如式（6－18）所示：

$$\sigma_{\mathrm{b}} = 1\,096.85 + 186.70d^{-\frac{1}{2}} \tag{6-18}$$

将式（6－17）和式（6－18）代入式（6－19）可得 GH4698 镍基合金考虑晶粒尺寸影响的疲劳寿命预测模型，如式（6－19）所示：

$$N_{\mathrm{f}} = c\left(\Delta\varepsilon_{\mathrm{t}} - 3.671\,0\cdot 10^{-4}d^{-\frac{1}{2}} - 2.156\,7\cdot 10^{-3}\right)^{-m} \tag{6-19}$$

根据式（6－19）对 GH4698 镍基高温合金疲劳周次随着总应变幅和晶粒尺寸的变化进行了拟合，考虑晶粒尺寸影响的疲劳寿命模型公式如下：

$$N_{\mathrm{f}} = 2.495\,52\cdot 10^{-5}\left(\Delta\varepsilon_{\mathrm{t}} - 3.671\,0\cdot 10^{-4}d^{-\frac{1}{2}} - 2.156\,7\cdot 10^{-3}\right)^{-2.936\,17} \tag{6-20}$$

6.2.3.5 寿命模型误差分析

GH4698 合金的低周疲劳寿命利用 Manson－Coffin 寿命模型、Ostergren 能量法寿命模型、三参数幂函数寿命模型和考虑晶粒尺寸影响的疲劳寿命模型进行预测，其疲劳寿命预测值与实验值的对比如图 6－13 所示。当疲劳寿命预测值落在灰色直线上时，表示与实验值相吻合，即预测精度达到 100%；当疲劳寿命预测值距离红色直线的距离越小，表示预测效果越好。两条平行的黑色直线表示 2 倍的误差带范围，当利用疲劳寿命预测模型得到的预测值位于 2 倍的误差带范围内时，表示该寿命预测模型的预测精度较好，整体而言可以适用于该合金的低周疲劳寿命预测。

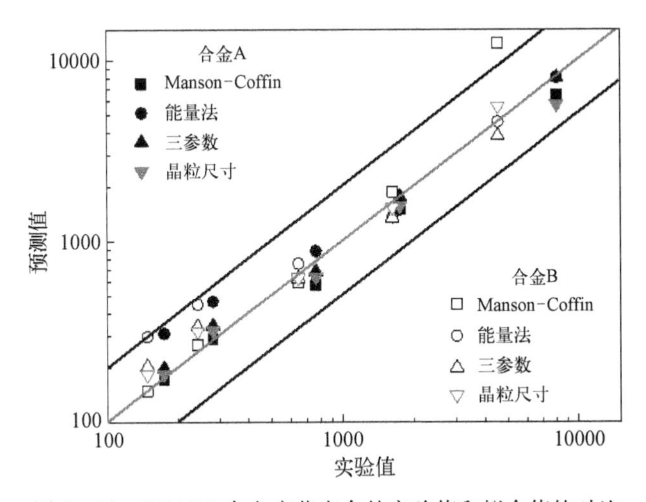

图 6－13 GH4698 合金疲劳寿命的实验值和拟合值的对比

从图 6－13 可以看出，Manson－Coffin 寿命模型应用于合金 B 疲劳试样的寿命预测时，在总应变幅为 0.3%时寿命预测值位于 2 倍的误差带范围之外，此时的预测精度较低。Ostergren 能量法寿命模型应用于合金 B 疲劳试样的寿命预测时，在总应变幅为 0.7%和 0.8%时其寿命预测值正好位于 2 倍的误差带上，此时的预测精度相对而言也比较低。三参数寿命模型和考虑晶粒尺寸影响的疲劳寿命模型的疲劳寿命预测值皆位于 2 倍的误差带范围内且位于灰色直线的附近，因此这两个模型对于 GH4698 合金的低周疲劳寿命预测来说，预测效果非常好。张仕朝等[30]研究镍基高温合金 GH3044 在 600℃下低周疲劳寿命预测时发现，能量法寿命模型的预测结果从标准差和分散带方面都比 Manson－Coffin 方程、三参数幂函数方程的预测精度好。因此可以得出结论，针对不同成分或者微观组织的镍基高温合金，寿命模型的预测精度各异。

GH4698 镍基高温合金的疲劳寿命实验值和预测值的相关性用于评估工程中疲劳寿命模型的预测效应。为了评估 Manson－Coffin 寿命模型、Ostergren 能量法寿命模型、三参数寿命模型和考虑晶粒尺寸影响的疲劳寿命模型的预测精度，采用了误差分析方法。误差分析方法的公式如下：

$$\mathrm{Err} = \log(N_p - N_e) \tag{6-21}$$

式中，N_p表示预测值；N_e表示实验值；Err 表示误差。

Manson－Coffin 寿命模型、Ostergren 能量法寿命模型、三参数寿命模型和考虑晶粒尺寸影响的疲劳寿命模型的预测误差分析如表 6－3 所示。从误差分析来看，考虑晶粒尺寸影响的疲劳寿命模型和三参数寿命模型的预测精度高于 Ostergren 能量法寿命模型和 Manson－Coffin 寿命模型，这与图 6－13 中的分析一致。对于 Manson－Coffin 寿命模型来说，在高应变幅（0.7%和 0.8%）时的预测精度比较高；对于 Ostergren 能量法寿命模型和三参数寿命模型而言，在低应变幅（0.4%～0.6%）时的预测精度较高；考虑晶粒尺寸影响的疲劳寿命模型在不同的应变幅时预测误差分布比较均匀。因此，可以得出结论，Manson－Coffin 寿命模型、Ostergren 能量法寿命模型和三参数寿命模型在局部应变幅下预测精度较高，而考虑晶粒尺寸影响的疲劳寿命模型具有普遍的适用性。

表 6－3　疲劳寿命预测误差分析（%）

寿命模型	合金	0.4%	0.5%	0.6%	0.7%	0.8%
Manson－Coffin	A	9.60	6.52	12.50	1.22	0.58
	B	44.13	6.37	3.96	4.52	0.37
能量法	A	0.20	6.58	6.23	21.88	24.95
	B	0.70	7.73	6.62	26.81	30.23

续表

寿命模型	合金	0.4%	0.5%	0.6%	0.7%	0.8%
三参数	A	0.26	0.39	5.12	8.39	5.74
	B	7.29	7.92	1.61	14.50	13.72
考虑晶粒尺寸	A	15.07	4.81	8.09	5.63	2.47
	B	9.23	2.21	1.15	11.93	9.21

6.3　低周疲劳过程微观结构演变行为

6.3.1　低周疲劳析出相演化行为

不同牌号的镍基高温合金的主要强化相有所区别，GH4698 合金的主要强化相是面心立方结构的 γ′相。上文曾提及 GH4698 合金经过热处理后的 γ′相均匀弥散地分布在晶粒内部和晶界上，γ′相与基体 γ 相的晶格错配度低于 0.2%，因此其形态为球形。合金 B 强化颗粒 γ′相的分布要比合金 A 的更加均匀，合金 B 大尺寸 γ′相的数量要比合金 A 多，并且合金 A 中小尺寸 γ′相的数量要比合金 B 多，因此合金 A 的强化颗粒 γ′相的强化能力更高，塑性更高。

通过 Tecnai G2 F30 透射电子显微镜拍摄的两种微观组织的 GH4698 合金在低周疲劳后的强化颗粒 γ′相形貌如图 6－14 和图 6－15 所示。

从图 6－14 和图 6－15 中可以发现，合金在低周疲劳后 γ′相的分布和热处理之后的分布类似，仍然比较均匀。对于两种热处理制度处理得到的疲劳试样，可以看出 GH4698 合金在低应变幅 0.4%时经受低周疲劳测试后 γ′相形貌为球形，与合金经受热处理后的一致，且 γ′相的数量较多，说明此应变条件下 γ′相在低周疲劳测试后仍与基体 γ 相为共格关系，对合金的强化作用较强。在中等应变幅 0.6%时，可以观察到 GH4698 合金经受低周疲劳后 γ′相形貌大部分为球形，一部分球形 γ′相被拉长成为椭球形的 γ′相，甚至有的 γ′相直接在中间被切断，失去了有序排列结构，并且 γ′相的数量较应变幅 0.4%有所减少，在该应变幅下 γ′相的强化效果降低。在高应变幅 0.8%时，可以发现 GH4698 合金经受低周疲劳后 γ′相形貌大部分为球形，球形 γ′相被拉长成为椭球形 γ′相的数量增多，γ′相的数量相较于中低应变幅要明显降低，合金 B 比合金 A 的椭球形 γ′相和被剪切变形的数量要多。因此可以得出结论：对于同一热处理制度处理的 GH4698 合金而言，随着总应变幅的增加，强化颗粒 γ′相的数量逐渐减少，γ′相的尺寸略有增大，Guo 等[31]曾研究认为循环塑性变形会引起 γ′相粗化；对于同一应变幅的测试条件，合金 B 的 γ′相的尺寸要大于合金 A 的 γ′相的尺寸。通过以上分析可知，合

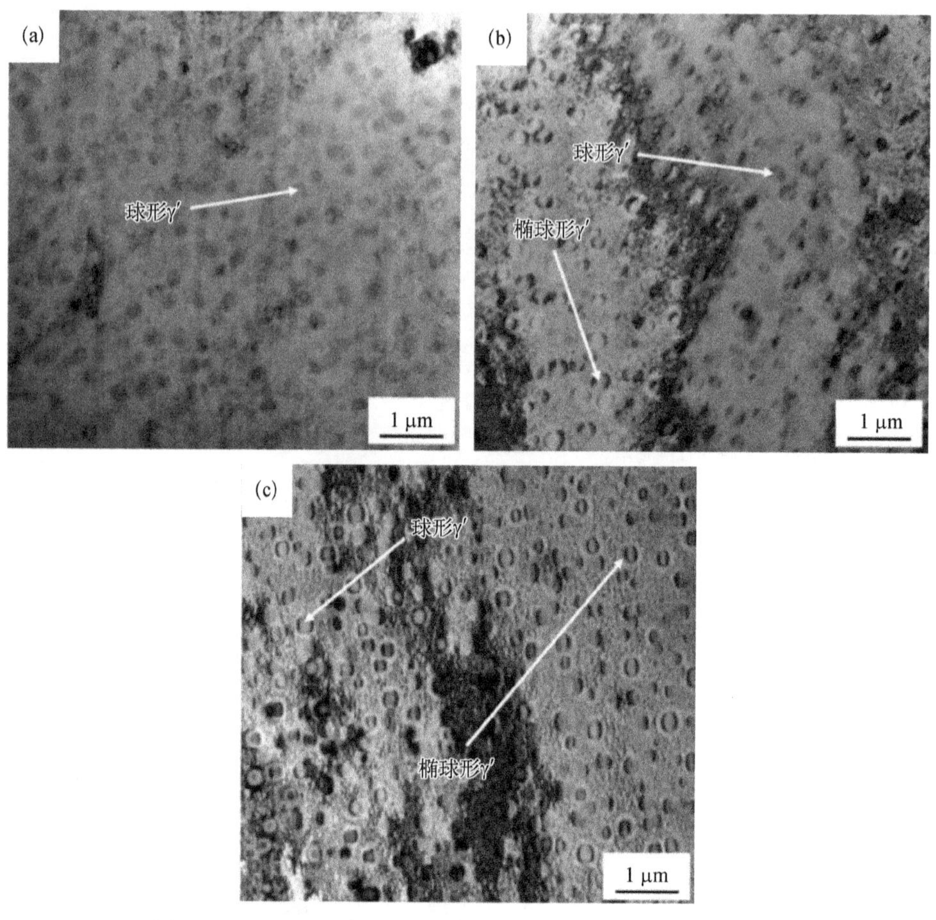

图 6－14　GH4698 合金在不同应变幅下的 γ′相形貌（合金 A）

（a）$\Delta\varepsilon_t/2=0.4\%$；（b）$\Delta\varepsilon_t/2=0.6\%$；（c）$\Delta\varepsilon_t/2=0.8\%$

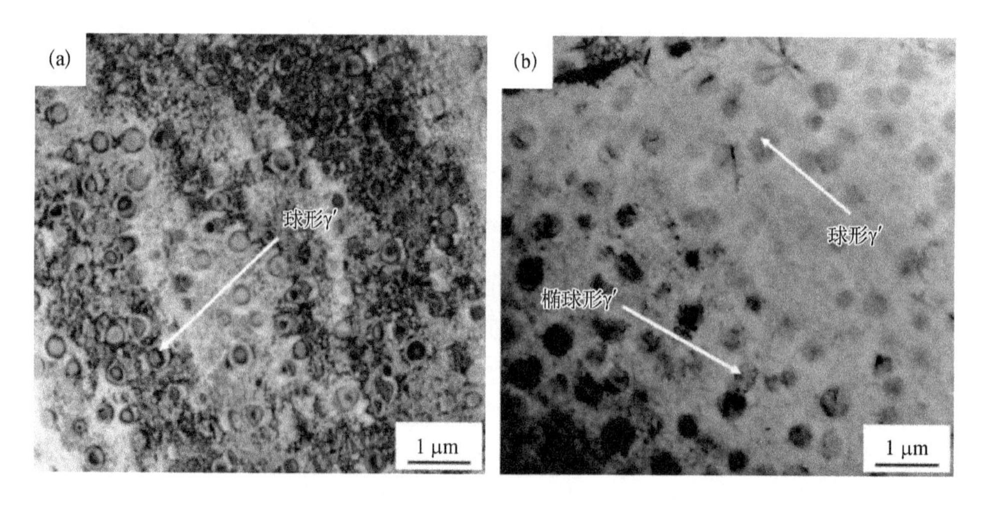

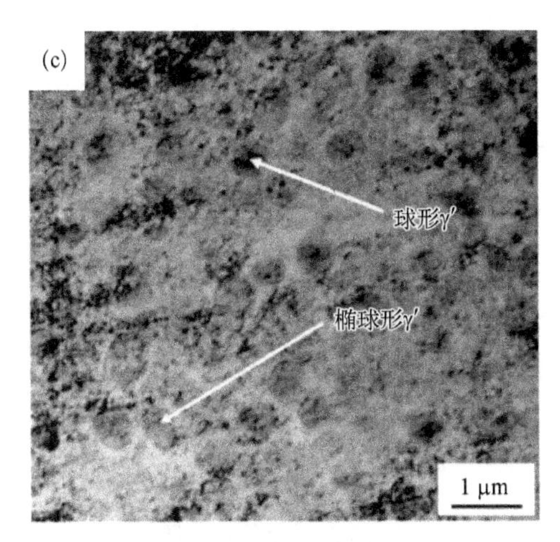

图 6－15　GH4698 合金在不同应变幅下的 γ′相形貌（合金 B）

（a）$\Delta\varepsilon_t/2=0.4\%$；（b）$\Delta\varepsilon_t/2=0.6\%$；（c）$\Delta\varepsilon_t/2=0.8\%$

金 A 经受低周疲劳的强度要高于合金 B，即合金 A 具有更高的低周疲劳性能。

6.3.2　低周疲劳微观组织演化机制

通过对 GH4698 合金低周疲劳后金相组织和强化颗粒 γ′相的观察与分析，建立了 GH4698 合金低周疲劳微观组织的演化机制，如图 6－16 所示。通过透射电镜观察到 GH4698 合金低周疲劳后球形 γ′相的数量均随着总应变幅的增加而减少。GH4698 合金低周疲劳后的金相组织中晶粒尺寸变大是变形能和外加机械能导致。在外加载荷的作用下，球形 γ′相在疲劳变形过程中的形态会沿着加载轴发生一定程度的改变，在本章的研究中强化颗粒 γ′相由球形转变为椭球形。随着总应变幅的增加，GH4698 合金变形随着循环周次的增加会逐渐增大，塑性变形累计量在总变形中所占的比例也逐渐上升。GH4698 合金是面心立方结构，其滑移系较多，塑性变形主要以滑移为主。滑移本质是位错之间的交互作用和位错的运动。GH4698 合金在总应变幅控制的低周疲劳测试过程中，位错在运动过程中遇到 γ′相时，其运动受阻，因此位错会在 γ′相处塞积，当位错的塞积达到一定程度，由于 γ′相与基体 γ 相为完全共格关系，位错会以剪切的方式进入 γ′相或者直接将 γ′相切断，从而使得 γ′相失去有序结构，γ′相失去与基体 γ 相的完全共格关系。因此，随着总应变幅的增加，位错会严重剪切 γ′相，使得球形 γ′相的数量显著降低。在滞后回线的分析过程中，可以发现随着总应变幅的增加，GH4698 合金吸收的不可逆变形功逐渐增加。因此，随着总应变幅的增加，GH4698 合金在 650℃ 低周疲劳测试后平均晶粒尺寸增加的机制如下：① GH4698 合金吸收的变形能逐渐增加，晶体内部存储的能量剧烈增加，变形能导致晶粒快速长大；② 位错会严重剪切球形 γ′相，使其无序化，对晶界运动的钉扎作用严重下降；③ 650℃的高温测试条件，使得晶粒尺寸略有增加。

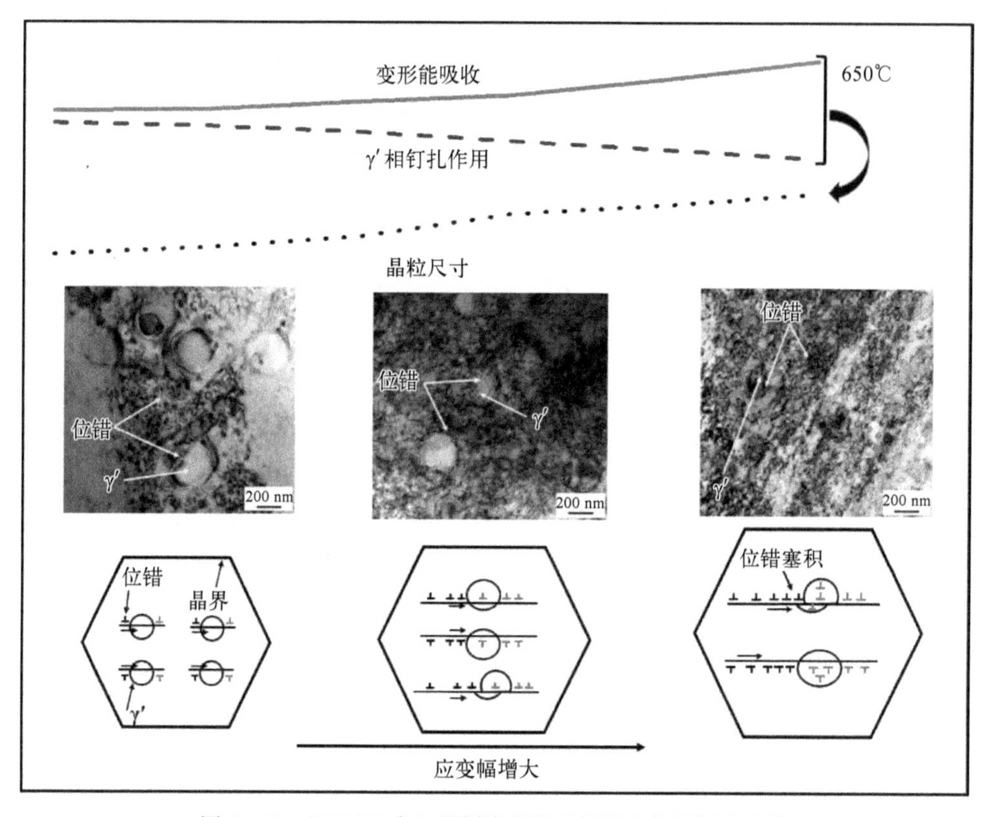

图 6－16　GH4698 合金低周疲劳微观组织演化机制示意图

6.4　低周疲劳断裂机制

6.4.1　低周疲劳变形机制

6.4.1.1　高温低周疲劳中的滑移变形

滑移带指的是一组互相平行的滑移线构成的带，由紊乱的位错组成[32, 33]。滑移带是合金晶体产生塑性变形的典型特征。滑移带越密、扩展越长的区域表示合金材料的塑性变形越严重，而且滑移带网的出现表示引起了多重滑移。当某一个滑移系开动时，滑移变形不均匀分布地分布在某些晶面上，而不是在这个滑移系中所有晶面都会均匀地产生滑移。滑移带的出现是由于晶面的不均匀滑移导致的。利用透射电镜对两种微观组织的 GH4698 合金低周疲劳后的滑移带形貌进行观察与分析，分别如图 6－17 和图 6－18 所示。

图 6－17　GH4698 合金在不同应变幅下的滑移带形貌（合金 A）

（a）$\Delta\varepsilon_t/2=0.5\%$；（b）$\Delta\varepsilon_t/2=0.6\%$；（c）$\Delta\varepsilon_t/2=0.7\%$；（d）$\Delta\varepsilon_t/2=0.8\%$

对于合金 A 的疲劳试样，在总应变幅为 0.5%时，合金中存在宽度较窄的滑移带，滑移带的密度较小，滑移带主要由不断切入 γ′强化相的高密度缠结位错组成，个别滑移带直接切入 γ′强化相。在总应变幅为 0.6%时，合金中的滑移带宽度明显增加，滑移带的密度相比于总应变幅为 0.5%时增加了，此外还出现了一个反常的特征，即合金中出现了交叉滑移带。交滑移是指在合金内部，发生沿着同一个滑移方向出现两个及以上的滑移面交替或者同时滑移。一般而言，交叉滑移的发生难易程度与合金的层错能紧密相关，交叉滑移带通常出现在层错能较高

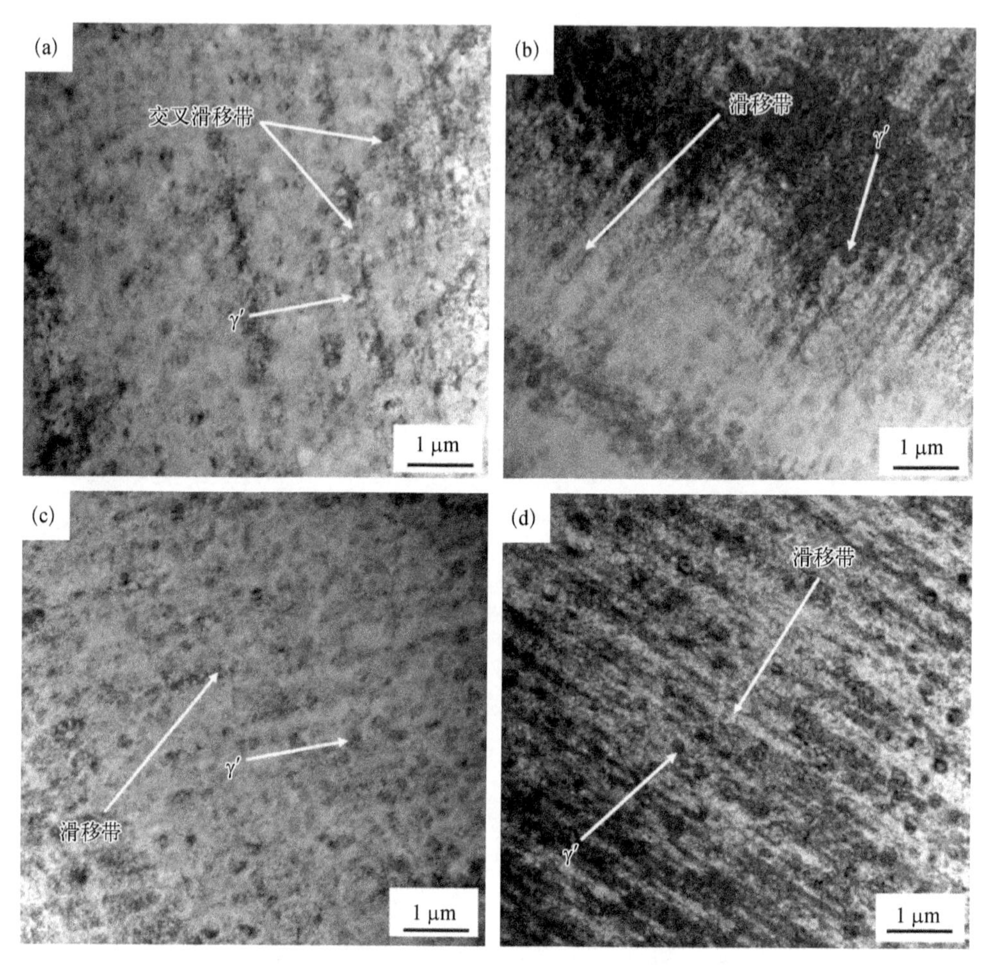

图 6－18　GH4698 合金在不同应变幅下的滑移带形貌（合金 B）

（a）$\Delta\varepsilon_t/2=0.5\%$；（b）$\Delta\varepsilon_t/2=0.6\%$；（c）$\Delta\varepsilon_t/2=0.7\%$；（d）$\Delta\varepsilon_t/2=0.8\%$

的合金中，如立方结构的合金，而本章研究的 GH4698 合金属于面心立方结构，其层错能较低。对于合金中出现的交叉滑移的反常现象，可能是由于位错的运动受到沉淀析出相 γ′的阻碍，产生了扩展位错和应力集中，从而影响了滑移系，导致位错开始滑移，并最终出现交滑移。总应变幅为 0.7%时，相较于总应变幅为 0.6%时，参与到交叉滑移的滑移带的密度增大，滑移带的宽度依然很大。总应变幅为 0.8%时，滑移带的密度达到最大值，图中可见数量较多的平行滑移带，且个别滑移带直接切过 γ′强化相。

对于合金 B 的疲劳试样，在总应变幅为 0.5%时，滑移带的密度较小，但是滑移带的密度和宽度比同一应变幅下的合金 A 大，并且仅该应变幅下出现了交叉滑移带这个特征。总应变幅为 0.6%时，滑移带的密度显著增加，滑移带都沿着同一个方向。此外，可以发现滑移带在 γ′强化相处终止，这与滑移带与 γ′强化相的交互作用紧密相关。总应变幅为 0.7%时，滑移带的密度继续增大，滑移带与 γ′强化相交互作用加强。总应变幅为 0.8%时，滑移带的宽度达到最大，且滑移带的密度也达到最大值。

通过观察可以发现，滑移带的密度与实验过程中施加的应变幅值紧密相关。从图中可以清晰地看到滑移带的存在，而且滑移带的形态呈较规则的平直条带状。滑移带的出现表明合金在疲劳过程中产生了明显的塑性变形，位错的运动仅限于平行于｛111｝滑移平面的滑移带。从以上分析可以发现，GH4698 合金 650℃时经受低周疲劳，对于这两种热处理制度处理的合金疲劳试样，可以发现共同的特点：随着应变幅的增加，滑移带密度明显增加。从图中可以看出，滑移带切割沉淀析出相 γ′。由此可以推断，随着应变幅的增加，材料内部的滑移带严重剪切沉淀析出相 γ′，使其失去有序结构，从而失去与基体的完全共格关系，降低了对基体 γ 相的强化作用。高温合金的初始硬化和 γ′析出相的剪切与滑移带的出现有关，这种变形机制导致软化[34]。随着位错密度明显增加及其与沉淀析出相 γ′的交互作用，导致位错塞积的提前出现，由于位错塞积的出现会阻碍相应位错的滑移变形，并且引起合金内部局部的应力集中，当局部的位错塞积和应力集中的共同作用达到一定程度后会导致相应部位的失稳，从而加剧失稳部位的性能损伤，继续加载会导致局部微观裂纹的产生，随着外部载荷继续施加，微观裂纹沿着外载荷加载轴方向发生扩展，最后发生疲劳断裂。对于同一个总应变幅条件下，可以发现合金 B 的滑移带的宽度和密度较合金 A 要大，说明合金 B 在低周疲劳中的变形更加严重，且其与 γ′析出相的交互作用表现得更加剧烈，在低周疲劳过程中，滑移带的移动会严重剪切 γ′析出相，从而使得合金的力学性能严重受损，抵抗疲劳变形的能力严重下降，故合金 B 在较少的疲劳周次内即发生疲劳断裂。因此，可以看出合金 A 的疲劳性能要优于合金 B。

6.4.1.2 高温低周疲劳后的位错组态

利用透射电子显微镜观察 GH4698 合金在低周疲劳测试后的微观位错组态，分析了不同应变幅下位错的形态、分布和密度的变化，研究了位错之间及其与强化粒子 γ′相之间的相互作用，并通过位错与强化粒子 γ′相之间的交互作用分析了 GH4698 合金在低周疲劳加载过程中的循环变形机制。两种热处理制度处理后 GH4698 合金在不同总应变幅下的典型位错结构分别如图 6－19 和图 6－20 所示。

对于合金 A 而言，通过观察图 6－19（a）可以发现，在总应变幅为 0.3%时，位错分布在基体 γ 相的局部位置上，还有一部分位错分布在强化粒子 γ′相和基体 γ 相的接触界面上。从图中可以看出，位错的分布是很不均匀的，基体 γ 相中的位错比较集中地塞积在一起，位错之间相互缠结组成了位错网络，在一些局部区域并没有发现位错。位错在基体 γ 相中塞积成位错网络及其在 γ′相和基体 γ

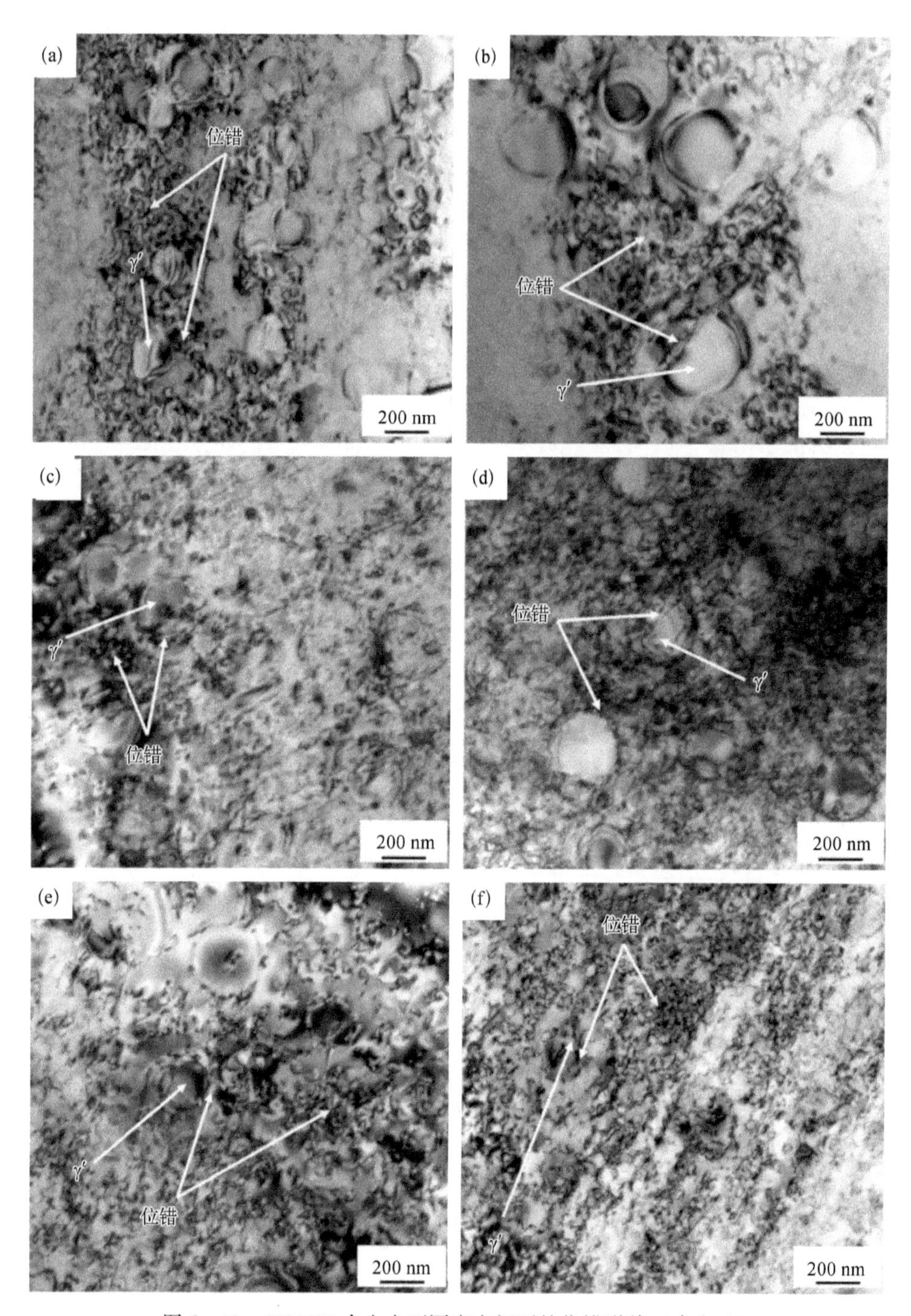

图 6-19　GH4698 合金在不同应变幅下的位错形貌（合金 A）

(a) $\Delta\varepsilon_t/2=0.3\%$；(b) $\Delta\varepsilon_t/2=0.4\%$；(c) $\Delta\varepsilon_t/2=0.5\%$；(d) $\Delta\varepsilon_t/2=0.6\%$；
(e) $\Delta\varepsilon_t/2=0.7\%$；(f) $\Delta\varepsilon_t/2=0.8\%$

相的接触界面上聚集，这是由于位错的不断增殖及其进一步运动受到强化粒子 γ′相的阻碍造成的。通过观察图 6－19（b）可以发现，在总应变幅为 0.4%时，位错的分布和总应变幅 0.3%时一样，表现得很不均匀，位错塞积的程度更加明显，位错主要分布在基体 γ 相中和强化粒子 γ′相的周围，并且可以观察到基体 γ 相中的部分位错线呈现平行的直线形态。此外，还可以发现基体 γ 相中存在不同尺寸的强化粒子 γ′相，并且可以观察到位错的不断增殖和位错的持续运动导致部分位错线切入强化粒子 γ′相或者直接穿过强化粒子 γ′相，使得球形 γ′相的形态遭到破坏，失去了其有序结构，降低了球形 γ′相对 GH4698 合金基体 γ 相的共格强化作用。通过观察图 6－19（c）可以发现，在总应变幅为 0.5%时，基体 γ 相中的位错的分布较总应变幅 0.3%和 0.4%时更加均匀，在图中基体 γ 相的每个区域几乎都能发现位错的存在。位错的不断增殖使得位错与强化粒子 γ′相的交互作用严重加剧，更多的位错线切入 γ′相，急剧降低了强化粒子 γ′相对基体的强化作用。通过观察图 6－19（d）可以发现，在总应变幅为 0.6%时，位错的密度较低应变时显著增加，分布也更加均匀化。分布在 γ′相周围的位错，在其表面不同的位置切入，加快了位错对 γ′相的剪切作用。通过观察图 6－19（e）可以发现，在总应变幅为 0.7%时，随着位错密度的显著增加，位错对 γ′相的剪切作用加剧，球形 γ′相被位错直接切断的数量显著增加。在总应变幅为 0.8%时，可以明显发现位错分布在较多的滑移带内，伴随着滑移带的运动，严重剪切 γ′相，大量的位错塞积在 γ′相边缘，几乎所有的 γ′相都被位错切入或者穿过，球形 γ′相丧失了对基体的强化作用，在该应变幅下，合金的疲劳性能严重下降。

对于合金 B 而言，通过观察图 6－20（a）可以发现，在总应变幅为 0.3%时，位错的密度比合金 A 要大，位错主要分布在基体 γ 相中和强化粒子 γ′相的边界上。位错的分布并不均匀，基体 γ 相中局部区域上的位错塞积特别严重，由于位错的不断增殖，大量的位错在基体 γ 相中的局部位置缠结成为位错网络，但是一些区域位错的分布较少。此外，从图中可以观察到个别的强化粒子 γ′相被少量的位错直接切入。通过观察图 6－20（b）可以发现，在总应变幅为 0.4%时，位错主要分布在强化粒子 γ′相的周围，基体 γ 相中存在较多的大尺寸的球形 γ′相，由于位错运动过程遇到强化粒子 γ′相时与其发生强烈的交互作用，位错运动受阻产生应力集中，大量的位错切入 γ′相，使其球形形态被破坏，从而失去了对基体 γ 相的共格强化作用。通过观察图 6－20（c）可以发现，在总应变幅为 0.5%时，位错的分布变得均匀化，基体 γ 相中的位错线呈现短直的形态，部分位错与强化粒子 γ′相发生强烈的交互作用，使 γ′相的球形形态遭到损坏，降低了基体 γ 相的力学性能。通过观察图 6－20（d）可以发现，在总应变幅为 0.6%时，位错的运动受阻导致位错在强化粒子 γ′相边界上塞积更加显著，由于大量位错塞积产生的高度应力集中导致大量的位错从球形 γ′相表面的不同位置同时切

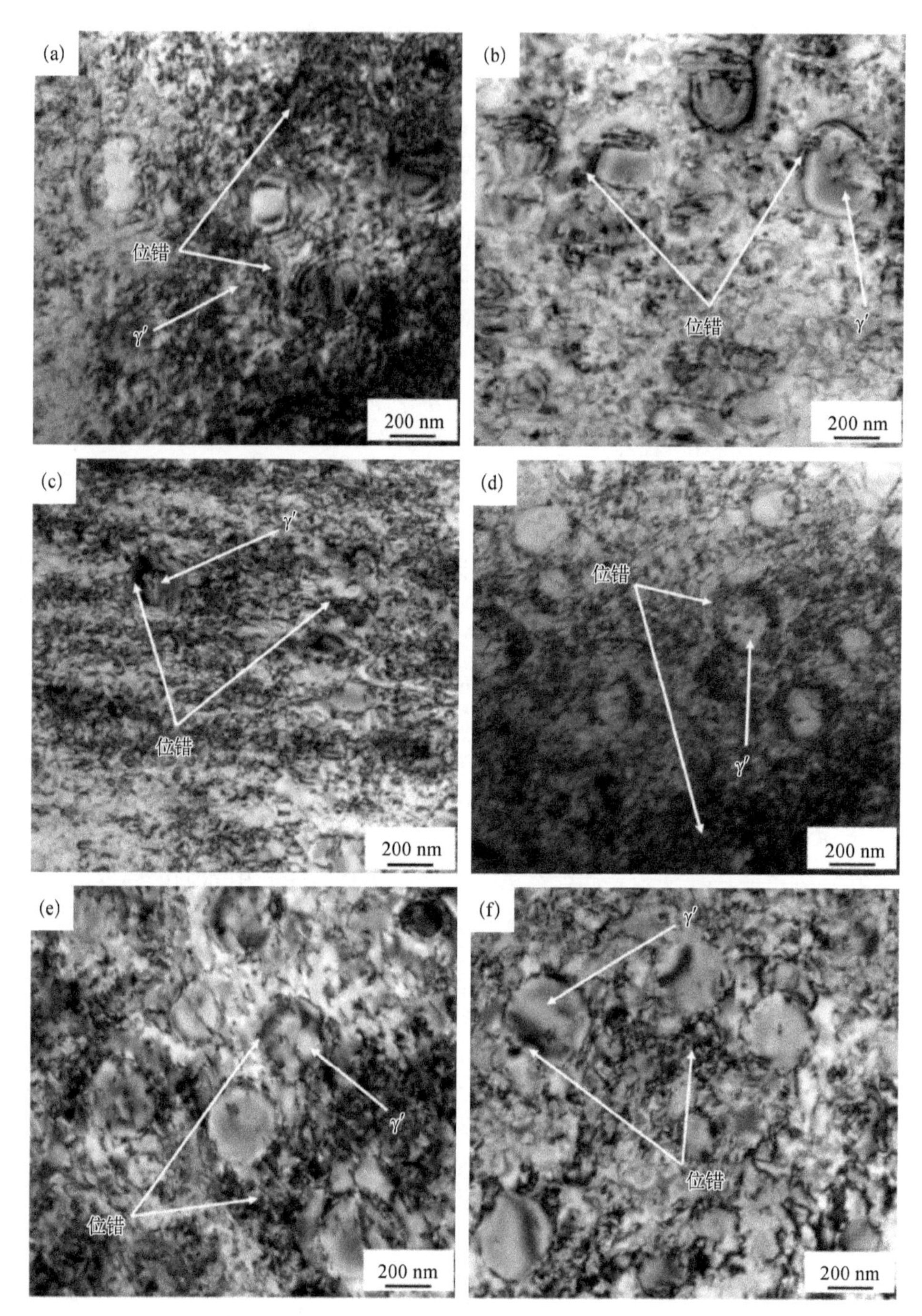

图 6－20　GH4698 合金在不同应变幅下的位错形貌（合金 B）

(a) $\Delta\varepsilon_t/2=0.3\%$；(b) $\Delta\varepsilon_t/2=0.4\%$；(c) $\Delta\varepsilon_t/2=0.5\%$；(d) $\Delta\varepsilon_t/2=0.6\%$；(e) $\Delta\varepsilon_t/2=0.7\%$；(f) $\Delta\varepsilon_t/2=0.8\%$

入，加快 γ′相球形形态的破坏。通过观察图 6－20（e）可以发现，在总应变幅为 0.7%时，位错短直的形态更加明显，位错主要堆积在强化粒子 γ′相边界上，有些平行位错切入 γ′相。通过观察图 6－20（f）可以发现，在总应变幅为 0.8%时，位错在基体 γ 相和强化粒子 γ′相边界上塞积的位置增加，位错与 γ′相的交互作用越发明显，小尺寸的 γ′相被位错直接切断，大尺寸的 γ′相被位错切入。

GH4698 合金微观形貌中位错的不均匀分布体现了合金在低周疲劳过程中的变形不均匀。随着总应变幅的增加，位错的密度显著增加，位错的分布逐渐均匀化，位错塞积缠结出现了位错网络。随着总应变幅的增加，位错的不断增殖和位错缠结网络的出现将导致位错的进一步运动受到阻碍。在较低总应变幅下，γ′相较难变形，位错主要分布在 γ′相和基体的交界面。较少的位错也体现了合金塑性变形较小，位错塞积难以达到应力集中的临界值，所以疲劳寿命较长。在较高应变幅下，γ′相很容易变形，位错主要切过 γ′相，且随着应变幅的增加位错更容易切入 γ′相。位错密度的增加，导致塞积严重，很快达到应力集中的临界值，合金将快速疲劳断裂，所以疲劳寿命较短。

两种热处理制度处理的 GH4698 合金在不同总应变幅低周疲劳测试过程中的塑性变形累积值如表 6－4 所示。在同一热处理制度下塑性变形累积值随着总应变幅的增加逐渐降低。尽管在低应变幅时峰值塑性应变较小，但是疲劳周次高，因而较小应变幅时塑性变形累积值较高。随着应变幅的增加，塑性应变在总应变中所占的比例逐渐增加。可以发现塑性应变在总应变中所占的比例增加会导致合金疲劳寿命的减少。在疲劳过程中，较小的塑性应变幅会产生较大的塑性变形累积量，这表明合金具有较好的疲劳性能。此外，在同一应变幅下，合金 A 的塑性应变累积值高于合金 B，可以推断出 GH4698 合金经过热处理制度①处理的疲劳试样相较于经过热处理制度②处理的疲劳试样具有更加出色的疲劳性能。

表 6－4　GH4698 合金低周疲劳的塑性变形累积值

热处理	0.3%	0.4%	0.5%	0.6%	0.7%	0.8%
制度①	4.108 11	3.561 58	3.038 91	1.951 99	1.192 15	1.012 1
制度②	3.121 95	2.898 24	2.790 7	1.737 98	1.013 65	0.867 24

通过微观位错结构的观察可以发现，GH4698 合金在疲劳过程中的变形是不均匀的。如上文提过的，循环应力响应行为包括循环硬化、软化和稳定性行为。循环稳定现象是由于循环硬化与循环软化之间的动态平衡产生的。循环硬化现象是由于合金疲劳载荷下不均匀变形引起的。目前比较认可的循环硬化的机制是 γ′相阻碍位错的运动和变形过程中的位错密度的增加。Chu 等[35]通过对镍基高温合金 DZ951 的研究发现，合金在 700℃的变形是滑移带集体切过 γ′相，其中包含

高密度的位错剪切 γ′沉淀相。Ovono 等[36]认为循环硬化行为对合金的机械稳定性提供了一定程度上有用的信息，位错围绕聚集在半共格沉淀相的周围，引起合金的硬化。Calabrese 等[37]将合金的硬化与位错和析出相的相互作用联系在一起，在疲劳加载过程中该合金的低周疲劳行为被认为变形是不均匀的，变形不均匀导致位错的分布和密度产生很大的差异，阻碍了位错的往复运动，从而导致了循环硬化行为的出现。循环硬化行为也与位错的相互作用或位错和 γ′沉淀相不同程度的相互作用有关。因此，位错网络的形成对位错的进一步运动产生一定程度的阻碍作用。在本章的研究中，循环硬化现象是由于位错的不断增殖导致位错之间相互缠结，形成位错网络，进而阻碍位错的进一步运动造成的，见图 6 - 19（b）；此外，循环硬化现象也与位错和强化相 γ′之间的交互作用有关，在位错的运动过程中，强化相 γ′充当位错运动的障碍，阻止位错进一步运动，位错在强化相 γ′周边不断塞积，产生应力集中，从而导致 GH4698 合金循环硬化的出现，见图 6 - 20（b）。

循环软化行为通常是由滑移带中局部的塑性流动造成的，这种现象的一个可能的解释是循环软化是由于滑移带内的析出相完全力学无序引起的。循环软化的原因是失配位错的出现和一些位错切割进入 γ′相引起的，这与各种各样的滑移带的形成相关，作为强化相的 γ′相被位错的运动反复剪切，这个过程导致应力松弛，从而引起了循环软化[38]。Inconel 718 合金的循环软化是由于形变孪晶剪切强化粒子造成的[39]。循环软化还可能是由于 γ′相的粗化导致 γ′相与基体相的共格一致性损失引起的[40]。Yuan 等[41]对沉淀强化类型的镍基高温合金的低周疲劳研究表明，低周疲劳皆导致循环软化，他们提出合金的低周疲劳行为能够造成第二相与基体之间产生大量的错配位错，从而导致第二相失去与基体的共格性而造成软化。在本章的研究中，循环软化现象是由于有序的 γ′相因位错的切割而变为无序化，降低了合金的变形阻力造成的，如图 6 - 19（a）和图 6 - 20（a）所示，也可能是由于 γ′相的长大粗化降低了其对基体 γ 相的共格强化作用引起。此外，650℃的高温也可能产生时效热处理的作用，可动位错进入长大的 γ′相，从而导致软化效应。Phillips 等[42]也认为高温可以导致循环软化现象。

6.4.2　低周疲劳断口形貌

低周疲劳断裂与其它断裂方式类似，它的疲劳断口保存着合金在整个低周疲劳过程中的疲劳断裂痕迹，记载着有关疲劳断裂的信息，具有非常明显的形貌特征[43, 44]。合金疲劳断口的形貌特征与材料的组织特点、外加应力或应变的大小和状态以及环境因素等有关[45]。因此，观察和分析合金的疲劳断口形貌对于研究其在疲劳过程中裂纹的萌生、扩展及疲劳断裂机制有着重要的意义。疲劳失效分析是通过观察不同测试条件下合金试样的微观组织结构变化来进行的。本章为了表明 GH4698 合金微观组织及外加总应变幅对合金低周疲劳性能的影响，利用扫描电子显微镜对 GH4698 镍基高温合金所有疲劳试样的宏观和微观疲劳断口形貌进行了表征和分析，研究了低周热疲劳过程中裂纹的萌生和扩展规律，表明了 GH4698 合金的疲劳断裂机制。

6.4.2.1　宏观断口形貌

典型的疲劳断口宏观形貌由疲劳源区域、疲劳扩展区域和疲劳瞬断区域三个不同的形貌区域组成。利用扫描电子显微镜拍摄的两种热处理制度处理后的 GH4698 合金在不同总应变幅下的低周疲劳断裂后宏观断口形貌分别如图 6－21 和图 6－22 所示，图中标注的“A”“B”“C”分别表示疲劳源区域、疲劳扩展区域和疲劳瞬断区域。

GH4698 合金经过两种热处理制度处理后进行低周疲劳测试，两种微观组织的疲劳试样断裂后的疲劳宏观断口形貌存在一些相似的特征。疲劳源区域是 GH4698 合金低周疲劳断口宏观形貌上最平滑的区域，这是因为合金在低周疲劳测试过程中疲劳源区域的断面经受持续不断的循环摩擦挤压，因而相较于疲劳扩展区域和疲劳瞬断区域两个区域，疲劳源区域显得非常光亮和平滑。此外，还可以观察到在不同的总应变幅条件下，GH4698 合金疲劳试样在低周疲劳过程中表面存在多个疲劳源区域，这依赖于零部件在低周疲劳测试过程中承受的外加应力大小或者应力状态有关。疲劳断口形貌上多个疲劳源区域共存是镍基高温合金低周疲劳的一个典型特征。从图 6－21 与图 6－22 中可以看出，疲劳扩展区域相较于疲劳源区域来说表面比较光滑，因为疲劳扩展区域是疲劳源区域的延续，疲劳断面在疲劳过程中经受摩擦挤压的程度比疲劳源区域要弱一些，因此疲劳扩展区域的光滑程度会随着裂纹的扩展方向逐渐降低。随着总应变幅的增加，疲劳瞬断区域的面积所占疲劳断口的比例逐渐增大。随着低周疲劳测试过程中总应变幅的增加，合金在低周疲劳过程中承受的外加载荷逐渐增大，从而导致 GH4698 合金低周疲劳断口中疲劳瞬断区域的面积逐渐增大。此外，还可以观察到在低应变幅 0.3%、0.4% 和 0.5% 时，整体上来看疲劳瞬断区域的位置位于疲劳源区域的对面，而在高应变幅 0.6%、0.7% 和 0.8% 时，整体上来看疲劳瞬断区域的位置位于整个低周疲劳断口的中部区域，这说明 GH4698 合金在低周疲劳测试后，合金的低周疲劳宏观断口形貌会发生明显的变化，即随着测试条件总应变幅的增加，疲劳瞬断区域的位置由低周疲劳断口的边缘位置逐渐移动到低周疲劳断口的中间区域。合金 A 和合金 B 的低周疲劳断口也存在一些区别，对比图 6－21 和图 6－22 可以发现，在同一个总应变幅下，合金 A 低周疲劳断口上的疲劳源区域和疲劳扩展区域在整个断口形貌上所占的面积要高于合金 B 的，这说明合金 A 在总应变幅控制下的低周疲劳测试中，疲劳微裂纹萌生和扩展所需的疲劳周次较长，即在整个低周疲劳寿命中所占的比例较大，进一步说明合金 A 抵抗疲劳变形的能力要强于合金 B，即合金 A 的疲劳性能优于合金 B。

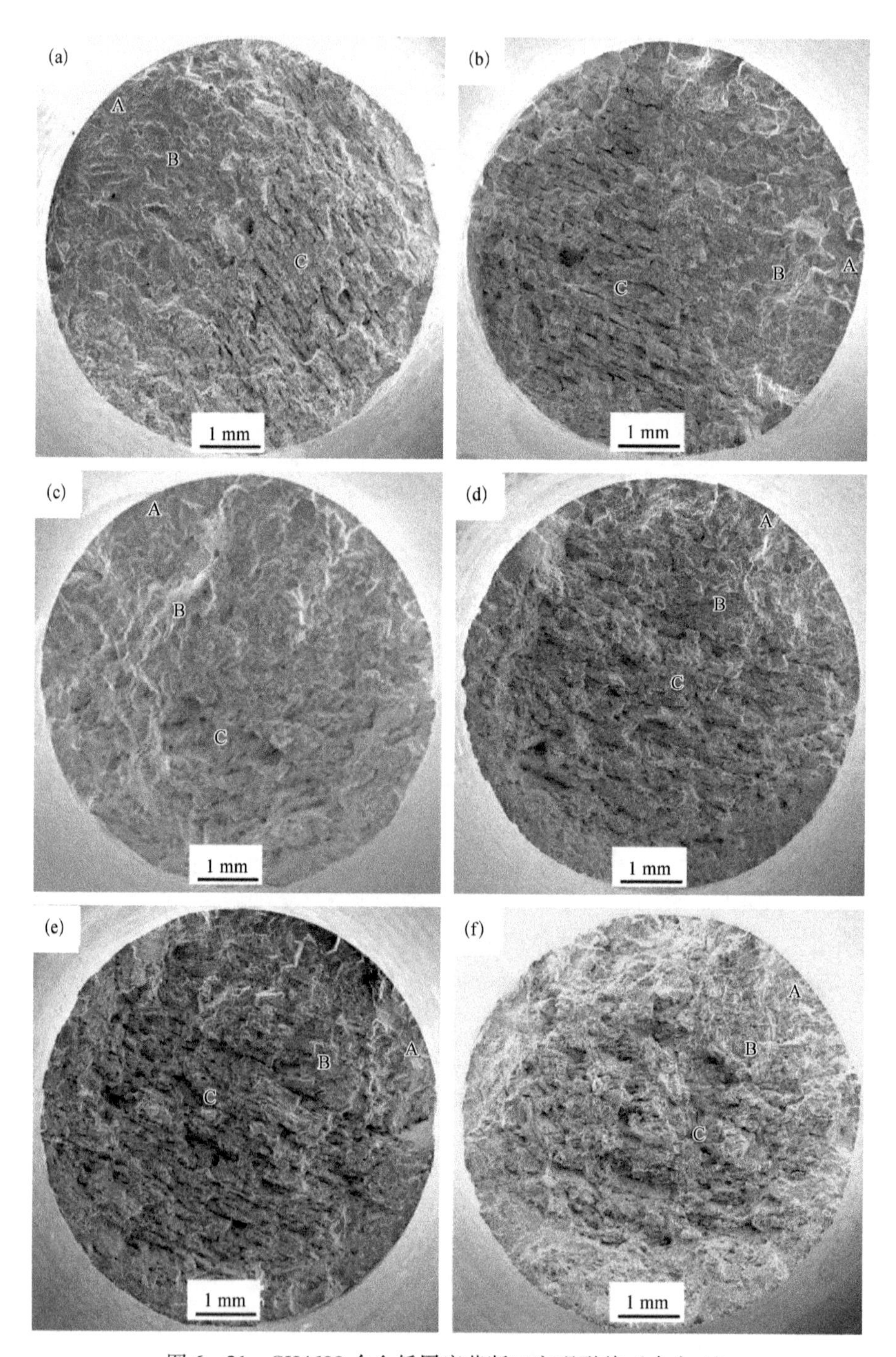

图 6－21　GH4698 合金低周疲劳断口宏观形貌（合金 A）

（a）$\Delta\varepsilon_t/2=0.3\%$；（b）$\Delta\varepsilon_t/2=0.4\%$；（c）$\Delta\varepsilon_t/2=0.5\%$；（d）$\Delta\varepsilon_t/2=0.6\%$；（e）$\Delta\varepsilon_t/2=0.7\%$；（f）$\Delta\varepsilon_t/2=0.8\%$

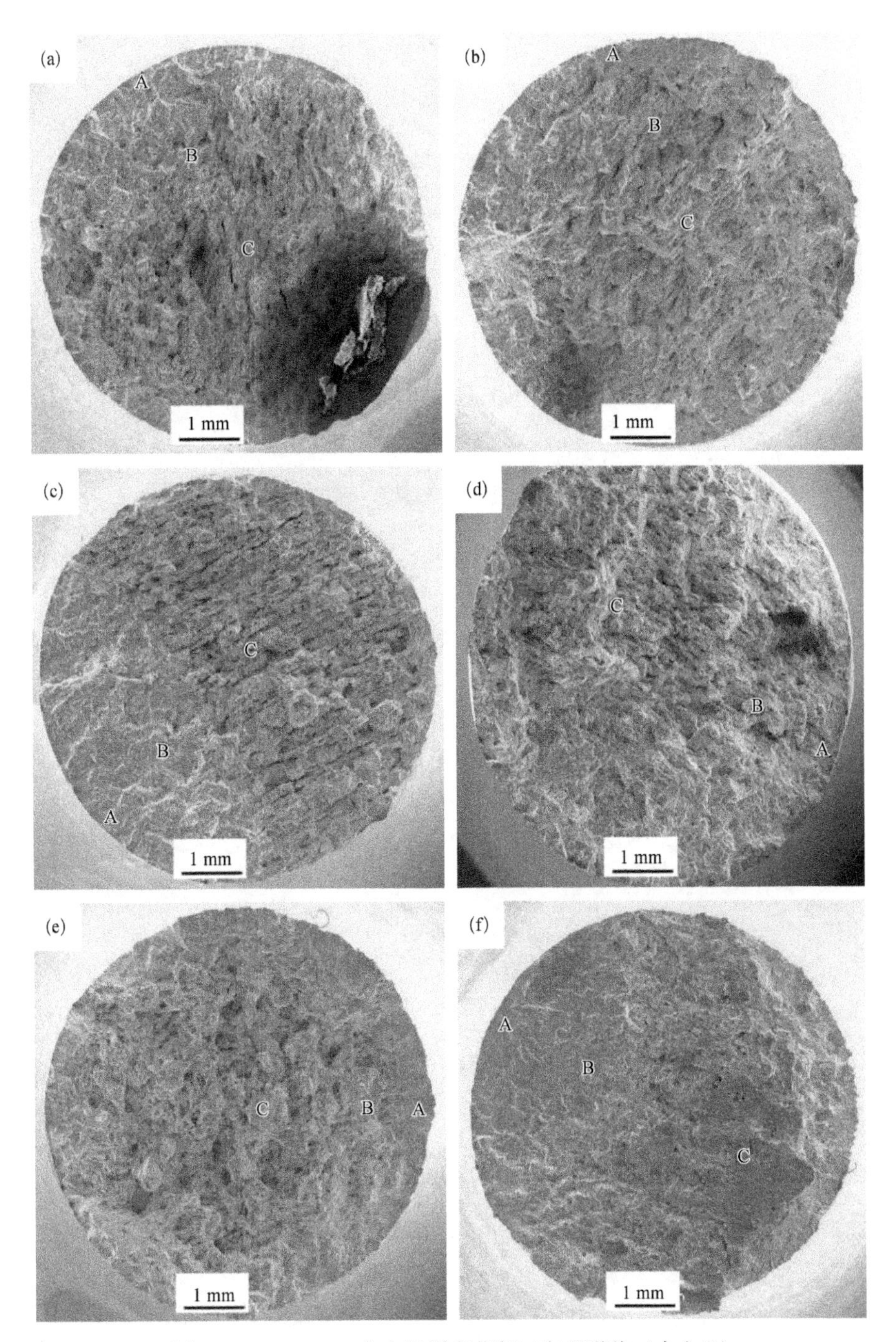

图 6-22　GH4698 合金低周疲劳断口宏观形貌（合金 B）

(a) $\Delta\varepsilon_t/2=0.3\%$；(b) $\Delta\varepsilon_t/2=0.4\%$；(c) $\Delta\varepsilon_t/2=0.5\%$；(d) $\Delta\varepsilon_t/2=0.6\%$；(e) $\Delta\varepsilon_t/2=0.7\%$；(f) $\Delta\varepsilon_t/2=0.8\%$

6.4.2.2 微观断口形貌

（1）疲劳源区域形貌

利用扫描电镜观察了 GH4698 合金低周疲劳断裂试样断口上疲劳裂纹萌生区域的特征。由于合金在低周疲劳测试过程中受到循环交变加载的影响，在图 6－21 和图 6－22 的合金低周疲劳断口宏观形貌中观察到该合金的低周疲劳断口上存在多个疲劳源区域，下面将从中选择一个疲劳源区域进行观察与分析，经过两种热处理制度处理后 GH4698 合金低周疲劳断口微观疲劳源形貌如图 6－23 和图 6－24 所示。

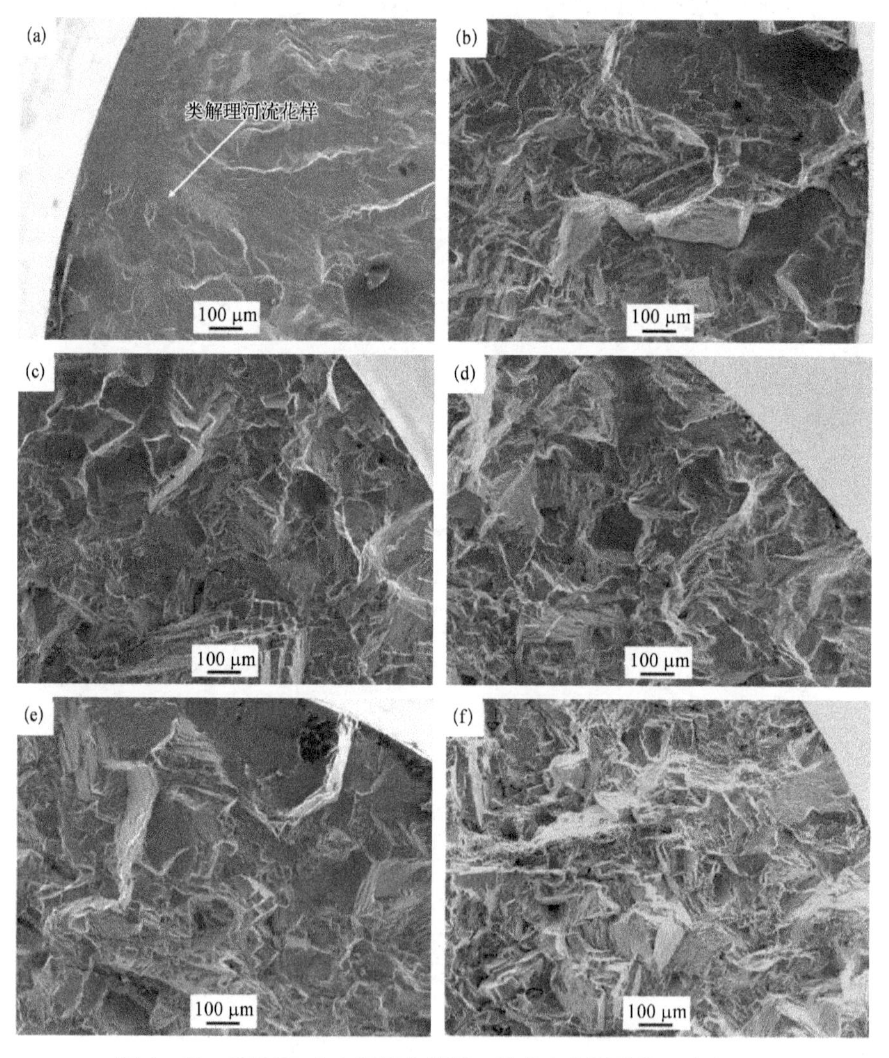

图 6－23　GH4698 合金低周疲劳断口微观疲劳源形貌（合金 A）

（a）$\Delta\varepsilon_t/2=0.3\%$；（b）$\Delta\varepsilon_t/2=0.4\%$；（c）$\Delta\varepsilon_t/2=0.5\%$；（d）$\Delta\varepsilon_t/2=0.6\%$；（e）$\Delta\varepsilon_t/2=0.7\%$；（f）$\Delta\varepsilon_t/2=0.8\%$

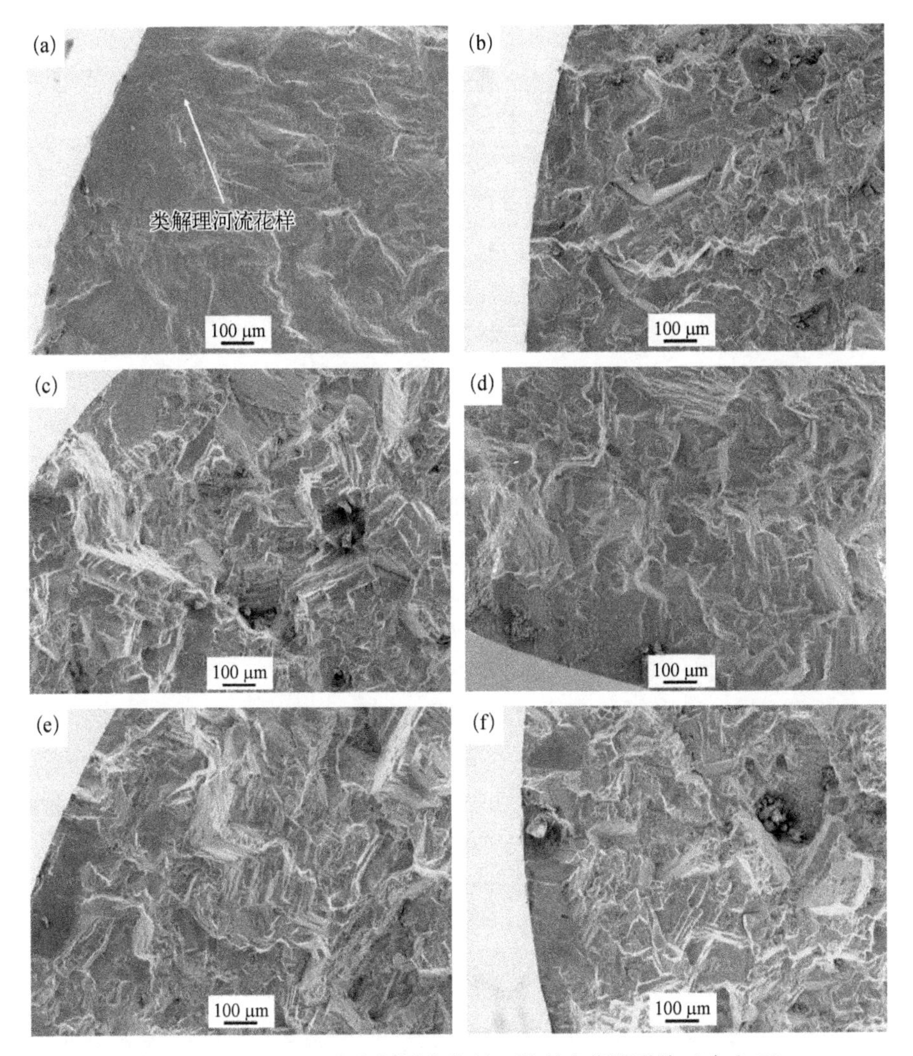

图6-24　GH4698合金低周疲劳断口微观疲劳源形貌（合金B）

(a) $\Delta\varepsilon_t/2=0.3\%$；(b) $\Delta\varepsilon_t/2=0.4\%$；(c) $\Delta\varepsilon_t/2=0.5\%$；(d) $\Delta\varepsilon_t/2=0.6\%$；(e) $\Delta\varepsilon_t/2=0.7\%$；(f) $\Delta\varepsilon_t/2=0.8\%$

从图6-23和图6-24可以看出，两种热处理制度处理后合金的疲劳源区域都非常光洁，呈现平整的小平面形貌。对于同一个合金而言，在低周疲劳测试过程中，随着总应变幅的增加，疲劳源区的光滑程度下降，平整的小平面也逐渐减少，疲劳源区域的表面逐渐变得粗糙，这是由于随着总应变幅的增加，微观滑移带或位错结构与合金中的强化粒子γ′相的交互作用加剧，导致强化粒子γ′相失去对基体γ相共格强化的有序结构，从而导致合金抗疲劳变形的能力下降，因此合金的循环疲劳周次逐渐减少，疲劳过程中疲劳源区的断面所经受的持续摩擦挤压的次数在下降，因而表面的光洁度逐渐降低。在疲劳源区域，在较低的总应变测试条件下，可以发现疲劳源区域存在类解理河流花样，然而随着疲劳裂纹的扩展，这些类解理河流花样逐渐消失了。

研究表明，合金在低周疲劳测试中的疲劳裂纹萌生和微裂纹扩展所占的疲劳周次在总的疲劳周次中所占的比例高达70%~80%[46]。航空航天发动机涡轮盘等热端部件在实际高温等恶劣环境中的服役过程中，疲劳破坏的临界裂纹长度可能小于几毫米[47]。在总应变幅控制下的低周疲劳测试过程中，疲劳微裂纹在合金疲劳试样表面不同位置的晶界、孪晶界或者脆性碳化物处开始萌生，沿着垂直于加载轴方向扩展。两种热处理制度处理的 GH4698 合金低周疲劳后断口处纵剖面的金相组织形貌如图 6－25 和图 6－26 所示，可以直接观察微观裂纹在合金晶体内部的萌生位置和扩展方式。由图 6－25（a）可以观察到，在总应变幅 0.4%时，疲劳微裂纹在合金的晶界处开始萌生，并且随着外界循环加载的继续，微裂纹沿着晶界发生扩展，微裂纹的长度长达 150 μm；由图 6－25（b）可以观察到，在总应变幅 0.6%时，疲劳微裂纹在合金的晶界处开裂，微裂纹的长度为 50 μm 左右；图 6－26（a）可以观察到，在总应变幅 0.6%时，疲劳微裂纹在合金的孪晶界处开裂，微裂纹的长度为 100 μm 左右；图 6－26（b）可以观察到，在总应变幅 0.8%时，疲劳微裂纹在合金的晶界处萌生，并且沿着晶界发生扩展，微裂纹的宽度较大。因此，得出结论，GH4698 合金在低周疲劳测试过程中，疲劳微裂纹沿着晶界、孪晶界处开裂，主要表现为沿晶开裂形式。GH4698 合金热处理后晶界处的脆性碳化物颗粒使得晶界处弱化，且晶界处脆性碳化物作为合金中的一种缺陷，在外加应力的作用下会引起应力集中，此外 650℃实验条件下的高温亦使得晶界强度变弱，因此疲劳裂纹容易在晶界的不同位置处萌生，碳化物等缺陷的存在降低了合金中疲劳裂纹萌生的寿命，从而降低了合金的疲劳寿命。

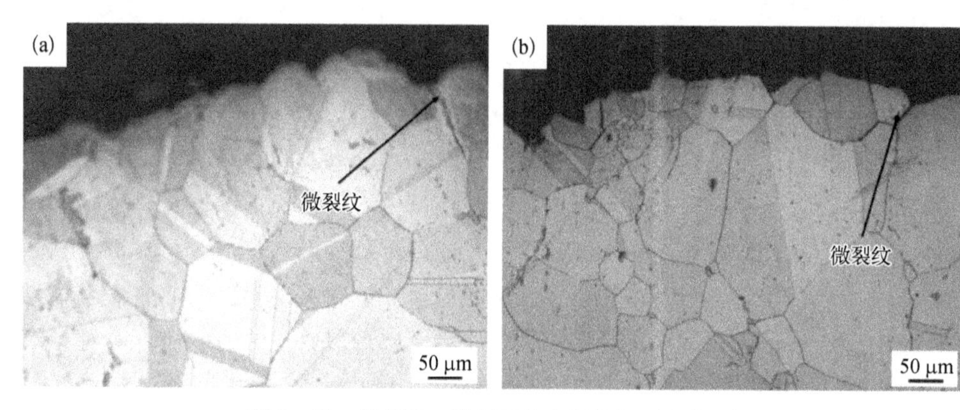

图 6－25　疲劳断口纵剖面的金相组织（合金 A）

（a）$\Delta\varepsilon_t/2=0.4\%$；（b）$\Delta\varepsilon_t/2=0.6\%$

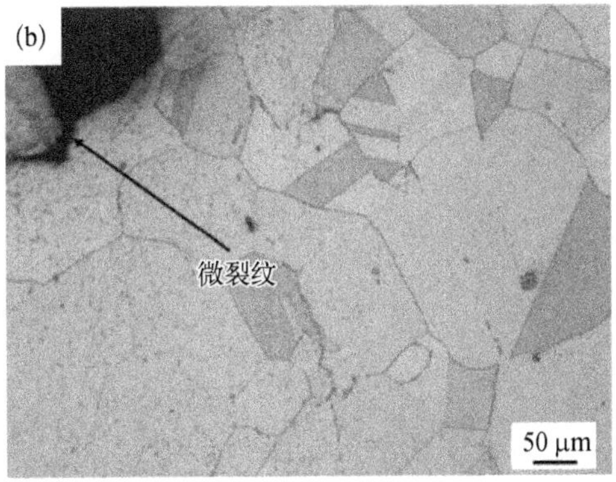

图 6－26　疲劳断口纵剖面的金相组织（合金 B）

（a）$\Delta\varepsilon_t/2=0.6\%$；（b）$\Delta\varepsilon_t/2=0.8\%$

（2）疲劳扩展区域形貌

利用扫描电镜观察了 GH4698 合金低周疲劳断裂试样断口裂纹扩展疲劳断口的特征。疲劳断口形貌中的扩展区形貌可以明显表示合金在疲劳过程中的一些疲劳断裂特征。经过两种热处理制度处理后 GH4698 合金低周疲劳断口微观疲劳扩展区形貌如图 6－27 和图 6－28 所示。

对于合金 A 的疲劳试样，在总应变幅为 0.3%时，可以发现疲劳扩展区断口形貌上有光滑的沿晶断裂表面，晶界处存在明显的裂纹；在一些部位存在着大量的浅韧窝，局部区域存在一些深韧窝。在总应变幅为 0.4%时，可以发现断口形貌上存在沿晶断裂表面，断口表面存在很多短裂纹，局部晶粒内部出现了平行的短裂纹；此外，晶界处存在着较长的裂纹，从图 6－27 中可以看出，晶界处不连续的脆性碳化物处容易萌生裂纹。局部区域存在类解理台阶特征。在图中的右下角存在典型的冰糖状断口。在总应变幅为 0.5%时，可以发现疲劳断口形貌上存在大量的类解理台阶，局部存在沿晶断裂表面。此外，断口表面上存在一些长裂纹。在总应变幅 0.6%时，可以发现断口形貌上存在光滑的沿晶断裂表面，部分晶界处存在裂纹，局部区域存在二次裂纹特征。此外，断口表面存在类解理台阶和河流花样特征。在总应变幅 0.7%时，可以发现断口形貌上有光滑的沿晶断裂表面，个别晶粒内部存在平行裂纹。断口表面有大量的类解理台阶。在总应变幅 0.8%时，可以发现断口形貌上大量光滑的沿晶断裂表面，一些较浅的韧窝存在于沿晶断裂表面上，并且碳化物碎片存在于一些深孔中，局部区域存在类解理台阶。

对于合金 B 的疲劳试样，在总应变幅为 0.3%时，可以发现疲劳断口形貌上存在一些光滑的沿晶断裂表面，在一些部位存在着大量的类解理台阶，断口表面存在较多的孔洞。在总应变幅为 0.4%时，可以发现断口表面上存在大量的疲劳条纹和少量的类解理台阶，断口形貌上存在沿晶断裂表面，局部晶界处存在着裂

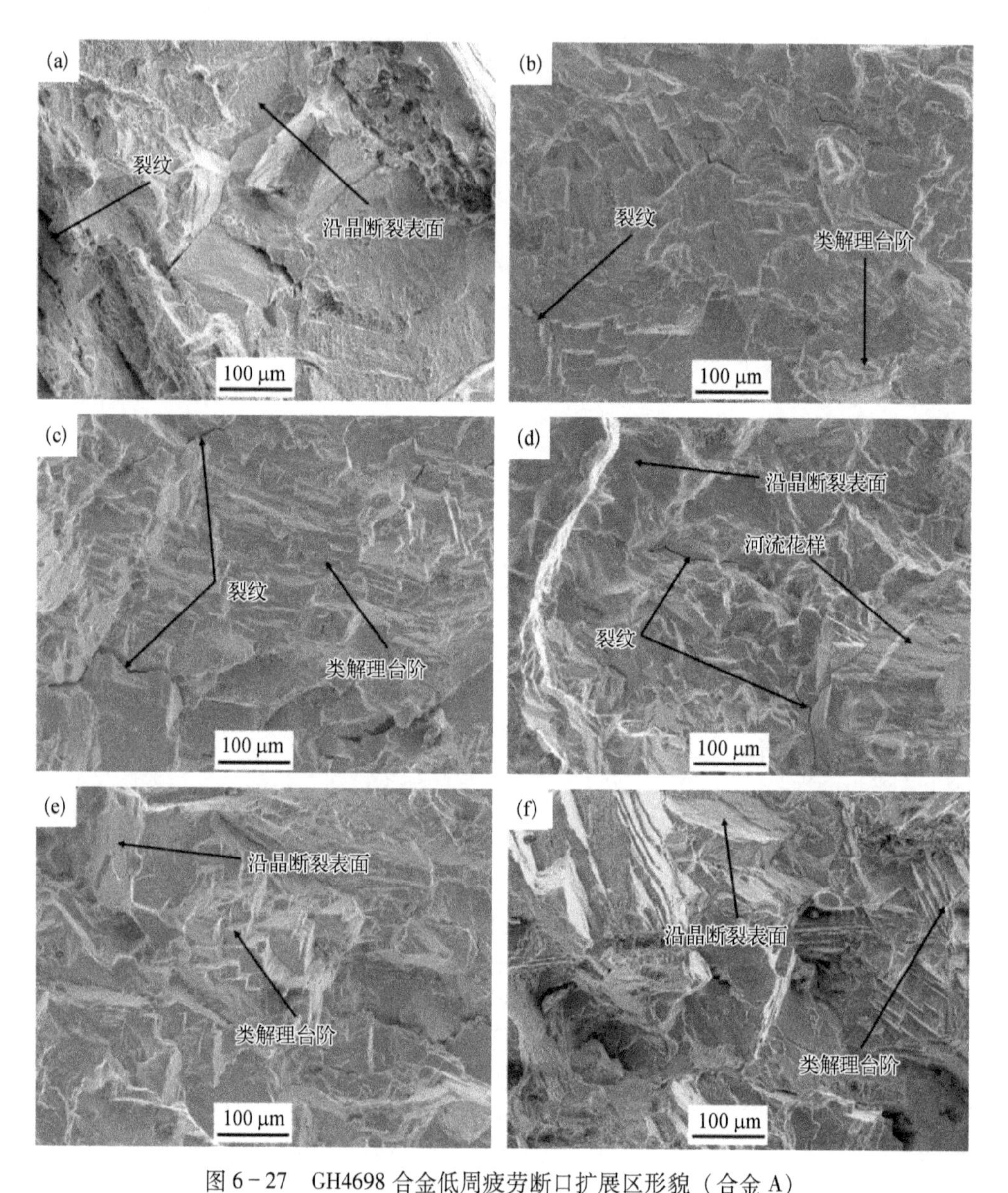

图 6－27　GH4698 合金低周疲劳断口扩展区形貌（合金 A）

(a) $\Delta\varepsilon_t/2=0.3\%$；(b) $\Delta\varepsilon_t/2=0.4\%$；(c) $\Delta\varepsilon_t/2=0.5\%$；(d) $\Delta\varepsilon_t/2=0.6\%$；(e) $\Delta\varepsilon_t/2=0.7\%$；(f) $\Delta\varepsilon_t/2=0.8\%$

纹。在总应变幅为 0.5%时，可以发现疲劳断口形貌上存在大量的类解理台阶和沿晶断裂表面。此外，断口表面上存在大量的浅韧窝。在总应变幅 0.6%时，可以发现断口形貌上存在光滑的沿晶断裂表面，部分晶界碳化物处存在小裂纹。此外，断口表面存在大量的类解理台阶。在总应变幅 0.7%时，可以发现断口形

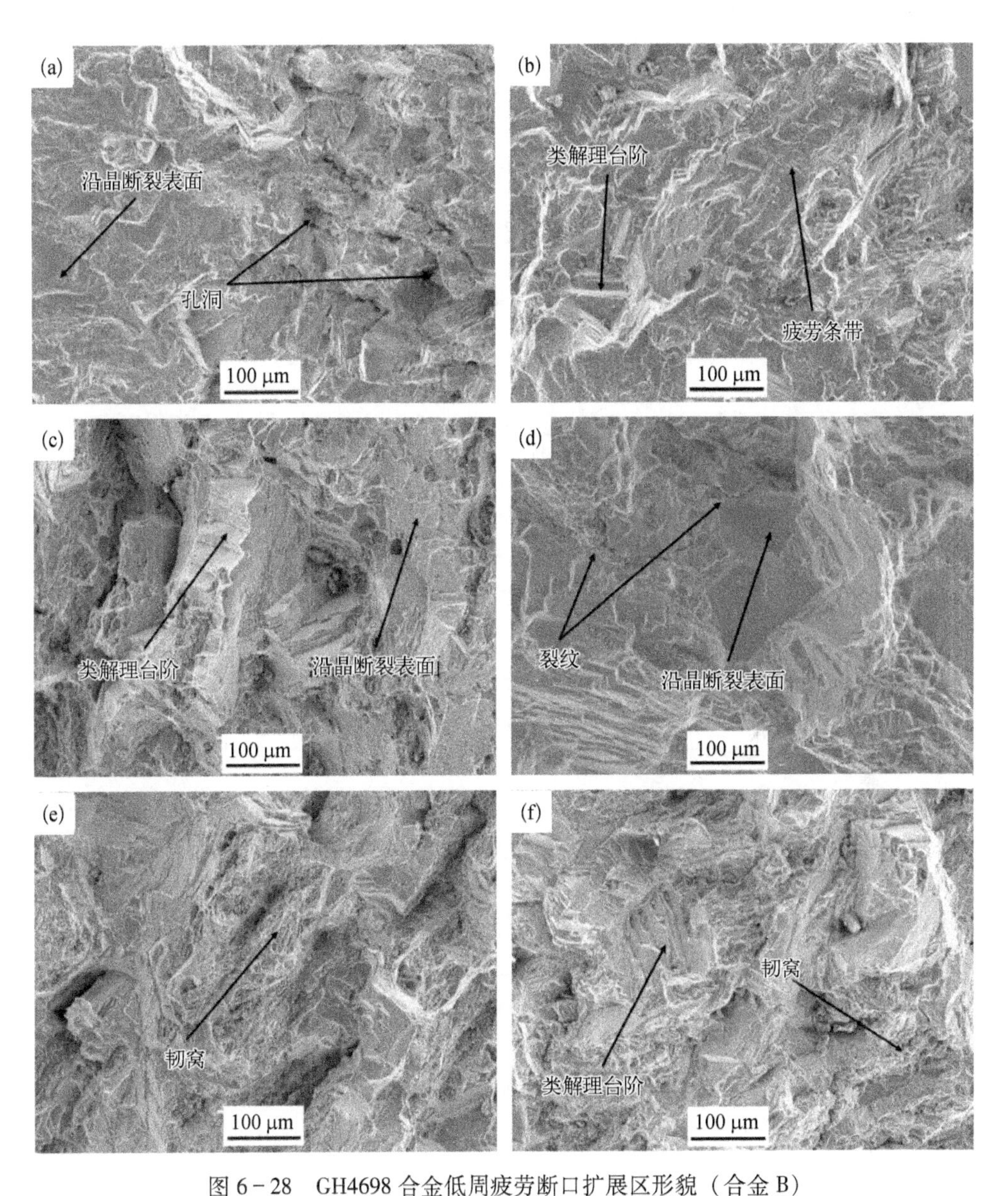

图 6－28　GH4698 合金低周疲劳断口扩展区形貌（合金 B）

（a）$\Delta\varepsilon_t/2=0.3\%$；（b）$\Delta\varepsilon_t/2=0.4\%$；（c）$\Delta\varepsilon_t/2=0.5\%$；（d）$\Delta\varepsilon_t/2=0.6\%$；（e）$\Delta\varepsilon_t/2=0.7\%$；（f）$\Delta\varepsilon_t/2=0.8\%$

貌以大量的浅韧窝为主要特征。此外，局部区域存在深韧窝和较深的孔洞。在总应变幅 0.8%时，可以发现断口形貌上有光滑的沿晶断裂表面，大量较浅的韧窝存在于沿晶断裂表面上，并且碳化物碎片存在于一些深孔中，局部区域存在类解理台阶。

从图 6－28 中可以清晰地看出疲劳扩展区的断口形貌的平整度要低于疲劳源区的，断口形貌上不同部位的高度差异比较大。这种表面粗糙度增加可能是裂纹沿着晶界扩展导致的。GH4698 合金在 650℃ 的高温下进行低周疲劳测试，晶界处的强度相对于室温时已经严重弱化。疲劳裂纹的扩展速率会随着合金力学性能的退化而迅速增加。因此，晶界弱化导致疲劳裂纹的扩展速率增加。

（3）疲劳瞬断区形貌

利用扫描电镜观察了 GH4698 合金低周疲劳断裂试样断口疲劳瞬断区的特征。经过两种热处理制度处理后 GH4698 合金低周疲劳断口微观疲劳瞬断区形貌如图 6－29 和图 6－30 所示。

对于合金 A 的疲劳试样，在总应变幅为 0.3%时，可以发现疲劳瞬断区域断口形貌上存在光滑的沿晶断裂表面，大量的微观形态呈蜂窝状的浅韧窝和深韧窝。韧窝是合金在低周疲劳过程中在微区范围内塑性变形产生的显微孔洞，在外加应力作用下，这些显微孔洞裂纹的核心逐渐长大，并随着塑性变形的增加，显微孔洞之间的连接部分逐渐变薄，直至最后相互连接而导致合金断裂后在断口表面上所留下的痕迹。此外，断口表面存在一些大小不一致的孔洞，在大孔洞里面夹杂着一些被外加载荷破碎的碳化物碎片。在总应变幅为 0.4%时，可以发现疲劳瞬断区断口形貌上存在面积较大的十分光滑的沿晶断裂表面和大量的浅韧窝。此外，断口表面上零散地分布着一些深度较小的孔洞。在总应变幅为 0.5%时，可以发现疲劳瞬断区断口形貌上存在光滑的沿晶断裂表面、类解理台阶和大量的浅韧窝。在总应变幅为 0.6%时，可以观察到疲劳瞬断区断口形貌上存在光滑的沿晶断裂表面、少量的类解理台阶和大量的浅韧窝及深韧窝。此外，断口表面存在一些孔洞。在总应变幅为 0.7%时，可以发现疲劳瞬断区断口形貌上存在光滑的沿晶断裂表面和大量的浅韧窝，局部区域存在类解理台阶。在总应变幅为 0.8%时，可以发现疲劳瞬断区断口形貌上存在光滑的沿晶断裂表面和大量的浅韧窝，断口表面存在着较多的小孔洞。

对于合金 B 的疲劳试样，在总应变幅为 0.3%时，可以发现疲劳瞬断区断口形貌上大量面积较大且光滑的沿晶断裂表面，局部区域存在蜂窝状的浅韧窝。此外，断口表面存在一些长度和深度均较大的孔洞，在大孔洞里面夹杂着一些碳化物碎片。在总应变幅为 0.4%时，可以发现疲劳瞬断区断口形貌上存在光滑的沿晶断裂表面和大量的浅韧窝，局部区域存在一些深韧窝。此外，断口表面分布着一些深浅不一的孔洞，里面还有各种碎片。在总应变幅为 0.5%时，可以发现疲劳瞬断区断口形貌上存在光滑的沿晶断裂表面和大量的浅韧窝，此外，局部的孔洞处存在大量的碎片。在总应变幅为 0.6%时，可以观察到疲劳瞬断区断口形貌上存在光滑的沿晶断裂表面、大量的类解理台阶和大量的浅韧窝。在总应变幅为 0.7%时，可以发现疲劳瞬断区断口形貌上存在光滑的沿晶断裂表面和大量的浅韧窝，局部区域存在类解理台阶。此外，较浅的孔洞处存在大量的碎片。在总应

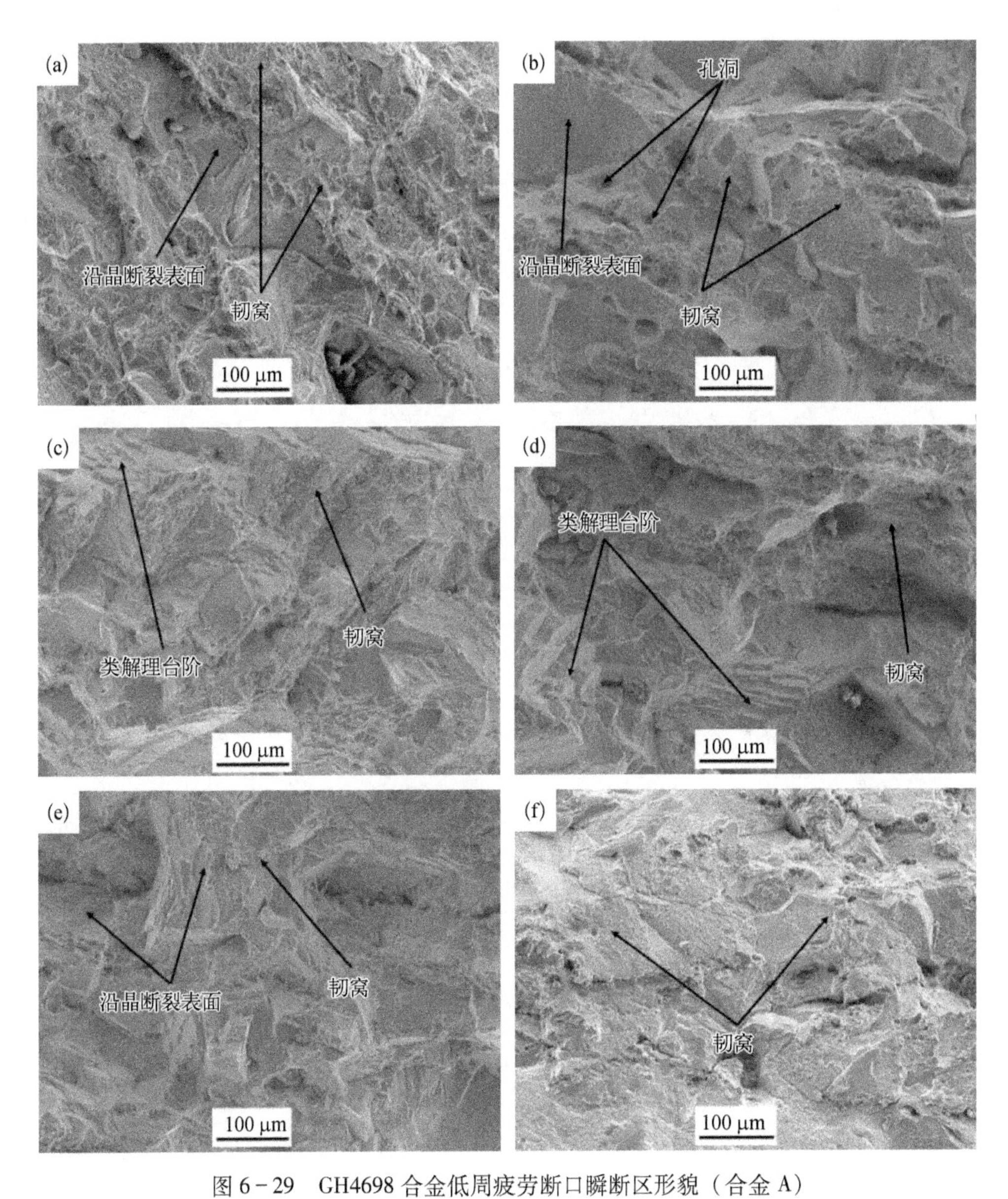

图 6－29　GH4698 合金低周疲劳断口瞬断区形貌（合金 A）

(a) $\Delta\varepsilon_t/2=0.3\%$；(b) $\Delta\varepsilon_t/2=0.4\%$；(c) $\Delta\varepsilon_t/2=0.5\%$；(d) $\Delta\varepsilon_t/2=0.6\%$；(e) $\Delta\varepsilon_t/2=0.7\%$；(f) $\Delta\varepsilon_t/2=0.8\%$

变幅为 0.8%时，可以发现疲劳瞬断区断口形貌上存在光滑的沿晶断裂表面和大量的浅韧窝，断口表面存在着较大的孔洞，孔洞内部存在大量的碎片。

从以上分析可以看出，经过两种热处理制度处理后 GH4698 合金低周疲劳断口微观疲劳瞬断区形貌特征都是由沿晶断裂模式和韧窝混合组成的。通过以上观

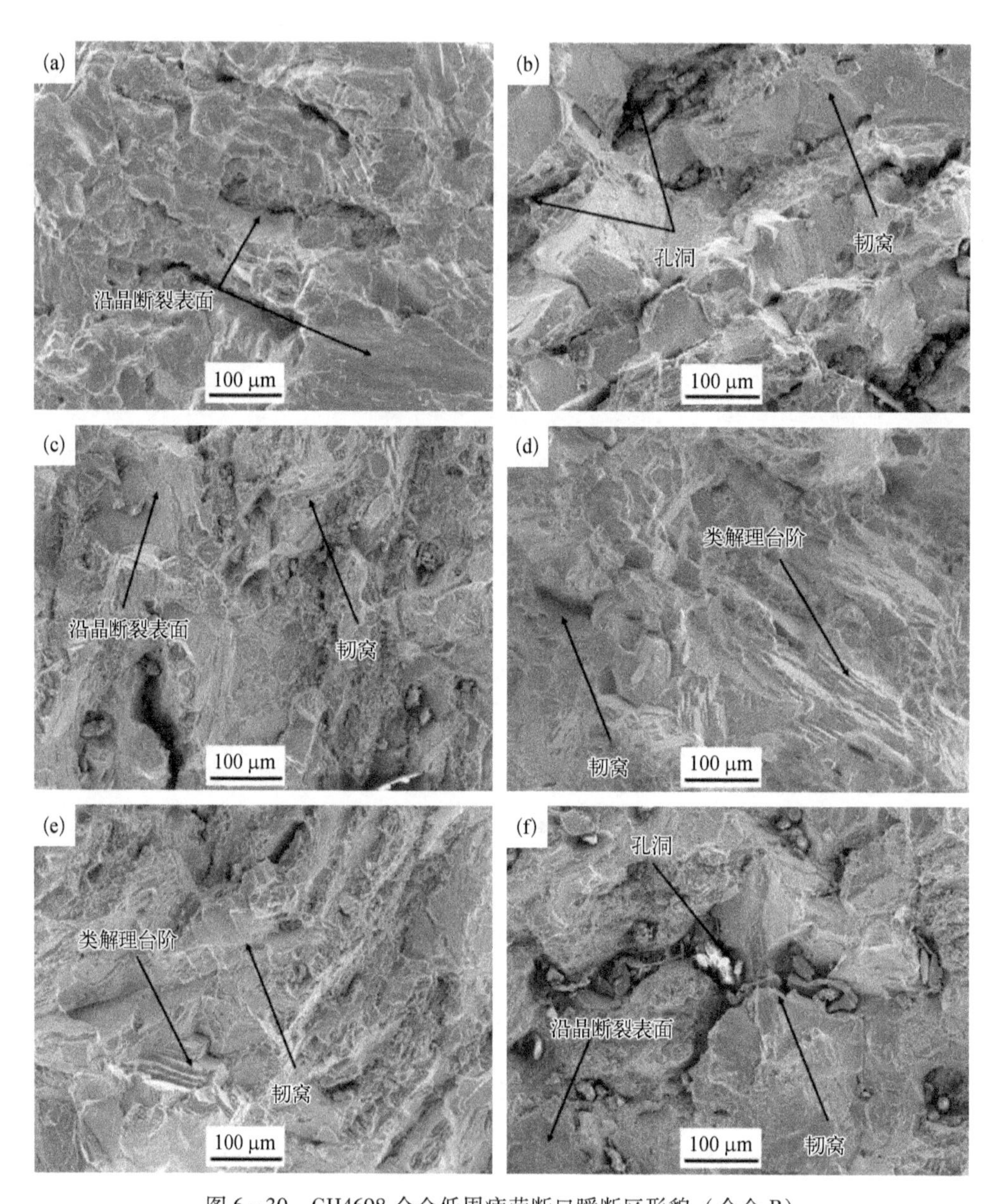

图 6－30 GH4698 合金低周疲劳断口瞬断区形貌（合金 B）

（a）$\Delta\varepsilon_t/2=0.3\%$；（b）$\Delta\varepsilon_t/2=0.4\%$；（c）$\Delta\varepsilon_t/2=0.5\%$；（d）$\Delta\varepsilon_t/2=0.6\%$；（e）$\Delta\varepsilon_t/2=0.7\%$；（f）$\Delta\varepsilon_t/2=0.8\%$

察和分析可以得出结论：GH4698 合金疲劳试样在应变幅较低时疲劳断裂机制以脆性断裂为主，在应变幅较高时疲劳断裂机制以韧性断裂为主。疲劳试样断口形貌上的韧窝等特征表明韧性断裂的出现，沿晶断裂表面和类解理台阶等特征表明脆性断裂的出现。疲劳断裂形貌中沿晶断裂表面的出现表明由于晶界弱化合金产生晶间脆性断裂。微裂纹在试样表面脆弱区域，如晶界、孪晶界或者脆性碳化物处开始萌生，随着疲劳周次的增加，开始沿着垂直于外加载荷的方向扩展，当其长度达到一个临界值，形成宏观的裂纹，在外加载荷的作用下迅速扩展，多个裂纹相聚，最终经历较少的疲劳周次，合金试样即发生断裂。

6.4.3　低周疲劳断裂机制

高温时位错易于滑移，但是位错和 γ′析出相之间的相互作用将改变位错原始的累积及其演化过程。因此更确切地说，随着温度的升高，镍基高温合金从应变局部化过渡到均匀变形发生了转变。在中低温度（T<760℃）时，无论身在何处，疲劳裂纹无论在哪萌生，疲劳裂纹扩展主要沿｛111｝晶面[48]。在高温下，由于热激活过程不再是局限于滑移带内和断裂表面似乎不再是结晶学表面，因此塑性变形更均匀[49]。

通过对 GH4698 合金低周疲劳后的滑移带形貌、位错组态和低周疲劳断口宏微观形貌的观察与分析可知，两种热处理制度处理的 GH4698 合金低周疲劳的变形机制是一样的，GH4698 合金低周疲劳断裂机制如图 6－31 所示。

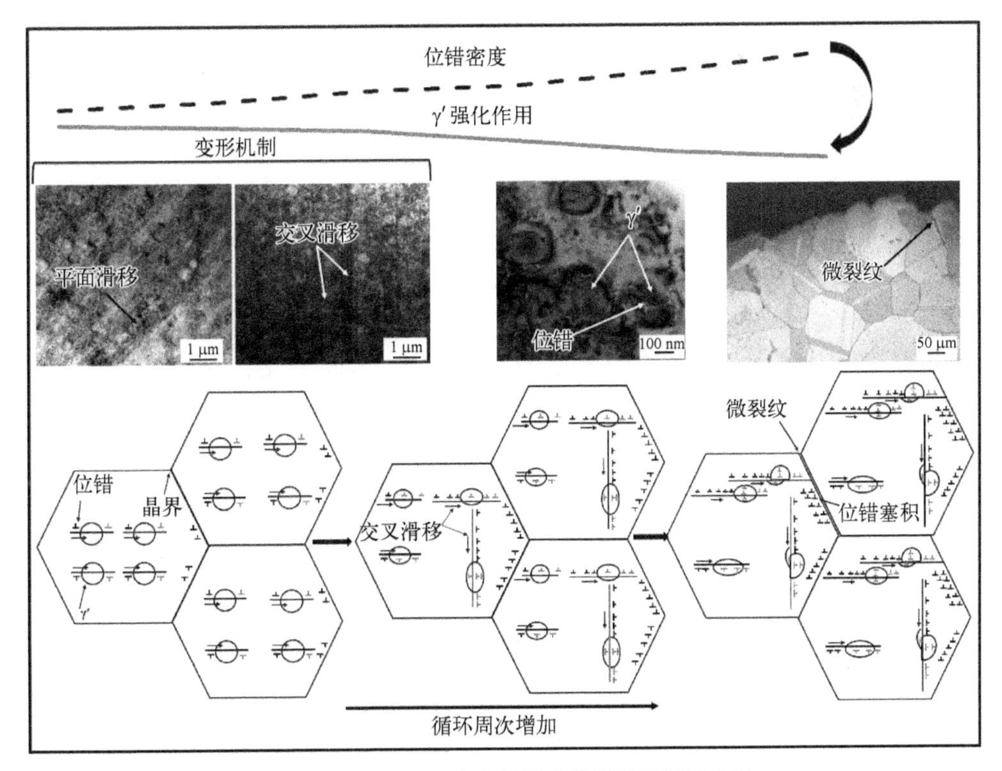

图 6－31　GH4698 合金低周疲劳断裂机制示意图

GH4698 合金低周疲劳存在两种变形机制：一种机制是平面性质的变形，这种变形机制里面不存在交叉滑移，这种变形机制在两种热处理制度处理的合金所有的疲劳试样中均存在。高温合金中的平面滑移起到主导作用，这些平面变形带严格沿着｛111｝晶面运动的，由剪切基体 γ 相和强化颗粒 γ'相的耦合 a/2<110>位错组成[50]（如图 6－19 和图 6－20）。众所周知，虽然镍元素本身的堆垛层错能的数值很高，但是通过固溶各种元素后，镍基高温合金的堆垛层错能的数值变得非常低，这成为平面滑移变形的一个先决条件[51]。从另一方面来说，γ'析出相的剪切需要位错对来保持有序颗粒条件，这种位错的安排可以视为二维结构，因为位错运动后不能脱离｛111｝晶面扩展[52]。另一种机制是镍基高温合金里面普遍报道的非平面变形，又称为起伏变形，由位错的反复交滑移和 γ'相的多维度剪切组成［如图 6－17（b）、图 6－17（c）、图 6－18（a）所示］。这些变形带通常产生于晶界并贯穿整个晶粒组织。非平面变形本质是由长度不等的交叉滑移位错引起的。这些位错的耦合意味着位错对 γ'相的剪切，而不是 γ'相被位错忽略掉（图 6－19 和图 6－20）。多维度滑移剪切的一个简单的定性模型先前已提出[53]。

GH4698 合金在低周疲劳测试时，由于外部载荷的施加作用，合金开始产生弹性变形和塑性变形。塑性变形主要以滑移带的形式出现（图 6－17 和图 6－18），滑移带的微观本质是晶体内部位错的增殖与运动。在外部加载条件下，合金塑性变形不断增加，因此晶体内部的位错不断增殖和运动。位错在晶粒内部运动，遇到 γ'相时其运动受阻，此时不断运动而来的位错来时缠结，聚集在 γ'相的周围，当位错塞积达到一定量时产生的应力集中将使得位错以剪切的方式通过 γ'相（图 6－19 和图 6－20），γ'相的破坏使其失去有序结构，失去与基体的共格强化作用，从而降低了对基体的强化作用，合金的晶内强度下降。当位错在晶粒内部没有遇到 γ'相或者已经切过 γ'相，这时位错将会沿着一定的晶面和方向运动到晶界或者孪晶界处，晶界或者孪晶界具有钉扎位错的作用，因此，晶界或者孪晶界充当了位错前进的障碍，位错开始在晶界或者孪晶界处塞积。合金在外载荷作用下塑性变形不断增加，运动而来的位错不断在晶界或者孪晶界处塞积，随着位错在晶界或者孪晶界处塞积程度的提高，将在晶界或者孪晶界处产生应力集中。当应力集中达到一定的临界值，晶界处的碳化物等就会开裂，在晶界处形成空洞，加剧应力集中的程度。此时疲劳微裂纹在 GH4698 合金疲劳试样表面处的晶界、孪晶界处开始萌生（图 6－23 和图 6－24）。随着合金塑性变形的继续发生，滑移带或者位错不断运动，严重剪切强化粒子 γ'相，使合金的强度不断下降。疲劳微裂纹在晶界或孪晶界处长大，沿着垂直于外载荷的方向开始扩展。疲劳微裂纹扩展过程中由于不断挤压摩擦形成了大量光滑的沿晶断裂表面，还有类解理台阶和疲劳条带等形貌。随着疲劳微裂纹的不断扩展，微裂纹的长度显著增加形成了宏观裂纹，在外载荷的作用下导致合金产生了宏观的疲劳断裂。

6.5 本章小结

本章选取两种典型的热处理制度对 GH4698 合金进行了热处理，获得了不同晶粒尺寸的两种微观组织，在 650℃进行了总应变幅控制的低周疲劳实验，研究了微观组织和应变幅的变化对合金低周疲劳性能的影响。在低周疲劳实验后，利用 OLYMPUS 显微镜观察合金的金相组织，分析晶粒尺寸随应变幅的变化；利用 G2 F30 透射电镜观察合金的孪晶界、晶界、析出相形貌、滑移带形貌和位错等微观结构，分析晶界、晶界、析出相与位错的交互作用以及合金的循环变形行为；利用 Quanta 200FEG 扫描电镜观察疲劳断口的宏观和微观形貌，分析合金的断裂特点。主要结论如下。

1）热处理过程中晶粒的长大与 γ′相的溶解和析出紧密相关。合金 A 的晶粒尺寸比合金 B 的小、大尺寸 γ′相数量比合金 B 的少，故合金 A 强度和塑性更高。

2）合金在低周疲劳过程中的峰值应力、疲劳寿命、循环应力响应行为与总应变幅紧密相关。随着总应变幅的增加，合金的峰值应力显著增加，疲劳寿命显著降低。合金在低周疲劳过程中存在循环硬化、软化和稳定性行为。随着总应变幅的增加，合金吸收不可逆变形功的能力增加；在同一应变幅下，合金 A 吸收的不可逆变形功及疲劳寿命高于合金 B 的，表明合金 A 的循环韧性和疲劳性能高于合金 B。本章考虑疲劳极限和晶粒尺寸，建立了一种新型的疲劳寿命预测模型，预测精度高于 Ostergren 能量法寿命模型和 Manson－Coffin 寿命模型，在不同的应变幅时预测误差分布比较均匀，具有普遍的适用性。

3）通过观察与分析低周疲劳后 GH4698 合金的金相组织与析出相组织的变化，建立了其低周疲劳微观组织的演化规律：随着总应变幅的增加，吸收的变形能逐渐增加导致晶体内部存储的能量剧烈增加，并且位错严重剪切球形 γ′相，降低对晶界运动的钉扎作用，这些因素导致晶粒快速长大。

4）通过对 GH4698 合金低周疲劳后的滑移带和位错组态观察与分析，建立了其低周疲劳断裂机制。随着总应变幅的增加，滑移带和位错的密度显著增加，滑移带和位错严重剪切 γ′相，使其失去有序结构，降低了对基体相的强化作用。GH4698 合金在应变幅较低时疲劳断裂机制以脆性断裂为主，在应变幅较高时疲劳断裂机制以韧性断裂为主。GH4698 合金低周疲劳存在两种变形机制：一种是平面性质的变形，由平面滑移组成；另一种是非平面变形，由位错的反复交滑移和 γ′相的多维度剪切组成。

参考文献

[1] 黄志伟. MCrAlY 涂覆的镍基高温合金及其基体合金的等温和热机械疲劳行为 [D]. 大连：大连理工大学，2008：1-6.

[2] 徐鹏. 金属材料应变寿命曲线估算的新方法 [D]. 南京：南京航空航天大学，2012：2-3.

[3] 张亮. 铝合金高周疲劳的能量耗散模型及寿命预测 [D]. 哈尔滨：哈尔滨工业大学，2013：1-2.

[4] Brogdon M L, Rosenberger A H. Evaluation of the influence of grain structure on the fatigue variability of Waspaloy [C]. Superalloys, 2008: 583-588.

[5] Yao Z, Zhang M, Dong J. Stress rupture fracture model and microstructure evolution for waspaloy [J]. Metallurgical and Materials Transactions A, 2013, 44 (7): 3084-3098.

[6] 姚志浩，董建新，张麦仓. GH738 高温合金热变形过程显微组织控制与预测 I 组织演化模型的构建 [J]. 金属学报，2011，47（12）：1581-1590.

[7] 曾军. 镍基单晶合金应力弱化损伤与低周疲劳研究 [D]. 株洲：湖南工业大学，2014：1-3.

[8] Reuchet J, Remy L. Fatigue oxidation interaction in a superalloy—application to life prediction in high temperature low cycle fatigue [J]. Metallurgical Transactions A, 1983, 14 (1): 141-149.

[9] Reuchet J, Remy L. High temperature low cycle fatigue of MAR-M 509 superalloy I: The influence of temperature on the low cycle fatigue behaviour from 20 to 1100℃ [J]. Materials science and engineering, 1983, 58 (1): 19-32.

[10] Alexandre F, Deyber S, Pineau A. Modelling the optimum grain size on the low cycle fatigue life of a Ni based superalloy in the presence of two possible crack initiation sites [J]. Scripta Materialia, 2004, 50 (1): 25-30.

[11] Zhou H, Ro Y, Harada H, et al. Deformation microstructures after low-cycle fatigue in a fourth-generation Ni-base SC superalloy TMS-138 [J]. Materials Science and Engineering: A, 2004, 381 (1): 20-27.

[12] Hong H U, Kim I S, Choi B G, et al. Effects of temperature and strain range on fatigue cracking behavior in Hastelloy X [J]. Materials Letters, 2008, 62 (28): 4351-4353.

[13] 王卫红. GH4698 合金特大型涡轮盘组织性能及热处理制度的研究 [D]. 重庆：重庆大学，2008：4-9.

[14] 阿列克山大 J D. 宇航材料的锻造和性能 [M]. 贺开运，等译. 北京：国防工业出版社，1985：18-24.

[15] 吴生华. 定向凝固镍基高温合金 4706DS 的蠕变疲劳机制研究 [D]. 厦门：厦门大学，2014：3-5.

[16] Garosshen T J, Tillman T D, McCarthy G P. Effects of B, C, and Zr on the structure and properties of a P/M nickel base superalloy [J]. Metallurgical Transactions A, 1987, 18 (1): 69-77.

[17] 秦鹤勇，焦兰英，张北江，等. GH4698 合金的热处理制度 [J]. 钢铁研究学报，2007，19（2）：39-42.

[18] Shi D, Huang J, Yang X, et al. Effects of crystallographic orientations and dwell types on low cycle fatigue and life modeling of a SC superalloy [J]. International Journal of Fatigue, 2013, 49: 31-39.

[19] Magnin T, Driver J, Lepinoux J, et al. Aspects microstructuraux de la déformation cyclique dans les métaux et alliages CC et CFC II. Saturation cyclique et localisation de la déformation [J]. Revue de Physique Appliquée, 1984, 19 (7): 483-502.

[20] Hong H U, Kang J G, Choi B G, et al. A comparative study on thermomechanical and low cycle fatigue failures of a single crystal nickel-based superalloy [J]. International Journal of Fatigue, 2011, 33 (12): 1592-1599.

[21] Hirschberg M H, Manson S S. Fatigue behavior in strain cycling in the low-and intermediate-cycle range [M] //Burke J J, Reed N L, Weiss V. Fatigue-an inter- disciplinary approach. Syracuse: Syracuse University Press, 1964: 133-173.

[22]　Coffin L F, Tavernelli J F. The cyclic straining and fatigue of metals [J]. Transactions of the Metallurgical Society of AIME, 1959, 215: 794-807.

[23]　Ostergren W J. A damage function and associated failure equations for predicting hold time and frequency effects in elevated temperature, low cycle fatigue [J]. Journal of Testing and Evaluation, 1976, 4 (5): 327-339.

[24]　傅惠民. $\varepsilon-N$ 曲线三参数幂函数公式 [J]. 北京航空航天大学学报, 1993 (2): 57-60.

[25]　Grover H J, Gordon S A, Jackson L R. Fatigue of metals and structures, Bureau of Aeronautics, Department of the Navy [R]. NAVAER 00-25-534, 1954.

[26]　Frost N E, Marsh K J, Pook L P. Metal fatigue [M]. Chicago: Courier Corporation, 1974: 40-48.

[27]　Marcinkowski M J, Lipsitt H A. The plastic deformation of chromium at low temperatures [J]. Acta Metallurgica, 1962, 10 (2): 95-111.

[28]　Armstrong R W, Codd I, Douthwaite R M, et al. The plastic deformation of polycrystalline aggregates [J]. Philosophical Magazine, 1962, 7 (73): 45-58.

[29]　Conrad H, Schoeck G. Cottrell locking and the flow stress in iron [J]. Acta Metallurgica, 1960, 8 (11): 791-796.

[30]　张仕朝, 于慧臣, 李影. GH3044 的高温低周疲劳性能研究 [J]. 航空材料学报, 2013, 33 (1): 100-104.

[31]　Guo J T, Ranucci D, Picco E. Low cycle fatigue behaviour of cast nickel-base superalloy IN-738LC in air and in hot corrosive environments [J]. Materials Science and Engineering, 1983, 58 (1): 127-133.

[32]　麻彦龙, 孟晓敏, 黄伟九, 等. 显微组织的非均匀性对 AA2099-T8 铝锂合金局部腐蚀的影响 [J]. 中国有色金属学报, 2015, 25 (3): 611-617.

[33]　熊显渝. H68M 黄铜微区塑性变形行为研究 [J]. 四川兵工学报, 2013, 34 (9): 129-133.

[34]　Raman S G S, Padmanabhan K A. Room-temperature low-cycle fatigue behaviour of a Ni-base superalloy [J]. International Journal of Fatigue, 1994, 16 (3): 209-215.

[35]　Chu Z K, Yu J J, Sun X F, et al. High temperature low cycle fatigue behavior of a directionally solidified Ni-base superalloy DZ951 [J]. Materials Science and Engineering: A, 2008, 488 (1): 389-397.

[36]　Ovono D O, Guillot I, Massinon D. Study on low-cycle fatigue behaviours of the aluminium cast alloys [J]. Journal of Alloys and Compounds, 2008, 452 (2): 425-431.

[37]　Calabrese C, Laird C. Cyclic stress-strain response of two-phase alloys Part I. Microstructures containing particles penetrable by dislocations [J]. Materials Science and Engineering, 1974, 13 (2): 141-157.

[38]　Zhang J X, Harada H, Ro Y, et al. Thermomechanical fatigue mechanism in a modern single crystal nickel base superalloy TMS-82 [J]. Acta Materialia, 2008, 56 (13): 2975-2987.

[39]　Fournier D, Pineau A. Low cycle fatigue behavior of inconel 718 at 298K and 823K [J]. Metallurgical Transactions A, 1977, 8 (7): 1095-1105.

[40]　Glatzel U, Feller-Kniepmeier M. Microstructure and dislocation configurations in fatigued [001] specimens of the nickel-based superalloy CMSX-6 [J]. Scripta Metallurgica Et Materialia, 1991, 25 (8): 1845-1850.

[41]　Yuan H, Liu W C. Effect of the δ phase on the hot deformation behavior of Inconel 718 [J]. Materials Science and Engineering: A, 2005, 408 (1): 281-289.

[42]　Phillips P J, Unocic R R, Mills M J. Low cycle fatigue of a polycrystalline Ni-based superalloy: deformation substructure analysis [J]. International Journal of Fatigue, 2013, 57: 50-57.

[43]　金宜振, 温家伶, 常明, 等. TC4-DT 钛合金电子束焊接接头的疲劳断口研究 [J]. 焊接, 2013 (11): 55-58.

[44]　李微. 喷射沉积 SiCp/Al-Si 复合材料的疲劳行为研究 [D]. 长沙: 湖南大学, 2011: 46-51.

[45]　郭文菁. 压力容器用球墨铸铁材料疲劳性能试验研究 [D]. 杭州: 浙江大学, 2013: 32-38.

[46]　Miller K J. The behaviour of short fatigue cracks and their initiation part ii-a general summary [J]. Fatigue &

Fracture of Engineering Materials & Structures, 1987, 10 (2): 93 - 113.

[47] Huang X, Yu H, Xu M, et al. Experimental investigation on microcrack initiation process in nickel-based superalloy DAGH4169 [J]. International Journal of Fatigue, 2012, 42: 153 - 164.

[48] Koss D A, Chan K S. Fracture along planar slip bands [J]. Acta Metallurgica, 1980, 28 (9): 1245 - 1252.

[49] Fleury E, Rémy L. Low cycle fatigue damage in nickel-base superalloy single crystals at elevated temperature [J]. Materials Science and Engineering: A, 1993, 167 (1): 23 - 30.

[50] Petrenec M, Obrtlík K, Polák J. High temperature low cycle fatigue of superalloys Inconel 713LC and Inconel 792 - 5A [C]. Key Engineering Materials, 2007, 348: 101 - 104.

[51] Yuan Y, Gu Y, Cui C, et al. Influence of Co content on stacking fault energy in Ni - Co base disk superalloys [J]. Journal of Materials Research, 2011, 26 (22): 2833 - 2837.

[52] Latanision R M, Ruff A W. The temperature dependence of stacking fault energy in Fe - Cr - Ni alloys [J]. Metallurgical Transactions, 1971, 2 (2): 505 - 509.

[53] Phillips P J, Unocic R R, Kovarik L, et al. Low cycle fatigue of a Ni-based superalloy: Non-planar deformation [J]. Scripta Materialia, 2010, 62 (10): 790 - 793.